Lothar Semper
Bernhard Gress

Berufs- und Arbeitspädagogik

Dr. Lothar Semper
Dipl.-Kfm. Bernhard Gress

Berufs- und Arbeitspädagogik

Für die praxisnahe Vorbereitung auf den
„Geprüften kaufmännischen Fachwirt nach der Handwerksordnung“

Mit fallbezogenen Übungs- und Wiederholungsaufgaben

3., überarbeitete Auflage 2024

Holzmann Medien | Buchverlag

Dieses Lehrbuch enthält in der Regel Berufsbezeichnungen, Gruppenbezeichnungen usw. nur in der männlichen Form. Wir bitten diese sinngemäß als Doppelbezeichnungen, wie zum Beispiel Frau/Mann, Handwerksmeisterin/Handwerksmeister, Betriebsinhaberin/Betriebsinhaber usw. zu interpretieren und anzuwenden.

Impressum
3., überarbeitete Auflage 2024
ISBN (Print): 978-3-7783-1730-3 | Artikel-Nr. 1454.03
ISBN (E-Book): 978-3-7783-1731-0 | Artikel-Nr. 1454.97

Lektorat: Achim Sacher, Holzmann Medien | Buchverlag
Umschlaggestaltung: Markus Kratofil, Holzmann Medien | Buchverlag
Bildquelle Umschlag: © ehrenberg-bilder – Fotolia.com
Satz: abavo GmbH | Buchloe
Druck: Druckerei & Verlag Steinmeier | Deiningen

Vorwort

Am 01. April 2016 ist die Verordnung über die Prüfung zum anerkannten Fortbildungsabschluss „Geprüfte/r kaufmännische/r Fachwirt/in nach der Handwerksordnung" in Kraft getreten. Die bundeseinheitliche Rechtsverordnung ersetzt damit die bisherigen Kammerregelungen.

Die neue Fortbildung richtet sich insbesondere an Absolventen einer kaufmännischen Ausbildung. Aber auch Absolventen mit einem Abschluss als „Geprüfte/r Fachmann/frau für kaufmännische Betriebsführung (HwO)" sollen von der neuen Weiterbildung angesprochen werden.

Das vorliegende Werk basiert auf der aktuellen Fassung der Verordnung über die Meisterprüfung in den Teilen III und IV im Handwerk und in den handwerksähnlichen Gewerben (Allgemeine Meisterprüfungsverordnung – AMVO), die zum 01.01.2012 in Kraft getreten ist. Für diesen Band ist zugleich die aktuelle Fassung der Ausbilder-Eignungsverordnung (AEVO) einschlägig. Sowohl der Rahmenlehrplan für die Vorbereitung auf Teil IV der Meisterprüfung – herausgegeben vom Forschungsinstitut für Berufsbildung im Handwerk an der Universität zu Köln – wie auch der Rahmenplan der Ausbilder-Eignungsverordnung – Empfehlung des Hauptausschusses des Bundesinstituts für Berufsbildung – wurden im Jahr 2023 überarbeitet und modernisiert. Dadurch soll aktuellen Herausforderungen wie Digitalisierung, Heterogenität, Fachkräftesicherung und Nachhaltigkeit Rechnung getragen werden.

Für den erfolgreichen Abschluss zum „Geprüften kaufmännischen Fachwirt nach der Handwerksordnung" sind in den folgenden fünf Handlungsbereichen fortbildungsspezifische kaufmännische Qualifikationen nachzuweisen:

1. Wettbewerbsfähigkeit von Unternehmen analysieren und fördern
2. Marketing nach strategischen Vorgaben gestalten
3. Betriebliches Rechnungswesen, Controlling sowie Finanzierung und Investition gestalten
4. Personalwesen gestalten und Personal führen
5. Prozesse betriebswirtschaftlich analysieren und optimieren

Darüber hinaus ist der Erwerb der berufs- und arbeitspädagogischen Qualifikationen entsprechend der Allgemeinen Meisterprüfungsverordnung (AMVO) bzw. Ausbildereignungsverordnung (AEVO) nachzuweisen. Die Vermittlung der berufs- und arbeitspädagogischen Kenntnisse soll dabei handlungsorientiert erfolgen.

Handlungsorientierung bedeutet, dass berufliche Handlungssituationen oder Handlungsfälle, die an der Betriebs- und Berufspraxis und an Geschäfts- und Arbeitsprozessen orientiert sind, beispielhaft zum Gegenstand der Ausbildung gemacht werden. Der Lernende soll selbstständig Handlungen planen, durchführen und kontrollieren sowie sich im Anschluss über die jeweiligen Zusammenhänge klar werden. Damit erreicht er berufliche Handlungskompetenz, das heißt, er kann in beruflichen Situationen im betrieblichen Gesamtzusammenhang sach- und fachgerecht durchdacht und in wirtschaftlicher und gesellschaftlicher Verantwortung handeln.

Bis auf wenige – teils redaktionelle – Formulierungen sind AMVO und AEVO deckungsgleich. Die vier Handlungsfelder orientieren sich am Ablauf der Ausbildung:

1. Ausbildungsvoraussetzungen prüfen und Ausbildung planen
2. Ausbildung vorbereiten und Einstellung von Auszubildenden durchführen
3. Ausbildung durchführen
4. Ausbildung abschließen

Die von den angehenden kaufmännischen Fachwirten zu erwerbenden berufs- und arbeitspädagogischen Fertigkeiten, Kenntnisse und Fähigkeiten sind für AMVO und AEVO für alle vier Handlungsfelder als Kompetenzen formuliert. Auf der Grundlage der entsprechenden Rahmenlehrpläne ist der Inhalt des vorliegenden Lehrbuchs nach Handlungsfeldern und Lernsituationen gegliedert. Bei jeder Lernsituation werden die zu erwerbenden Kompetenzen vorangestellt.

Nach den Textteilen zu jeder Lernsituation folgen handlungsorientierte, fallbezogene Aufgaben zur begleitenden Kontrolle des Lernprozesses und zur rationellen Vorbereitung auf die Prüfung. Dazu enthält dieses Lehrbuch eine Mischung aus drei im Wesentlichen in der Prüfungspraxis zur Anwendung kommenden fallbezogenen Aufgabentypen, nämlich programmierte Aufgaben mit Auswahllösungen, Situationsaufgaben mit Leitfragen bzw. Leithinweisen und offenen Lösungen sowie Situationsaufgaben mit frei formulierter Lösung. Die fallbezogenen Aufgaben mit programmierten Auswahllösungen sind durch Ankreuzen einer der fünf vorgegebenen Lösungen zu bearbeiten. Die richtigen Lösungen sind am Ende des Buches zur Kontrolle abgedruckt. Bei allen Aufgaben erfolgt am Schluss der Aufgabenstellung ein Hinweis zum Textteil als Lösungshilfe und um bei festgestellten Lücken entsprechend nachlesen bzw. nacharbeiten zu können.

Für diese Auflage wurde der Inhalt neben den Anforderungen durch die fortentwickelte AMVO und AEVO wiederum an gesetzliche Änderungen und Neuregelungen sowie einschlägige Neuentwicklungen, die bis Anfang Dezember 2023 feststanden, angepasst.

Wir wünschen Ihnen bei der Vorbereitung und Ablegung Ihrer Prüfung zum „Geprüften kaufmännischen Fachwirt nach der Handwerksordnung“ viel Erfolg!

Januar 2024

Die Autoren und
Holzmann Medien | Buchverlag

1 Handlungsfeld: Ausbildungsvoraussetzungen prüfen und Ausbildung planen

1.1 Lernsituation: Vorteile und Nutzen betrieblicher Ausbildung darstellen und begründen

Kompetenzen:

- Ziele und Aufgaben der Berufsausbildung, insbesondere die Bedeutung der beruflichen Handlungskompetenz, für Branche und Betrieb herausstellen.
- Vorteile und Nutzen der Ausbildung für Individuen, Wirtschaft und Gesellschaft beschreiben. Dabei wirtschaftliche, soziale und ökologische Nachhaltigkeitsgesichtspunkte berücksichtigen.
- Nutzen der Ausbildung auch unter Berücksichtigung der Nachhaltigkeit und der Kosten für den eigenen Betrieb begründen.
- Vorteile und Nutzen für das betriebliche Ausbildungsmarketing nutzen.

1.1.1 Ziele und Aufgaben der Berufsausbildung

1.1.1.1 Berufliche Handlungskompetenz als grundlegendes Ziel der Ausbildung

Ziel der Bildung und Ausbildung

Bildung und Ausbildung des Menschen waren – einfach ausgedrückt – im Wesentlichen schon immer darauf ausgerichtet, ihn zu befähigen, sachgerecht in allen privaten Lebenssituationen, aber vor allem in der Ausübung eines Berufes zu handeln und sich mit seinem Verhalten im Lebensumfeld zurechtzufinden, also ein Höchstmaß an Fähigkeiten zur Lebensbewältigung zu erwerben.

Menschliches Leben erfordert Handeln in vielfältiger Art und Weise, insbesondere in Ausübung beruflicher Tätigkeiten. Zu jeder Handlung braucht der Mensch Kompetenz, die aus Fähigkeiten, Kenntnissen, Fertigkeiten, Erfahrungen und Einstellungen besteht.

Der rasche und umfangreiche technische und wirtschaftliche Wandel wird das Arbeitsleben zukünftig noch stärker beeinflussen und ständig verändern. Technisches Wissen und einmal erworbene berufliche Kenntnisse veralten heute rascher als jemals zuvor. Die Arbeitsteilung wird national und international weiter zunehmen. Damit sind zugleich erhebliche Veränderungen bezüglich der beruflichen Qualifikation während eines Arbeitslebens verbunden.

Daher soll Berufsausbildung die Auszubildenden auch befähigen, sich mit Veränderungen auseinanderzusetzen und zukünftige Anforderungen besser bewältigen zu können. Berufsausbildung schafft damit auch die Grundlage, ein Leben lang zu lernen.

Ein modernes Ausbildungssystem muss also im Ergebnis des Qualifizierungsprozesses auf berufliche Handlungsfähigkeit ausgerichtet sein. Deshalb ist nach dem Berufsbildungsgesetz (§ 1) im Rahmen der Berufsausbildung berufliche Handlungsfähigkeit in einem Ausbildungsberuf zu vermitteln. Der Gesetzgeber stellt hierbei den Anspruch, dass nach erfolgreich bestandener Gesellen- oder Abschlussprüfung die volle berufliche Handlungsfähigkeit für den jeweiligen Ausbildungsberuf vorhanden ist.

Handlungskompetenz

In diesem Zusammenhang spricht die Berufs- und Arbeitspädagogik von der beruflichen Handlungskompetenz. Diese berufliche Handlungskompetenz bezieht sich nicht nur auf die rein fachliche Kompetenz (einschließlich Methodenkompetenz), sondern auch auf persönliche Eigenschaften und den Umgang mit Kollegen, Kunden sowie Vorgesetzten.

Kompetenzbereiche

Die berufliche Handlungskompetenz umfasst also mehrere unterschiedliche Einzelkompetenzen. Die drei wichtigsten Teilbereiche sind

- fachliche Kompetenz (einschließlich Methodenkompetenz),
- persönliche Kompetenz und
- soziale Kompetenz.

Die einzelnen Kompetenzbereiche können wiederum mit vielfältigen Eigenschaften charakterisiert werden. Man nennt sie auch Schlüsselqualifikationen.

1.1.1.2 Schlüsselqualifikationen

Schlüsselqualifikationen sind Fertigkeiten, Kenntnisse und Fähigkeiten, die nicht nur mit dem eigentlichen Beruf, sondern auch mit anderen Berufsfeldern, Tätigkeiten und Funktionen zusammenhängen, also berufsübergreifend sind. Sie beziehen sich auch auf Fähigkeiten, die nicht nur zur Bewältigung gegenwärtiger, sondern vor allem zukünftiger Anforderungen des Berufslebens geeignet sind.

Fachkompetenz mit Methodenkompetenz

Schlüsselqualifikationen aus dem Bereich der Fachkompetenz sind:

- Lern- und Arbeitstechniken
- Problemlösungsstrategien
- Methodenkompetenz

} berufsübergreifend

- fachliche Fertigkeiten
- fachliche Kenntnisse.

} berufsspezifisch

Methodenkompetenz bedeutet dabei die Fähigkeit zur Anwendung bestimmter Lern- und Arbeitsmethoden, die für die Ausprägung der Fachkompetenz erforderlich sind.

Persönlichkeitskompetenz

Schlüsselqualifikationen aus dem Bereich der Persönlichkeitskompetenz sind:

- Leistungsbereitschaft
- Zuverlässigkeit
- Sorgfalt
- Lernfähigkeit und -bereitschaft
- Urteilsvermögen, Entscheidungsfähigkeit

- abstraktes, analytisches und logisches Denken
- Kreativität, Flexibilität
- Gesprächsbereitschaft
- Eigeninitiative.

Schlüsselqualifikationen aus dem Bereich der Sozialkompetenz sind:

Sozialkompetenz

- Kollegialität
- Kontakt-, Kommunikationsfähigkeit
- Kooperationsbereitschaft, Teamfähigkeit
- Verantwortungsbewusstsein, Einfühlungsvermögen
- Toleranz
- Hilfsbereitschaft
- Kompromiss-, Durchsetzungsfähigkeit
- Fähigkeit zur Selbstreflexion.

Handlungskompetenz ist nicht bereits dann gegeben, wenn ein Bereich möglichst gut ausgeprägt ist, sondern sie erfordert sowohl fachliche wie auch persönliche und soziale Schlüsselqualifikationen.

1.1.1.3 Befähigung zum selbstständigen Planen, Durchführen und Kontrollieren, prozessorientierte Ausbildung

Handlungskompetenz besitzt, wer selbstständig planen, durchführen und kontrollieren kann. Dies soll erreicht werden, indem der Auszubildende im Lernvorgang selbst bereits diese Schritte der vollständigen Handlung, also Planen, Durchführen und Kontrollieren, umsetzt. In diesem Fall spricht man auch von einer handlungsorientierten Ausbildung.

Handlungskompetenz
Handlungsorientierte Ausbildung

Die Fertigkeiten, Kenntnisse und Fähigkeiten sollen so vermittelt werden, dass der Auszubildende zur Ausübung einer qualifizierten beruflichen Tätigkeit befähigt wird, die insbesondere selbstständiges Planen, Durchführen und Kontrollieren an seinem Arbeitsplatz einschließt.
In der konkreten betrieblichen Praxis bedeutet dies:

- Selbstständiges Planen: Der Lehrling soll in der Lage sein, den Arbeitsvorgang bzw. Arbeitsprozess selbst zu planen.
- Selbstständiges Durchführen: Der Lehrling kann den von ihm geplanten Arbeitsablauf auch ohne fremde Hilfe ausführen.
- Selbstständiges Kontrollieren: Der Lehrling lernt, seine eigenen Leistungen selbstkritisch zu prüfen sowie Fehler und deren Ursachen und Möglichkeiten zu ihrer Beseitigung zu erkennen.

Im Zuge der praktischen Umsetzung der „Prozessorientierung" als ein didaktisches Konzept in der Ausbildung sehen Ausbildungsordnungen zusätzlich vermehrt vor, dass die notwendigen Fertigkeiten, Kenntnisse und Qualifikationen auch auf Geschäfts- und Arbeitsprozesse (Abläufe) bezogen zu vermitteln sind. Die Vermittlung soll die Fähigkeit zum Handeln im betrieblichen Gesamtzusammenhang einschließen. Die Ausbildung ist somit geschäftsprozessbasiert zu planen und durchzuführen.

Prozessorientierte Ausbildung

Prozess-kompetenz

Diese „prozessbezogene" Vermittlung von Qualifikationen bedeutet eine spezifische Ausbildungsgestaltung und zusätzliche Anforderungen an das Ausbildungspersonal. Die vorgegebenen Inhalte der Ausbildungsordnungen sind dabei auf betriebliche Geschäfts- und Arbeitsprozesse zu beziehen. In der Ausbildung soll „Prozesskompetenz", also die Fähigkeit zum sachgerechten Handeln im betrieblichen Gesamtzusammenhang und somit die Fähigkeit zur Prozessgestaltung und Prozessveränderung, vermittelt werden. Dabei kommt den Gesichtspunkten Qualitäts- und Effizienzoptimierung eine große Bedeutung zu. Prozesskompetenz bezieht, so gesehen, auch die Fähigkeit, an dieser Optimierung (bestmöglichen Gestaltung) mitzuwirken, ein.

1.1.2 Bedeutung und Vorteile der Ausbildung für Individuen, Möglichkeiten im Vergleich zu anderen Karrierewegen, Ausbildungsmarketing

Mit einer Berufsausbildung bekommen Jugendliche einen fundierten und anerkannten Einstieg in das Berufs- und Erwerbsleben. Im Vergleich zu anderen Bildungsgängen erhalten Auszubildende von Anfang an eine Ausbildungsvergütung und erleben ihre Ausbildung in der betrieblichen Echt-Situation.
Die Herausstellung der Vorteile der Berufsausbildung spielt auch in der Nachwuchsgewinnung eine große Rolle (>> Abschnitt 2.4).

Die Bedeutung der Berufsausbildung für den Einzelnen liegt insbesondere in folgenden Bereichen:

- wichtiger Einstieg ins Berufsleben
- Sicherung eines Arbeitsplatzes
- Sicherung des Lebensunterhalts und der finanziellen Existenzgrundlage
- stufenweise Einführung in die Berufs- und Arbeitswelt
- Erwerb von Verhaltensformen im Betrieb
- Schaffung einer Grundlage für berufliche Mobilität (örtliche und fachliche Beweglichkeit)
- Lernen von selbstständigem Arbeiten und Handeln
- Persönlichkeitsbildung
- Aneignung von Pflichtbewusstsein, Verantwortung und Zuverlässigkeit
- Voraussetzung für den Einstieg in Weiterbildungsmöglichkeiten.

1.1.3 Bedeutung der Ausbildung für Wirtschaft und Gesellschaft

Berufliche Leistungs-fähigkeit

Jede Gesellschaft muss alle denkbar geeigneten Maßnahmen durchführen, um die berufliche Leistungsfähigkeit zu schaffen und zu erhalten. Die Leistungsfähigkeit des Einzelnen ist auch für eine Gesellschaft aus wirtschaftlichen Gründen wichtig, weil Menschen, die ihre berufliche Leistungsfähigkeit vorzeitig verlieren, soziale Unterstützung benötigen. Die Erhaltung der beruflichen Leistungsfähigkeit ist ferner ein wichtiges Element für die Stabilität einer Gesellschaftsordnung, weil Arbeitslosigkeit, die auf mangelnde berufliche Leistungsfähigkeit zurückzuführen ist, auf Dauer gesehen eine Gesellschaftsordnung gefährdet.

Die berufliche Leistungsfähigkeit und somit die Stabilität einer Gesellschaftsordnung wird insbesondere erreicht und erhalten durch
- eine solide Berufsausbildung,
- eine laufende berufliche Fortbildung und
- durch geeignete berufliche Umschulungsmaßnahmen im Bedarfsfall.

Zweckmäßige Maßnahmen

Wirtschaftspolitische Bedeutung der Berufsbildung

Der wichtigste Produktionsfaktor „Arbeit" hängt in einer Volkswirtschaft vom Niveau der Ausbildung aller arbeitenden Menschen ab.

Produktionsfaktor Arbeit

In einem rohstoffarmen Land wie der Bundesrepublik nimmt somit die berufliche Bildung wirtschaftspolitisch die absolute Schlüsselrolle ein.

Sie ist die wichtigste Investition in „Humankapital", die genauso bedeutsam ist wie die Investition in Sachkapital (Maschinen, Werkzeuge usw.).

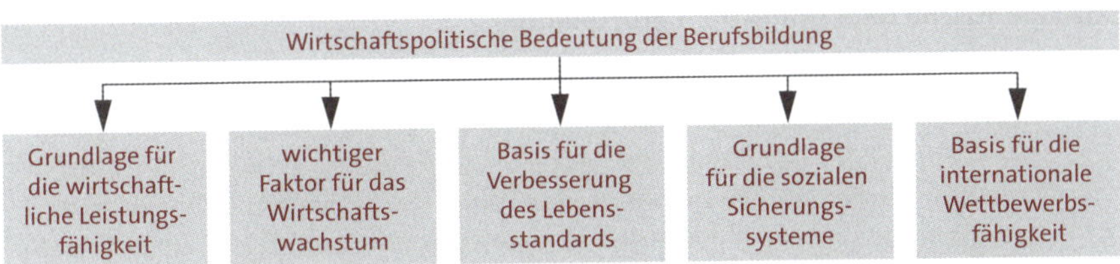

Die enge Verflechtung von Problemen der Bildungs-, Gesellschafts-, Arbeitsmarkt- und Sozialpolitik hat dazu geführt, dass Berufsbildungsfragen auch unter dem Gesichtspunkt sozial- und arbeitsmarktpolitischer Entscheidungen gesehen werden müssen.

Gegenseitige Verflechtung

Arbeitsmarktpolitische Bedeutung der Berufsbildung

Am Arbeitsmarkt treffen Angebot und Nachfrage nach Arbeitskräften zusammen. Das oberste Ziel der Arbeitsmarktpolitik muss der Ausgleich von Angebot und Nachfrage sein. Der Arbeitsmarkt wird von folgenden Faktoren beeinflusst:

- technische Entwicklungen
- konjunkturelle und strukturelle Entwicklungen
- lohnpolitische Entscheidungen
- sozialpolitische Entscheidungen
- bildungspolitische Entscheidungen
- Qualität der Berufsbildung.

Einer der stärksten Einflussfaktoren ist die Bildungspolitik und die qualitative und quantitative Situation in der beruflichen Bildung.

Bildungspolitik

Qualitativ gesehen muss das berufliche Bildungssystem dafür sorgen, dass dessen Absolventen den technischen und ökonomischen Anforderungsprofilen der beruflichen Arbeit (Fertigkeiten, Kenntnisse, Verhaltensformen, Problemlösungskompetenz) in den Betrieben und somit am Arbeitsmarkt entsprechen. Dabei ist die Ausbildung auf größtmögliche Flexibilität und Mobilität zwischen verschiedenen Arbeitsplätzen, Branchen und Regionen auszurichten. Quantitativ betrachtet muss in erster Linie die Bildungspolitik (zum Beispiel durch Aufwertung der beruflichen Bildung), aber auch der Bürger in seinem Berufswahlverhalten dafür sorgen, dass genügend fachlich vorgebildete Arbeitskräfte zur Verfügung stehen und der Arbeitsmarkt so ausgeglichen wie möglich ist.

Leider ist dieser Ausgleich in der Bundesrepublik nicht gegeben. Trotz bestehender Arbeitslosigkeit gibt es unbesetzte Stellen in beachtlicher Zahl, weil die Qualifikationen in Angebot und Nachfrage nicht zur Deckung gebracht werden können. Es ist daher mehr als zuvor notwendig, über eine gezielte Arbeitsmarkt- und Bildungspolitik die qualitativen und quantitativen Ungleichgewichte zu reduzieren.

Sozialpolitische Bedeutung der Berufsbildung

Auch für die Sozialpolitik hat die berufliche Bildung eine wichtige Bedeutung: Ein solides Berufsbildungssystem schafft die wirtschaftlichen Grundlagen für die Sozialpolitik eines Staates, weil nach sozialen Gesichtspunkten gesehen nur das verteilt werden kann, was vorher durch gut ausgebildete Arbeitskräfte erarbeitet wurde. Eine gute Berufsbildungspolitik ist somit auch der Schlüssel für die soziale Sicherung und die soziale Stellung, insbesondere auch sozial schwacher Schichten unserer Gesellschaft.

Einkommen

Wer eine qualifizierte Ausbildung und Weiterbildung durchläuft, kann in der Regel ein höheres persönliches Einkommen erreichen (zum Beispiel im Vergleich zum Ungelernten oder Angelernten). Darüber hinaus erschließt sie auch eine höhere soziale Stellung (zum Beispiel als selbstständiger Handwerksmeister).

Hoher Beschäftigungsgrad

Gesamtwirtschaftlich betrachtet führt eine qualifizierte berufliche Bildung zu hoher Wirtschaftsleistung sowie einem hohen Beschäftigungsgrad und somit zur Einsparung von sozialen Leistungen.

Berufliche Bildung entlastet die Sozialpolitik auch durch berufliche Wiedereingliederung und Ausbildung von Menschen mit körperlicher und geistiger Behinderung.

Bedeutung der Berufsausbildung hinsichtlich Ökologie und Nachhaltigkeit

Ökologische Fragestellungen spielen in der allgemeinen gesellschaftlichen Entwicklung eine zunehmende Bedeutung. Dies hat auch Auswirkungen auf den betrieblichen Alltag. Die Berufsausbildung bietet die Chance, bereits hier die Grundlagen für ein nachhaltiges Wirtschaften zu legen. Hierzu gehört insbesondere die Beachtung geltender Regelungen des Umweltschutzes, aber auch die Betrachtung von Arbeitsprozessen unter Gesichtspunkten der Nachhaltigkeit oder auch die Vermeidung unnötiger Belastungen für Wirtschaft und Gesellschaft. Diese Inhalte finden sich als Standardberufsbildpositionen in den neuen Ausbildungsordnungen (>> Abschnitte 1.4.2 und 2.1.2.1).

Handwerkspolitische und einzelbetriebliche Bedeutung der Berufsbildung

Gerade im Handwerk spielt das Niveau der Berufsausbildung eine entscheidende Rolle. Zwar ist auch im Handwerk der Maschinen- und Geräteeinsatz in den letzten Jahren ständig angestiegen, und dieser Prozess ist noch nicht abgeschlossen. Trotzdem bestimmt aber die menschliche Arbeitskraft im Handwerk maßgeblich das Ergebnis der betrieblichen Leistung. Daher hat das Handwerk noch mehr als andere Wirtschaftszweige dafür zu sorgen, dass auch in der Zukunft eine ausreichende Zahl von Nachwuchsarbeitskräften vorhanden ist und das qualifizierte Niveau der Arbeitskräfte eine ausreichende Leistungsgarantie bietet.

1.1.4 Bedeutung der Ausbildung für den Betrieb: Nutzen, Kosten, Zukunftsfähigkeit

1.1.4.1 Kosten-Nutzen-Analyse

Im Handwerk hat die betriebliche Ausbildung eine lange Tradition und eine über Jahrhunderte entwickelte Ausbildungskultur. Im Hinblick auf die Ausbildungskosten wird auch im Handwerk immer wieder die Frage gestellt, ob sich Ausbildung für den Handwerksbetrieb unter betriebswirtschaftlichen Gesichtspunkten überhaupt noch lohne und somit sinnvoll sei.

Ausbildung als lohnende Investition

Wenn auch die Kosten-Ertrag-Rechnung (Gegenüberstellung von Ausbildungskosten und durch die Auszubildenden erwirtschafteten Erträgen) und die Kosten-Nutzen-Situation der betrieblichen Ausbildung in den einzelnen Handwerkszweigen unterschiedlich sind, zeigen Untersuchungen, dass die Vorteile und der Nutzen der Ausbildung in den meisten Betrieben die Kosten überwiegen. Betriebliche Ausbildung ist also eine lohnende Investition in die Zukunft.

Vorteile der Ausbildung

Weitere grundsätzliche betriebswirtschaftliche Vorteile sind insbesondere:

- sofort einsetzbare qualifizierte Fachkräfte mit betriebsspezifischer Kompetenz
- keine Kosten für Personalbeschaffung extern ausgebildeter Fachkräfte
- keine Kosten für Einarbeitung und Anpassungsqualifizierung
- Vermeidung von Fluktuation, weniger Kosten durch Personalwechsel
- weniger oder kein Fehlbesetzungsrisiko, Möglichkeit der Bestenauslese
- in der Regel geringere Lohnkosten als bei der Einstellung externer Fachkräfte
- die langfristige Sicherung des Fachkräftebedarfs für einen möglichst rationellen Personaleinsatz
- Unabhängigkeit vom Arbeitsmarkt.

Die Fachkräftegewinnung und -sicherung ist eine der zentralen Herausforderungen für die Zukunftsfähigkeit des Handwerks. Die duale Berufsausbildung im eigenen Betrieb kann hierzu einen entscheidenden Beitrag leisten.

1.1.4.2 Kosten und Finanzierung im dualen System

Die Gesamtkosten der Berufsausbildung werden sowohl im betrieblichen als auch im überbetrieblichen und schulischen Bereich in unterschiedlichen Anteilen von den Trägern der Berufsausbildung und durch Zuschüsse von Bund und Land finanziert.

Der Betrieb trägt in der Regel voll die Kosten, die in der betrieblichen Ausbildungszeit anfallen, und die Kosten der betriebsergänzenden überbetrieblichen Ausbildung, soweit Letztere nicht anderweitig gedeckt werden. Die wichtigsten sind:

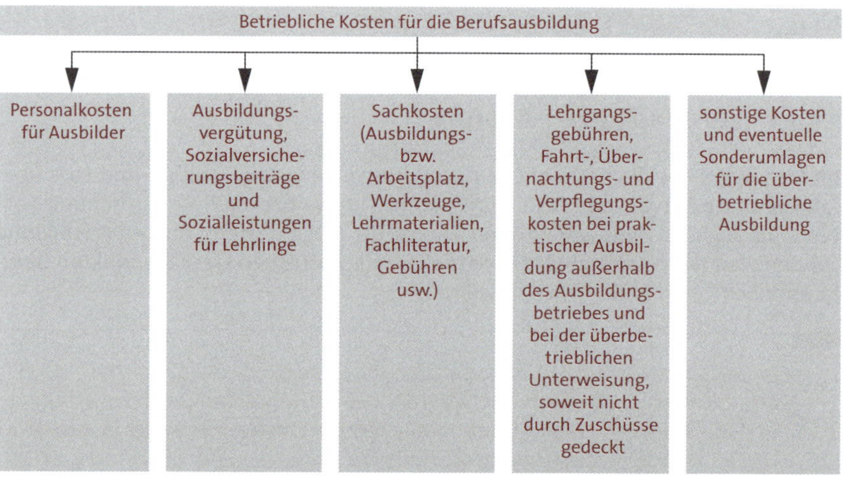

Die Kosten für die Berufsschulanteile in der Ausbildung werden – soweit es den Schulbesuch betrifft – von den Berufsschulträgern, also vom Staat oder der Kommune, bzw. von kommunalen Zweckverbänden oder diesen gemeinsam getragen. Die Ausbildungsvergütung während der Berufsschulzeit zahlt der Ausbildungsbetrieb.

Für einige Handwerksberufe gibt es zwischenbetriebliche Finanzierungsregelungen. Eine Sonderregelung besteht für das Schornsteinfegerhandwerk mit der Ausbildungskostenausgleichskasse. Danach muss jeder Bezirksschornsteinfegermeister eine Umlage an die Ausgleichskasse bezahlen und erhält eine Förderung, wenn er einen Lehrling im Schornsteinfegerhandwerk ausbildet.

Tarifvertragliche Finanzierungsregelungen

Im Bereich des Handwerks bestehen in folgenden Berufen tarifvertragliche Finanzierungsregelungen:

> Baugewerbe (Maurer und Betonbauer, Zimmerer, Stuckateur, Fliesen-, Platten- und Mosaikleger, Estrichleger, Wärme-, Kälte- und Schallschutzisolierer, Straßenbauer, Brunnenbauer, Trockenbaumonteur, Rohrleitungsbauer, Kanalbauer, Gleisbauer)

> Steinmetz- und Steinbildhauerhandwerk
> Dachdeckerhandwerk.

In den aufgeführten Berufsbereichen müssen die Betriebe einen Beitrag auf der Basis der Brutto-Lohnsumme entrichten.

Im Regelfall werden die Mittel im Wesentlichen zur Finanzierung der überbetrieblichen Unterweisung, der teilweisen Erstattung der Ausbildungsvergütung, der Fahrtkosten und der Internatsunterbringung verwendet.
Die Abwicklung der Beitragserhebung und die Auszahlung der Zuwendungen erfolgen über Kassen, die von den Tarifvertragspartnern errichtet wurden.

Ausbildungsbeitrag

Für Zwecke der Finanzierung der überbetrieblichen Unterweisung kann die zuständige Handwerkskammer auf der Grundlage der Handwerksordnung einen **besonderen Ausbildungsbeitrag** sowohl von Ausbildungsbetrieben als auch von Nichtausbildungsbetrieben bestimmter Ausbildungsberufe, für die überbetriebliche Unterweisungsmaßnahmen durchgeführt werden, erheben.

Lehrlingsbetreuungsgebühr

Innungen können sowohl von Innungsmitgliedern als auch von Nichtinnungsmitgliedern unter bestimmten Voraussetzungen eine Lehrlingsbetreuungsgebühr für die tatsächliche Benutzung ihrer Einrichtungen (zum Beispiel überbetriebliche Unterweisungsstätte) verlangen.
Zur Erhöhung des Ausbildungsplatzangebotes in bestimmten Regionen, zur Förderung der Ausbildung im Verbund, zur Förderung der Mobilität und zur Unterbringung von bestimmten Zielgruppen, wie zum Beispiel Förderschülern, Menschen mit Behinderung, Lehrlingen aus in Konkurs gegangenen Betrieben, Bewerbern zur Durchführung von Einstiegsqualifikationen usw., schaffen einzelne Länder, der Bund und die EU bei Bedarf Sonderprogramme. Nach diesen werden Ausbildungsbetrieben und verschiedenen anderen Berufsausbildungseinrichtungen, aber auch Lehrlingen bzw. Teilnehmern an Maßnahmen unter bestimmten Voraussetzungen staatliche Zuschüsse oder Darlehen gewährt.

Handlungsorientierte, fallbezogene Aufgaben

1. Sie sind Ausbilder in einem Handwerksbetrieb und bilden mehrere Lehrlinge aus. Ein grundlegendes Ziel der Ausbildung ist die Vermittlung von Handlungskompetenz, d. h., dass die in der Ausbildungsordnung genannten Fertigkeiten, Kenntnisse und Fähigkeiten so zu vermitteln sind, dass die Lehrlinge im Sinne von selbstständigem Planen, Durchführen und Kontrollieren zu einer qualifizierten Berufstätigkeit befähigt werden. Ferner sollen die Lehrlinge Schlüsselqualifikationen erwerben, die sie befähigen, auch in anderen Berufsfeldern, Tätigkeiten und Funktionen im sich verändernden Berufsleben zu bestehen und den Anforderungen zu entsprechen. Diese Grundsätze wollen Sie in der Ausbildung umsetzen.

   Aufgabe:

   a) Erläutern Sie beispielhaft, wozu Ihre Lehrlinge nach Durchführung von Ausbildungsmaßnahmen befähigt sein sollen, wenn Sie die Ausbildung wie im Fall beschrieben handlungsorientiert durchführen!

   b) Stellen Sie dar, welche Schlüsselqualifikationen Sie bei der Ausbildung Ihrer Lehrlinge in den Bereichen Fachkompetenz und Persönlichkeitskompetenz erreichen wollen!

   >> Seiten 17 bis 22 |

2. Sie haben sich als junger Handwerksmeister vor Kurzem selbstständig gemacht. Als aufgeschlossener junger Unternehmer verfolgen Sie die Diskussionen in den Berufsorganisationen des Handwerks, in der Politik und in den Medien über die Gründe, die für eine leistungsfähige und verstärkte berufliche Aus- und Weiterbildung sprechen, sowie über deren Bedeutung aus wirtschafts-, sozial-, arbeitsmarkts- und gesellschaftspolitischer sowie ökologischer Sicht. Gleichzeitig überlegen Sie auch, welche Gründe für eine Berufsausbildung unter einzelbetrieblichen Aspekten maßgeblich sind. All dies gibt Ihnen Veranlassung zu prüfen und anschließend zu entscheiden, ob Sie in Ihrem Betrieb Lehrlinge ausbilden werden oder nicht. Bei Ihrer Entscheidungsfindung wollen Sie möglichst alle genannten Gesichtspunkte und Betroffenheiten in Ihrer gesamtgesellschaftlichen Verantwortung berücksichtigen.

   Aufgabe: Erarbeiten Sie die Argumente für Ihre Entscheidung und gehen Sie dabei auf alle oben aufgeführten Gesichtspunkte ein!

   >> Seiten 22 bis 25 |

3. Als Inhaberin eines wachsenden Handwerksbetriebes wollen Sie künftig vermehrt in Ihrem Betrieb ausbilden, um den steigenden Personalbedarf auf diesem Weg decken zu können. Davor wollen Sie aber prüfen, ob die Kosten-Ertrag-Rechnung für die Ausbildung betriebswirtschaftlich gesehen vertretbar ist und welche sonstigen betriebswirtschaftlichen Gesichtspunkte in die Entscheidung für eine vermehrte Ausbildung mit einzubeziehen sind.

   Aufgabe:

   a) Geben Sie an, wie Sie bei der Kosten-Ertrag-Rechnung für Ihren Betrieb vorgehen!

   b) Beschreiben Sie weitere betriebswirtschaftliche Vorteile, die mit Ihren geplanten Maßnahmen erreicht werden können!

   >> Seite 25 bis 26 |

4. Sie haben vor Kurzem einen Handwerksbetrieb gegründet und würden gerne zwei Lehrlinge ausbilden. Vor einer endgültigen Entscheidung für oder gegen eine betriebliche Ausbildung wollen Sie feststellen, welche Kosten bei der geplanten Ausbildung in den einschlägigen Kostenbereichen (Ausbildungsbetrieb, Berufsschule, überbetriebliche Unterweisungsstätte) entstehen und wer sie jeweils zu tragen hat. Der für den betrieblichen Teil anfallende Kostenanteil ist für Sie ein wichtiges Entscheidungskriterium. Tarifvertragliche oder sonstige überbetriebliche Finanzierungsregelungen für die Berufsausbildung bestehen in dem Handwerkszweig, dem Ihr Betrieb angehört, nicht.

   Aufgabe:

   a) Stellen Sie die anfallenden Kostenarten im vorliegenden Fall für Ihren Betrieb fest und ordnen Sie diese sachgerecht den einzelnen genannten Kostenbereichen zu!

   b) Erläutern Sie anschließend, welche Kosten von Ihnen zu tragen sind und welche Kosten anderweitig finanziert werden!

   >> Seiten 25 bis 27 |

1.2 Lernsituation: Betrieblichen Ausbildungsbedarf auf der Grundlage rechtlicher, tarifvertraglicher und betrieblicher Rahmenbedingungen planen sowie hierzu Entscheidungen vorbereiten und treffen

Kompetenzen:

- Ausbildungsbedarf auf der Grundlage der Unternehmensentwicklung und der betrieblichen Rahmenbedingungen ermitteln.
- Bedeutung der Ausbildung im Rahmen der Personalentwicklung herausstellen.
- Rechtliche und tarifvertragliche Rahmenbedingungen für Ausbildungsentscheidungen heranziehen.

1.2.1 Personalplanung und Ausbildungsbedarf

1.2.1.1 Aufgaben der Personalplanung

Die Personalplanung ist ein wichtiger Teil der gesamten Unternehmensplanung, wobei Letztere die Vorgaben für den Personalbedarf als Grundlage für die Personalplanung gibt.

Sicherstellung des Arbeitskräftebedarfs

Die Personalplanung hat die Aufgabe, sicherzustellen, dass kurz-, mittel- und langfristig die im Handwerksbetrieb erforderlichen Arbeitskräfte zur Verfügung stehen.

Sie zielt ab auf

- die Anzahl (Quantität) der erforderlichen Arbeitskräfte,
- die qualitative Struktur der Arbeitskräfte,
- die zeitliche Einsatzmöglichkeit der Arbeitskräfte,
- den örtlichen Einsatz der Arbeitskräfte.

Bei allen diesbezüglichen Planungsmaßnahmen ist vom aktuellen Personalbestand, den zu erwartenden Veränderungen durch Zu- und Abgänge, von Mehr- und Minderbedarf aufgrund der Unternehmensplanung und angenommenen gesamtwirtschaftlichen und branchenbezogenen Entwicklungen auszugehen.

1.2.1.2 Ausbildungsbedarf

Ausbildung

Die Deckung des Personalbedarfs kann durch Personalbeschaffung am Arbeitsmarkt und durch Ausbildung im Betrieb erfolgen. Gerade im Handwerk erfolgt die Sicherung des Fachkräftebedarfs überwiegend durch die betriebseigene Ausbildung.
Bei der Auswahl und Festlegung der Ausbildungsberufe und Ausbildungsmaßnahmen ist vor allem nicht nur der gegenwärtige Fachkräftebedarf, sondern der zukünftige maßgebend.

Die Ausbildung von Fachkräften ist also primär eine mittel- und langfristige Investition in das „Humankapital" des Betriebes.

1.2.1.3 Berufsausbildung als Teil der Personalentwicklung

Betriebliche Erstausbildung

Personalentwicklung bezieht sich sowohl auf die betriebliche Erstausbildung als auch auf die Weiterbildung. In der Erstausbildung zielt sie darauf ab, Grundlagen zu schaffen für

- die Entwicklung und Verbesserung von Leistungsfähigkeit und Leistungsbereitschaft,
- die Aufgeschlossenheit für Innovationen aller Art,
- die Fähigkeit, sich auf technische und von Märkten verursachte Veränderungen einzustellen,
- die persönliche Entfaltung im Beruf,
- die Bereitschaft, sich ein ganzes Berufsleben lang weiterzubilden,
- Perspektiven der betrieblichen Entwicklungsmöglichkeiten.

1.2.2 Rechtliche und weitere Rahmenbedingungen der Ausbildung, insbesondere Berufsbildungsgesetz, Handwerksordnung, Jugendarbeitsschutzgesetz, Tarifrecht, Arbeitszeitgesetz, BIBB-Hauptausschuss-Empfehlungen

1.2.2.1 Stellung der Berufsbildung im Rechtssystem

Berufsbildungsrecht

Wichtige Formen des Berufsbildungsrechts sind:

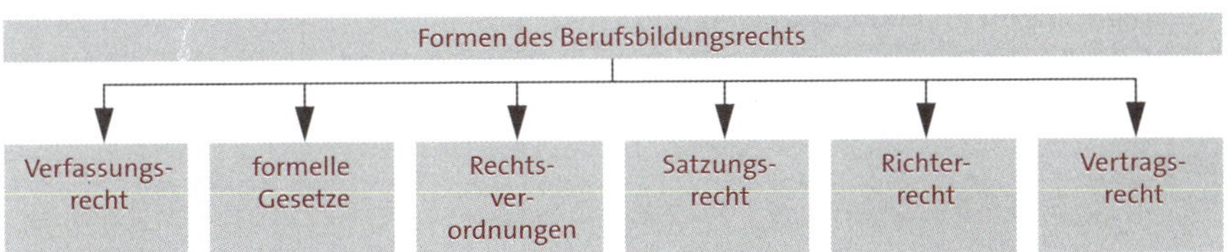

Beispiele:

- Verfassungsrecht: insbesondere Grundrechte
- formelle Gesetze: Handwerksordnung, Berufsbildungsgesetz
- Rechtsverordnungen: Ausbildungsordnung
- Satzungsrecht: Prüfungsordnungen der Handwerkskammer
- Richterrecht: Urteile des Bundesverwaltungsgerichts, des Bundesarbeitsgerichts
- Vertragsrecht: Berufsausbildungsvertrag.

Bundesrecht
Landesrecht

Nach der Zuständigkeit (Bund oder Länder) in der Gesetzgebung unterscheidet man auch für die gesamte Regelung der beruflichen Bildung grundsätzlich zwischen Bundes- und Landesrecht.

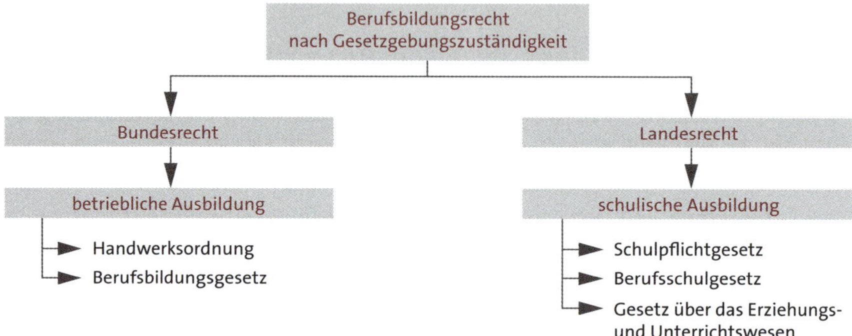

Öffentliches und privates Recht

Je nachdem, ob der Gesetzgeber die Rechtsbeziehungen zwischen Staat und Bürger oder zwischen gleichrangigen Einzelmenschen untereinander regelt, unterscheidet man zwischen öffentlichem und privatem Recht.
Das Berufsbildungsrecht lässt sich in seiner Gesamtheit nicht dem öffentlichen oder dem privaten Recht ausschließlich zuordnen. Vielmehr setzen sich wesentliche Bereiche des Berufsbildungsrechts aus einer Verknüpfung von öffentlichem und privatem Recht zusammen.

1.2.2.2 Bedeutung des Grundgesetzes und der Landesverfassungen für die berufliche Bildung

Grundgesetz

Das Grundgesetz

- regelt das Verhältnis der Zuständigkeiten zwischen Bund und Ländern für Gesetzesregelungen im Bildungswesen und
- gibt dem Bürger Grundrechte, die den Staat binden und die für den einzelnen Bürger im Bereich der Berufsbildung, aber auch für das Schulwesen wichtig sind.

Freiheit der Berufswahl

Die für den Bürger wichtigste Regelung in Bezug auf die Berufsbildung heißt: „Alle Deutschen haben das Recht, Beruf, Arbeitsplatz und Ausbildungsstätte frei zu wählen. Die Berufsausübung kann durch Gesetz oder aufgrund eines Gesetzes geregelt werden.“ (Art. 12 GG)

Aus diesem Verfassungsgrundsatz ergibt sich, dass eine staatliche Berufslenkung zugunsten bestimmter Berufe nicht zulässig ist. Lediglich im Rahmen der Berufsaufklärung können die Berufsorganisationen und die Agenturen für Arbeit informativ und beratend tätig sein.

Landesverfassungen

Nach den Verfassungen der Länder sind diese für die Gesetzgebung auf dem Gebiet des Schulwesens zuständig.

Für den einzelnen Bürger gilt der Grundsatz, dass jeder Bewohner Anspruch auf eine seinen erkennbaren Fähigkeiten entsprechende Ausbildung hat.

Anspruch auf Ausbildung

1.2.2.3 Wichtige Gesetze und Verordnungen für die Berufsbildung im Überblick

Die nachstehende Abbildung zeigt die wichtigsten Vorschriften zum beruflichen Bildungswesen des Handwerks im Überblick:

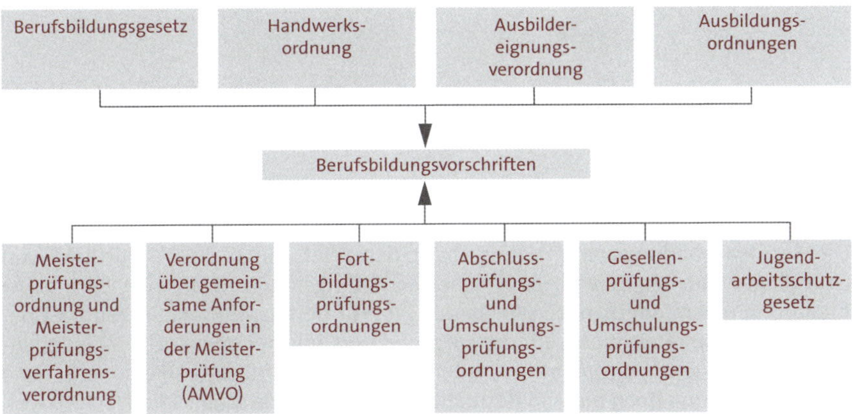

Die wichtigsten Gesetze für die Durchführung der Berufsbildung im Handwerk sind das Berufsbildungsgesetz und die Handwerksordnung.
Weitere wichtige Gesetze und Verordnungen sind:

Weitere Vorschriften

- das Arbeitsförderungsrecht im Sozialgesetzbuch (SGB III)
- das Bundesausbildungsförderungsgesetz
- das Aufstiegsfortbildungsförderungsgesetz.

1.2.2.4 Berufsbildungsgesetz

Das Berufsbildungsgesetz verfolgt das Ziel, eine umfassende bundeseinheitliche Regelung für die berufliche Bildung in der deutschen Wirtschaft zu gewährleisten. Es bildet den rechtlichen Rahmen für das duale Ausbildungssystem sowie für die Qualität der beruflichen Aus- und Fortbildung und trägt zur Sicherung des Fachkräftebedarfs der Wirtschaft und zur Verbesserung der Ausbildungschancen der Jugend bei.

Ziel

Geltungsbereich

Im Rahmen des dualen Systems – Ausbildung in Betrieb und Berufsschule – regelt es den Bereich der betrieblichen Ausbildung, und zwar grundsätzlich in allen Berufs- und Wirtschaftszweigen. Um die gesetzestechnische und inhaltliche Einheit der Handwerksordnung zu gewährleisten und im Interesse der Rechtsklarheit und Transparenz der Regelungen zur Berufsbildung in Handwerksberufen sind aber Tei-

le des Berufsbildungsrechts für das Handwerk in der Handwerksordnung geregelt. Die Regelungsbereiche sind in >> Abschnitt 1.2.2.5 aufgeführt.
Nach dem Berufsbildungsgesetz umfasst Berufsbildung als Oberbegriff der beruflichen Bildung folgende Bereiche:

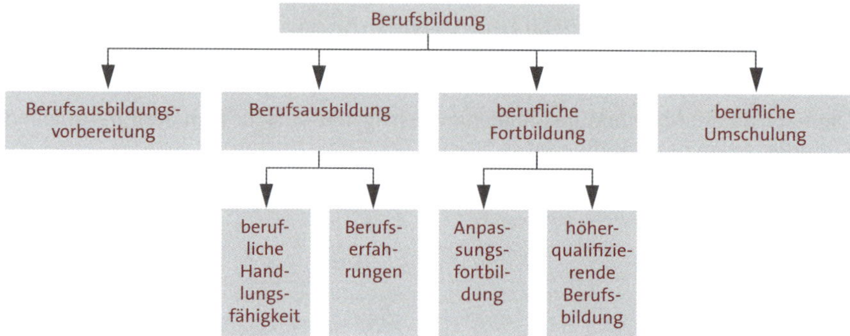

Berufsausbildungsvorbereitung

Ziel

Die Berufsausbildungsvorbereitung dient dem Ziel, durch die Vermittlung von Grundlagen für den Erwerb beruflicher Handlungsfähigkeit an eine Berufsausbildung in einem anerkannten Ausbildungsberuf heranzuführen. Sie eröffnet besonderen Personengruppen, für die aufgrund persönlicher oder sozialer Gegebenheiten (z. B. lernbeeinträchtigte oder sozial benachteiligte Personen) eine Berufsausbildung noch nicht in Betracht zu ziehen ist, die Möglichkeit, schrittweise die Voraussetzungen hierfür zu schaffen.

Berufsausbildung

Berufsausbildung ist das Kernstück des Berufsbildungsgesetzes. Sie hat die für die Ausübung einer qualifizierten beruflichen Tätigkeit in einer sich wandelnden Arbeitswelt notwendigen beruflichen Fertigkeiten, Kenntnisse und Fähigkeiten (berufliche Handlungsfähigkeit) in einem gesonderten Ausbildungsgang zu vermitteln. Mit den Begriffen „Fähigkeiten“ und „berufliche Handlungsfähigkeit“ entspricht das Berufsbildungsgesetz in seiner Terminologie den Anforderungen eines modernen Berufsbildungssystems.

Berufliche Handlungsfähigkeit

Berufserfahrungen

Die Berufsausbildung hat ferner den Erwerb der erforderlichen Berufserfahrungen zu ermöglichen.

Berufliche Fortbildung

Ziele

Anpassungs- und höherqualifizierende Berufsbildung

Die berufliche Fortbildung soll die Möglichkeit schaffen, die berufliche Handlungsfähigkeit zu erhalten und anzupassen oder zu erweitern und beruflich aufzusteigen. Man unterscheidet zwischen der Anpassungsfortbildung und der höherqualifizierenden Berufsbildung. Die Anpassungsfortbildung hat die berufliche Handlungsfähigkeit an die geänderten Erfordernisse der Arbeitswelt zu erhalten und anzupassen. Die höherqualifizierende Berufsbildung soll es ermöglichen, die berufliche Handlungsfähigkeit im Blick auf qualitativ höherwertige Berufstätigkeiten zu erweitern und beruflich aufzusteigen.

Berufliche Umschulung

Die berufliche Umschulung soll zu einer anderen, bisher nicht erlernten Berufstätigkeit befähigen.

Lernorte der Berufsbildung

Nach dem Berufsbildungsgesetz wird Berufsbildung durchgeführt
- in Betrieben der Wirtschaft und in vergleichbaren Einrichtungen außerhalb der Wirtschaft wie z. B. freien Berufen (betriebliche Berufsbildung),
- in berufsbildenden Schulen (schulische Berufsbildung) und
- in sonstigen Bildungseinrichtungen außerhalb der schulischen und betrieblichen Berufsausbildung (außerbetriebliche Berufsbildung).

Lernortkooperation

Diese Lernorte wirken bei der Durchführung der Berufsbildung zusammen (Lernortkooperation). Das duale System der Berufsausbildung beruht auf den Säulen der betrieblichen und betriebsergänzenden überbetrieblichen Ausbildung sowie der schulischen Ausbildung. Der Erfolg der Berufsausbildung hängt entscheidend von der Wirksamkeit der Kooperation der Lernorte ab. Zur Bedeutung der Kooperation der Lernorte sowie der Möglichkeiten, die Lernkooperation zu intensivieren, hat der Hauptausschuss des Bundesinstituts für Berufsbildung Empfehlungen gegeben.

Ausbildung im Ausland

Teile der Berufsausbildung können auch im Ausland durchgeführt werden, wenn dies dem Ausbildungsziel dient. Die näheren Erläuterungen hierzu >> Abschnitt 2.6.

Inhalt des Berufsbildungsgesetzes

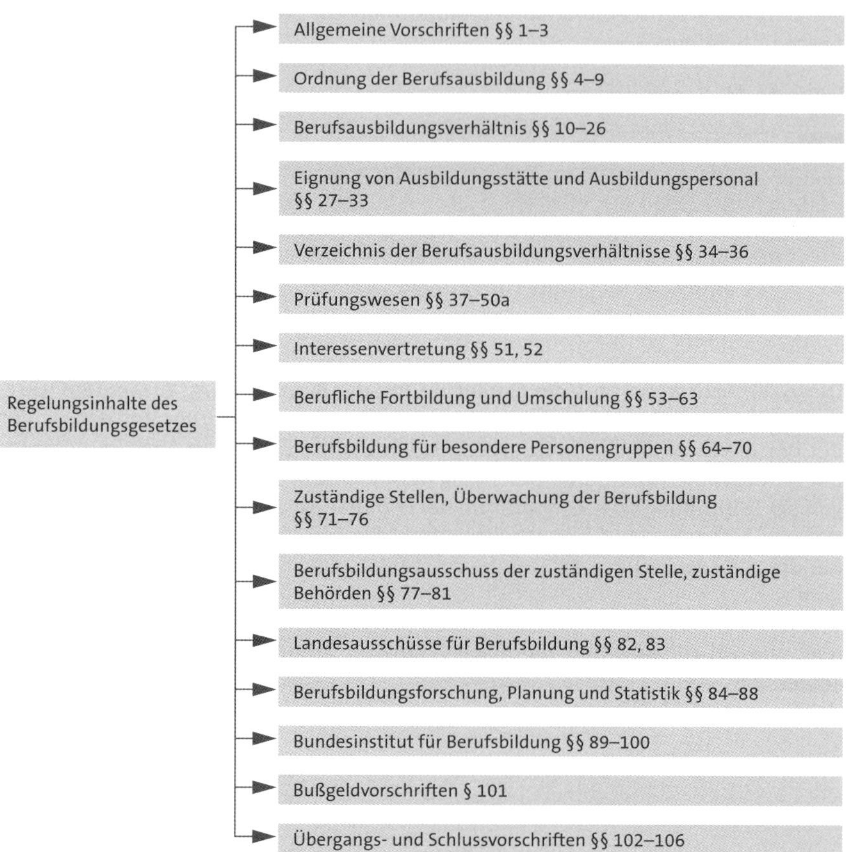

Ausnahmen: Handwerksordnung

Für die Berufsbildung in allen Berufen der Handwerksordnung gelten die §§ 4 bis 9, 27 bis 49, 53 bis 70, 76 bis 80 sowie 101 Abs. 1 Nr. 1 bis 4 sowie Nr. 6 bis 10 nicht. Insoweit gilt die Handwerksordnung. Die entsprechenden Vorschriften sind hier aber vergleichbar zum Berufsbildungsgesetz.

Die Regelungsinhalte des Berufsbildungsgesetzes sind, soweit sie für das Handwerk gelten, in diesem Band 4 der Handwerker-Fibel in den jeweiligen Handlungsfeldern, Lernsituationen und deren untergliederten Abschnitten, zu denen sie vom Sachzusammenhang her gehören, berücksichtigt und dargestellt.

Aus systematischen Gründen werden die Vorschriften über die Landesausschüsse für Berufsbildung, die Berufsbildungsforschung, Planung und Statistik und das Bundesinstitut für Berufsbildung nachfolgend dargestellt.

Landesausschüsse für Berufsbildung

Bei der Landesregierung besteht ein Landesausschuss für Berufsbildung, der sich aus einer gleichen Zahl von Beauftragten der Arbeitgeber, der Arbeitnehmer und der obersten Landesbehörden zusammensetzt.

An den Sitzungen des Landesausschusses und seiner Unterausschüsse können Vertreter der beteiligten obersten Landesbehörden, der Gemeinden und der Gemeindeverbände sowie der Agentur für Arbeit teilnehmen.

Der Landesausschuss hat folgende wesentlichen Aufgaben:
> die Landesregierung in den Fragen der beruflichen Bildung zu beraten,
> auf eine stetige Entwicklung der Qualität der beruflichen Bildung hinzuwirken,
> bei der Neuordnung und Weiterentwicklung des Schulwesens mitzuwirken,
> Empfehlungen zur Stärkung der regionalen Ausbildungs- und Beschäftigungssituation und zur inhaltlichen und organisatorischen Abstimmung und zur Verbesserung der Ausbildungsangebote abzugeben.

Aufgaben

Berufsbildungsforschung

Die Berufsbildungsforschung hat insbesondere die Ziele,

Ziele

> Grundlagen der Berufsbildung zu klären,
> inländische und internationale Entwicklungen zu beobachten,
> Anforderungen, Inhalte und Ziele der Berufsbildung zu ermitteln,
> Weiterentwicklungen vorzubereiten,
> Instrumente und Verfahren der Vermittlung von Berufsbildung sowie den Wissens- und Technologietransfer zu fördern.

Berufsbildungsplanung

Die Berufsbildungsplanung hat insbesondere dazu beizutragen, dass die Ausbildungsstätten nach Art, Zahl, Größe und Standort ein qualitativ und quantitativ ausreichendes Angebot an beruflichen Ausbildungsplätzen gewährleisten.

Aufgaben

Berufsbildungsstatistik

Für Zwecke der Planung und Ordnung der Berufsbildung wird eine Bundesstatistik insbesondere über Auszubildende, Ausbilder, Prüfungsteilnehmer, Ausbildungsberater und Teilnehmer an Berufsausbildungsvorbereitungsmaßnahmen geführt.

Zweck

Berufsbildungsbericht

Das Bundesministerium für Bildung und Forschung hat bis zum 15. Mai jeden Jahres der Bundesregierung einen Berufsbildungsbericht vorzulegen, in dem Stand und voraussichtliche Weiterentwicklungen der Berufsbildung dargestellt sind.

Schwerpunkt sind u. a. die Zahl der abgeschlossenen Ausbildungsverhältnisse, der nicht besetzten Ausbildungsplätze, der ausbildungsplatzsuchenden Personen und das zu erwartende Angebot an Ausbildungsplätzen.

Schwerpunkte

Bundesinstitut für Berufsbildung

Zur Durchführung von bestimmten Aufgaben der Berufsbildung im Rahmen der Bildungspolitik der Bundesregierung besteht ein Bundesinstitut für Berufsbildung.

Das Institut hat u. a. folgende wichtige Aufgaben:

Aufgaben

- Durchführung von Berufsbildungsforschung
- Mitwirkung an der Vorbereitung von Ausbildungsordnungen und sonstigen Rechtsverordnungen nach dem Berufsbildungsgesetz und der Handwerksordnung
- Mitwirkung an der Vorbereitung des Berufsbildungsberichts und an der Durchführung der Berufsbildungsstatistik
- Förderung von Modellversuchen
- Mitwirkung an der internationalen Zusammenarbeit in der beruflichen Bildung
- Übernahme von Verwaltungsaufgaben zur Förderung der Berufsbildung
- Unterstützung der Planung, Errichtung und Weiterentwicklung überbetrieblicher Berufsbildungsstätten
- Förderung überbetrieblicher Berufsbildungsstätten
- Führung und Veröffentlichung des Verzeichnisses über die anerkannten Ausbildungsberufe
- Prüfung, Anerkennung und Förderung des berufsbildenden Fernunterrichts.

Auskunftspflicht

Alle natürlichen und juristischen Personen sowie Behörden, die Berufsbildung durchführen, sind gegenüber dem Bundesinstitut für Berufsbildung auskunftspflichtig.
In diesem Rahmen müssen auch notwendige Unterlagen vorgelegt und Besichtigungen der Betriebsräume, der Betriebseinrichtungen und der Aus- und Weiterbildungsplätze gestattet werden. Die Auskünfte müssen grundsätzlich unentgeltlich gegeben werden.

1.2.2.5 Handwerksordnung

Die Handwerksordnung regelt als Rechtsgrundlage für den Wirtschaftsbereich Handwerk insgesamt die Ausübung eines Handwerks und eines handwerksähnlichen Gewerbes, die Berufsbildung im Handwerk, das Prüfungswesen, die Meisterprüfung und den Meistertitel sowie das Organisationsrecht und die Bußgeldvorschriften bei Ordnungswidrigkeiten.

Geltungsbereich

> Die für die Berufsbildung und das Prüfungswesen sowie für die Ordnungswidrigkeiten im Bereich der Berufsbildung des Handwerks geltenden Regelungsinhalte der Handwerksordnung gehen aus der nachstehenden Übersicht hervor. Sie gelten für die Berufsbildung in allen Berufen des Handwerks, also für zulassungspflichtige und zulassungsfreie Handwerke sowie handwerksähnliche Gewerbe.

Um gleiche rechtliche Rahmenbedingungen für die Berufsbildung im Handwerk und in den anderen Wirtschaftsbereichen zu erreichen, stimmen die einschlägigen Regelungen des Berufsbildungsgesetzes und Teile der Handwerksordnung in ihrem materiellen Inhalt weitgehend überein.

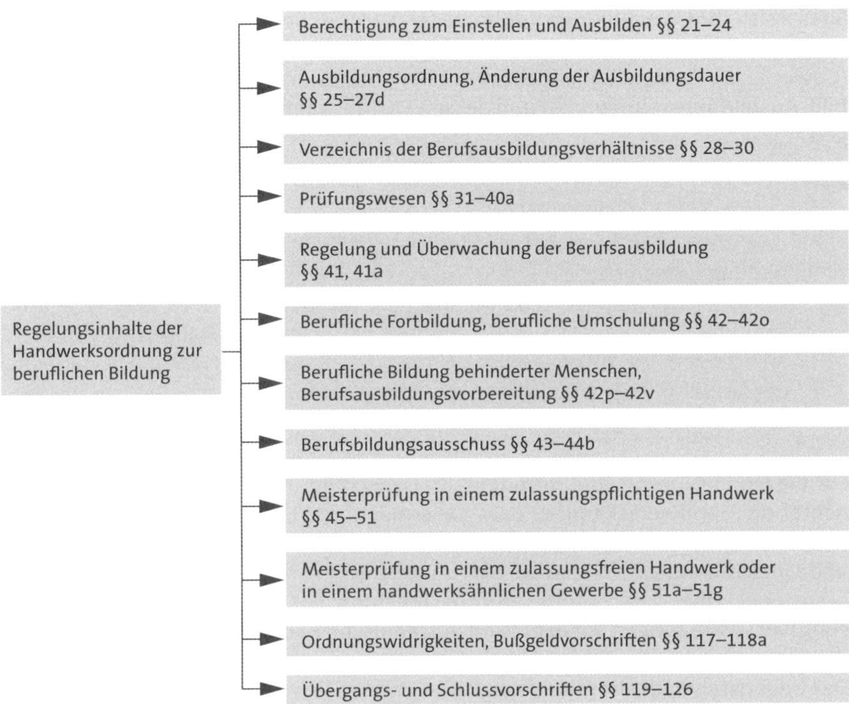

Die für das Handwerk geltenden, oben aufgeführten Regelungsbereiche sind in diesem Band 4 der Handwerker-Fibel in den jeweiligen Handlungsfeldern, Lernsituationen und deren Untergliederungen, zu denen sie vom Sachzusammenhang her gesehen gehören, berücksichtigt und dargestellt.
Aus Gründen der Darstellungssystematik wird auf die Regelungsbereiche

- Umschulung,
- berufliche Bildung von Menschen mit Behinderung und
- Berufsausbildungsvorbereitung

hier eingegangen bzw. verwiesen.

Berufliche Umschulung

Als Grundlage für eine geordnete und einheitliche berufliche Umschulung kann das Bundesministerium für Bildung und Forschung im Einvernehmen mit dem Bundesministerium für Wirtschaft und Klimaschutz durch Rechtsverordnung (Umschulungsordnung) bestimmen

Umschulungsordnungen

- die Bezeichnung des Umschulungsabschlusses,
- das Ziel, den Inhalt, die Art und Dauer der Umschulung,
- die Anforderungen der Umschulungsprüfung und ihre Zulassungsvoraussetzungen sowie
- das Prüfungsverfahren der Umschulung.

Soweit Umschulungsordnungen durch das Bundesministerium nicht erlassen sind, kann die Handwerkskammer entsprechende Umschulungsprüfungsregelungen erlassen.

Sofern sich die Umschulungsordnung oder die Umschulungsprüfungsregelung der Handwerkskammer auf die Umschulung für einen anerkannten Ausbildungsberuf (Gewerbe der Anlage A oder der Anlage B) richtet, sind dessen Ausbildungsberufsbild, Ausbildungsrahmenplan und dessen Prüfungsanforderungen zugrunde zu legen.

Anzeigepflicht

Maßnahmen der beruflichen Umschulung müssen nach Inhalt, Art, Ziel und Dauer den besonderen Erfordernissen der beruflichen Erwachsenenbildung entsprechen.
Der Umschulende hat die Durchführung der beruflichen Umschulung unverzüglich vor Beginn der Maßnahme der Handwerkskammer schriftlich anzuzeigen. Die Anzeigepflicht erstreckt sich auf den wesentlichen Inhalt des Umschulungsverhältnisses. Bei Abschluss eines Umschulungsvertrages ist eine Ausfertigung der Vertragsniederschrift beizufügen.

Prüfung

Für die Durchführung von Prüfungen im Bereich der beruflichen Umschulung errichtet die Handwerkskammer bzw. die ermächtigte Innung Prüfungsausschüsse. Die Prüfungsordnung der Handwerkskammer für die Durchführung von Gesellen- und Umschulungsprüfungen ist zugrunde zu legen. Wenn die Umschulungsordnung oder eine Umschulungsprüfungsregelung der Handwerkskammer Zulassungsvoraussetzungen vorsieht, sind ausländische Bildungsabschlüsse und Zeiten der Berufstätigkeit im Ausland zu berücksichtigen.
Der Gegenstand der Umschulungsprüfung ergibt sich aus der jeweiligen Umschulungsordnung oder Umschulungsprüfungsregelung der Handwerkskammer. Umschulungsprüfungen, für die keine eigenständigen Kammerregelungen erlassen worden sind, richten sich nach den Bestimmungen der einschlägigen Ausbildungsordnungen. Dies gilt für Ziel, Inhalt und Anforderungen der Umschulungsprüfung sowie die Abschlussbezeichnung.

Zur Prüfung ist zuzulassen,

- wer an einer auf das Ausbildungsziel des jeweiligen staatlich anerkannnten Ausbildungsberufs gerichteten Umschulungsmaßnahme teilgenommmen hat, welche nach Art, Ziel und Dauer den besonderen Erfordernissen der beruflichen Erwachsenenbildung entsprochen hat,
- wessen Umschulungsmaßnahme der Handwerkskammer schriftlich angezeigt worden ist und
- wer die im Umschulungsvertrag vereinbarte Ausbildungsdauer zurückgelegt hat.

Sofern die Umschulungsprüfung in zwei zeitlich auseinanderfallenden Teilen durchgeführt wird, ist über die Zulassung gesondert zu entscheiden. Dies gilt nicht, wenn Umschüler aus Gründen, die sie nicht zu vertreten haben, am ersten Teil der Umschulungsprüfung nicht teilgenommen haben. In diesem Fall ist der erste Teil der Umschulungsprüfung zusammen mit dem zweiten Teil abzulegen.
Der Prüfling ist auf Antrag von der Ablegung einzelner Prüfungsbestandteile durch die Handwerkskammer zu befreien, wenn er eine andere vergleichbare Prüfung vor einer öffentlichen oder staatlich anerkannten Bildungseinrichtung oder vor einem staatlichen Prüfungsausschuss erfolgreich abgelegt hat und die Anmeldung zur Umschulungsprüfung innerhalb von 10 Jahren nach der Bekanntgabe des Bestehens der anderen Prüfung erfolgt.

Dem Umschulungsprüfungszeugnis ist auf Antrag des Umschülers eine englischsprachige und eine französischsprachige Übersetzung beizufügen. Dafür kann eine Gebühr berechnet werden.

Berufliche Bildung von Menschen mit Behinderung

Ausführungen hierzu >> Abschnitt 1.4.3.2

Berufsausbildungsvorbereitung

Für genauere Informationen >> Abschnitt 1.6.

1.2.2.6 Jugendarbeitsschutzgesetz

Jugendarbeitsschutzgesetz

Das Jugendarbeitsschutzgesetz (JArbSchG) schützt junge Menschen vor Arbeit, die zu früh beginnt, die zu lange dauert, die zu schwer ist, die sie gefährdet oder die für sie ungeeignet ist. Es gilt für Personen, die noch nicht 18 Jahre alt sind.

- Kinder sind Personen, die noch nicht 15 Jahre alt sind.
- Jugendliche sind Personen, die 15, aber noch nicht 18 Jahre alt sind.

Soweit Jugendliche noch der Vollzeitschulpflicht unterliegen, finden auf sie die für Kinder geltenden Vorschriften Anwendung.

Verbot von Kinderarbeit

Die Beschäftigung von Kindern ist verboten. Ausnahmen gelten nur in besonderen Fällen (§ 2 JArbSchG).

Ausnahmen

Beispiele:

Im Rahmen eines Betriebspraktikums während der Vollzeitschulpflicht.
Ab dem 13. Lebensjahr – bis zu zwei Stunden an bis zu fünf Tagen in der Woche – mit Einwilligung des Personensorgeberechtigten, soweit die Beschäftigung leicht und für Kinder geeignet ist (spezielle Kinderarbeitsschutzverordnung).
Eine Beschäftigung während der Schulferien für höchstens vier Wochen im Kalenderjahr, wenn das 15. Lebensjahr vollendet ist, aber noch Vollzeitschulpflicht besteht.
Nicht mehr der Vollzeitschulpflicht unterliegende Kinder in einem Berufsausbildungsverhältnis.

Arbeitszeit

Als Arbeitszeit gilt die Zeit zwischen Beginn und Ende der täglichen Beschäftigung ohne die Ruhepausen.

Höchst-arbeitszeit

Die zulässige Höchstarbeitszeit für Jugendliche beträgt

> bis zu 8,5 Stunden täglich,
> wöchentlich 40 Stunden (§ 8 JArbSchG).

Wird an einzelnen Werktagen die Arbeitszeit auf weniger als 8 Stunden verkürzt, ist die Beschäftigung an den übrigen Tagen derselben Woche bis zu 8,5 Stunden zulässig. In Tarifverträgen oder darauf beruhenden Betriebsvereinbarungen sind Abweichungen (bis zu 9 Stunden täglich, 44 Stunden wöchentlich und 5,5 Tage in der Woche) möglich, jedoch nur unter Einhaltung einer durchschnittlichen Wochenarbeitszeit von 40 Stunden pro Woche in einem Ausgleichszeitraum von 2 Monaten.

5-Tage-Woche

Die Arbeitszeit von 40 Stunden verteilt sich auf 5 Tage in der Woche.

Die beiden wöchentlichen Ruhetage sollen nach Möglichkeit aufeinander folgen.

Schichtzeit

Schichtzeit ist die tägliche Arbeitszeit unter Hinzurechnung der Ruhepausen. Sie darf 10 Stunden – im Gaststättengewerbe, auf Bau- und Montagestellen 11 Stunden – nicht überschreiten.

Berufsschultag (Regelungen gelten entsprechend auch für volljährige Auszubildende)

- Die Beschäftigung vor einem vor 9 Uhr beginnenden Unterricht ist unzulässig; dies gilt auch für Auszubildende, die über 18 Jahre alt sind.
- An einem Berufsschultag mit mehr als 5 Unterrichtsstunden von mindestens je 45 Minuten (einmal in der Woche) dürfen Auszubildende im Betrieb nicht beschäftigt werden. Dies gilt auch in Berufsschulwochen mit einem planmäßigen Blockunterricht von mindestens 25 Stunden an mindestens 5 Tagen; zusätzliche betriebliche Ausbildungsveranstaltungen bis zu 2 Wochenstunden wöchentlich sind in diesem Fall zulässig.
- Bei Auszubildenden wird wöchentlich ein Berufsschultag mit mehr als 5 Unterrichtsstunden mit der durchschnittlichen täglichen Ausbildungszeit angerechnet; Berufsschulwochen mit Blockunterricht im vorgenannten Umfang werden mit der durchschnittlichen wöchentlichen Ausbildungszeit angerechnet.

Freistellung

Für die Teilnahme an Prüfungen und überbetrieblichen Ausbildungsmaßnahmen sowie an dem Arbeitstag, der der schriftlichen Gesellen- oder Abschlussprüfung unmittelbar vorangeht, sind Auszubildende von der Arbeit unter Fortzahlung des Arbeitsentgelts und Anrechnung auf die Arbeitszeit freizustellen. Wird die Gesellen- oder Abschlussprüfung in 2 auseinanderfallenden Teilen durchgeführt, hat der Auszubildende Anspruch auf insgesamt 2 freie Tage.

Freizeit

Nach Beendigung der täglichen Arbeitszeit muss eine ununterbrochene Freizeit von mindestens 12 Stunden liegen.

Ruhepausen

> Nach einer Arbeitszeit von 4,5 Stunden muss eine Ruhepause gewährt werden (§ 11 JArbSchG).

Sie beträgt bei einer Arbeitszeit

- bis zu 6 Stunden 30 Minuten täglich,
- bei mehr als 6 Stunden 60 Minuten täglich.

Als Pausen gelten nur Arbeitsunterbrechungen von mindestens 15 Minuten.

Beschäftigungsverbote

Verboten ist die Beschäftigung:

- mit Mehrarbeit, es sei denn, dass es sich um unaufschiebbare Arbeiten in Notfällen handelt und erwachsene Arbeitnehmer nicht zur Verfügung stehen — Mehrarbeit
- während der Nachtzeit von 20.00 Uhr abends bis 6.00 Uhr früh — Nachtruhe
  Ausnahmen:
  - in Betrieben, in denen die Beschäftigten in außergewöhnlichem Grade der Einwirkung von Hitze ausgesetzt sind, in der warmen Jahreszeit ab 5.00 Uhr
  Jugendliche über 16 Jahre
  - in Bäckereien und Konditoreien ab 5.00 Uhr
  - im Gaststättengewerbe bis 22.00 Uhr
  - in mehrschichtigen Betrieben bis 23.00 Uhr
  Jugendliche über 17 Jahre
  - in Bäckereien ab 4.00 Uhr
- an Samstagen; Ausnahmen zum Beispiel in offenen Verkaufsstellen, Bäckereien und Konditoreien, im Friseurhandwerk und Gaststättengewerbe — Samstagsruhe
- an Sonn- und Feiertagen — Sonn- und Feiertagsruhe
- am 24. und 31. Dezember nach 14.00 Uhr
- mit Arbeiten, die die physische oder psychische Leistungskraft eines Jugendlichen übersteigen
- mit gefährlichen Arbeiten, es sei denn, dass dies zur Erreichung des Ausbildungszieles erforderlich ist und unter Aufsicht erfolgt
- mit Akkordarbeiten.

Urlaub

Der gesetzliche Mindesturlaub beträgt, gestaffelt nach Alter, wenn der Arbeitnehmer bzw. Auszubildende zu Beginn des Kalenderjahres

noch nicht 16 Jahre alt ist	= 30 Werktage	(alle Kalendertage mit	Jugendliche
noch nicht 17 Jahre alt ist	= 27 Werktage	Ausnahme der Sonn-	
noch nicht 18 Jahre alt ist	= 25 Werktage	und Feiertage)	
bereits 18 Jahre alt ist	= 24 Werktage		Erwachsene

Unfallgefahren

Belehrungen

Der Arbeitgeber ist verpflichtet, alle notwendigen Vorkehrungen zu treffen, die zum Schutz der Jugendlichen gegen Gefahren für Leben und Gesundheit erforderlich sind. Vor Beginn der Beschäftigung, bei wesentlicher Änderung der Arbeitsbedingungen und in angemessenen Zeitabständen, mindestens aber halbjährlich, müssen Jugendliche über die Unfall- und Gesundheitsgefahren im Betrieb unterwiesen werden.

Gesundheitliche Betreuung

Erstuntersuchung

> Mit der erstmaligen Beschäftigung eines Jugendlichen darf nur begonnen werden, wenn er
>
> > innerhalb der letzten 14 Monate von einem Arzt untersucht worden ist und
> > eine von diesem Arzt ausgestellte Bescheinigung dem Arbeitgeber vorlegt (§ 32 JArbSchG).

Nachuntersuchung

Ein Jahr nach Aufnahme der ersten Beschäftigung hat sich der Arbeitgeber eine ärztliche Bescheinigung über die Nachuntersuchung vorlegen zu lassen. Legt der Jugendliche die Bescheinigung nicht rechtzeitig vor, hat ihn der Arbeitgeber innerhalb eines Monats unter Hinweis auf das Beschäftigungsverbot schriftlich aufzufordern, ihm die Bescheinigung vorzulegen. Eine Durchschrift hiervon erhalten der Personensorgeberechtigte und der Betriebsrat.

> Nach Ablauf von 14 Monaten nach Aufnahme der Beschäftigung darf der Jugendliche nicht mehr weiterbeschäftigt werden, solange die Bescheinigung nicht nachgereicht wird (§ 33 JArbSchG).

Gefährdungsvermerk

Enthält die Bescheinigung des Arztes einen Vermerk über Arbeiten, durch deren Ausübung die Gesundheit des Jugendlichen gefährdet ist, darf der Jugendliche mit solchen Arbeiten nicht beschäftigt werden. Weitere Nachuntersuchungen sind möglich, aber nicht vorgeschrieben.

Aufbewahrungspflicht

Die Kosten der Untersuchungen trägt das Land; es besteht freie Arztwahl. Zur Durchführung der ärztlichen Untersuchung ist der Jugendliche unter Fortzahlung des Arbeitsentgelts von der Arbeit freizustellen. Die Bescheinigungen hat der Arbeitgeber bis zur Vollendung des 18. Lebensjahres des Jugendlichen aufzubewahren.

Die Kammern dürfen Ausbildungsverträge von Jugendlichen nur dann in das Verzeichnis eintragen, wenn die Bescheinigung über die Erstuntersuchung vorgelegt wird. Sie haben die Eintragung wieder zu löschen, wenn die Bescheinigung über die Nachuntersuchung nicht spätestens am Tage der Anmeldung zur Zwischenprüfung oder zum ersten Teil der Gesellen- bzw. Abschlussprüfung zur Einsicht vorgelegt wird.

Folgen bei Verstößen

Verstöße gegen das Jugendarbeitsschutzgesetz sind mit einer Geldbuße bis zu 30.000,00 EUR oder Freiheitsstrafe bis zu einem Jahr oder Geldstrafe bedroht.

1.2.2.7 Tarifrecht

Auch das Tarifrecht spielt eine große Rolle für die Ausgestaltung der Berufsausbildung.

Tarifverträge werden zwischen Arbeitgeberverbänden und Gewerkschaften abgeschlossen.

Tarifverträge gelten grundsätzlich, wenn Betrieb und Auszubildender Mitglied der jeweiligen Verbände sind. Auch ist es möglich, dass Tarifverträge für allgemeinverbindlich erklärt werden. Dann gelten sie für alle Beschäftigungsverhältnisse.

In Tarifverträgen können Regelungen getroffen werden, die die Berufsausbildung betreffen. Hierzu gehören beispielsweise die Höhe der Ausbildungsvergütung, die Arbeitszeit, die Urlaubshöhe oder auch Regelungen zur Übernahme nach der Ausbildung.

1.2.2.8 Arbeitszeitgesetz

Arbeitszeitgesetz

Für volljährige Arbeitnehmer, also auch für volljährige Auszubildende, gilt das Arbeitszeitgesetz. Demnach darf die werktägliche Arbeitszeit acht Stunden nicht überschreiten. Eine Erhöhung auf zehn Stunden ist allerdings möglich, wenn im Durchschnitt von sechs Monaten durchschnittlich die Grenze von acht Stunden eingehalten wird.

1.2.2.9 Empfehlungen des Hauptausschusses des Bundesinstituts für Berufsbildung

Hauptausschuss

Der Hauptausschuss ist ein Organ des Bundesinstituts für Berufsbildung (>> Abschnitt 1.2.2.4). Mitglieder sind Vertreter der Arbeitgeber, der Arbeitnehmer, des Bundes und der Länder.

Zu seinen Aufgaben gehört die Erarbeitung von Empfehlungen zu Fragen der beruflichen Bildung. Ein Beispiel ist die Empfehlung des Rahmenlehrplans für die Ausbildereignungsverordnung, auf deren Grundlage die Inhalte dieses Lehrbuchs entwickelt wurden. Die Empfehlungen sind im Internet auf der Seite des Bundesinstituts für Berufsbildung abrufbar.

Handlungsorientierte, fallbezogene Aufgaben

1. Sie sind Inhaber eines Handwerksbetriebes. Im personellen Bereich treten immer wieder Probleme auf, weil nicht genügend Personal zur Verfügung steht, die qualitative Struktur nicht immer stimmt und die zeitlichen und örtlichen Einsatzmöglichkeiten nicht optimal gegeben sind. Um diese Probleme zu lösen und die Leistungsfähigkeit und die Entwicklungschancen des Betriebes nachhaltig zu verbessern, wollen Sie die Personalbedarfsplanung und die Maßnahmen zur Deckung des Personalbedarfs systematisieren und bestmöglich gestalten.

   Aufgabe: Stellen Sie dar, wie Sie die beiden Ziele für Ihren Betrieb erreichen können!

   >> Seiten 30 bis 31 |

2. Sie haben sich als Betriebsinhaber entschieden, künftig Lehrlinge auszubilden. Deshalb wollen Sie sich zunächst einen Überblick über die für die Berufsausbildung wichtigen Gesetze und Verordnungen verschaffen, nicht zuletzt auch deshalb, um die künftigen Auszubildenden darüber zu informieren.

   Aufgabe:

   a) Stellen Sie fest, welche Bedeutung das Grundgesetz und die Länderverfassungen dabei haben!

   b) Erstellen Sie eine Liste über alle in diesem Zusammenhang wichtigen Gesetze und Verordnungen!

   c) Erläutern Sie wichtige Regelungsinhalte des Berufsbildungsgesetzes und der Handwerksordnung, die für Ihre künftige Arbeit wichtig sind!

   >> Seiten 31 bis 41 |

3. Sie beschäftigen eine Auszubildendende, die 17 Jahre alt ist.

   Aufgabe: Stellen Sie dar, welche Arbeitszeitvorschriften bei dieser Auszubildenden zu beachten sind!

   >> Seiten 41 bis 43 |

1.3 Lernsituation: Strukturen des Berufsbildungssystems und seine Schnittstellen darstellen

Kompetenzen:

> Einbindung des Berufsbildungssystems in die Struktur des Bildungssystems beschreiben.
> Anforderungen an das Bildungssystem für die Berufsbildung darstellen.
> Das duale System der Berufsausbildung bezüglich Struktur, Zuständigkeiten, Aufgabenbereichen und Kontrolle beschreiben.
> Individuelle Entwicklungsperspektiven im Bildungssystem mit Schnittstellen, Durchlässigkeiten, Niveaustufen und Berufslaufbahnkonzepten erläutern.

1.3.1 Einordnung des Berufsbildungssystems in das deutsche Bildungssystem

1.3.1.1 Grundstruktur des Bildungswesens in der Bundesrepublik Deutschland

Im Rahmen der föderalen Ordnung der Bundesrepublik Deutschland können die Länder das Bildungswesen im schulischen Bereich in eigener Zuständigkeit regeln.

Zuständigkeiten der Länder

Deshalb bestehen Unterschiede in den Schulsystemen einzelner Länder. Damit die Abweichungen nicht unvertretbar groß werden, bestehen Koordinierungsinstrumente und Koordinierungsgremien. Als wichtigste Gremien bzw. Kooperationsformen sind zu nennen:

Koordinierungsgremien

> die Ständige Konferenz der Kultusminister der Länder (KMK)
> Vereinbarungen zur Feststellung der Leistungsfähigkeit des Bildungswesens im internationalen Vergleich
> die Gemeinsame Wissenschaftskonferenz (GWK) von Bund und Ländern.

Generell lässt sich die Gliederung des Bildungswesens in Deutschland wie folgt beschreiben, auch wenn es in den einzelnen Bundesländern zu Abweichungen kommt:

> Elementarbereich: Einrichtungen bis zum Schuleintritt, z. B. Kindergarten
> Primarbereich: Grundschule
> Sekundarstufe I: Übertritt aus Grundschule bis Klasse neun bzw. zehn, z. B. Hauptschule, Mittelschule, Realschule, Gymnasium, Schularten mit mehreren Bildungsgängen
> Sekundarstufe II: Bildungsangebote nach Erfüllung der allgemeinen Schulpflicht, z. B. duale Berufsausbildung oder gymnasiale Oberstufe
> Tertiärer Bereich: Hochschulen und Einrichtungen mit berufsqualifizierenden Studiengängen
> Weiterbildung: berufliche, wissenschaftliche und allgemeine Weiterbildung in vielfältigen Formen.

1.3.1.2 Struktur des beruflichen Bildungssystems

Die Berufsausbildung erfolgt in der Bundesrepublik Deutschland schwerpunktmäßig in Ausbildungsbetrieben und in Berufsschulen (duales System). Nähere Einzelheiten >> Abschnitt 1.3.3.
Für die berufliche Fortbildung stehen insbesondere private und öffentliche Schulen und Bildungseinrichtungen der Wirtschaft sowie Akademien und Hochschulen zur Verfügung. Nähere Einzelheiten >> Abschnitt 4.4.

1.3.2 Grundlegende Anforderungen an das Bildungssystem, insbesondere Chancengleichheit, Durchlässigkeit, Transparenz, Gleichwertigkeit

1.3.2.1 Chancengleichheit

Das allgemeine Recht des Einzelnen auf Bildung setzt für seine Verwirklichung voraus, dass jedem, gleichgültig aus welcher sozialen Schicht und beruflichen Tätigkeit er kommt und unabhängig von der Lage seines Wohnortes, seiner Herkunft und seiner Staatsangehörigkeit oder von seinen Einkommensverhältnissen, grundsätzlich die gleichen Chancen in den verschiedenen Bildungswegen eröffnet werden. Die Chancengleichheit kann durch Kostenfreiheit der Bildungseinrichtungen und/oder durch gezielte finanzielle Förderung aller Bildungsmaßnahmen erhöht werden.
Eine besondere Rolle für die Chancengleichheit spielen die öffentliche Verantwortung für das Bildungswesen sowie die Differenzierung und Individualisierung.

Öffentliche Verantwortung

Die öffentliche Verantwortung für das gesamte Bildungswesen obliegt dem Staat. Er hat dafür zu sorgen, dass das Recht auf eine den individuellen Fähigkeiten entsprechende angemessene Bildung, die freie Wahl des Berufes und das Recht auf freie Entfaltung der Persönlichkeit seiner Bürger gewährleistet ist.

Die öffentliche Hand hat ferner Sorge zu tragen, dass das Bildungssystem eine wichtige Grundlage für eine leistungsfähige Volkswirtschaft ist.
Die öffentliche Verantwortung wird vom Staat selbst unmittelbar getragen oder aber in Teilbereichen auf andere Einrichtungen (zum Beispiel Kommunen, Selbstverwaltungseinrichtungen der Wirtschaft) übertragen. Zur Wahrnehmung der Verantwortung dienen unter anderem folgende Maßnahmen:

- Bau oder finanzielle Förderung von Schulen, Hochschulen und sonstigen Bildungseinrichtungen
- Unterhaltung von Bildungseinrichtungen
- Überwachung der allgemeinen Schulpflicht
- Schulaufsicht
- Aufsicht über sonstige Bildungseinrichtungen.

Die öffentliche Verantwortung für die Berufsausbildung ist entsprechend der Zuordnung im dualen System (Ausbildungsbetrieb und Berufsschule) zweigeteilt.

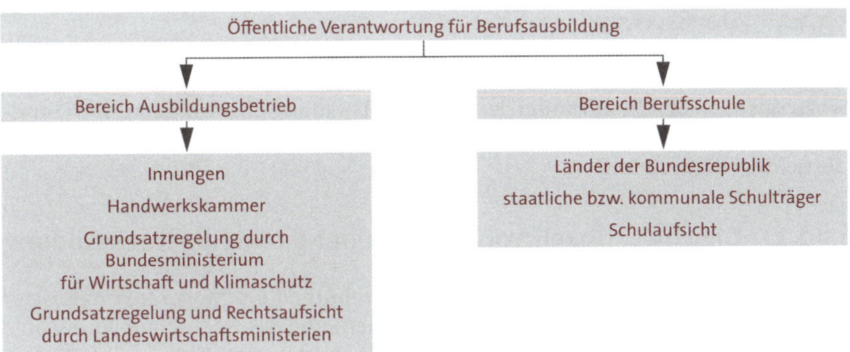

Verantwortung für Berufsausbildung

Ein Bildungssystem ist nur dann chancengerecht, wenn durch Differenzierung und Individualisierung dem Leistungsstand, den Neigungen und den persönlichen Fähigkeiten des Einzelnen entsprochen wird (innere Differenzierung). Das bedeutet, dass innerhalb einer Lerngruppe dem Leistungsgefälle Rechnung getragen wird. Das bedeutet aber auch, dass besondere Begabungen und Leistungen in der Berufsausbildung anerkannt und öffentlich gefördert werden (äußere Differenzierung), zum Beispiel durch Begabtenförderungsprogramme (>> Abschnitt 4.4.5.4).

Differenzierung und Individualisierung

1.3.2.2 Durchlässigkeit des Bildungswesens

Chancengleichheit setzt aber auch Durchlässigkeit der Bildungswege voraus.

Die Durchlässigkeit muss beim Übergang von einer schulischen in eine berufliche bzw. betriebliche Ausbildung beginnen.
Sie soll u. a. folgende weitere Übergänge und Verzahnungen ermöglichen:

Übergänge

- von der Einstiegsqualifizierung und von der Berufsausbildungsvorbereitung in die Berufsausbildung
- von der zweijährigen in eine dreijährige Berufsausbildung
- von der normalen Berufsausbildung in Zusatzqualifikationen
- von der Berufsausbildung in die Berufliche Oberschule
- von der Berufsausbildung in die berufliche Fortbildung
- von einer Fortbildung (Fortbildungsabschluss) in aufbauende Fortbildungsmaßnahmen und Abschlüsse
- von der Beruflichen Oberschule in die Fachhochschule oder Hochschule
- von der Berufsausbildung in die Fachhochschule oder Hochschule
- von der Beruflichen Oberschule zur Universität
- vom beruflichen Fortbildungsabschluss (z. B. Meisterprüfung) zur Fachhochschule, Hochschule oder Universität
- von bestimmten berufsbildenden Qualifikationen zur Hochschulzugangsberechtigung.

Darüber hinaus sollten im beruflichen Bildungswesen erworbene Kompetenzen auf einschlägige Hochschulstudiengänge studienzeitverkürzend angerechnet werden. International gesehen sind bessere Übergänge zwischen den Bildungssystemen in der Europäischen Union anzustreben.

Anrechnung

1.3.2.3 Transparenz

Die Gesellschaftspolitik muss dafür sorgen, dass sowohl das allgemeine Bildungswesen als auch die Organisation der beruflichen Bildung überschaubar sind (Transparenz). Dies ermöglicht dem jungen Menschen, zum jeweils richtigen Zeitpunkt die richtige Wahl zu treffen.

1.3.2.4 Gleichwertigkeit von Berufsbildung und Allgemeinbildung

Die Bildungspolitik der zurückliegenden Jahrzehnte, die schwerpunktmäßig auf die Förderung der Allgemeinbildung (Gymnasien) und der Hochschulbildung ausgerichtet war, hat dazu geführt, dass es mehr Studenten als Lehrlinge gibt. Die Folge ist ein teilweiser Mangel an qualifizierten Facharbeitern und Meistern.

Aufwertung der beruflichen Bildung

Ein Land wie die Bundesrepublik, das nur wenige Rohstoffe besitzt, ist aber auf die Leistungsfähigkeit der arbeitenden Menschen in allen Bereichen angewiesen. Die Bewältigung des technischen Fortschritts, die Weiterentwicklung der Formgebung und die Einführung neuer Arbeitsverfahren und Innovationen erfordern den qualifizierten Praktiker genauso wie den Akademiker. Deshalb muss die berufliche Bildung aufgewertet und eine Gleichwertigkeit der beruflichen Bildung sichergestellt werden.

Gleichwertigkeit

Dies hat nichts mit Gleichheit der Bildungsinhalte zu tun, sondern Gleichwertigkeit bedeutet gleiche politische und gesellschaftliche Anerkennung der beruflichen Bildung.

Allgemeinbildung

Nach dem klassischen Bildungsbegriff war Allgemeinbildung von der Auffassung getragen, man solle den Menschen zunächst zweckfrei bilden und ihn so zu Selbstständigkeit und Fähigkeit der Lebensbewältigung im Privaten wie für eine berufliche Tätigkeit bringen.

Berufsbildung

Berufsbildung dagegen heißt ja zunächst und vor allem Qualifizierung für einen bestimmten Beruf. Aber auch die Berufsbildung hat über die Vermittlung berufsspezifischen Wissens eine Bildungswirkung (zum Beispiel Einsichten, Urteile, Übertragung des Erlernten auf andere Bereiche).

Wenn unter Bildung vornehmlich die Entwicklung zur Selbstständigkeit verstanden wird und wenn durch Einsichten Urteilsfähigkeit, Wertorientierung und Verantwortung vermittelt werden, dann kann es keinen Gegensatz zwischen allgemeiner und beruflicher Bildung geben.

Folgende Maßnahmen sind zur Herstellung der Gleichwertigkeit beruflicher Bildung zweckmäßig:

Zweckmäßige Maßnahmen

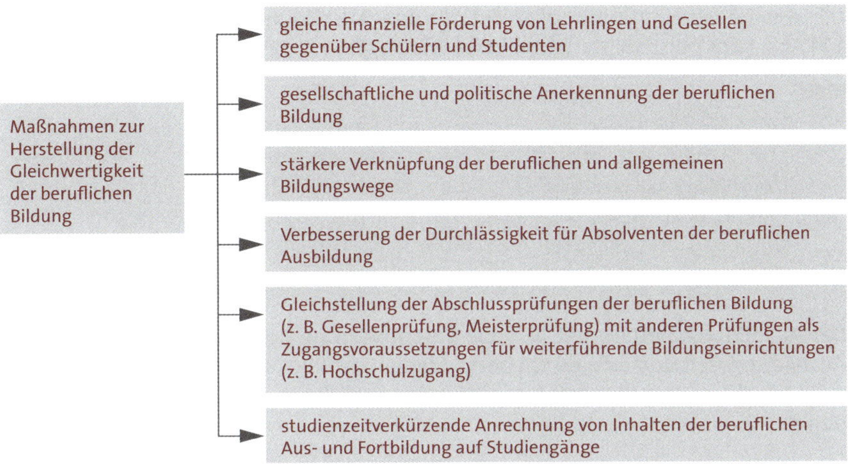

Das berufliche Bildungswesen wird auf Dauer nur dann konkurrenzfähig bleiben, wenn demjenigen, der eine praktische Berufsausbildung durchläuft, mit der Sicherheit eines erlernten Berufes grundsätzlich die gleichen Aufstiegschancen eingeräumt werden wie demjenigen, der den gymnasialen Bildungsweg beschreitet. Mittlerweile wurde die grundsätzliche Studienberechtigung für Meister und auch beruflich Qualifizierte eingeführt. Damit ist ein wichtiger Meilenstein hinsichtlich der Gleichwertigkeit von Berufsbildung und Allgemeinbildung erreicht.
In seiner Empfehlung zur Durchlässigkeit zwischen beruflicher und hochschulischer Bildung vom 1. September 2020 erkennt der Hauptausschuss des Bundesinstituts für Berufsbildung an, dass in den letzten Jahren bereits einiges erreicht wurde, allerdings weiterer Handlungsbedarf besteht. Dies kann so interpretiert werden, dass bei den in der Grafik genannten Maßnahmen noch weiteres Entwicklungspotenzial steckt.

1.3.3 Das duale System der Berufsausbildung: Struktur, Zuständigkeiten, Aufgabenbereiche, Kontrolle

1.3.3.1 Struktur des dualen Systems der Berufsausbildung

> Die Berufsausbildung erfolgt in der Bundesrepublik Deutschland im Handwerk überwiegend nach dem „dualen Ausbildungssystem“.

In diesem System erfolgt die Berufsausbildung getrennt im Ausbildungsbetrieb und in der Berufsschule.
Schwerpunkt der praktischen Unterweisung ist der Betrieb. Die Berufsschule vermittelt Fachtheorie und allgemeinbildende Inhalte.
Die überbetriebliche Unterweisung ist eine Ergänzung zur praktischen Ausbildung im Betrieb.

Ausbildungsbetrieb
Berufsschule

Überbetriebliche Unterweisung

1.3.3.2 Aufgabenschwerpunkte des Betriebes als Ausbildungsstätte

Gesetzliche Ausbildungspflicht

Die wesentliche Ausbildungspflicht für den Ausbildungsbetrieb ergibt sich aus § 14 Abs. 1 des Berufsbildungsgesetzes wie folgt:

> Ausbildende haben dafür zu sorgen, dass den Auszubildenden die berufliche Handlungsfähigkeit vermittelt wird, die zum Erreichen des Ausbildungsziels erforderlich ist, und die Berufsausbildung in einer durch ihren Zweck gebotenen Form planmäßig, zeitlich und sachlich gegliedert so durchzuführen, dass das Ausbildungsziel in der vorgesehenen Ausbildungszeit erreicht werden kann.

Berufliche Handlungsfähigkeit

Der Ausbildungsbetrieb hat also die Verantwortung dafür, dass nach Ablauf der Ausbildungszeit und erfolgreich bestandener Gesellen- oder Abschlussprüfung die volle berufliche Handlungsfähigkeit für den jeweiligen Ausbildungsberuf vorhanden ist.

Betriebsgebundene Ausbildung

Die betriebsgebundene Ausbildung erfolgt schwerpunktmäßig durch Lernen am Arbeitsplatz. Sie hat folgende Vorteile:

Vorteile

- unmittelbarer Zusammenhang mit der Arbeitswelt
- unmittelbare Verbindung mit der technischen Entwicklung und Innovation
- Erfahrungsvermittlung aus der Praxis
- kurzer Weg der Umsetzungsmöglichkeiten zwischen Theorie und Praxis
- Anregung des funktionellen und praktischen Denkens
- Lernen durch „praktisches Tun“

> Gewinnung von Einblicken in betriebliche Zusammenhänge und Gestaltung von Geschäfts- und Arbeitsprozessen
> Lernen von eigenständigem Arbeiten und selbstständigem Handeln
> Hineinwachsen in die sozialen Beziehungen des Berufslebens
> Umsetzung des Gelernten in praktische Berufsarbeit
> Aneignung von Verantwortungsbewusstsein
> Erlernung der Teamarbeitsfähigkeit
> kundenorientiertes Arbeiten und Verhalten
> Erwerb von beruflicher Handlungsfähigkeit.

1.3.3.3 Aufgabenschwerpunkte überbetrieblicher Ausbildungsstätten zur Ergänzung der betrieblichen Ausbildung

Die wirtschaftliche und technische Arbeitsteilung führt auch im Handwerk in manchen Berufen zu einer Spezialisierung. Das bedeutet, dass einzelne Ausbildungsbetriebe nicht mehr alle Fertigkeiten, Kenntnisse und Fähigkeiten vermitteln können, die nach der Ausbildungsordnung vorgeschrieben sind. Außerdem schreiben Ausbildungsordnungen zum Teil über die einzelberufliche Ausbildung hinausgehende berufsfeldbezogene Ausbildungsinhalte vor (zum Beispiel Berufsgrundbildung in kooperativ-dualer Form), die nur überbetrieblich vermittelt werden können.

Ferner entstehen laufend neue Technologien und durch die technische Entwicklung auch neue Berufs- und Ausbildungsinhalte (zum Beispiel Informations- und Kommunikationstechniken, Digitalisierung). Diese können nicht immer von den Ausbildungsbetrieben vermittelt werden. Deshalb muss die überbetriebliche Ausbildung den Technologietransfer fördern.

Des Weiteren lassen sich bestimmte Fertigkeiten besser und rationeller in überbetrieblicher statt in betrieblicher Form vermitteln.

Schließlich können in überbetrieblicher Form auch besser Ausbildungsschwerpunkte in bestimmten Fertigkeitsbereichen gesetzt werden.

Nicht zuletzt werden auch in überbetrieblichen Spezialkursen in bestimmten Berufen Arbeitssicherheits- und Unfallverhütungskenntnisse vermittelt.

Didaktisch-methodische Ergänzung

Die überbetriebliche Ausbildungsstätte ergänzt den didaktisch-methodischen Ansatz des Ausbildungsbetriebs, weil in den überbetrieblichen Kursen systematisch und ausschließlich ausbildungsbezogen Fertigkeiten und Kenntnisse sowie Handlungskompetenz vermittelt werden können.

Die überbetriebliche Ausbildungsstätte hat die Aufgabe, den Lernort Betrieb zu unterstützen und zu ergänzen und letztlich durch handlungsorientierte Ausbildungskonzepte einen Beitrag zur Erhöhung und Sicherstellung der Qualität der Berufsausbildung zu leisten.

Teilnahmepflicht

Die Teilnahme an angeordneten überbetrieblichen Unterweisungsmaßnahmen ist für den Lehrling Pflicht. Die anfallenden Kosten sind, soweit sie nicht anderweitig gedeckt werden, vom Ausbildenden zu tragen. Die Innungen und Handwerkskammern erhalten bei der Durchführung solcher Lehrgänge Zuschüsse des Bundes und der Länder.

Beurlaubung vom Berufsschulunterricht

Während der Teilnahme an überbetrieblichen Ausbildungsmaßnahmen werden die Lehrlinge in der Regel vom Berufsschulunterricht beurlaubt. Die näheren Einzelheiten und die Dauer der Beurlaubung richten sich nach landesrechtlichen Bestimmungen.

1.3.3.4 Aufgabenschwerpunkte der Berufsschule als Ausbildungsstätte

Die Berufsschule hat die Aufgabe, die Schüler in Abstimmung mit der betrieblichen Ausbildung oder unter Berücksichtigung ihrer beruflichen Tätigkeit beruflich zu bilden und zu erziehen und die Allgemeinbildung zu fördern. Dabei hat sie insbesondere die allgemeinen berufsfeldübergreifenden sowie die für den Ausbildungsberuf oder die berufliche Tätigkeit erforderlichen fachtheoretischen Kenntnisse zu vermitteln und die fachpraktischen Kenntnisse und Fertigkeiten zu vertiefen. Die Vermittlung der fachtheoretischen Kenntnisse hat Vorrang gegenüber den übrigen Aufgaben.

Aus diesem Bildungsauftrag ergibt sich, dass der Unterricht weitgehend berufs- oder berufsfeldbezogen und praxisnah sein muss. Betrieb und Berufsschule stellen in der grundsätzlichen Aufgabenstellung einen abgestimmten Bildungsraum dar.

Gesetzliche Bestimmungen zur Berufsschulpflicht

Schulpflichtgesetz

Für den Berufsschulbesuch gelten gesetzliche Bestimmungen. Es handelt sich dabei um landesrechtliche Regelungen (Gesetze über das Erziehungs- und Unterrichtswesen bzw. Schulpflichtgesetze der Länder).

Berufsschulpflicht

Für diese landesrechtlichen Regelungen hat die Ständige Konferenz der Kultusminister der Länder in der Bundesrepublik Empfehlungen zu Einzelregelungen für die Berufsschulpflicht und die Berufsschulberechtigung beschlossen. Die Regelungen in den Bundesländern unterscheiden sich zwar im Detail. Grundsätzlich kann man aber sagen, dass die allgemeine Schulpflicht länderübergreifend bis mindestens zur Volljährigkeit besteht und der Schulpflichtige durch den Besuch der Berufsschule diese erfüllen kann.

Berufsschulberechtigung

Personen, die nicht mehr berufsschulpflichtig sind, sich aber noch in Berufsausbildung befinden, sind zum Besuch der Berufsschule berechtigt.
Der Arbeitgeber (bzw. Ausbildende) hat den Berufsschulbesuch zu gestatten, das heißt, dass der Auszubildende einen Freistellungsanspruch hat.

Pflichten des Ausbildungsbetriebes

Die Berufsschule ist Pflichtschule. Ihr Besuch unterliegt dem staatlichen Zwang. Der Ausbildende hat den Jugendlichen zum Besuch der Berufsschule anzumelden, anzuhalten und die hierfür notwendige Zeit zu gewähren. Die Schulzeit gilt als Arbeitszeit, Verstöße gegen das Schulpflichtgesetz werden mit Geldbußen geahndet.

Formen des Berufsschulunterrichts

Es gibt in der Regel zwei Grundformen, wie der Berufsschulunterricht organisiert sein kann.

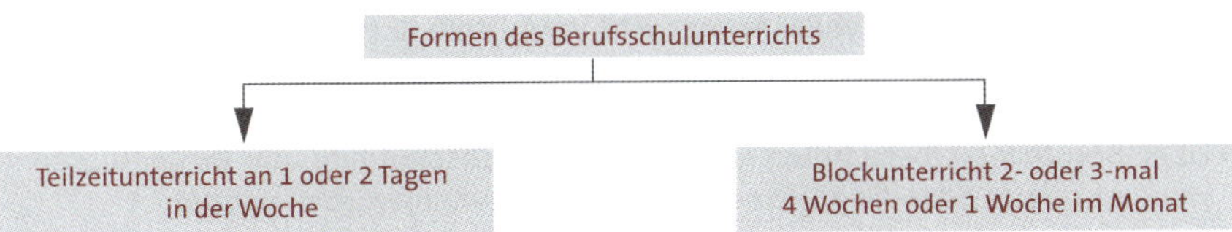

Je nach Länderregelungen, branchenspezifischen Einzellösungen usw. gibt es Mischformen der Organisation des Berufsschulunterrichts und Kombinationsmodelle, die beide Grundformen des Berufsschulunterrichts einbeziehen. Der Blockunterricht hat den Vorteil, dass der Unterrichtsstoff zusammenhängend vermittelt werden kann.

Unterkunfts- und Verpflegungskosten

Schulwegekosten

Entstehen den Berufsschülern Unterkunfts- und Verpflegungskosten beim Besuch überregionaler Fachklassen mit Blockunterricht, werden von einzelnen Ländern der Bundesrepublik Zuschüsse in unterschiedlicher Höhe gewährt. Manche Länder geben in diesen Fällen unter bestimmten Voraussetzungen auch Zuwendungen zu den Schulwegekosten.

Der Ausbildungsbetrieb selbst hat für die Lehrlinge beim Besuch der Berufsschule nach der Rechtsprechung des Bundesarbeitsgerichts weder Fahrtkosten noch Unterkunfts- und Verpflegungskosten zu bezahlen (zum Beispiel bei Blockunterricht).

Berufsgrundbildungsjahr

In verschiedenen Ländern der Bundesrepublik wurde das Berufsgrundbildungsjahr eingeführt. Es gibt zwei Formen des Berufsgrundbildungsjahres, die schulische Form und die kooperativ-duale Form.

> Die schulische Form vermittelt in einem Vollzeitschuljahr sowohl praktische Fertigkeiten als auch theoretische Kenntnisse und Fähigkeiten für ein Berufsfeld (zum Beispiel Bau) oder für einen Berufsfeldschwerpunkt.
> Die kooperativ-duale Form vermittelt die praktischen Fertigkeiten und Fähigkeiten im Betrieb oder in einer überbetrieblichen Unterweisungsstätte. Die theoretischen Kenntnisse eignet sich der Lehrling in der Berufsschule an.

Anrechnung auf die Ausbildungsdauer

Das kooperativ-duale Berufsgrundbildungsjahr gilt als erstes Ausbildungsjahr. Der erfolgreiche Besuch eines schulischen Berufsgrundbildungsjahres kann unter bestimmten Voraussetzungen ganz oder teilweise auf die Ausbildungsdauer angerechnet werden. (Näheres >> Abschnitt 2.5.1.10.)

Weitere berufliche Schulen

Neben der Berufsschule gibt es weitere für Handwerker infrage kommende berufliche Schulen.

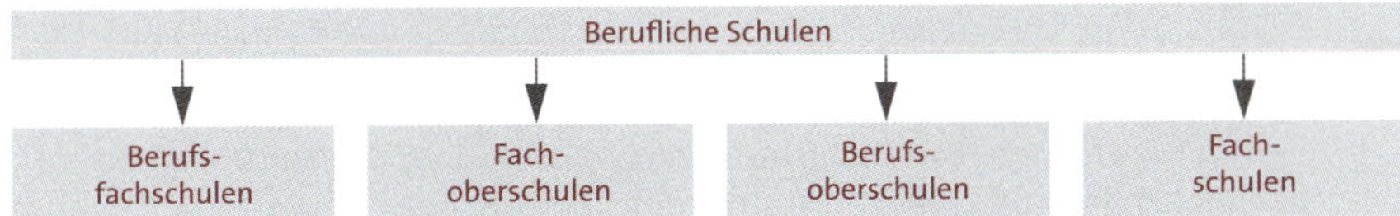

- Berufsfachschulen mit Vollzeitunterricht vermitteln je nach Dauer eine gesamte Berufsausbildung, einen Teil einer Berufsausbildung oder einen mittleren Schulabschluss.
- Über Berufliche Oberschulen kann die Fachhochschulreife, die fachgebundene Hochschulreife oder die allgemeine Hochschulreife erworben werden.
- Fachschulen dienen der vertieften beruflichen Fortbildung im Anschluss an eine Berufsausbildung und eine praktische Berufstätigkeit (z. B. Meisterschule).

1.3.3.5 Zuständigkeiten, Aufsicht und Kontrolle im dualen System

Aus der unterschiedlichen Aufgabenstellung und der gegebenen Struktur des dualen Systems ergeben sich entsprechende Unterschiede in der Zuständigkeit, Aufsicht und Kontrolle für die Ausbildungsträger.

Zuständigkeit von Bund und Ländern

Der Bundesgesetzgeber ist im Wesentlichen zuständig für die Regelung der betrieblichen Ausbildung. Den Ländern obliegt die Gesetzgebung für das Berufsschulwesen.

Wichtige Länderregelungen für die Berufsschulen sind:

- Schulgesetze
- Schulaufsicht
- Lehrpläne.

Wichtige Bundesregelungen für die Ausbildungsbetriebe sind:

- Berufsbildungsgesetz
- Handwerksordnung
- Ausbildungsordnungen
- Vorschriften der zuständigen Stelle (Handwerkskammer).

Zuständigkeit der Wirtschaft

Öffentliche Verantwortung

Hinsichtlich der öffentlichen Verantwortung für die Berufsausbildung sind für den betrieblichen Bereich vor allem die Selbstverwaltungseinrichtungen der Wirtschaft (zum Beispiel Industrie- und Handelskammern, Handwerkskammern und Innungen) zuständig. Für Aufsicht und Grundsatzregelung sind in erheblichem Umfange staatliche Behörden zuständig. Der Bereich der Berufsschule obliegt den staatlichen und kommunalen schulischen Verwaltungen.

1.3.3.6 Vorteile und Schwachstellen des dualen Systems

Vorteile des dualen Systems

Vorteile

Die Hauptvorteile des dualen Systems liegen in der Bewältigung von konkreten beruflichen Handlungsanforderungen, indem das Lernen direkt an betrieblichen Arbeitsplätzen stattfindet.

Das duale System ist das leistungsfähigste Ausbildungssystem, um das uns die Welt beneidet. Unsere volkswirtschaftlichen Leistungen und unsere internationale Wettbewerbsfähigkeit gründen zu einem wesentlichen Teil auf diesem Ausbildungssystem.

Schwachstellen des dualen Systems

Von Kritikern wird manchmal das duale System und vor allem der Betrieb als Bildungseinrichtung infrage gestellt.
Als Schwachstellen werden grundsätzlich genannt:

Schwachstellen

> mangelnde Systematik der Ausbildung
> nicht ausreichende Abstimmung und Kooperation zwischen den einzelnen Ausbildungsträgern
> ausbildungsfremde Arbeiten im Betrieb
> keine ausschließliche Ausrichtung der Arbeit im Betrieb auf den Ausbildungszweck.

Kritik am dualen System

Die bei diesem System in Einzelfällen zutage tretenden Mängel sind aber nicht im System als solchem begründet, sondern vielmehr im möglichen mangelhaften Vollzug in einzelnen Ausbildungsstätten.

Alles in allem lässt sich feststellen, dass das duale Ausbildungssystem, so wie es auch im Handwerk praktiziert wird, eine vernünftige Synthese (Zusammenfügung) von betriebs- und schulgebundenen Ausbildungsabschnitten ist.

Ansatzpunkte zur Sicherung und Weiterentwicklung des dualen Systems – Maßnahmen zur Sicherung der Ausbildungsqualität

Die Ausbildungsqualität ist für das Handwerk in der Zukunft eine Existenzfrage. Aufgrund des hohen Anteils der menschlichen Arbeitskraft an der Produkterstellung oder der Erbringung der Dienstleistung kommt dem Niveau der Ausbildung zentrale Bedeutung auch für die Produktqualität zu.

Zur Sicherung und Weiterentwicklung des dualen Systems und der Ausbildungsqualität sind zahlreiche Maßnahmen erforderlich.

1.3.4 Individuelle Entwicklungsperspektiven

Entwicklungs-perspektiven

Im Anschluss an die Berufsausbildung eröffnet sich ein umfangreiches System von Fort- und Weiterbildungsmöglichkeiten. Um diese in einer Struktur besser einordnen zu können, wurden verschiedene Systeme entwickelt. Diese erleichtern den Überblick über Bildungsangebote der beruflichen Bildung selbst sowie das Verhältnis zu anderen Bildungssystemen.

1.3.4.1 Deutscher Qualifikationsrahmen (DQR), höhere Berufsbildung

Deutscher Qualifikationsrahmen

Der Deutsche Qualifikationsrahmen besteht aus acht aufbauenden Stufen, in die die jeweiligen Qualifikationen eingeordnet werden können. Für die Berufsbildung sind die Gesellenprüfung in Stufe 4 und die Meisterprüfung im Handwerk in Stufe 6 zentrale Zuordnungen. Generell sind die Stufen 1 bis 4 der Ausbildung (bzw. der Berufsvorbereitung) zugeordnet, die Stufen 5 bis 7 der Fortbildung, die auch höhere Berufsbildung genannt werden, die Stufe 8 ist derzeit in der beruflichen Bildung nicht belegt.
Der DQR bietet damit auch eine erleichterte Einordnung in den Europäischen Qualifikationsrahmen (>> Abschnitt 2.6.2) und schafft damit europaweit Transparenz der jeweiligen nationalen Abschlüsse.

1.3.4.2 Fortbildungsstufen, Berufslaufbahnkonzept

Fortbildungs-stufen

Nach Berufsbildungsgesetz bzw. Handwerksordnung wurden drei berufliche Fortbildungsstufen festgelegt. Diese folgen sachlogisch dem DQR: Der DQR legt drei relevante Stufen der Fortbildung fest, nämlich die Stufen 5 bis 7. DQR-Stufe 5 ist damit die erste Fortbildungsstufe nach BBiG/HwO. Für Abschlüsse der jeweiligen Fortbildungsstufen können auch Bezeichnungen wie Bachelor Professional oder Master Professional festgelegt werden. Gesetzlich wurde festgelegt, dass alle Handwerksmeister auch die Bezeichnung Bachelor Professional führen können, unabhängig davon, wann die Prüfung abgelegt wurde.

DQR-Stufe	Fortbildungsstufe nach BBiG/HwO	Beispiele	Mögliche Bezeichnungen nach BBiG/HwO	Mögliche akademische Abschlussbezeichnungen
8				
7	Dritte berufliche Fortbildungsstufe		Master Professional	Master of Arts (M.A.)
6	Zweite berufliche Fortbildungsstufe	Handwerksmeister	Bachelor Professional	Bachelor of Arts (B.A.)
5	Erste berufliche Fortbildungsstufe		Geprüfter Berufsspezialist/ Geprüfte Berufsspezialistin	
4		Geselle		
3				
2				
1				

Nähere Ausführungen zu einzelnen Abschlüssen >> Abschnitt 4.4.

1.3.4.3 Ausbildungsintegrierte Studiengänge

Mittlerweile haben sich Bildungsgänge etabliert, bei denen parallel zu einer Berufsausbildung auch ein Studium absolviert wird. Dabei werden Zeiten von vorgeschriebenen Praktika oder vorlesungsfreien Zeiten genutzt, um die betriebliche Ausbildungszeit zu absolvieren.

Voraussetzung für die Teilnahme an einem derartigen Programm ist eine Hochschulzugangsberechtigung. Dieses Modell kann für Abiturienten interessant sein, die Ausbildung und Studium kombinieren wollen. Gleichwohl entscheiden sich viele Abiturienten für eine reguläre Berufsausbildung, um danach zu entscheiden, welchen Weg sie weiter gehen möchten.

Handlungsorientierte, fallbezogene Aufgaben

1. Sie gehören als junger Unternehmer dem Arbeitskreis Schule/Wirtschaft in Ihrer Stadt an. Dieser Kreis besteht im Wesentlichen aus Vertretern der örtlichen Wirtschaftsorganisationen, selbstständigen Gewerbetreibenden, Führungskräften aus Betrieben und Lehrern an allgemeinbildenden und berufsbildenden Schulen. Der Arbeitskreis führt u.a. Informationsveranstaltungen für Schüler und Eltern durch, bei denen über die Struktur des Bildungswesens, die möglichen Berufslaufbahnen und Bildungswege informiert und kritisch diskutiert wird.
   Es ist üblich, dass einzelne Mitglieder des Arbeitskreises Schule/Wirtschaft bei solchen Veranstaltungen Vorträge halten. Sie haben es übernommen, einen Vortrag über Aufbau und Grundstruktur des Bildungswesens in Deutschland, die Anforderungen an das Bildungssystem, die Wahlmöglichkeiten im Rahmen der Allgemeinbildung und der Berufsbildung und der damit verbundenen Berufslaufbahnperspektiven zu halten. Als Handwerksunternehmer gehen Sie in Ihren Ausführungen in besonderer Weise auch auf die Stellung der Berufsbildung im Rahmen des Gesamtbildungssystems ein.

   Aufgabe: Erstellen Sie für diesen Vortrag ein Konzept!

   >> Seiten 47 bis 51 |

2. Sie haben als Ausbildender drei Lehrlinge eingestellt. Zu Beginn der Ausbildung wollen Sie die Auszubildenden darüber informieren, wie das duale Ausbildungssystem aufgebaut ist und welche Aufgabenschwerpunkte die Lernorte in diesem System haben.

   Aufgabe:

   a) Erklären Sie den drei Lehrlingen, wie dieses System aufgebaut ist!

   b) Erläutern Sie die diesbezüglich wichtigsten Aufgabenschwerpunkte Ihres Betriebes!

   c) Beschreiben Sie Ihren Lehrlingen die Aufgaben des schulischen Bereiches!

   d) Stellen Sie den Lehrlingen die Aufgabenschwerpunkte der überbetrieblichen Ausbildungsstätte dar!

   e) Stellen Sie die Bedeutung des für die Ausbildung der drei Lehrlinge wichtigsten Lernortes heraus!

   >> Seiten 51 bis 56 |

3. Sie erhalten als Ausbildender von der Handwerkskammer die Aufforderung, Ihre Auszubildende zu einer überbetrieblichen Ausbildungsmaßnahme zu entsenden, da diese zur Teilnahme verpflichtet sei. Darüber hinaus werden Sie aufgefordert, eine Gebühr für diesen Unterweisungslehrgang zu bezahlen.

Aufgabe:

3.1 Ist Ihre Auszubildende verpflichtet, im vorliegenden Falle teilzunehmen? Was trifft zu?

- [ ] a Ja, wenn Sie die Kosten übernehmen.
- [ ] b Ja, wenn der Staat die gesamten Kosten übernimmt.
- [ ] c Ja, wenn die Maßnahme verpflichtend angeordnet ist.
- [ ] d Nein, weil sie selbst beurteilen kann, ob die Maßnahme notwendig ist.
- [ ] e Nein, weil Sie im Ausbildungsvertrag die Teilnahmepflicht vertraglich ausgeschlossen haben.

>> Seite 53 |

3.2 Sind Sie als Ausbildender verpflichtet, im vorliegenden Falle die Gebühr zu entrichten?

- [ ] a Nein, weil Sie von den Maßnahmen keinen betrieblichen Nutzen haben.
- [ ] b Nein, weil es zur Pflicht der Auszubildenden gehört, eventuelle Gebühren zu entrichten, da sie auch einen persönlichen Nutzen hat.
- [ ] c Nein, weil die Kosten in jedem Fall vom Staat in voller Höhe getragen werden.
- [ ] d Nein, weil die Kosten immer von der zuständigen Innung übernommen werden.
- [ ] e Ja, ich muss diese Gebühr bezahlen, soweit die Kosten nicht anderweitig gedeckt sind.

>> Seite 53 |

4. In Deutschland kommt es von Zeit zu Zeit immer wieder zu Diskussionen über das duale System der Berufsausbildung. Als junge Handwerksmeisterin möchten Sie in dieser Debatte Position beziehen können.

a) Stellen Sie die Struktur, die Lernorte, deren Aufgabenschwerpunkte sowie die Kosten und die Finanzierungsregelung des Systems in Deutschland dar!

b) Beschreiben Sie die Vorteile und Schwachstellen dieses Systems!

c) Erarbeiten Sie Ansatzpunkte für Maßnahmen zur Weiterentwicklung des dualen Systems und zur Sicherung der Ausbildungsqualität in Deutschland!

>> Seiten 51 bis 58 |

5. Die zentrale Fortbildungsprüfung im Handwerk stellt die Meisterprüfung dar.

Aufgabe:

a) Stellen Sie die Systematik des Deutschen Qualifikationsrahmens dar und ordnen Sie dabei die Meisterprüfung adäquat zu!

b) Das Berufsbildungsgesetz bzw. die Handwerksordnung haben berufliche Fortbildungsstufen eingeführt. Auf welcher dieser Stufen befindet sich der Handwerksmeister?

>> Seite 60 |

1.4 Lernsituation: Ausbildungsberufe für den Betrieb auswählen und Auswahl begründen

Kompetenzen:

> Entstehung staatlich anerkannter Ausbildungsberufe beschreiben.
> Aufbau und Verbindlichkeit von Ausbildungsordnungen beachten und darstellen.
> Funktionen und Ziele von Ausbildungsordnungen beschreiben.
> Ausbildungsberufe für den Betrieb anhand von Ausbildungsordnungen bestimmen und Flexibilisierungsmöglichkeiten nutzen.

1.4.1 Entstehung von Berufen und Verzeichnis staatlich anerkannter Ausbildungsberufe

1.4.1.1 Einblick in das Verfahren zur Erstellung von Ausbildungsordnungen

Entwicklungsverfahren

Das Entwicklungs- und Abstimmungsverfahren ist umfangreich. U. a. sind an dem Verfahren direkt oder indirekt beteiligt:

- die Bundesinnungsverbände
- die Handwerkskammern
- der Deutsche Handwerkskammertag
- die Gewerkschaften
- Sachverständigengremien
- der Bund-Länder-Koordinierungsausschuss
- das Bundesinstitut für Berufsbildung
- das Bundesministerium für Wirtschaft und Klimaschutz
- das Bundesministerium für Bildung und Forschung
- die zuständigen Fachministerien
- die Länder.

Einschlägige Verfahrensvorgaben sind in der Empfehlung des Hauptausschusses des Bundesinstituts für Berufsbildung zur Qualitätssicherung und zum Qualitätsmanagement in Ordnungsverfahren enthalten.

1.4.1.2 Verzeichnis der staatlich anerkannten Ausbildungsberufe

In diesem Verzeichnis sind alle Ausbildungsberufe enthalten, die als Grundlage für eine geordnete und einheitliche Berufsausbildung durch das Bundesministerium für Wirtschaft und Klimaschutz oder den sonst zuständigen Fachministerien im Einvernehmen mit dem Bundesministerium für Bildung und Forschung staatlich anerkannt sind.

Das Bundesinstitut für Berufsbildung führt das Verzeichnis der anerkannten Ausbildungsberufe, das jährlich zu veröffentlichen ist.
Hier findet der Ausbilder die grundsätzlichen Ausbildungsmöglichkeiten als globalen rechtlichen Rahmen.

1.4.2 Struktur, Funktionen, Ziele von Ausbildungsordnungen und Zeugniserläuterungen

1.4.2.1 Ordnungsrechtliches Konzept der Ausbildung in staatlich anerkannten Ausbildungsberufen

Ausbildungsordnung

Für einen anerkannten Ausbildungsberuf darf nur nach der Ausbildungsordnung ausgebildet werden (Ausschließlichkeitsgrundsatz)!

In anderen als anerkannten Ausbildungsberufen dürfen Jugendliche unter 18 Jahren nicht ausgebildet werden, soweit die Berufsausbildung nicht auf den Besuch weiterführender Bildungsgänge vorbereitet.

Ausnahmen

Von diesem Ausschließlichkeitsgrundsatz gibt es Ausnahmen.

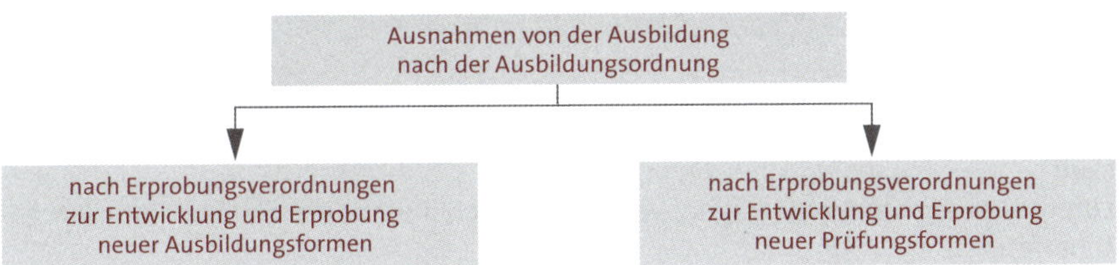

1.4.2.2 Rechtscharakter, Zweck, Verordnungsgeber von Ausbildungsordnungen

Rechtsverordnung

Die Ausbildungsordnung ist eine Rechtsverordnung, die für alle Beteiligten rechtsverbindlich ist. Mit der Ausbildungsordnung soll eine Grundlage für eine geordnete und einheitliche Berufsausbildung erreicht werden.

Erlasskompetenz

Die Ausbildungsordnung wird vom Bundesministerium für Wirtschaft und Klimaschutz im Einvernehmen mit dem Bundesministerium für Bildung und Forschung erlassen. Wird die Ausbildungsordnung eines Ausbildungsberufes aufgehoben oder werden Gewerbe in der Anlage A oder in der Anlage B der Handwerksordnung gestrichen, zusammengefasst oder getrennt, so gelten für bestehende Berufsausbildungsverhältnisse die bisherigen Vorschriften.

1.4.2.3 Mindestinhalte einer Ausbildungsordnung

Gesetzliche Mindestinhalte

Nach der Handwerksordnung bzw. nach dem Berufsbildungsgesetz sind Mindestinhalte für die Ausbildungsordnung festgelegt.

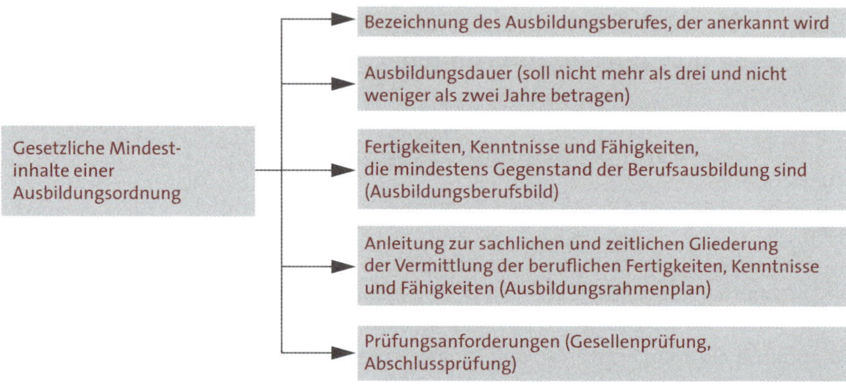

Jeder Ausbildende und Ausbilder muss sich die Ausbildungsordnung für den Ausbildungsberuf beschaffen, in dem er ausbildet.

Um den betrieblichen und beruflichen Bedürfnissen ausreichend entsprechen zu können, wurden für die Ausbildungsordnungen flexible Strukturmodelle entwickelt.

Mögliche Regelungen

Um diesen Rechnung zu tragen, wurde der nachstehende rechtliche Rahmen geschaffen.

Die Ausbildungsordnung kann folgende Regelungen enthalten:

Stufenausbildung

- Die Berufsausbildung hat in sachlich und zeitlich besonders gegliederten, aufeinander aufbauenden Stufen zu erfolgen. Nach den einzelnen Stufen ist ein Ausbildungsabschluss vorgesehen, der sowohl zu einer qualifizierten beruflichen Tätigkeit befähigt als auch die Fortsetzung der Berufsausbildung in weiteren Stufen ermöglicht (Stufenausbildung).
- Die Gesellenprüfung oder die Abschlussprüfung kann in zwei zeitlich auseinanderfallenden Teilen durchgeführt werden (gestreckte Gesellen- oder Abschlussprüfung). Wenn die Gesellenprüfung in einem drei- bzw. dreieinhalbjährigen Ausbildungsberuf insgesamt nicht bestanden wird, gilt bei aufeinander aufbauenden Berufen der erste Teil der Gesellenprüfung als Abschluss des entsprechenden zweijährigen Berufs, soweit dieser mit mindestens „ausreichend" bewertet wurde. Und umgekehrt kann ein erfolgreicher Abschluss eines zweijährigen Ausbildungsberufs zu einer Befreiung vom ersten Teil der Abschlussprüfung oder einer Zwischenprüfung eines darauf aufbauenden drei- bzw. dreieinhalbjährigen Ausbildungsberufes führen.
- Bei Aufhebung der Ausbildungsordnung eines Ausbildungsberufes oder bei Streichung, Zusammenfassung oder Trennung von Gewerben der Anlage A oder B der

Handwerksordnung sind für bestehende Ausbildungsverhältnisse weiterhin die bis dahin geltenden Vorschriften anzuwenden, es sei denn, die verändernde Verordnung sieht eine abweichende Regelung vor.

- Auf die in einer Ausbildungsordnung geregelte Ausbildungsdauer ist eine andere abgeschlossene Berufsausbildung ganz oder teilweise anzurechnen.
- Es können über das in der Ausbildungsordnung beschriebene Ausbildungsberufsbild hinaus zusätzliche berufliche Fertigkeiten, Kenntnisse und Fähigkeiten vermittelt werden, die die beruflichen Handlungsfähigkeiten ergänzen oder erweitern. Dabei kommen sowohl zusätzliche Wahlqualifikationseinheiten der Ausbildungsordnung als auch Teile anderer Ausbildungs- und Fortbildungsordnungen in Betracht. (>> Abschnitt 4.3.1.1.)
- Teile der Berufsausbildung können in geeigneten Einrichtungen außerhalb der Ausbildungsstätte durchgeführt werden, wenn und soweit es die Berufsausbildung erfordert (überbetriebliche Ausbildung).
- Die Auszubildenden haben einen schriftlichen oder elektronischen Ausbildungsnachweis zu führen.

1.4.2.4 Zeugniserläuterungen

Viele Menschen arbeiten zumindest teilweise auch im Ausland. Dabei ist es wichtig, einen Nachweis über seine Qualifikationen zu haben. Während der Qualifikationsrahmen (>> Abschnitt 1.3.4.1) das Niveau der jeweiligen Qualifikation angibt, ist es auch notwendig, eine inhaltliche Beschreibung der Kompetenzen zu haben. Zu diesem Zweck wurden die Europass-Zeugniserläuterungen entwickelt. Dabei handelt es sich um Kurzbeschreibungen der erworbenen Kompetenzen, die in englischer und französischer Sprache zur Verfügung stehen. Sie sind Teil der Europass-Dokumente (>> Abschnitt 2.6.4).

Europass-Zeugniserläuterungen

1.4.3 Ausbildungsmöglichkeiten im Betrieb, besondere Ausbildungsmöglichkeiten für Menschen mit Behinderungen

1.4.3.1 Ausbildung in Gewerben der Anlagen A und B zur Handwerksordnung

> Die Ausbildung in den Gewerben der Anlagen A und B darf nur in anerkannten Ausbildungsberufen erfolgen.

Durch Rechtsverordnung können für ein Gewerbe der Anlagen A und B auch mehrere Ausbildungsberufe staatlich anerkannt und durch Ausbildungsordnung geregelt werden, soweit dies wegen der Breite des Gewerbes erforderlich ist. Darüber hinaus bestehen Möglichkeiten, in Ausbildungsberufen Fachrichtungen zu schaffen und bei der Ausbildung Schwerpunkte zu bilden.

1.4.3.2 Ausbildung in nicht handwerklichen Ausbildungsberufen

Für die Ausbildung in anerkannten nicht handwerklichen Ausbildungsberufen gelten das Verzeichnis der anerkannten Ausbildungsberufe und die jeweilige Ausbildungsordnung.

Die abschließende Entscheidung, in welchen Berufen ausgebildet werden soll, sowie die Ausbildungsplatzentscheidung können nur im Zusammenhang mit der Eignung der Ausbildungsstätte (>> Abschnitt 1.5.2) getroffen werden.

1.4.3.3 Berufsausbildung für Menschen mit Behinderung

Die Berufsausbildung von Menschen mit Behinderung soll grundsätzlich nach der Ausbildungsordnung in einem anerkannten Ausbildungsberuf erfolgen.

Menschen mit Behinderung

Fachpraktikerregelungen

Der Berufsausbildungsvertrag mit einem Menschen mit Behinderung ist in die Lehrlingsrolle einzutragen. Der Betroffene ist auch dann zur Gesellenprüfung zuzulassen, wenn nicht alle vorgeschriebenen Zulassungsvoraussetzungen gegeben sind. Regelungen der Handwerkskammer für die Berufsausbildung und das Prüfungswesen sollen die besonderen Verhältnisse von Menschen mit Behinderung berücksichtigen. Dies gilt insbesondere für die zeitliche und sachliche Gliederung der Ausbildung, die Dauer der Prüfungszeiten, die Zulassung von Hilfsmitteln und die Inanspruchnahme von Hilfeleistungen Dritter, wie Gebärdendolmetscher für Menschen mit einer Hörbehinderung. Sofern für Menschen mit Behinderung, für die wegen Art und Schwere ihrer Behinderung die oben dargestellte Grundsatzregelung „Ausbildung nur in einem anerkannten Ausbildungsberuf" nicht in Betracht kommt, trifft die Handwerkskammer auf Antrag der Betroffenen oder ihrer gesetzlichen Vertreter Ausnahmeregelungen. Dies sind typischerweise sog. Fachpraktikerregelungen (>> Abschnitt 3.5.3.2). Dabei sind die Empfehlungen des Hauptausschusses des Bundesinstituts für Berufsbildung und die Arbeitsmarktlage und -entwicklung zu berücksichtigen. Für die berufliche Fortbildung und die berufliche Umschulung gelten diese Regelungen entsprechend, soweit Art und Schwere der Behinderung dies erfordern.

Handlungsorientierte, fallbezogene Aufgaben

1. Bisher haben Sie sich als Inhaber eines Handwerksbetriebes Ihre Arbeitskräfte am Arbeitsmarkt beschafft. Künftig wollen Sie selbst ausbilden. Dabei wollen Sie sich, bevor Sie die Ausbildungsmöglichkeiten nach rechtlichen und betrieblichen Gesichtspunkten prüfen, einen Überblick über die staatlich anerkannten Ausbildungsberufe verschaffen.

   Aufgabe: Stellen Sie fest, welchem Verzeichnis Sie die hierfür notwendigen Informationen entnehmen können! Was trifft zu?

   a Dem Verzeichnis staatlich anerkannter Ausbildungsberufe des Bundesinstituts für Berufsbildung.

   b Dem Verzeichnis staatlich anerkannter Ausbildungsberufe der Arbeitsministerien der Länder.

   c Dem Verzeichnis staatlich anerkannter Ausbildungsberufe der Kultusminister der Länder.

   d Dem Verzeichnis staatlich anerkannter Ausbildungsberufe der Handwerkskammern.

   e Dem Verzeichnis staatlich anerkannter Ausbildungsberufe des Bundesamtes für Berufsbildung.

   >> Seiten 64 bis 65 |

2. Sie haben vor Kurzem einen Handwerksbetrieb eröffnet und wollen in einem bestimmten Ausbildungsberuf zwei Lehrlinge ausbilden. Die persönliche, fachliche und betriebliche Eignung hierfür liegt vor. Betriebliche Besonderheiten sind nicht gegeben. Sie beschaffen sich die einschlägige Ausbildungsordnung. Anschließend wollen Sie sich einen Überblick verschaffen über den Zweck der Ausbildungsordnung ganz allgemein und im Besonderen für die Ausbildung in Ihrem Betrieb. Sie wollen ferner klären, ob und inwieweit Sie sich bei der Ausbildung der beiden Lehrlinge in Ihrem Betrieb an die Ausbildungsordnung halten müssen und welche Bedeutung sie ggf. für die betriebliche Ausbildungsplanung hat.

   Aufgabe:

   a) Geben Sie an, welche Bedeutung die Ausbildungsordnung grundsätzlich für die Berufsausbildung hat!

   b) Stellen Sie fest, ob Sie sich bei der Ausbildung der beiden Lehrlinge in Ihrem Betrieb daran halten müssen, und begründen Sie das Ergebnis!

   c) Beschreiben Sie, welche Bedeutung diese Vorgabe für Ihre betriebliche Ausbildungsplanung hat!

   >> Seiten 65 bis 67 |

1.5 Lernsituation: Eignung des Betriebes für die Ausbildung in angestrebten Ausbildungsberufen prüfen, insbesondere unter Berücksichtigung von Ausbildung im Verbund, überbetrieblicher und außerbetrieblicher Ausbildung

Kompetenzen:

> Persönliche und fachliche Eignung für das Einstellen und Ausbilden klären und Möglichkeiten zur Beseitigung von Ausbildungshemmnissen darstellen.
> Eignung der Ausbildungsstätte für die Durchführung der Ausbildung prüfen und ggf. erforderliche Maßnahmen zur Herstellung der Eignung darstellen.
> Notwendigkeit für Ausbildungsmaßnahmen außerhalb der Ausbildungsstätte erkennen und geeignete Möglichkeiten bestimmen.
> Möglichkeiten der Kammern und Innungen zur Unterstützung der Betriebe in Ausbildungsangelegenheiten beschreiben.
> Die Aufgaben der zuständigen Stelle zur Überwachung der Eignung erläutern, Folgen bei Verstößen überblicken und Gründe für den Entzug der Ausbildungsberechtigung kennen.

1.5.1 Persönliche und fachliche Eignung nach BBiG und HwO, Ausbildungshemmnisse

Für die Einstellung und Ausbildung von Lehrlingen müssen im Interesse einer qualifizierten Ausbildung die nachstehend aufgeführten Voraussetzungen gegeben sein:

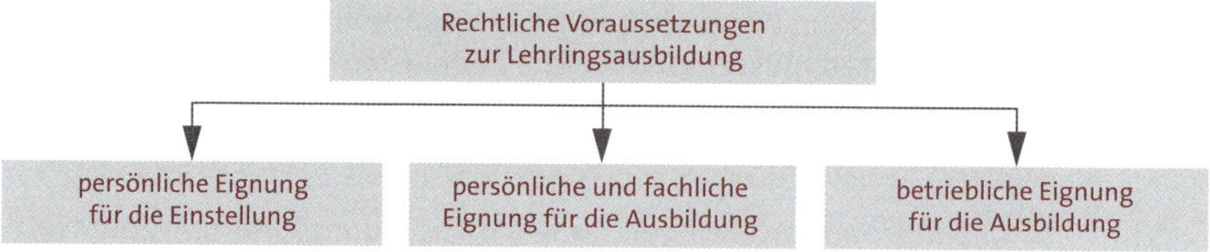

1.5.1.1 Persönliche Eignung für die Einstellung

Einstellungsberechtigung

Grundsätzlich ist jeder Betriebsinhaber berechtigt, Lehrlinge einzustellen, und somit dafür persönlich geeignet, sofern keine besonderen Gründe entgegenstehen, die diese Berechtigung ausschließen.

Persönlich nicht zum Einstellen von Lehrlingen geeignet ist insbesondere,

Fehlende persönliche Eignung

- wer Kinder und Jugendliche nicht beschäftigen darf oder
- wer wiederholt oder schwer gegen die Handwerksordnung, das Berufsbildungsgesetz oder die aufgrund dieser Gesetze erlassenen Vorschriften und Bestimmungen verstoßen hat.

Beispiele für **fehlende** persönliche Eignung:

- Verurteilung wegen sexueller Handlungen mit abhängigen Personen
- Verstoß gegen Arbeitsschutzbestimmungen
- Beschäftigungsverbote nach dem Jugendarbeitsschutzgesetz
- gewissenlose Ausnutzung der Arbeitskraft Jugendlicher
- Personen, die wegen eines Verbrechens zu einer Freiheitsstrafe von mindestens 2 Jahren rechtskräftig verurteilt worden sind
- Gefährdung des Ausbildungsziels durch wiederholte Beschäftigung mit ausbildungsfremden Arbeiten
- Straftaten nach dem Betäubungsmittelgesetz
- Straftaten nach dem Gesetz über die Verbreitung jugendgefährdender Schriften.

1.5.1.2 Fachliche Eignung für die Ausbildung

Grundsatzregelungen

Lehrlinge (Auszubildende) darf nur ausbilden, wer persönlich und fachlich geeignet ist.

Fachlich geeignet ist grundsätzlich, wer die beruflichen sowie die berufs- und arbeitspädagogischen Fertigkeiten, Kenntnisse und Fähigkeiten besitzt, die für die Vermittlung der Ausbildungsinhalte erforderlich sind. (Nähere Einzelheiten dazu für die Ausbildung in den verschiedenen Handwerken, handwerksähnlichen Gewerben und nicht handwerklichen Berufen auf den nachstehenden Seiten!)

Bestellung eines Ausbilders

Wer selbst fachlich **nicht** geeignet ist oder **nicht selbst** ausbildet, darf Lehrlinge (Auszubildende) nur dann einstellen, wenn er persönlich und fachlich geeignete Ausbilder bestellt, die die Ausbildungsinhalte unmittelbar, verantwortlich und in wesentlichem Umfang vermitteln. Die Bestellung bzw. Beschäftigung des Ausbilders ist der Handwerkskammer nachzuweisen.

Für die sektorale Vermittlung von Ausbildungsinhalten können auch Personen eingesetzt werden, die zwar **nicht alle** Erfordernisse für die fachliche Eignung der Ausbilder erfüllen, jedoch neben ihrer persönlichen Eignung die beruflichen Fertigkeiten, Kenntnisse und Fähigkeiten besitzen, die für die Vermittlung **einzelner Ausbildungsinhalte** erforderlich sind. Der Einsatz dieses Personenkreises bei der Berufsausbildung ist nur unter der Verantwortung des Ausbilders möglich.

Drei Gruppen

Bei der Berufsausbildung in Betrieben, die dem Wirtschaftsbereich „Handwerk" zugeordnet sind, ist hinsichtlich des Vorliegens der fachlichen Eignung für die Ausbildung nach folgenden Gruppen zu unterscheiden:

- Gewerbe, die als zulassungspflichtige Handwerke betrieben werden können (Anlage A zur Handwerksordnung)
- Gewerbe, die als zulassungsfreie Handwerke oder handwerksähnliche Gewerbe betrieben werden können (Anlage B zur Handwerksordnung)
- nicht handwerkliche Berufe.

Zur Information werden die Verzeichnisse der Anlagen A und B zur Handwerksordnung wie folgt abgedruckt:

Anlage A zur Handwerksordnung

Zulassungspflichtige Handwerke

Verzeichnis der Gewerbe, die als zulassungspflichtige Handwerke betrieben werden können (§ 1 Abs. 2):

Nr.	
1	Maurer und Betonbauer
2	Ofen- und Luftheizungsbauer
3	Zimmerer
4	Dachdecker
5	Straßenbauer
6	Wärme-, Kälte- und Schallschutzisolierer
7	Brunnenbauer
8	Steinmetzen und Steinbildhauer
9	Stuckateure
10	Maler und Lackierer
11	Gerüstbauer
12	Schornsteinfeger
13	Metallbauer
14	Chirurgiemechaniker
15	Karosserie- und Fahrzeugbauer
16	Feinwerkmechaniker
17	Zweiradmechaniker
18	Kälteanlagenbauer
19	Informationstechniker
20	Kraftfahrzeugtechniker
21	Land- und Baumaschinenmechatroniker
22	Büchsenmacher
23	Klempner
24	Installateur und Heizungsbauer
25	Elektrotechniker
26	Elektromaschinenbauer
27	Tischler
28	Boots- und Schiffbauer

Nr.	
29	Seiler
30	Bäcker
31	Konditoren
32	Fleischer
33	Augenoptiker
34	Hörakustiker
35	Orthopädietechniker
36	Orthopädieschuhmacher
37	Zahntechniker
38	Friseure
39	Glaser
40	Glasbläser und Glasapparatebauer
41	Mechaniker für Reifen- und Vulkanisationstechnik
42	Fliesen-, Platten- und Mosaikleger
43	Werkstein- und Terrazzohersteller
44	Estrichleger
45	Behälter- und Apparatebauer
46	Parkettleger
47	Rollladen- und Sonnenschutztechniker
48	Drechsler (Elfenbeinschnitzer) und Holzspielzeugmacher
49	Böttcher
50	Glasveredler
51	Schilder- und Lichtreklamehersteller
52	Raumausstatter
53	Orgel- und Harmoniumbauer

Anlage B zur Handwerksordnung

Verzeichnis der Gewerbe, die als zulassungsfreie Handwerke oder handwerksähnliche Gewerbe betrieben werden können (§ 18 Abs. 2):

Abschnitt 1: Zulassungsfreie Handwerke

Zulassungsfreie Handwerke

Nr.
1 entfällt
2 entfällt
3 entfällt
4 entfällt
5 Uhrmacher
6 Graveure
7 Metallbildner
8 Galvaniseure
9 Metall- und Glockengießer
10 Präzisionswerkzeugmechaniker
11 Gold- und Silberschmiede
12 entfällt
13 entfällt
14 Modellbauer
15 entfällt
16 Holzbildhauer
17 entfällt
18 Korb- und Flechtwerkgestalter
19 Maßschneider
20 Textilgestalter (Sticker, Weber, Klöppler, Posamentierer, Stricker)
21 Modisten
22 (weggefallen)
23 Segelmacher
24 Kürschner
25 Schuhmacher
26 Sattler und Feintäschner
27 entfällt
28 Müller
29 Brauer und Mälzer

Nr.
30 Weinküfer
31 Textilreiniger
32 Wachszieher
33 Gebäudereiniger
34 entfällt
35 Feinoptiker
36 Glas- und Porzellanmaler
37 Edelsteinschleifer und -graveure
38 Fotografen
39 Buchbinder
40 Print- und Medientechnologen (Drucker, Siebdrucker, Flexografen)
41 entfällt
42 entfällt
43 Keramiker
44 entfällt
45 Klavier- und Cembalobauer
46 Handzuginstrumentenmacher
47 Geigenbauer
48 Bogenmacher
49 Metallblasinstrumentenmacher
50 Holzblasinstrumentenmacher
51 Zupfinstrumentenmacher
52 Vergolder
53 entfällt
54 Holz- und Bautenschützer (Mauerschutz und Holzimprägnierung in Gebäuden)
55 Bestatter
56 Kosmetiker

Handwerksähnliche Gewerbe

Abschnitt 2: Handwerksähnliche Gewerbe

Nr.		Nr.	
1	Eisenflechter	27	Dekorationsnäher (ohne Schaufensterdekoration)
2	Bautentrocknungsgewerbe	28	Fleckteppichhersteller
3	Bodenleger	29	(weggefallen)
4	Asphaltierer (ohne Straßenbau)	30	Theaterkostümnäher
5	Fuger (im Hochbau)	31	Plisseebrenner
6	entfällt	32	(weggefallen)
7	Rammgewerbe (Einrammen von Pfählen im Wasserbau)	33	Stoffmaler
8	Betonbohrer und -schneider	34	(weggefallen)
9	Theater- und Ausstattungsmaler	35	Textil-Handdrucker
10	Herstellung von Drahtgestellen für Dekorationszwecke in Sonderanfertigung	36	Kunststopfer
11	Metallschleifer und Metallpolierer	37	Änderungsschneider
12	Metallsägen-Schärfer	38	Handschuhmacher
13	Tankschutzbetriebe (Korrosionsschutz von Öltanks für Feuerungsanlagen ohne chemische Verfahren)	39	Ausführung einfacher Schuhreparaturen
14	Fahrzeugverwerter	40	Gerber
15	Rohr- und Kanalreiniger	41	Innerei-Fleischer (Kuttler)
16	Kabelverleger im Hochbau (ohne Anschlussarbeiten)	42	Speiseeishersteller (mit Vertrieb von Speiseeis mit üblichem Zubehör)
17	Holzschuhmacher	43	Fleischzerleger, Ausbeiner
18	Holzblockmacher	44	Appreteure, Dekateure
19	Daubenhauer	45	Schnellreiniger
20	Holz-Leitermacher (Sonderanfertigung)	46	Teppichreiniger
21	Muldenhauer	47	Getränkeleitungsreiniger
22	Holzreifenmacher	48	entfällt
23	Holzschindelmacher	49	Maskenbildner
24	Einbau von genormten Baufertigteilen (z. B. Fenster, Türen, Zargen, Regale)	50	entfällt
25	Bürsten- und Pinselmacher	51	Lampenschirmhersteller (Sonderanfertigung)
26	Bügelanstalten für Herren-Oberbekleidung	52	Klavierstimmer
		53	Theaterplastiker
		54	Requisiteure
		55	Schirmmacher
		56	Steindrucker
		57	Schlagzeugmacher

Nicht handwerkliche Berufe

Hierunter fallen anerkannte Ausbildungsberufe, die nicht in den Anlagen A und B der Handwerksordnung enthalten sind, in denen aber in Handwerksbetrieben oder handwerksähnlichen Betrieben ausgebildet werden kann, wenn die persönlichen, fachlichen und betrieblichen Voraussetzungen gegeben sind (z. B. Kaufmann/-frau für Büromanagement, Bauzeichner/Bauzeichnerin).

Fachliche Eignung für die Ausbildung in einem zulassungspflichtigen Handwerk der Anlage A zur Handwerksordnung

> Hier besitzt die fachliche Eignung, wer die Meisterprüfung in dem zulassungspflichtigen Handwerk, in dem ausgebildet werden soll, oder in einem mit diesem verwandten Handwerk bestanden hat.

Meisterprüfung

> Die fachliche Eignung besitzt ferner, wer in dem zulassungspflichtigen Handwerk, in dem ausgebildet werden soll, oder in einem mit diesem verwandten Handwerk
- die Voraussetzungen zur Eintragung in die Handwerksrolle nach § 7 erfüllt (u. a. z. B. aufgrund einer der Meisterprüfung gleichwertigen Prüfung oder einer Fachhochschul- oder Hochschulprüfung) oder
- nach den §§ 7a oder 7b der Handwerksordnung eine Ausübungsberechtigung erhalten hat (z. B. Ausübungsberechtigung an Gesellen mit entsprechender sechsjähriger beruflicher Tätigkeit, davon insgesamt 4 Jahre in leitender Stellung) oder
- eine Ausnahmebewilligung nach § 8 oder nach § 9 Abs. 1 Satz 1 Nr. 1 zur Eintragung in die Handwerksrolle erhalten hat.

Ausübungsberechtigung

Ausnahmebewilligung

Der hierunter fallende Personenkreis (also alle ausbildenden Personen ohne Meisterprüfung) muss zusätzlich den Prüfungsteil IV der Meisterprüfung (berufs- und arbeitspädagogische Kenntnisse) oder eine gleichwertige andere Prüfung, insbesondere eine Ausbildereignungsprüfung auf der Grundlage einer nach § 30 Abs. 5 des Berufsbildungsgesetzes erlassenen Rechtsverordnung, bestanden haben.

Prüfungsteil IV der Meisterprüfung

Da die Ausübungsberechtigung nach § 7 HwO (z. B. bei Hochschulabsolventen) kraft Gesetzes besteht, sind Personen mit den entsprechenden Prüfungszeugnissen auch ausbildungsberechtigt, wenn sie nicht in die Handwerksrolle eingetragen, sondern abhängig beschäftigt sind (z. B. angestellte Ingenieure, die die Ausbildereignungsprüfung erfolgreich abgelegt haben).

Fachliche Eignung für die Ausbildung in einem zulassungsfreien Handwerk oder einem handwerksähnlichen Gewerbe der Anlage B zur Handwerksordnung

Beurteilungskriterien sind die **beruflichen** Fertigkeiten, Kenntnisse und Fähigkeiten sowie die **berufs- und arbeitspädagogischen** Fertigkeiten, Kenntnisse und Fähigkeiten.

Berufliche Anforderungen

In einem zulassungsfreien Handwerk oder einem handwerksähnlichen Gewerbe besitzt die für die fachliche Eignung erforderlichen beruflichen Fertigkeiten, Kenntnisse und Fähigkeiten, wer

- die Meisterprüfung in dem zulassungsfreien Handwerk oder in dem handwerksähnlichen Gewerbe, in dem ausgebildet werden soll, bestanden hat,
- die Gesellen- oder Abschlussprüfung in einer dem Ausbildungsberuf entsprechenden Fachrichtung bestanden hat und eine angemessene Zeit in seinem Beruf praktisch tätig gewesen ist,
- eine anerkannte Prüfung an einer Ausbildungsstätte oder vor einer Prüfungsbehörde oder eine Abschlussprüfung an einer staatlichen oder staatlich anerkannten Schule in einer dem Ausbildungsberuf entsprechenden Fachrichtung bestanden hat und eine angemessene Zeit in seinem Beruf praktisch tätig gewesen ist oder
- eine Abschlussprüfung an einer deutschen Hochschule in einer dem Ausbildungsberuf entsprechenden Fachrichtung bestanden hat und eine angemessene Zeit in seinem Beruf praktisch tätig gewesen ist.

Der Abschlussprüfung an einer deutschen Hochschule sind Diplome gleichgestellt, die nach Abschluss einer Ausbildung von mindestens 3 Jahren oder einer Teilausbildung von entsprechender Dauer an einer Universität, einer Hochschule oder einer anderen gleichwertigen Ausbildungseinrichtung in einem anderen Mitgliedsstaat der EU, einem Vertragsstaat des Europäischen Wirtschaftsraumes oder in der Schweiz erteilt wurden. Wenn neben dem Studium eine Berufsausbildung gefordert wird, ist zusätzlich nachzuweisen, dass diese auch abgeschlossen ist. In einem zulassungsfreien Handwerk oder in einem handwerksähnlichen Gewerbe besitzt die für die fachliche Eignung erforderlichen beruflichen Fertigkeiten, Kenntnisse und Fähigkeiten auch, wer die Voraussetzungen für die Anerkennung seiner Berufsqualifikation nach der Berufsanerkennungsrichtlinie des Europäischen Parlaments und des Rates erfüllt, sofern er eine angemessene Zeit in seinem Beruf praktisch tätig gewesen ist.
Die Anerkennung kann davon abhängig gemacht werden, dass der Antragsteller zunächst einen höchstens dreijährigen Anpassungslehrgang ableistet oder eine Eignungsprüfung ablegt. Für die Entscheidung über die Anerkennung ist die Handwerkskammer zuständig.

Pädagogische Voraussetzungen

Die **berufs- und arbeitspädagogischen** Eignungsvoraussetzungen sind weder in der Handwerksordnung noch im Berufsbildungsgesetz **im Einzelnen** festgelegt. Nach § 30 Abs. 5 des Berufsbildungsgesetzes und § 22b Abs. 3 der Handwerksordnung finden aber die für den Nachweis der berufs- und arbeitspädagogischen Fertigkeiten, Kenntnisse und Fähigkeiten erlassenen Rechtsverordnungen Anwendung. Im Übrigen kann das Bundesministerium für Wirtschaft und Klimaschutz bestimmen, dass der Erwerb berufs- und arbeitspädagogischer Fertigkeiten, Kenntnisse und Fähigkeiten **gesondert** nachzuweisen ist.

Am 01.08.2009 ist die neue **Ausbilder-Eignungsverordnung** (AEVO) in Kraft getreten. Nach dieser Verordnung ist seit 01.08.2009 der Nachweis der berufs- und arbeitspädagogischen Eignung grundsätzlich durch die bestandene Ausbilder-Eignungsprüfung zu erbringen.

Außer der bestandenen Ausbilder-Eignungsprüfung kann der Nachweis der berufs- und arbeitspädagogischen Eignung nach der Ausbilder-Eignungsverordnung auch durch folgende **andere Nachweise** erbracht werden:

Andere Nachweise

> bestandene Ausbilder-Eignungsprüfung nach einer vor dem 01.08.2009 geltenden Ausbilder-Eignungsverordnung, die aufgrund des Berufsbildungsgesetzes erlassen worden ist
> mit Erfolg abgelegte Meisterprüfung oder eine andere Prüfung der beruflichen Fortbildung nach der Handwerksordnung oder dem Berufsbildungsgesetz
> bestandene sonstige staatliche, staatlich anerkannte oder von einer öffentlich-rechtlichen Körperschaft abgenommene Prüfung, deren Inhalt der Ausbilder-Eignungsprüfung ganz oder teilweise entspricht. Hier ist ein Antrag an die Handwerkskammer (zuständige Stelle) zu stellen, die eine Bescheinigung erstellt.

Meisterprüfung Teil IV

Das Bestehen von Teil IV der Meisterprüfung gilt kraft Gesetzes immer als Nachweis für das Vorliegen der berufs- und arbeitspädagogischen Fertigkeiten, Kenntnisse und Fähigkeiten.

Allgemeine Befreiungsregelung

Die Handwerkskammer (zuständige Stelle) kann ferner von der Vorlage des Nachweises über den Erwerb der berufs- und arbeitspädagogischen Fertigkeiten, Kenntnisse und Fähigkeiten auf Antrag befreien, wenn das Vorliegen berufs- und arbeitspädagogischer Eignung **auf andere Weise** glaubhaft gemacht wird und die ordnungsgemäße Ausbildung sichergestellt ist. Die Handwerkskammer kann Auflagen erteilen.

Fachliche Eignung für die Ausbildung in nicht handwerklichen Berufen

In Unternehmen, die als zulassungspflichtige oder zulassungsfreie Handwerke oder handwerksähnliche Gewerbe betrieben werden, kann auch in nicht handwerklichen Berufen ausgebildet werden, wenn die fachliche Eignung hierfür vorliegt.

Grundlage ist das Berufsbildungsgesetz. Danach ist fachlich geeignet, wer die beruflichen sowie die berufs- und arbeitspädagogischen Fertigkeiten, Kenntnisse und Fähigkeiten besitzt, die für die Vermittlung der Ausbildungsinhalte erforderlich sind.

Berufliche Anforderungen

Die erforderlichen beruflichen Fertigkeiten, Kenntnisse und Fähigkeiten besitzt, wer

> die Abschlussprüfung in einer dem Ausbildungsberuf entsprechenden Fachrichtung bestanden hat,
> eine anerkannte Prüfung an einer Ausbildungsstätte oder vor einer Prüfungsbehörde oder eine Abschlussprüfung an einer staatlichen oder staatlich anerkann-

ten Schule in einer dem Ausbildungsberuf entsprechenden Fachrichtung bestanden hat
oder
- eine Abschlussprüfung an einer deutschen Hochschule in einer dem Ausbildungsberuf entsprechenden Fachrichtung bestanden hat
und
- eine angemessene Zeit in seinem Beruf praktisch tätig gewesen ist.

Das Bundesministerium für Wirtschaft und Klimaschutz oder das sonst zuständige Ministerium kann durch Rechtsverordnung bestimmen, welche Prüfungen für welche Ausbildungsberufe anerkannt werden. Es kann ferner bestimmen, dass für die Ausbildung in bestimmten Berufen höhere Mindestanforderungen als die oben dargestellten hinsichtlich der erforderlichen beruflichen Fertigkeiten, Kenntnisse und Fähigkeiten zu stellen sind.
Die für die fachliche Eignung erforderlichen beruflichen Fertigkeiten, Kenntnisse und Fähigkeiten besitzt auch, wer die Voraussetzungen für die Anerkennung seiner Berufsqualifikation nach der Berufsanerkennungsrichtlinie des Europäischen Parlaments und des Rates über die Anerkennung von Berufsqualifikationen erfüllt, sofern er eine angemessene Zeit in seinem Beruf praktisch tätig gewesen ist (Europaklausel).
Die Anerkennung kann davon abhängig gemacht werden, dass der Antragsteller zunächst einen höchstens dreijährigen Anpassungslehrgang ableistet oder eine Eignungsprüfung ablegt. Die Entscheidung über die Anerkennung trifft die für die Berufsausbildung zuständige Stelle.

Pädagogische Voraussetzungen

Was die erforderlichen **berufs- und arbeitspädagogischen Fertigkeiten, Kenntnisse und Fähigkeiten** betrifft, gilt das unter „Fachliche Eignung für die Ausbildung in einem zulassungsfreien Handwerk oder in einem handwerksähnlichen Gewerbe der Anlage B zur Handwerksordnung“ Dargestellte in gleicher Weise.

Zuerkennung der fachlichen Eignung für die Ausbildung

Die nach Landesrecht zuständige Behörde kann sowohl nach der Handwerksordnung als auch nach dem Berufsbildungsgesetz Personen, die die oben dargestellten Voraussetzungen nicht nachweisen können, die fachliche Eignung für die Berufsausbildung nach Anhören der Handwerkskammer widerruflich zuerkennen. Die widerrufliche Zuerkennung kann sich sowohl auf die beruflichen als auch auf die berufs- und arbeitspädagogischen Fertigkeiten, Kenntnisse und Fähigkeiten beziehen. Dies gilt sowohl für die Ausbildungsberufe der Gewerbe der Anlagen A und B der Handwerksordnung als auch für nicht handwerkliche Ausbildungsberufe.
Die Landesregierungen können die Zuständigkeit für die Zuerkennung der fachlichen Eignung auf die Handwerkskammern übertragen, was in der Regel so geregelt ist.

1.5.2 Eignungskriterien der Ausbildungsstätte (betriebliche Eignung)

Lehrlinge dürfen nur eingestellt und ausgebildet werden, wenn die Ausbildungsstätte die in der nachstehenden Übersicht enthaltenen Voraussetzungen erfüllt.

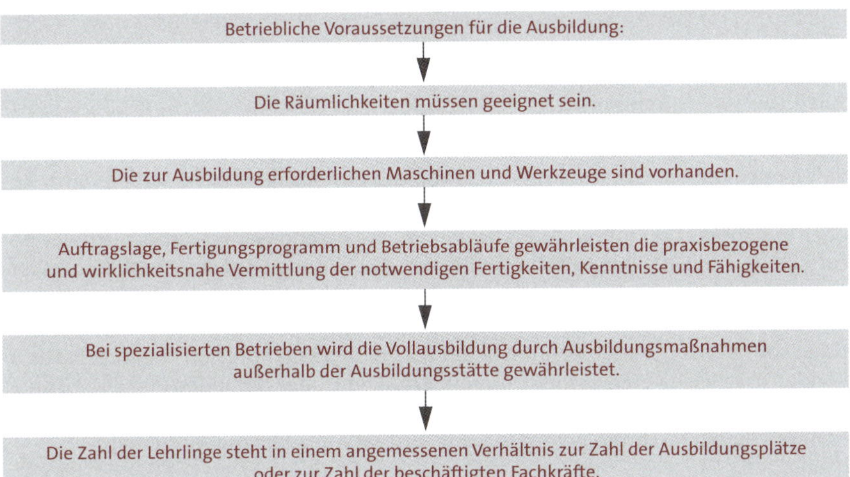

Richtlinie

Als angemessenes Verhältnis der Zahl der Auszubildenden zur Zahl der Fachkräfte gilt nach einer Empfehlung des Hauptausschusses des Bundesinstituts für Berufsbildung zur Eignung von Ausbildungsstätten in der Regel:

- 1–2 Fachkräfte = 1 Auszubildender
- 3–5 Fachkräfte = 2 Auszubildende
- 6–8 Fachkräfte = 3 Auszubildende
- je weitere 3 Fachkräfte = 1 weiterer Auszubildender.

Das obige Verhältnis von Fachkräften zu Auszubildenden kann aber überschritten oder unterschritten werden, wenn dadurch die Ausbildung nicht gefährdet wird. Für die Beurteilung der Angemessenheit und der Abweichung von der Richtlinie ist letztlich die Ausbildungsleistung des einzelnen Betriebes im konkreten Fall entscheidend.

1.5.3 Außerbetriebliche Ausbildung und Verbundausbildung

In Zusammenhang mit einer Berufsausbildung ist es denkbar, dass ein Partner, also entweder der junge Mensch oder der Ausbildungsbetrieb, die notwendigen Voraussetzungen für eine Ausbildung nicht bzw. nicht vollständig erfüllt.

> Für Jugendliche, für die eine reguläre Berufsausbildung in einem Betrieb nicht infrage kommt, ist die außerbetriebliche Ausbildung eine Möglichkeit.
> Für Betriebe, die nicht alle Inhalte des Ausbildungsberufs vollständig vermitteln können, kommt eine Ausbildung im Verbund mit anderen Betrieben infrage.

1.5.3.1 Außerbetriebliche Ausbildung

Außerbetriebliche Ausbildung

Die außerbetriebliche Ausbildung unterscheidet sich von einer regulären Ausbildung darin, dass sie bei einem sogenannten Bildungsträger stattfindet. Dabei handelt es sich um ein Unternehmen, das von der Bundesagentur für Arbeit dafür bezahlt wird, die Berufsausbildung durchzuführen, entweder in eigenen Werkstätten oder in Kooperation mit anderen Betrieben. Ergänzend erfolgt der Besuch der Berufsschule. Auch bei der außerbetrieblichen Ausbildung wird eine Ausbildungsvergütung gezahlt.

Zielgruppe

Zielgruppe sind junge Menschen, für die eine reguläre Berufsausbildung nicht infrage kommt. Die Gründe können in der Person des Jugendlichen liegen, z. B. soziale oder psychische Herausforderungen, Krankheit oder Behinderung. Die Gründe können aber auch im generellen Angebot an Ausbildungsplätzen liegen, also wenn es eine erhebliche Unterversorgung mit Ausbildungsplatzangeboten gibt.

1.5.3.2 Ausbildung im Verbund mit anderen Betrieben

Ausbildungsverbund
Verbundmodelle

Die Sicherstellung der Eignung der Ausbildungsstätte für die Ausbildung kann auch im Verbund, also durch Zusammenarbeit mit anderen Ausbildungsbetrieben, bewerkstelligt werden. Dabei ist zwischen den Partnerbetrieben abzustimmen, wer welche Inhalte der Gesamtausbildung in den einzelnen Ausbildungsabschnitten vermittelt. Entsprechende vertragliche Vereinbarungen mit Festlegung der Organisation, der Sicherstellung der gesamten Ausbildungsdauer und der Rechte und Pflichten sind notwendig. Im Bezug auf die Organisation, Zuordnung der Ausbildungsaufgaben und Einzelmaßnahmen der Ausbildung, die Vertragsgestaltung und die Finanzierung haben sich je nach den Bedürfnissen der Ausbildungsbetriebe in der Praxis unterschiedliche Verbundmodelle entwickelt. Es ist zweckmäßig, zur Beratung den Lehrlingswart der Innung oder einen Berater der Handwerkskammer einzuschalten.

Als weitere Verbundpartner sind die Berufsbildungs- und Kompetenzzentren des Handwerks als Bildungsdienstleister und als Partner von Ausbildungsallianzen sowie andere Bildungseinrichtungen zu nennen.

Verbundausbildung wird teilweise mit öffentlichen Mitteln des Bundes und der Länder gefördert.

Durch die Verbundausbildung können neue Ausbildungskapazitäten geschaffen bzw. vorhandene besser genutzt und die Ausbildungsqualität gesteigert werden.

1.5.4 Aufgaben der Handwerksorganisationen (Kammer, Innung) zur Unterstützung der Ausbildung

1.5.4.1 Handwerkskammer als zuständige Stelle

Zuständigkeit

Für die Berufsbildung (Berufsausbildungsvorbereitung, Berufsausbildung und berufliche Umschulung), die in Betrieben zulassungspflichtiger Handwerke, zulassungsfreier Handwerke und handwerksähnlicher Gewerbe durchgeführt wird, ist die Handwerkskammer die zuständige Stelle. Dies gilt sowohl für die Berufsbildung in den Berufen der Handwerksordnung als auch in nicht handwerklichen Berufen. Abweichungen davon können sich für sogenannte Mischbetriebe (z. B. Handel und Handwerk) für den Bereich nicht handwerklicher Berufe ergeben.
Soweit Vorschriften nicht bestehen, hat sie die Durchführung der Berufsbildung im Rahmen der gesetzlichen Bestimmungen zu regeln.

Überwachung

Die Handwerkskammer überwacht ferner die Durchführung der Berufsausbildungsvorbereitung, der Berufsausbildung und der beruflichen Umschulung und fördert diese durch Beratung der an der Berufsbildung beteiligten Personen. Sie hat zu diesem Zweck Berater zu bestellen. Ausbildende, Umschulende und Anbieter von Maßnahmen der Berufsausbildungsvorbereitung sind verpflichtet, der Handwerkskammer auf Verlangen Auskünfte zu erteilen, Unterlagen vorzulegen sowie die Besichtigung der Ausbildungsstätten zu gestatten.

Ausbildung im Ausland

Die Handwerkskammer hat ferner die Durchführung von Auslandsaufenthalten von Lehrlingen in geeigneter Weise zu fördern und zu überwachen.
Bei Auslandaufenthalten, die länger als acht Wochen dauern, ist ein mit der Handwerkskammer abgestimmter Plan erforderlich.
Grundsätzlich bleibt der Berufsausbildungsvertrag zwischen dem deutschen Ausbildungsbetrieb und dem Lehrling bestehen. Eine Aussetzung der Vertragspflichten muss in Abstimmung mit der Handwerkskammer gesondert vereinbart werden. Siehe hierzu auch >> Abschnitt 2.6.

Anerkennung ausländischer Qualifikationen

Mit dem „Gesetz über die Feststellung der Gleichwertigkeit von Berufsqualifikationen" haben die Handwerkskammern eine weitere Aufgabe erhalten. Personen können demnach feststellen lassen, inwieweit ihre ausländische Berufsqualifikation mit einer inländischen gleichwertig ist. Soweit es sich dabei um Berufsbildung handelt, die nach der Handwerksordnung geregelt wurde, ist die Handwerkskammer die zuständige Stelle. Ziel dieses Gesetzes ist die bessere Nutzung von im Ausland erworbenen Berufsqualifikationen für den deutschen Arbeitsmarkt.

Wichtige Aufgaben im Einzelnen

Die wichtigen Aufgaben der Handwerkskammer in der beruflichen Bildung gehen aus nachstehender Übersicht hervor:

Aufgaben in der Fortbildung

Neben der Wahrnehmung der obigen Aufgaben ist die Handwerkskammer im Bereich der Fortbildung u. a. auf folgenden Gebieten tätig:

- Durchführung von Meistervorbereitungskursen und Fortbildungslehrgängen aller Art
- Betrieb von Akademien des Handwerks
- Maßnahmen zur Förderung der Unternehmensführung
- organisatorische Durchführung von Meisterprüfungen
- Durchführung von Fortbildungsprüfungen.

Berufsbildungsausschuss

Bei jeder Handwerkskammer ist ein Berufsbildungsausschuss errichtet. Die Zusammensetzung und die Wahl ergibt sich aus folgender Übersicht:

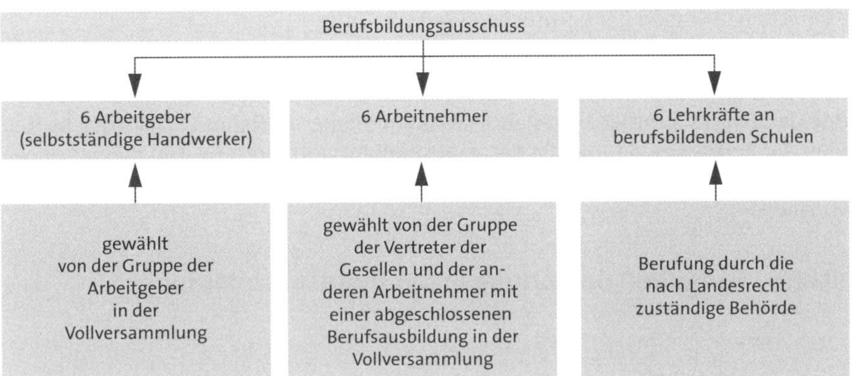

Zusammensetzung

Stimmrecht

Die sechs Lehrkräfte an berufsbildenden Schulen gehören dem Berufsbildungsausschuss mit beratender Stimme an. Sie haben jedoch Stimmrecht bei Beschlüssen zu Angelegenheiten der Berufausbildungsvorbereitung und der Berufsausbildung, soweit sich die Beschlüsse unmittelbar auf die Organisation der schulischen Berufsbildung auswirken.

Aufgaben

Der Berufsbildungsausschuss ist in wichtigen Angelegenheiten der beruflichen Bildung anzuhören und zu unterrichten. Er hat ferner vor Beschlussfassungen in der Vollversammlung der Handwerkskammer über Vorschriften zur Durchführung der Berufsbildung eine Stellungnahme abzugeben, und er kann von sich aus Vorschläge unterbreiten.

Der Berufsbildungsausschuss hat im Rahmen seiner Aufgaben auf eine stetige Entwicklung der Qualität der beruflichen Bildung hinzuwirken und hierzu insbesondere die an der Berufsbildung Beteiligten bei der fortlaufenden Qualitätssicherung und beim Qualitätsmanagement zu unterstützen.

Berater (Ausbildungsberater)

Die Handwerkskammer hat für die Berufsausbildungsvorbereitung, die Berufsausbildung und die Umschulung Berater zu bestellen. Der Berater läuft in der Praxis in der Regel unter der Bezeichnung „Ausbildungsberater". Die Berater verrichten im Rahmen der Gesamtaufgaben der Handwerkskammer eine wichtige hauptberufliche Arbeit. Die Hauptaufgabengebiete sind:

Hauptaufgabengebiete

- Ansprechpartner und Vermittler für Ausbildungsbetriebe, Ausbilder, Lehrlinge, Eltern, Berufsschule, Agentur für Arbeit
- Abhalten von Sprechtagen für den obigen Personenkreis
- Beratung aller an der Berufsausbildung, Berufsausbildungsvorbereitung und Umschulung Beteiligten
- Durchführung von Betriebsbesuchen zur Beratung und Überwachung
- Beseitigung von Mängeln in den Ausbildungsbetrieben
- Beratung in Prüfungsfragen
- Zusammenarbeit mit den Lehrlingswarten der Innungen
- Zusammenarbeit mit der Berufsberatung der Agentur für Arbeit
- Beteiligung an Maßnahmen zur Nachwuchswerbung
- Zusammenarbeit mit allgemeinbildenden Schulen und Berufsschulen
- Zusammenarbeit mit den Arbeitskreisen Schule/Wirtschaft
- Berufsinformationen über das Handwerk

>Beratung in Fragen der beruflichen Weiterbildung
>Einsatz für zusätzliche Ausbildungsplätze.

Auskunftspflicht der Betriebe

Alle Handwerksbetriebe sind verpflichtet, den Beratern und anderen Bediensteten der Handwerkskammer bei allen Maßnahmen, die im Rahmen der Vorschriften über die Berufsausbildung, die Berufsausbildungsvorbereitung und die berufliche Umschulung erfolgen, die erforderlichen Auskünfte zu erteilen und Unterlagen vorzulegen.

1.5.4.2 Aufgaben der Innung in der Berufsausbildung

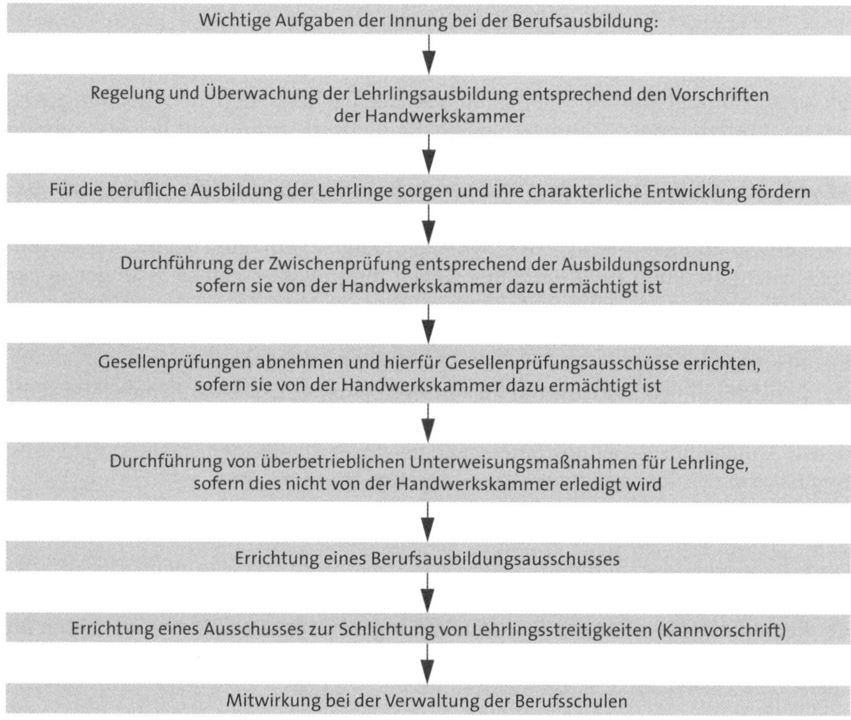

Lehrlingswart

Schlüsselrolle

Eine Schlüsselrolle in der Berufsausbildungsarbeit der Innung nimmt der Lehrlingswart ein. Da seine Aufgaben als Vermittler und Ansprechpartner für Ausbildungsbetriebe, Ausbilder, Lehrlinge, Eltern und Berufsschule weitgehend ähnlich sind wie die des Beraters der Handwerkskammer, ist zwischen beiden eine enge Zusammenarbeit erforderlich.
Der Ausbildungsberater ist in der Regel hauptberuflich, der Lehrlingswart ehrenamtlich tätig.

Hauptaufgabengebiete

Die Hauptaufgabengebiete des Lehrlingswarts der Innung sind:

>Anlaufstelle für alle Fragen der Berufsausbildung im Innungsbezirk
>Beratung von Lehrlingen, Ausbildenden, Ausbildern und Erziehungsberechtigten

- Überwachung der fachlichen Eignung zur Ausbildung
- Feststellung und Beseitigung von Mängeln in den Ausbildungsbetrieben, ggf. durch Betriebsbesuche
- Zusammenarbeit mit dem Zwischenprüfungs- und Gesellenprüfungsausschuss
- Planung und Mitarbeit bei der Durchführung überbetrieblicher Lehrlingsunterweisungsmaßnahmen, ggf. zusammen mit der Handwerkskammer
- Berichterstattung in der Innungsversammlung
- Organisation von Lehrlingsfreisprechungsfeiern
- Stellungnahmen zu Anträgen auf Zuerkennung der fachlichen Eignung zur Berufsausbildung
- Zusammenarbeit mit der Ausbildungsberatung der Handwerkskammer, der Berufsberatung der Agenturen für Arbeit, mit Hauptschulen, Realschulen und Gymnasien und der Berufsschule
- Durchführung von Maßnahmen zur Berufsnachwuchswerbung
- Werbung für zusätzliche Ausbildungsplätze.

1.5.4.3 Möglichkeiten der ehrenamtlichen Tätigkeiten in Gremien und Ausschüssen der Handwerkskammer und der Innung

Grundsätzliche Möglichkeiten

Die Ausbildenden bzw. Ausbilder haben zahlreiche Möglichkeiten, an der Gestaltung und Umsetzung in der Berufsausbildungsvorbereitung, Umschulung und Ausbildung, im Prüfungswesen und in Bezug auf deren Weiterentwicklung Einfluss zu nehmen und mitzuwirken:

Handwerkskammer

- bei der Handwerkskammer:
  - im Berufsbildungsausschuss
  - in Vorstand und Vollversammlung
  - in kammereigenen Gesellen- und Abschlussprüfungsausschüssen oder in Prüferdelegationen
  - in Fortbildungsprüfungsausschüssen
  - in Meisterprüfungsausschüssen
  - als nebenberufliche Lehrkraft in überbetrieblichen Unterweisungsmaßnahmen
  - als nebenberufliche Lehrkraft im Rahmen des generellen Kursangebots.

Innung

- bei der Innung:
  - in Innungsversammlung und Vorstand
  - im Berufsbildungsausschuss
  - im Ausschuss zur Beilegung von Lehrlingsstreitigkeiten
  - im Gesellenausschuss, sofern der Ausbilder Arbeitnehmer ist
  - im Gesellenprüfungsausschuss oder in Prüferdelegationen
  - als Lehrlingswart
  - als nebenberufliche Lehrkraft in überbetrieblichen Unterweisungsmaßnahmen
  - als nebenberufliche Lehrkraft im Rahmen des generellen Kursangebots.

Mitwirkung bei Gesellen-, Abschluss- und Umschulungsprüfungen, Aufgaben und Anforderungsprofil der Mitglieder von Prüfungsausschüssen

Die Durchführung der Gesellen-, Abschluss- und Umschulungsprüfungen sowie anderer Prüfungen wie z.B. der Fortbildungsprüfungen liegt bei den Selbstverwaltungseinrichtungen der Wirtschaft, d.h. für den Bereich des Handwerks bei den Innungen und Handwerkskammern (>> auch Abschnitte 1.3.3.5, 1.5.4.1 und 1.5.4.2).

> Durch die Mitwirkung von Ausbildenden und Ausbildern aus der Betriebspraxis in den Prüfungsausschüssen oder in Prüferdelegationen können deren Sachkunde und Erfahrung in Inhalte und Gestaltungsmöglichkeiten sowie Abläufe von Prüfungen eingebracht werden. So findet auch eine Verzahnung und Rückkoppelung von Ausbildungspraxis in den Betrieben und externen Prüfungsausschüssen statt.

Zusammensetzung der Prüfungsausschüsse

Gesellen- und Umschulungsprüfungsausschuss

> Der Gesellenprüfungsausschuss besteht aus mindestens 3 Mitgliedern.

Die Mitglieder müssen für die Prüfungsgebiete sachkundig und für die Mitwirkung im Prüfungswesen geeignet sein.

Zulassungspflichtige Handwerke

Mindestzusammensetzung des Gesellenprüfungsausschusses für zulassungspflichtige Handwerke:

- 1 Arbeitgeber oder Betriebsleiter
- 1 Arbeitnehmer
- 1 Lehrkraft einer berufsbildenden Schule.

Die Arbeitgeber müssen in dem zulassungspflichtigen Handwerk, für das der Prüfungsausschuss errichtet ist, die Meisterprüfung abgelegt haben oder zum Ausbilden berechtigt sein. Die Arbeitnehmer müssen die Gesellenprüfung in dem zulassungspflichtigen Handwerk, für das der Prüfungsausschuss errichtet ist, oder eine entsprechende Abschlussprüfung in einem anerkannten Ausbildungsberuf nach §4 des Berufsbildungsgesetzes bestanden haben und in diesem Handwerk tätig sein.

Zulassungsfreie Handwerke

Mindestzusammensetzung des Gesellenprüfungsausschusses für zulassungsfreie Handwerke oder handwerksähnliche Gewerbe:

- 1 Beauftragter der Arbeitgeber
- 1 Beauftragter der Arbeitnehmer
- 1 Lehrkraft an einer berufsbildenden Schule.

Die Beauftragten der Arbeitgeber und der Arbeitnehmer müssen in dem zulassungsfreien Handwerk oder in dem handwerksähnlichen Gewerbe, für das der Prüfungsausschuss errichtet ist, die Gesellenprüfung oder eine entsprechende Abschlussprüfung in einem anerkannten Ausbildungsberuf nach §4 des Berufsbildungsgesetzes bestanden haben und in diesem Handwerk oder in diesem Gewerbe tätig sein.

Die Mitglieder und deren Stellvertreter werden längstens für 5 Jahre berufen oder gewählt.

Der Prüfungsausschuss wählt aus seiner Mitte einen Vorsitzenden und dessen Stellvertreter. Der Prüfungsausschuss ist beschlussfähig, wenn zwei Drittel der Mitglieder, mindestens jedoch 3, mitwirken.

Vorsitzender

Bei den von der Innung aufgrund einer Ermächtigung der Handwerkskammer errichteten Gesellenprüfungsausschüssen werden die Arbeitgeber und die Beauftragten der Arbeitgeber von der Innungsversammlung, die Arbeitnehmer und die Beauftragten der Arbeitnehmer von dem Gesellenausschuss gewählt. Die Lehrkräfte von berufsbildenden Schulen werden im Einvernehmen mit der Schulaufsichtsbehörde oder der von ihr bestimmten Stelle nach Anhörung der Innung von der Handwerkskammer berufen.

Innungseigene Ausschüsse

Die Mitglieder der kammereigenen Gesellenprüfungsausschüsse werden von der Handwerkskammer berufen. Die Arbeitnehmer und die Beauftragten der Arbeitnehmer werden auf Vorschlag der Gesellenvertreter in der Vollversammlung berufen. Die Lehrkräfte von berufsbildenden Schulen werden im Einvernehmen mit der Schulaufsichtsbehörde oder der von ihr bestimmten Stelle eingesetzt.

Kammereigene Ausschüsse

Sowohl bei Kammer- als auch bei Innungsausschüssen sollen Vorschläge der im Bezirk der Kammer bzw. Innung bestehenden Gewerkschaften und selbstständigen Vereinigungen von Arbeitnehmern berücksichtigt werden.

Die Tätigkeit in den Gesellenprüfungsausschüssen ist ehrenamtlich.

Abschluss- und Umschulungsprüfungsausschuss

Der Abschlussprüfungsausschuss besteht aus mindestens 3 sachkundigen und geeigneten Mitgliedern.

Die Mitglieder und deren Stellvertreter werden längstens für 5 Jahre von der Handwerkskammer berufen, wobei die Beauftragten der Arbeitnehmer von den Ge-

werkschaften und selbstständigen Vereinigungen von Arbeitnehmern mit sozial- und berufspolitischer Zwecksetzung vorher vorgeschlagen werden. Die Berufung der Lehrkräfte von berufsbildenden Schulen erfolgt im Einvernehmen mit der Schulaufsichtsbehörde oder der von ihr bestimmten Stelle.
Die Tätigkeit im Abschlussprüfungsausschuss ist ehrenamtlich. Für bare Auslagen und für Zeitversäumnis wird eine angemessene Entschädigung gezahlt. Unter bestimmten Voraussetzungen sind Prüfende von ihrem Arbeitgeber dazu von der Erbringung der Arbeitsleistung freizustellen.

Prüfungsausschüsse für Abschlussprüfungen werden für den Bereich des Handwerks ausschließlich von den Handwerkskammern, also nicht von Innungen, errichtet.

1.5.5 Ordnungswidrigkeiten und Entzug der Ausbildungsberechtigung

1.5.5.1 Maßnahmen der Handwerkskammer zur Beseitigung von Mängeln der Eignung

Überwachung

Die Handwerkskammer hat die Aufgabe, darüber zu wachen, dass die persönliche und fachliche Eignung zur Einstellung und Ausbildung von Lehrlingen sowie die Eignung der Ausbildungsstätte vorliegen.

Die bei Vorliegen von Mängeln möglichen Maßnahmen der Handwerkskammer sind:

- Feststellung und Beratung durch einen Ausbildungsberater der Handwerkskammer
- Aufforderung an den Betrieb mit Fristsetzung, den Mangel zu beseitigen
- Mitteilung des Mangels an die nach Landesrecht zuständige Behörde, wenn der Mangel nicht in der gesetzten Frist beseitigt wird oder zu beheben ist oder der Lehrling gefährdet ist.

1.5.5.2 Ordnungswidrigkeiten in der betrieblichen Berufsausbildung und deren Ahndung

Geldbußen

Damit die Vorschriften auf dem Gebiet der Berufsausbildung eingehalten werden, kann bei Vorliegen von Ordnungswidrigkeiten gegen die Ausbildungsbetriebe vorgegangen werden. Dabei sind Geldbußen bis zu 5.000,00 EUR möglich.

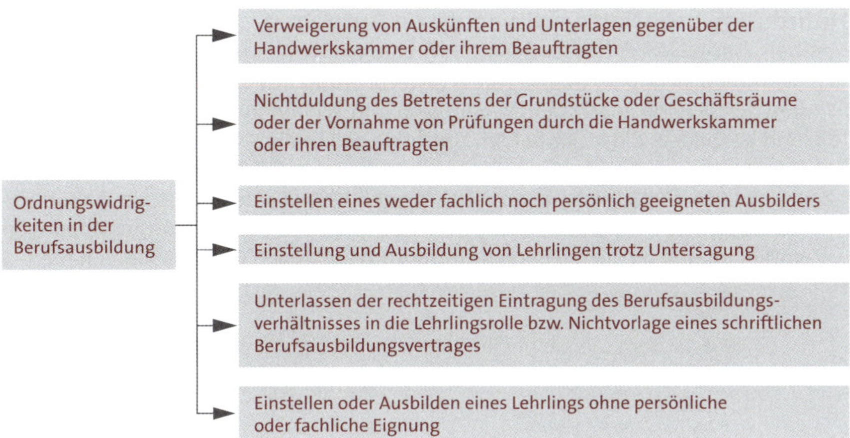

1.5.5.3 Untersagung des Einstellens und Ausbildens

Das Einstellen und Ausbilden kann für eine bestimmte Ausbildungsstätte untersagt werden.

Zuständigkeit

Für die Untersagung des Einstellens und Ausbildens ist die nach Landesrecht festgelegte Behörde zuständig.

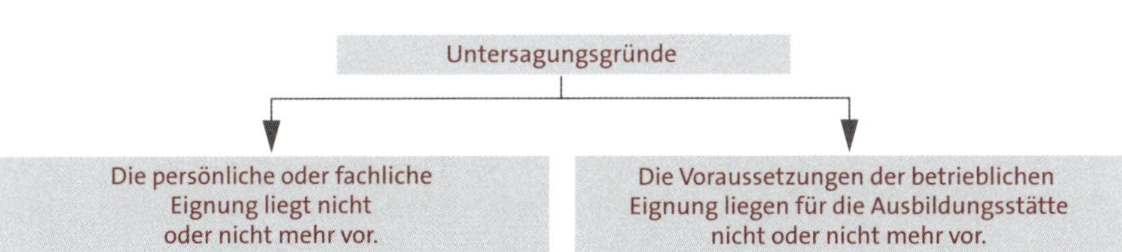

Anhörung

Vor der Untersagung durch die Behörde sind die Beteiligten und die Handwerkskammer zu hören. Dieses Anhörungsrecht gilt nicht, wenn der Betroffene eindeutig Kinder und Jugendliche nicht beschäftigen darf.
Gegen den Untersagungsbescheid ist Widerspruch möglich.

Zuständigkeit der Handwerkskammer

Die Landesregierungen können die Überwachung der Eignung und die Zuständigkeit für die Untersagung des Einstellens und Ausbildens auf die Handwerkskammern übertragen. Diese Übertragung ist in der Regel so erfolgt. Für diesen Fall sind die Handwerkskammern für diese Verwaltungsentscheidungen im Rahmen der staatlichen Rechtsaufsicht allein zuständig und verantwortlich.

Handlungsorientierte, fallbezogene Aufgaben

1. Sie haben sich nach abgelegter Meisterprüfung in einem zulassungspflichtigen Handwerk selbstständig gemacht und wollen zwei Lehrlinge einstellen und ausbilden. Einer der beiden Lehrlinge soll in einem Ausbildungsberuf des Handwerks, der andere in einem nicht handwerklichen Beruf, nämlich als Kaufmann für Büromanagement, ausgebildet werden. Deshalb haben Sie festzustellen, ob in Ihrem Betrieb die betrieblichen Eignungsvoraussetzungen vorliegen und ob Sie die Berechtigung zum Einstellen und Ausbilden haben.

   Aufgabe:

   a) Erläutern Sie, ob bei Ihnen die Berechtigung zum Einstellen und Ausbilden für den Handwerkslehrling vorliegt, und begründen Sie Ihr Ergebnis!

   b) Erklären und begründen Sie, ob Sie für die Ausbildung eines Kaufmanns für Büromanagement die fachliche Eignung besitzen!

   c) Stellen Sie fest, welche betrieblichen Voraussetzungen vorliegen müssen, damit die Eignung der Ausbildungsstätte für die Berufsausbildung im Ausbildungsberuf des Handwerks gegeben ist!

   >> Seiten 70 bis 79 |

2. Sie bilden in Ihrem Handwerksbetrieb seit Jahren Lehrlinge aus. Aufgrund der eingetretenen Spezialisierung in dem von Ihnen ausgeübten Handwerk können Sie mittlerweile einige Fertigkeiten, Kenntnisse und Fähigkeiten des Ausbildungsberufsbildes nicht mehr vollständig vermitteln. Sie wollen aber auch in der Zukunft unbedingt Ihren Fachkräftebedarf durch die betriebseigene Ausbildung decken.

   Aufgabe: Was können Sie im vorliegenden Fall tun, um die Eignung Ihrer Ausbildungsstätte sicherzustellen?

   >> Seite 80 |

3. Sie sind Ausbilderin in einem Handwerksbetrieb und haben gehört, dass es bei der Handwerkskammer einen Berufsbildungsausschuss gibt. Sie wollen wissen, welche Aufgabe dieser Ausschuss hat.

Aufgabe: Welche Aussage trifft zu?

Der Ausschuss hat

- [ ] a nur die Vollversammlung der Handwerkskammer zu beraten.
- [ ] b nur die Lehrlinge im Kammerbereich zu betreuen.
- [ ] c in allen wichtigen Angelegenheiten der beruflichen Bildung ein Recht darauf, angehört und unterrichtet zu werden. Ferner hat er auf eine stetige Entwicklung der Qualität der beruflichen Bildung hinzuwirken.
- [ ] d die alleinige Aufsichtsfunktion über die zuständige Fachabteilung der Handwerkskammer.
- [ ] e nur den Vorstand der Handwerkskammer zu beraten.

>> Seiten 82 bis 83 |

4. Als Ausbilder haben Sie erfahren, dass es zur Förderung der beruflichen Bildung die Einrichtung der Beratung (Ausbildungsberatung) gibt, die kostenlose Beratungsleistungen erbringt. Sie wollen klären, wer diese Beratung durchführt und was ihre Hauptaufgabe ist.

4.1 Diese Beratungsleistungen erbringt

- [ ] a die Agentur für Arbeit.
- [ ] b das staatliche Schulamt.
- [ ] c das Jugendamt.
- [ ] d das Amt für Ausbildungsförderung.
- [ ] e die Handwerkskammer.

4.2 Die Hauptaufgabe ist,

- [ ] a ausschließlich die Betriebe zu überwachen und zu beraten.
- [ ] b ausschließlich die Lehrlinge zu beraten.
- [ ] c nur die Innungen zu beraten.
- [ ] d alle an der Berufsbildung beteiligten Personen zu beraten.
- [ ] e nur die Berufsschulen zu beraten.

>> Seiten 83 bis 84 |

5. Sie sind Inhaber eines Handwerksbetriebes und bilden erstmals Lehrlinge aus. Es ist Ihnen bekannt, dass Innungen als Fachorganisationen im Handwerk eine lange Tradition bei ihrem Einsatz für die Belange der Berufsausbildung haben. Auch heute noch haben sie in der Berufsausbildung wichtige Funktionen.

   Aufgabe: Stellen Sie fest, welche Funktionen für Sie als Ausbildender wichtig sind!

   >> Seite 84 |

6. Sie sind seit kurzer Zeit Inhaberin eines Handwerksbetriebes und Mitglied der zuständigen Innung. Bei der letzten Innungsversammlung wurde im Rahmen der Neuwahlen der Organe ein Lehrlingswart gewählt. Als künftige Ausbildende interessiert Sie, welches die wichtigsten Aufgaben des Lehrlingswarts der Innung sind.

   Aufgabe: Geben Sie seine wichtigsten Hauptaufgabengebiete an!

   >> Seiten 84 bis 85 |

7. Im Rahmen der Selbstverwaltung des Handwerks ist die Mitwirkung von Ausbildenden und Ausbildern bei der inhaltlichen Gestaltung und der Umsetzung von praktischen Erfahrungen aus der Ausbildungspraxis auf ehrenamtlicher Grundlage sowohl bei den Handwerkskammern als auch bei den Innungen vorgesehen. Sie ist Voraussetzung für das Funktionieren der Selbstverwaltungsorgane. Als Inhaber eines Ausbildungsbetriebes des Handwerks wären Sie bereit, in Gremien von Handwerksorganisationen mitzuwirken.

   Aufgabe: Beschreiben Sie die wichtigsten Mitwirkungsmöglichkeiten, die Sie bei den genannten Einrichtungen haben!

   >> Seite 85 |

8. Sie sind als selbstständiger Handwerksmeister, der Lehrlinge ausbildet, Mitglied der zuständigen Innung. Der Obermeister ist an Sie herangetreten mit der Bitte, künftig im Gesellenprüfungsausschuss mitzuwirken. Bevor Sie eine Entscheidung treffen, ob Sie der Aufforderung des Obermeisters nachkommen, wollen Sie wissen, wie sich der Gesellenprüfungsausschuss zusammensetzt, wer die Ausschussmitglieder, die Arbeitgeber sind, wählt und wie lange eine Wahlperiode dauert.

Aufgabe: Welche der nachstehenden Aussagen treffen zu?

8.1 Der Ausschuss setzt sich zusammen

- a aus mindestens 2 Mitgliedern.
- b aus mindestens 3 Mitgliedern.
- c aus mindestens 4 Mitgliedern.
- d aus mindestens 5 Mitgliedern.
- e aus mindestens 6 Mitgliedern.

>> Seite 86 |

8.2 Die Mitglieder, die Arbeitgeber oder Beauftragte der Arbeitgeber sind, werden gewählt

- a von der Innungsversammlung.
- b vom Vorstand der Innung.
- c vom Berufsbildungsausschuss der Innung.
- d vom Gesellenausschuss der Innung.
- e vom Obermeister und seinem Stellvertreter.

>> Seite 87 |

8.3 Die Wahl erfolgt längstens

- a auf 5 Jahre.
- b auf 4 Jahre.
- c auf 3 Jahre.
- d auf 2 Jahre.
- e auf 1 Jahr.

>> Seite 87 |

1.6 Lernsituation: Möglichkeiten des Einsatzes von berufsausbildungsvorbereitenden Maßnahmen prüfen und bewerten

Kompetenzen:

- Zielgruppenspezifische berufsvorbereitende Maßnahmen für die Ausbildungsplanung darstellen und Auswahl begründen.
- Bedeutung berufsvorbereitender Maßnahmen für die Nachwuchsgewinnung beurteilen und Fördermöglichkeiten angeben.
- Möglichkeiten der betrieblichen Umsetzung berufsvorbereitender Maßnahmen klären.

1.6.1 Zielgruppen, Voraussetzungen und rechtliche Grundlagen für berufsvorbereitende Maßnahmen (z. B. Einstiegsqualifizierung)

1.6.1.1 Zielgruppen

Zur Sicherung des beruflichen Nachwuchses bemüht sich das Handwerk auch um die Teilgruppen der Jugendlichen, die zu wenig in den Prozess der beruflichen Ausbildung integriert sind.

Die Erschließung dieses Potenzials erfordert allerdings auch, die betrieblichen Ausbildungsbedingungen auf die besonderen Anforderungen solcher Jugendlichen abzustimmen.

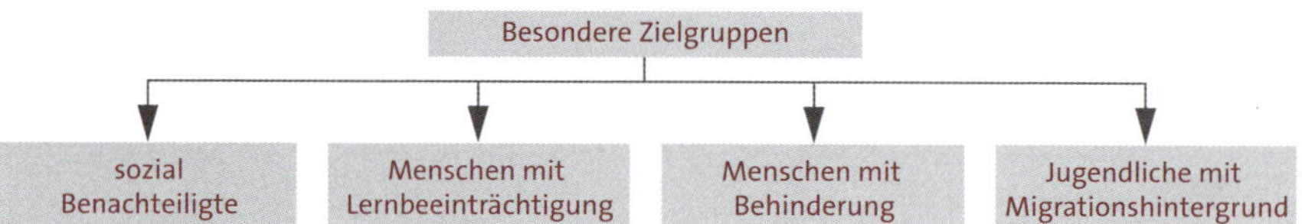

Sozial Benachteiligte

In Bezug auf die Berufsausbildung liegt eine soziale Benachteiligung insbesondere dann vor, wenn die betroffenen Jugendlichen keinen Zugang zum Berufsbildungssystem finden können und daher deutlich geringere Perspektiven für ihr zukünftiges Leben besitzen.
Soziale Benachteiligungen können sich beispielsweise wie folgt zeigen:

- Verlassen der Schule ohne Schulabschluss
- Vorliegen erheblicher Mängel im Sozialverhalten
- Abbruch einer Berufsausbildung ohne Überleitung in ein neues Ausbildungsverhältnis
- Abbruch einer Berufsvorbereitungsmaßnahme
- kein Beginn oder Verbleib in einem Arbeitsverhältnis trotz erfolgreicher Berufsausbildung.

Menschen mit Lernbeeinträchtigung

>> dazu im Einzelnen Abschnitt 3.5.1.2

Menschen mit Behinderung

>> dazu im Einzelnen Abschnitte 1.4.3.3 und 3.5.1.2

Jugendliche mit Migrations- oder Fluchthintergrund

Nähere Ausführungen hierzu >> Abschnitt 3.10.

Einstiegsqualifizierungen sind für diese Zielgruppen ein gutes Instrument (>> Abschnitt 1.6.3).

1.6.1.2 Rechtliche Grundlagen

> Die Berufsausbildungsvorbereitung muss nach Inhalt, Art, Ziel und Dauer den besonderen Erfordernissen lernbeeinträchtigter und sozial benachteiligter Personen entsprechen und durch umfassende sozialpädagogische Betreuung und Unterstützung begleitet werden.

Die Vorschriften der Handwerksordnung und des Berufsbildungsgesetzes über die Berechtigung zum Einstellen und Ausbilden sowie deren Überwachung und Entzug gelten für die betriebliche Berufsausbildungsvorbereitung entsprechend.

1.6.2 Bedeutung berufsvorbereitender Maßnahmen und Fördermöglichkeiten sowie Kooperations- und Ansprechpartner

Die Bedeutung berufsvorbereitender Maßnahmen hat mittlerweile einen derart großen Umfang eingenommen, dass teilweise schon von einem „Übergangs-System" zwischen Schule und Ausbildung gesprochen wird. Dies geht einher mit finanziellen Fördermöglichkeiten, wenn der Lehrling bestimmte Voraussetzungen erfüllt.
Wichtiger Kooperations- und Ansprechpartner für Förderungen ist die zuständige Agentur für Arbeit. Aus nachfolgender Übersicht ergeben sich weitere mögliche Partner wie z. B. die gesetzliche Rentenversicherung oder das Amt für Ausbildungsförderung.

Berufsausbildungsbeihilfen und andere finanzielle Hilfen können von der Agentur für Arbeit unter bestimmten Voraussetzungen auch gewährt werden für

Besondere Zielgruppen

> die betriebliche Ausbildung von Menschen mit Behinderung sowie
> die Berufsausbildung von sozial benachteiligten Auszubildenden und von Auszubildenden mit Lernbeeinträchtigungen.

1.6.3 Inhaltliche Strukturierung berufsvorbereitender Maßnahmen (Qualifizierungsbausteine)

Die Vermittlung von Grundlagen für den Erwerb beruflicher Handlungsfähigkeit kann insbesondere durch inhaltlich und zeitlich abgegrenzte Lerneinheiten erfolgen, die aus den Inhalten anerkannter Ausbildungsberufe entwickelt werden (Qualifizierungsbausteine).

Der Anbieter der Berufsausbildungsvorbereitung muss jeden Qualifizierungsbaustein von der zuständigen Stelle (z. B. Handwerkskammer) bestätigen lassen. Über die vermittelten Grundlagen für den Erwerb beruflicher Handlungsfähigkeit wird eine Bescheinigung nach verbindlich vorgeschriebenen Inhalten ausgestellt. Hat der Teilnehmer das Qualifizierungsziel erreicht, erhält er über das Ergebnis der Leistungsbewertung ein Zeugnis.

Einstiegs-qualifizierung

Für leistungsschwache Jugendliche unter 25 Jahren und Jugendliche, die noch nicht in vollem Umfang ausbildungsreif sind, also mit eingeschränkten Vermittlungsperspektiven, wurde im Rahmen des Ausbildungspaktes (Vereinbarung der Bundesregierung mit den Spitzenverbänden der Wirtschaft) das Instrument der Einstiegsqualifizierung (EQ) als „Türöffner und Brücke zur Berufsausbildung" geschaffen und in der Allianz für Aus- und Weiterbildung fortgeführt. Die Einstiegsqualifizierung ist auf die Vermittlung und Vertiefung von Grundlagen für den Erwerb beruflicher Handlungsfähigkeit ausgerichtet. Sie erfolgt auf der Basis eines schriftlichen Einstiegsqualifizierungsvertrages (Praktikantenvertrag) und auf der Grundlage von Qualifizierungsbausteinen, die aus einer Reihe von Ausbildungsberufen des Handwerks abgeleitet und entwickelt wurden.

Der Abschluss des Einstiegsqualifizierungsvertrages (Muster bei der Handwerkskammer) ist der Handwerkskammer vorzulegen.
Diese Betriebspraktika im Rahmen der Einstiegsqualifizierung dauern 6 bis 12 Monate und können auf Antrag unter bestimmten Voraussetzungen auf eine nachfolgende Ausbildung angerechnet werden. Ab 01.04.2024 beträgt die Dauer 4 bis 12 Monate.
Nach der Einstiegsqualifizierung wird den Teilnehmern ein betriebliches Zeugnis sowie auf Antrag ein Zertifikat der Handwerkskammer über die erfolgreiche Teilnahme ausgestellt.
Der Teilnehmer erhält während der Maßnahme eine Vergütung, für die der Betrieb zusammen mit einem pauschalierten Anteil am Gesamtsozialversicherungsbeitrag von der Agentur für Arbeit einen Zuschuss erhält. Die Förderobergrenze beträgt 262,00 EUR (Stand Oktober 2023) monatlich zuzüglich eines pauschalierten Anteils am durchschnittlichen Gesamtsozialversicherungsbeitrag. Die Berufsschulpflicht während der Einstiegsqualifizierung richtet sich nach den Schulgesetzen der Länder.

Handlungsorientierte, fallbezogene Aufgaben

1. Sie sind als Ausbilder in einem Betrieb tätig. Zu Beginn des Ausbildungsjahres wurden neue Lehrlinge eingestellt. Diese sollen von Ihnen über Möglichkeiten von finanziellen Zuwendungen und Unterstützungsmaßnahmen, die unter bestimmten persönlichen Voraussetzungen zu erhalten sind, informiert werden.

   Aufgabe: Erläutern Sie Ihren neuen Auszubildenden die dafür wichtigen Gesetze und Maßnahmen!

   >> Seite 96 |

2. Der Inhaber eines Handwerksbetriebes will im Rahmen der in der Allianz für Aus- und Weiterbildung (Vereinbarung zwischen der Bundesregierung, den Spitzenverbänden der Wirtschaft und dem DGB) vorgesehenen Einstiegsqualifizierung eine junge Frau einstellen.

   Aufgabe: Welchen Vertrag schließt er für diese Einstiegsqualifizierung in der Regel ab?

- [ ] a Einen unbefristeten Arbeitsvertrag.
- [ ] b Einen Berufsausbildungsvertrag.
- [ ] c Einen Einstiegsqualifizierungsvertrag (Praktikantenvertrag).
- [ ] d Einen Vorvertrag zu einem Berufsausbildungsvertrag.
- [ ] e Einen Leiharbeitsvertrag.

>> Seite 97 |

1.7 Lernsituation: Innerbetriebliche Aufgabenverteilung für die Ausbildung unter Berücksichtigung von Funktionen und Qualifikationen der an der Ausbildung Mitwirkenden koordinieren

Kompetenzen:

- Aufgaben und Verantwortungsbereiche der an der Ausbildung Mitwirkenden bestimmen.
- Funktion und Aufgaben des Ausbilders im Spannungsfeld unterschiedlicher Erwartungen darstellen.
- Aufgaben mitwirkender Fachkräfte klären und deren Einbindung in die Ausbildung abstimmen.

1.7.1 Abgrenzung: Ausbildender, Ausbilder, Ausbildungsbeauftragte

1.7.1.1 Ausbildender

Ausbildender im Sinne des Gesetzes ist, wer Lehrlinge einstellt. Hierfür muss er persönlich geeignet sein.

Ausbildender

Dies kann auch eine juristische Person (z. B. GmbH) sein. Der Ausbildende ist Vertragspartner des Lehrlings. Ihm obliegen alle Pflichten zur ordnungsgemäßen Ausbildung des Lehrlings. Im kleinen Handwerksbetrieb führt er meist die Ausbildung selbst durch, d. h., er ist auch zugleich der Ausbilder. Dann benötigt er auch zusätzlich die fachliche Eignung für die Ausbildung.

1.7.1.2 Ausbilder, gegebenenfalls als Ausbildungsbeauftragter

Der Ausbilder führt die Ausbildung durch. Er vermittelt die Ausbildungsinhalte unmittelbar, verantwortlich und in wesentlichem Umfang.

Führt der Ausbildende die Ausbildung nicht selbst durch, muss er einen Ausbilder als Ausbildungsbeauftragten bestellen.

1.7.2 Funktion und Aufgaben des Ausbilders

1.7.2.1 Pädagogische Aufgaben des Ausbilders

Auf diesem Gebiet gliedern sich die Aufgaben des Ausbilders wie folgt:

> Vermittlung der Ausbildungsinhalte nach der Ausbildungsordnung
> Fertigkeits-, Kenntnis- und Fähigkeitsvermittlung gemäß betrieblichem Ausbildungsplan
> Lehren und Erziehen
> Bewerten und Beurteilen
> Überwachen
> Beraten
> Innovieren.

Lehren, Lernen organisieren

Lehren heißt Lernen bewirken. Das bedeutet für den Ausbilder vor allem, durch Lehren die Fertigkeiten und Kenntnisse nach der Ausbildungsordnung und die erforderlichen Handlungskompetenzen und Verhaltensformen zu vermitteln.

Erziehen

Das Erziehen ist auf die körperliche, geistige, seelische und charakterliche Formung der Menschen ausgerichtet.

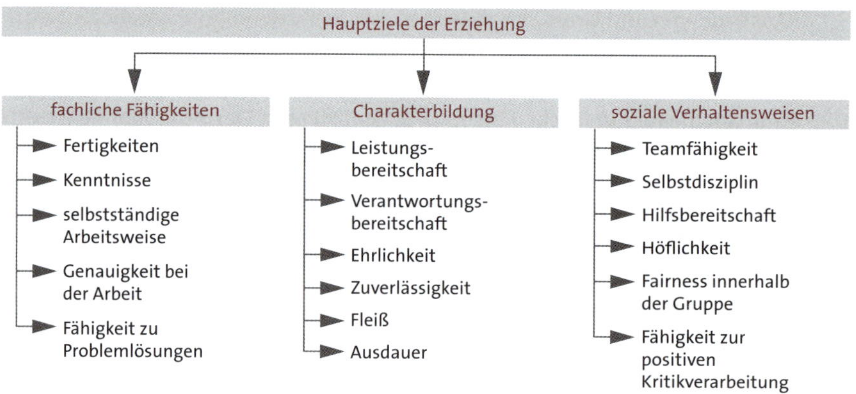

Bewerten und Beurteilen

Im Rahmen der Ausbildungserfolgskontrollen, die während des gesamten Ausbildungsprozesses notwendig sind, kommen den Bereichen Beurteilen und Bewerten wichtige Aufgaben zu. Sie beziehen sich ausbildungsbegleitend auf erworbene Fertigkeiten, Kenntnisse, Fähigkeiten und Verhaltensweisen.
Die Ergebnisse von planmäßigem Beurteilen und Bewerten ermöglichen rechtzeitig erforderliche Verbesserungen im gesamten Lernprozess.

Überwachen

Der Ausbilder hat den gesamten Ausbildungsprozess zu überwachen. Dabei sind die einzelnen Unterweisungsvorgänge sachlich wie zeitlich nach den im betrieblichen Ausbildungsplan festgelegten Zielen zu prüfen, und bei auftretenden Abweichungen ist einzugreifen, um die Planung und Steuerung der Ausbildung neu auszurichten.

Prüfung und Steuerung

Die Überwachungsaufgabe des Ausbilders erstreckt sich u. a. auf:

Überwachungsaufgaben

- Einhaltung von gesetzlichen Bestimmungen (Berufsbildungsgesetz, Handwerksordnung, Jugendarbeitsschutzgesetz und andere)
- Beachtung der Anordnungen der Handwerkskammer und der Innung
- Anmeldung zur Zwischenprüfung und zur Gesellenprüfung
- Teilnahme der Lehrlinge an überbetrieblichen Unterweisungskursen und am Berufsschulunterricht
- Führung der Ausbildungsnachweise der Lehrlinge
- Ausbildungsmaßnahmen, die an betriebliches Ausbildungspersonal übertragen sind.

Beraten

Beratung durch den Ausbilder bedeutet Handlungsempfehlungen für die nachfolgend dargestellten Bereiche geben, also:

Beratungsbereiche

- Aneignung von Fertigkeiten, Kenntnissen, Fähigkeiten und Verhaltensweisen des Lehrlings
- Einsatz von Ausbildungsmitteln
- fehlende Lernmotivation
- mangelhafte Leistungen im Ausbildungsbetrieb und in der Berufsschule
- zu geringe Leistungen in Ausbildungserfolgskontrollen
- persönliches Fehlverhalten des Lehrlings
- Probleme im Umgang mit Arbeitskollegen oder Lieferanten und Kunden
- Auseinandersetzung mit neuen Techniken
- finanzielle Förderung des Lehrlings
- entwicklungsbedingte Schwierigkeiten des Jugendalters
- Lösung von Konflikten
- gesundheitliche Probleme
- Probleme im privaten Bereich, sofern der Betreffende dies wünscht.

Innovieren

Innovieren bedeutet, die Einführung von Neuem zum Ziel zu haben.

Durch die rasche technologische Entwicklung in fast allen Berufsbereichen des Handwerks (z. B. Digitalisierung, Kommunikationstechnologien, neue Werkstoffe, neue Arbeitsverfahren) ändern sich die Berufsinhalte und somit auch die Ausbildungsinhalte und Ausbildungsmethoden.

Die Ausbilder haben dabei die wichtige Aufgabe, diese Änderungen laufend in den Ausbildungsprozess einfließen zu lassen und die Neuerungen bei der Vermittlung von Fertigkeiten, Kenntnissen und Handlungsfähigkeiten umzusetzen. Sie haben sich selbst ununterbrochen fortzubilden (zum Beispiel durch Kurse und Fachzeitschriften). Wichtige Aufgaben des Ausbilders sind dabei im Einzelnen:

Anpassung der Ausbildungsinhalte

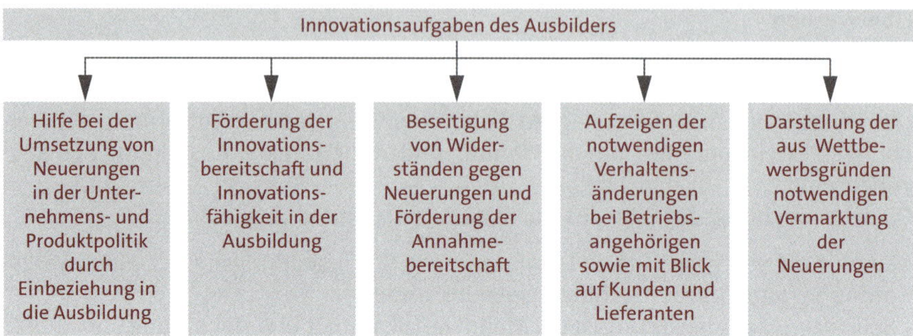

1.7.2.2 Besondere Bedeutung der Vorbildfunktion des Ausbilders

Wertmaßstäbe

Jeder junge Mensch sucht Vorbilder, denen er nacheifern kann. Der Ausbilder muss daher sein gesamtes Handeln auf ein einwandfreies Verhalten im persönlichen und im beruflichen Lebensbereich ausrichten. Vorbildliches Verhalten setzt beim jungen Menschen besondere Wertmaßstäbe.

Die Auswahl der richtigen Persönlichkeit als Ausbilder für einen Betrieb ist eine wesentliche Voraussetzung für den Ausbildungserfolg.

Menschliche Eigenschaften

Neben den fachlichen Voraussetzungen kommt es vor allem auf menschliche Eigenschaften an wie u. a.:

> Menschenkenntnis, Fähigkeit zur Menschenbeurteilung
> positive Grundeinstellung zu jungen Menschen
> Mitgehen mit der Jugend und die Fähigkeit, für Ideale zu begeistern
> Vertrauenswürdigkeit.

Nur wer vorbildliche Eigenschaften hat, kann als Vorbild Maßstäbe setzen.

1.7.2.3 Stellung des Ausbilders

Bei der betrieblichen Ausbildung nimmt der Ausbilder eine wichtige Schlüsselstellung ein. Von seinen Fähigkeiten und Eigenschaften hängt es ab, ob die betriebliche Ausbildung systematisch und erfolgreich durchgeführt wird.

Er hat heute mehr denn je dazu beizutragen, dass nicht nur die fachlichen Fertigkeiten, Kenntnisse und Fähigkeiten vermittelt werden, sondern darüber hinaus der junge Mensch auf die Wandlungen in der Berufswelt fachlich und geistig vorbereitet wird. Dadurch kann erreicht werden, dass die Lern- und Denkfähigkeit sowie die Umstellungsbereitschaft und die Anpassungsfähigkeit entwickelt werden.
Der Ausbilder trägt für seine Arbeit in der Berufsausbildung hohe Verantwortung

- gegenüber dem Ausbildungsbetrieb,
- gegenüber dem Lehrling,
- gegenüber Wirtschaft und Gesellschaft.

Ausbildungsbetrieb

Die Verantwortung **gegenüber dem Ausbildungsbetrieb** bezieht sich u. a. auf

> die Einhaltung aller Ausbildungsvorschriften sowie der gesetzlichen Regelungen,
> die gründliche und vollständige Ausbildung der Lehrlinge entsprechend der Ausbildungsordnung,
> die Entwicklung von qualifiziertem Berufsnachwuchs für den Betrieb,
> die Erhaltung der Leistungsfähigkeit des Betriebes,
> die wirtschaftliche Gestaltung der Ausbildungskosten im Betrieb.

Lehrling

Gegenüber dem Lehrling ist der Ausbilder insbesondere verantwortlich, dass

> ihm die bestmögliche Ausbildung gewährleistet wird,
> er in seiner Persönlichkeitsentwicklung gefördert wird,
> er weder körperlich noch sittlich gefährdet wird,
> er einen guten Einstieg in die Berufs- und Arbeitswelt erhält.

Wirtschaft und Gesellschaft

Die Verantwortung **gegenüber Wirtschaft und Gesellschaft** besteht

> in der Ausbildung qualifizierten Berufsnachwuchses zur Erhaltung der Leistungsfähigkeit der gesamten Volkswirtschaft,
> in der Ausbildung und Erziehung zu leistungsfähigen Bürgern,
> in der Erhaltung und Steigerung des Lebensstandards der Menschen durch hohe Qualifikationen,
> in der Mithilfe zur Absicherung der sozialen Sicherungssysteme,
> im Beitrag zur Erhaltung unserer freiheitlichen Staats- und Gesellschaftsordnung.

1.7.2.4 Funktionen des Ausbilders im Handwerksbetrieb

Der Ausbilder hat wichtige Funktionen und vielfältige Aufgaben zu erfüllen, die im Folgenden erläutert werden.

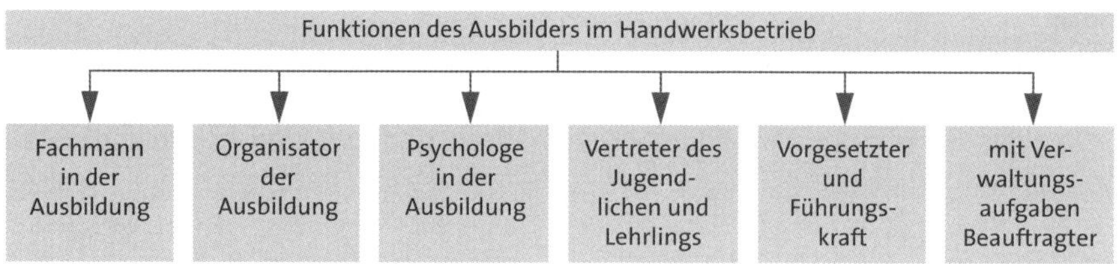

Ausbilder als Fachmann

Fachliche Qualifikation

Fachliche Qualifikation kann nur vermitteln, wer selbst beste fachliche Kenntnisse, Fertigkeiten und Handlungsfähigkeiten besitzt. Der Ausbilder hat daher in der Regel eine mehrjährige berufliche Praxis und Berufserfahrung. Betriebserfahrung im Ausbildungsbetrieb ist zusätzlich von Nutzen, weil dann die betriebsspezifischen Erfordernisse bekannt sind. Die Kenntnisse der neuesten Werkstoffe und der modernsten Arbeitsverfahren müssen neben den Standardtechniken in der betrieblichen Ausbildung umgesetzt werden. Fachliche Kompetenz schafft Autorität gegenüber den Lehrlingen.

Ausbilder als Organisator der Ausbildung

Auf organisatorischem Gebiet stellen sich dem Ausbilder u. a. folgende Aufgaben:

Organisatorische Aufgaben

- Planung der Ausbildung (Ausbildungs- und Versetzungspläne)
- Festlegung der Lernorte
- Durchführung der Ausbildung
- Vorbereitung auf Zwischen- und Abschlussprüfungen
- Zusammenarbeit mit außerbetrieblichen Einrichtungen in verschiedenen Aufgabenbereichen.

Ausbilder als Psychologe

Zu den wichtigsten psychologischen Aufgaben des Ausbilders gehören u. a.:

Psychologische Aufgaben

- Förderung der Persönlichkeitsentwicklung des Auszubildenden
- charakterliche Förderung
- Entwicklung der Beweggründe für Leistung (Leistungsmotivation)
- Entwicklung zum selbstständigen Mitarbeiter
- Erziehung zu unternehmerischem Denken sowie schöpferischem Verhalten
- Förderung von Eigenverantwortlichkeit und partnerschaftlichem Verhalten
- Erziehung zu Arbeitstugenden.

Ausbilder als Vertreter des Auszubildenden

Interessenvertreter für Lehrlinge

Der Ausbilder hat die berechtigten Belange der Auszubildenden und vor allem der Jugendlichen innerhalb des Ausbildungsbetriebes zu vertreten, ohne dabei in die gesetzlichen Mitwirkungsrechte des Betriebsrates und der Jugendvertretung im Betrieb unberechtigt einzugreifen.
Er muss gerade den Jugendlichen gegenüber viel Verständnis aufbringen. Bei der „Interessenvertretung" der Lehrlinge muss er aber stets kritisch prüfen, ob an ihn herangetragene Anliegen auch tatsächlich im Interesse der Lehrlinge sind. Dabei muss er sich kritisch mit den Lehrlingen auseinandersetzen. Haben die Lehrlinge das Gefühl, dass sich „ihr" Ausbilder für ihre Interessen einsetzt, haben sie zu ihm Vertrauen. Dieses Vertrauen erleichtert die Ausbildungsarbeit.

Ausbilder als Vorgesetzter und Führungskraft

Führungseigenschaften

Der Ausbilder muss Führungseigenschaften besitzen. Da er mit jungen Menschen umzugehen hat, sind Führungsaufgabe und Führungsstil teilweise anders geartet als bei der Vorgesetztenfunktion gegenüber erwachsenen Mitarbeitern und anderen Aufgabenstellungen innerhalb des Betriebes.

Zu seinen Funktionen als Vorgesetzter gehören u. a. auch:

- die Erteilung von Weisungen
- glaubhaftes und überzeugtes Handeln
- einleuchtende Begründungen
- Ausbildungserfolgskontrollen.

Ausbilder in seiner Verwaltungstätigkeit

Viele verwaltungstechnische Aufgaben sind originäre Aufgaben des Ausbildenden, der aber ja gerade in vielen kleineren Betrieben mit dem Ausbilder identisch ist. Vor allem in größeren Betrieben können sie je nach innerbetrieblicher Aufgabenverteilung aber auch beim Ausbilder liegen.

Verwaltungstechnische Aufgaben

Sie umfassen u. a.:

- >Meldung offener Lehrstellen bei der Agentur für Arbeit
- >Abschluss des Berufsausbildungsvertrages
- >Antrag auf Eintragung des Berufsausbildungsvertrages bei der Handwerkskammer
- >Anmeldung der Lehrlinge bei der Berufsschule
- >Anmeldung zur überbetrieblichen Ausbildung
- >Anmeldung zu Zwischen- und Gesellenprüfungen (wenn im Ausbildungsvertrag vereinbart)
- >Überwachung der Vorlage der Bescheinigung über Pflichtuntersuchung nach dem Jugendarbeitsschutzgesetz
- >Ausfertigung von Zeugnissen.

1.7.2.5 Ausbilder im Spannungsfeld unterschiedlicher Ansprüche und Erwartungen

Spannungsfelder bestehen für das Ausbildungspersonal im Ausbildungsbetrieb und im Verhältnis zu außerbetrieblichen Kooperationsstellen (z. B. Berufsschule, Handwerkskammer, Innung).

Innerbetriebliche Spannungsfelder

Spannungsfelder des Ausbildungspersonals im Handwerksbetrieb sind:

- >Umgang mit den Lehrlingen im Betrieb während des gesamten Ausbildungsprozesses
- >Interessenkonflikt zwischen Produktions- und Dienstleistungsaufgabe einerseits und Ausbildungsaufgabe andererseits bei nebenberuflichem Ausbildungspersonal
- >unterschiedliche Ansprüche zwischen Geschäftsleitung und Ausbildungspersonal
- >Zusammenarbeit zwischen Ausbildungspersonal und den anderen Mitarbeitern im Betrieb
- >Überschneidung der Produktionsinteressen mit der Ausbildungsaufgabe im Betrieb
- >Zusammenarbeit mit Jugendvertretung und Betriebsrat
- >Ausbildungsablauf als Bestandteil des gesamten Betriebsablaufs beim auftragsbezogenen Lernen
- >Wahrnehmung aller Funktionsbereiche des Ausbilders
- >Einhaltung gesetzlicher Bestimmungen in allen Bereichen der Ausbildung.

Außerbetriebliche Spannungsfelder

Als Spannungsfelder des Ausbildungspersonals zu außerbetrieblichen Einrichtungen und Vorgaben sind zu nennen:

- >Zusammenarbeit mit der Berufsschule
- >Zusammenarbeit mit der überbetrieblichen Unterweisungsstätte
- >Zusammenarbeit mit dem Ausbildungsberater der Handwerkskammer
- >Zusammenarbeit mit dem Lehrlingswart der Innung
- >Zusammenarbeit mit der Berufsberatung der Agentur für Arbeit
- >Zusammenarbeit mit dem Gewerbeaufsichtsamt (Jugendarbeitsschutz)
- >Zusammenarbeit mit den Eltern des Lehrlings
- >Anforderungen der Ausbildungsordnungen
- >bildungspolitische und gesellschaftspolitische Vorgaben für die Ausbildung
- >Auseinandersetzung mit neuen Technologien und deren Umsetzung in der Ausbildung
- >praktische Umsetzung von wissenschaftlichen Vorgaben.

Für den Ausbilder ist es wichtig, alle Ursachen für die Spannungen zu erkennen, festzustellen und Wege zu suchen, wie die auftretenden Probleme und Konflikte reduziert bzw. gelöst werden können.

Problemlösungen

Die gesamte Vorbereitung auf Teil IV der Meisterprüfung sowie auf die Ausbildereignungsprüfung und auch dieses Buch sind in allen Abhandlungen darauf ausgerichtet, in den einzelnen Abschnitten aufzuzeigen, wie die geschilderten Spannungsfelder entschärft und Spannungen verhindert werden können.

1.7.2.6 Selbstverständnis des Ausbilders

Wie bei jeder beruflichen Tätigkeit ist auch das auf Selbstvertrauen basierende Selbstverständnis des Ausbilders ein wichtiges Element für eine erfolgreiche Arbeit in der betrieblichen Ausbildung.
Das Selbstverständnis gründet sich auf einer Reihe von Faktoren, so u. a. auf

- der Anerkennung der Arbeit im gesamten Ausbildungsbetrieb,
- der Anerkennung der Arbeit bei den außerbetrieblichen Kooperationspartnern,
- der Anerkennung durch die Gesellschaft,
- fachlicher, organisatorischer, pädagogischer und psychologischer Kompetenz,
- vorbildlichem Verhalten und positiven menschlichen Eigenschaften,
- Ausstrahlungskraft, geistiger Beweglichkeit, Teamfähigkeit und Überzeugungskraft als Vorgesetzter,
- Verantwortungsbewusstsein gegenüber Betrieb, Lehrling, Wirtschaft und Gesellschaft.

1.7.3 Funktion, Aufgaben und Voraussetzungen der mitwirkenden Ausbildungsbeauftragten

1.7.3.1 Ausbilder als Ausbildungsbeauftragter

Mit zunehmender Betriebsgröße kann der Ausbildende nicht zugleich Ausbilder in dem Sinne sein, dass er die Ausbildung selbst im wesentlichen Umfang durchführt. Denkbar ist auch, dass der Ausbildende die fachliche Eignung zur Ausbildung nicht selbst besitzt.

Will der Ausbildende dennoch Lehrlinge ausbilden, muss er einen Ausbilder bestellen und diesen mit der Ausbildung ausdrücklich beauftragen. Der beauftragte Ausbilder muss persönlich und fachlich für die Ausbildung geeignet sein und die Ausbildungsinhalte unmittelbar, verantwortlich und im wesentlichen Umfang vermitteln.

Der bestellte Ausbilder oder Ausbildungsleiter ist innerbetrieblich gegenüber der Betriebsleitung und nach außen gegenüber der Handwerkskammer für die Ausbildung verantwortlich.

1.7.3.2 Personen als Ausbildungshilfskräfte

Unterweiser

Führt aufgrund der gegebenen Betriebsgröße und der Zahl der Lehrlinge oder aus anderen betrieblichen Gründen weder der Ausbildende noch der bestellte Ausbilder die Ausbildung in vollem Umfange selbst durch, können weitere geeignete Personen in der Ausbildung im Betrieb eingesetzt werden. Diese Personen, **die nicht alle** Erfordernisse für die fachliche Eignung der Ausbilder erfüllen, jedoch neben ihrer persönlichen Eignung die beruflichen Fertigkeiten, Kenntnisse und Fähigkeiten besitzen, die für die Vermittlung **einzelner Ausbildungsinhalte** erforderlich sind, können in sektoralen Ausbildungsinhalten unterweisen (z. B. Unterweisung durch geeignete Gesellen im Handwerksbetrieb).

1.7.4 Qualifizierung und lebensbegleitendes Lernen der Ausbilder

Der Ausbilder muss eine Reihe von Voraussetzungen für seine Qualifikation erfüllen.

Gerade als Ausbilder muss man sich ständig weiterbilden, da diese Tätigkeit laufender Veränderung unterworfen ist, sei es bei der Technik, in betrieblichen Abläufen oder bei den Erwartungen und Haltungen junger Menschen, die als Auszubildende gewonnen werden sollen.

Handlungsorientierte, fallbezogene Aufgaben

1. Sie sind Betriebsinhaber und bilden erstmals zwei Lehrlinge aus. Als Ausbilder sind Sie sich der großen Verantwortung für eine bestmögliche Ausbildung Ihrer Lehrlinge bewusst. Sie wissen, dass von Ihrer Aufgabenerfüllung im pädagogischen Bereich der Erfolg der Ausbildung zu einem wesentlichen Teil abhängt.

   Aufgabe: Stellen Sie Ihre wichtigsten im Fall genannten Aufgaben dar, um sie in der künftigen Ausbildung Ihrer beiden Lehrlinge systematisch und praxisgerecht umsetzen zu können!

   >> Seiten 100 bis 102 |

2. Vorbildliches Verhalten setzt insbesondere bei jungen Menschen Maßstäbe. Deshalb wollen Sie als Ausbilder die Vorbildfunktion besonders ernst nehmen.

   Aufgabe: Welche Eigenschaften sollten Sie dabei einsetzen?

   >> Seiten 102 bis 103 |

3. Sie sind Inhaber eines Handwerksbetriebes, der eine hauptberufliche Ausbilderin eingestellt hat. Sie sind der Auffassung, dass die Ausbilderin von Ihnen klare Vorgaben erhalten muss, wie ihre Stellung und ihr Verantwortungsbereich festgelegt sind.

   Aufgabe: Erarbeiten Sie ein Konzept für ihre Stellung und ihre Verantwortungsbereiche im Betrieb!

   >> Seiten 103 bis 104 |

4. Sie bilden erstmals in Ihrem Betrieb zwei Lehrlinge aus und gehen davon aus, dass der Erfolg Ihrer Ausbildung von der bestmöglichen Erfüllung der Funktionen und wichtigen Aufgabenerledigungen als Ausbilder abhängen wird.

   Aufgabe: Erläutern Sie für diesen Fall Ihre vielfältigen Funktionen und Aufgabenstellungen!

   >> Seiten 104 bis 106 |

5. Sie sind Ausbilder in einem Betrieb und bilden mehrere Lehrlinge aus. Dabei treten laufend Probleme, Spannungen und Konflikte in Ihrem Umfeld auf, weil Ihre Partner innerhalb und außerhalb Ihres Betriebes von den verschiedensten Ansprüchen und Erwartungen ausgehen. Sie müssen als Ausbilder alle Ursachen für Spannungen erkennen und feststellen, um nach Wegen suchen zu können, damit die Probleme und Konflikte gelöst bzw. reduziert werden.

   Aufgabe: Stellen Sie dar, wo die Schwerpunkte der Spannungsfelder liegen!

   >> Seiten 106 bis 107 |

6. Sie wollen für Ihren Betrieb einen hauptamtlichen Ausbilder einstellen und machen sich Gedanken über die gewünschten Qualifikationen.

   Aufgabe: Erstellen Sie ein Qualifikationsprofil für die Stellenausschreibung eines Ausbilders.

   >> Seite 108 |

2 Handlungsfeld: Ausbildung vorbereiten und Einstellung von Auszubildenden durchführen

2.1 Lernsituation: Auf der Grundlage einer Ausbildungsordnung einen betrieblichen Ausbildungsplan erstellen, der sich insbesondere an berufstypischen Arbeits- und Geschäftsprozessen orientiert

Kompetenzen:

- Bedeutung, Ziel und Inhalt eines betrieblichen Ausbildungsplans für eine geordnete Ausbildung begründen.
- Die für die Ausbildungsplanung relevanten Inhalte der Ausbildungsordnung herausstellen.
- Bezug zwischen der sachlichen und zeitlichen Gliederung im Ausbildungsrahmenplan und den Arbeits- und Geschäftsprozessen des Betriebes herstellen.
- Betrieblichen Ausbildungsplan unter Berücksichtigung spezifischer betrieblicher Anforderungen und individueller Lernvoraussetzungen erstellen; zeitliche und organisatorische Rahmenbedingungen der unterschiedlichen Lernorte beachten. Dabei Verkürzung, Anrechnung und Teilzeitausbildung als Varianten der Ausbildung berücksichtigen.
- Durchführbarkeit mit Ausbildungsbeauftragten prüfen und Zuweisung von Verantwortungsbereichen organisieren.
- Umsetzung von Ausbildungsplänen überwachen und Pläne ggf. anpassen.

2.1.1 Rechtliche Grundlage, Planungsbedarf und Grenzen der Ausbildungsplanung

2.1.1.1 Rechtliche Verpflichtung zur planmäßigen Berufsausbildung

Planmäßige Berufsausbildung

> Nach § 14 Abs. 1 des Berufsbildungsgesetzes hat der Ausbildende „dafür zu sorgen, dass den Auszubildenden die berufliche Handlungsfähigkeit vermittelt wird, die zum Erreichen des Ausbildungsziels erforderlich ist, und die Berufsausbildung in einer durch ihren Zweck gebotenen Form planmäßig, zeitlich und sachlich gegliedert so durchzuführen, dass das Ausbildungsziel in der vorgesehenen Ausbildungszeit erreicht werden kann“.

Die sachliche und zeitliche Gliederung ist verbindlicher Bestandteil des Berufsausbildungsvertrages.

2.1.1.2 Anforderungen an die betriebliche Ausbildungsplanung

Oberstes Ziel der betrieblichen Ausbildungsplanung ist es, sicherzustellen, dass alle vorgeschriebenen beruflichen Fertigkeiten, Kenntnisse und Fähigkeiten (= berufliche Handlungsfähigkeit) auch tatsächlich in der vorgesehenen Zeit vermittelt werden.

Systematisches Vorgehen

Angesichts der Vielzahl von gesetzlichen Bestimmungen sowie des insgesamt komplexen Umfeldes der betrieblichen Ausbildung ist jedem Betriebsinhaber bzw. Ausbilder ein systematisches Vorgehen bei der Planung der betrieblichen Ausbildung zu empfehlen.

2.1.1.3 Planungsbedarf und Grenzen der Planbarkeit

Die Notwendigkeit einer systematischen Planung der betrieblichen Ausbildung beruht insbesondere auf folgenden Fakten und Entwicklungen:

Vorbildung

> Unterschiedliche Vorbildung der Lehrlinge: Im Handwerk werden oft Absolventen unterschiedlicher Schulzweige ausgebildet.

Komplexität des Lehrstoffes

> Verkürzungen der betrieblichen Ausbildungsdauer z. B. aufgrund der jeweiligen schulischen Vorbildung.
> Wachsende Komplexität des Lehrstoffes und dadurch auch der Ausbildungsordnungen.

Migrationshintergrund

> Migrationshintergrund: Im Handwerk werden viele jugendliche Ausländer und Jugendliche mit Migrations- oder Fluchthintergrund (Flüchtlinge) ausgebildet (>> Abschnitt 3.10.1).

Während der Ausbildung kann es Änderungen oder auch Probleme geben, aufgrund derer man seine Planung überarbeiten muss, zum Beispiel eine längere Erkrankung des Auszubildenden. Es ist daher in der Regel nicht möglich, zu Beginn die Ausbildung komplett durchzuplanen und an dieser Planung während der gesamten Ausbildung ohne Änderung festzuhalten. Die Grenzen der Planbarkeit liegen also in dem Erfordernis, die erstellte Planung auf laufende Entwicklungen zu überprüfen und anzupassen.

2.1.2 Ausbildungsordnung als Grundlage des betrieblichen Ausbildungsplanes

Ziele der Ausbildungsordnung

Die Ausbildungsordnung (dazu auch die Ausführungen unter >> Abschnitt 1.4.2) ist die Grundlage für eine

> geordnete und
> einheitliche Berufsausbildung.

Wesentliche Bestandteile der Ausbildungsordnung (neben der Bezeichnung des Ausbildungsberufs und der Ausbildungsdauer)

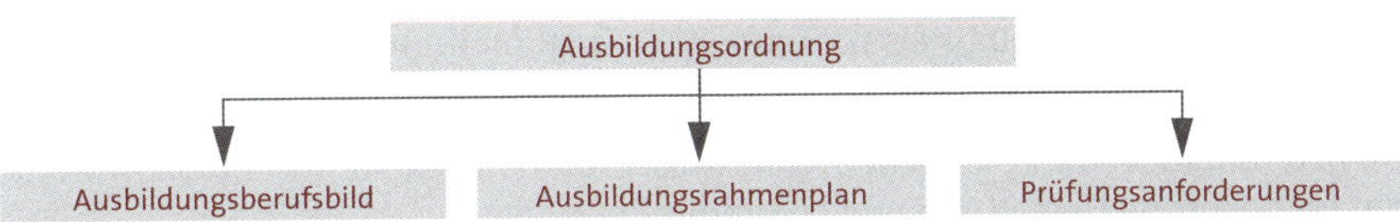

Planungsunterlagen

Ausbildungsberufsbild und Ausbildungsrahmenplan sind zugleich wichtige Unterlagen für die Planung der betrieblichen Ausbildung. Ferner hat die Ausbildungsordnung die Bezeichnung des Ausbildungsberufes sowie die Dauer der Ausbildung festzulegen. Dabei ist insgesamt insbesondere die technologische und digitale Entwicklung zu beachten.

2.1.2.1 Ausbildungsberufsbild

Ausbildungsberufsbild

> Das Ausbildungsberufsbild enthält die beruflichen Fertigkeiten, Kenntnisse und Fähigkeiten, die mindestens Gegenstand der Berufsausbildung sind.

Beispiel:

Das Ausbildungsberufsbild des Malers und Lackierers/der Malerin und Lackiererin.

Die Berufsausbildung zum Maler und Lackierer/zur Malerin und Lackiererin gliedert sich in:

1. fachrichtungsübergreifende berufsprofilgebende Fertigkeiten, Kenntnisse und Fähigkeiten,
2. berufsprofilgebende Fertigkeiten, Kenntnisse und Fähigkeiten in einer der Fachrichtungen
   a) Gestaltung und Instandhaltung,
   b) Energieeffizienz- und Gestaltungstechnik,
   c) Kirchenmalerei und Denkmalpflege,
   d) Bauten- und Korrosionsschutz oder
   e) Ausbautechnik und Oberflächengestaltung sowie
3. fachrichtungsübergreifende integrativ zu vermittelnde Fertigkeiten, Kenntnisse und Fähigkeiten.

Berufsprofilgebende Fertigkeiten, Kenntnisse und Fähigkeiten sind:

1. Gestalten von kundenorientierten Arbeitsprozessen,
2. Planen, Vorbereiten und Organisieren von Arbeitsaufgaben,
3. Einrichten, Sichern und Räumen von Arbeitsplätzen,
4. Bedienen und Instandhalten von Werkzeugen, Geräten, Maschinen und Anlagen,
5. Be- und Verarbeiten von Werk- und Hilfsstoffen sowie Bearbeiten von Bauteilen,
6. Prüfen, Bewerten und Vorbereiten von Untergründen,

7. Herstellen, Bearbeiten, Beschichten, Bekleiden, Gestalten und Instandhalten von Oberflächen,
8. Durchführen von Putz-, Dämm- und Trockenbauarbeiten sowie
9. Durchführen von qualitätssichernden Maßnahmen und Übergeben der Leistungen an Kunden.

Berufsprofilgebende Fertigkeiten, Kenntnisse und Fähigkeiten beispielsweise in der Fachrichtung Gestaltung und Instandhaltung sind:

1. Gestalten von fachrichtungsbezogenen kundenorientierten Arbeitsprozessen, sowie Planen, Vorbereiten und Organisieren von Arbeitsaufgaben,
2. Entwerfen und Umsetzen von Konzepten für die Raum- und Fassadengestaltung,
3. Gestalten von Oberflächen mit Mustern, mit durch Werkzeuge oder Geräte hergestellten Strukturen (Werkzeugstrukturen) und Beschichtungsstoffen,
4. Verlegen von Wand-, Decken- und Bodenbelägen sowie Bekleiden von Decken und Wänden,
5. Herstellen von Beschriftungen und Kommunikationsmitteln,
6. Durchführen von Maßnahmen zum Holz- und Bautenschutz sowie zum Brandschutz,
7. Durchführen von Energieeffizienzmaßnahmen an Decken-, Wand- und Bodenflächen sowie
8. Durchführen von qualitätssichernden Maßnahmen und Übergeben der Leistungen an Kunden.

Fachrichtungsübergreifende integrativ zu vermittelnde Fertigkeiten, Kenntnisse und Fähigkeiten sind:

1. Organisation des Ausbildungsbetriebes, Berufsbildung sowie Arbeits- und Tarifrecht,
2. Sicherheit und Gesundheit bei der Arbeit,
3. Umweltschutz und Nachhaltigkeit sowie
4. digitalisierte Arbeitswelt.

Standardberufsbildpositionen

Letztere hat das Bundesinstitut für Berufsbildung als sogenannte Standardberufsbildpositionen für alle seit dem 01.08.2021 in Kraft tretenden modernisierten und neu entwickelten anerkannten Ausbildungsberufe empfohlen. Für bereits geltende Ausbildungsordnungen sollen sie angewendet werden.
Dazu hat das Bundesinstitut für Berufsbildung auch nähere Erläuterungen veröffentlicht.

2.1.2.2 Ausbildungsrahmenplan

> Der Ausbildungsrahmenplan enthält eine Anleitung zur sachlichen und zeitlichen Gliederung der Vermittlung der beruflichen Fertigkeiten, Kenntnisse und Fähigkeiten.

Sachliche Gliederung

Die sachliche Gliederung enthält die einzelnen Fertigkeiten, Kenntnisse und Fähigkeiten, die für den jeweiligen Beruf zu vermitteln sind. Sie sind jeweils den einzelnen Teilen des Berufsbildes zugeordnet.

So beinhaltet beispielsweise der Teil „Planen, Vorbereiten und Organisation von Arbeitsaufgaben" des Ausbildungsberufsbildes Maler und Lackierer/Malerin und Lackiererin folgende zu vermittelnde Fertigkeiten, Kenntnisse und Fähigkeiten:

a) Arbeitsschritte planen, Arbeitsmittel festlegen, Sicherungsmaßnahmen durchführen
b) Informationen, insbesondere technische Merkblätter und Gebrauchsanleitungen, beschaffen und nutzen
c) Betriebsanweisungen und technische Unterlagen, insbesondere Materiallisten, Betriebsanleitungen, Herstellerangaben, Normen, Sicherheitsregeln und Arbeitsanweisungen, anwenden
d) Vorschriften des vorbeugenden Brand- und Explosionsschutzes anwenden
e) Arbeitsaufgaben mithilfe von Informations- und Kommunikationssystemen lösen, Daten, insbesondere Betriebs- und Kundendaten, sichern und Datenschutz anwenden
f) Skizzen anfertigen
g) Pläne, Skizzen und Zeichnungen lesen und anwenden
h) Farbmuster erstellen und Farbwirkungen unterscheiden
i) Mengen und Kosten, insbesondere anhand von Zeichnungen und Plänen, ermitteln
j) Arbeitsabläufe unter Berücksichtigung ergonomischer, ökologischer und ökonomischer Gesichtspunkte festlegen und vorbereiten
k) Leistungen anderer Gewerke bei der Planung einbeziehen und Vorleistungen berücksichtigen
l) berufsspezifische Vorschriften, insbesondere Gesetze, Verordnungen und technische Regelwerke, anwenden
m) Informationen aufbereiten, bewerten und dokumentieren
n) analoge und digitale Technologien verwenden, branchenspezifische Software nutzen
o) örtliche Gegebenheiten bei der Arbeitsvorbereitung berücksichtigen
p) Witterungs- und Klimabedingungen für die Durchführung von Arbeiten berücksichtigen
q) Messungen durchführen
r) fremdsprachliche Fachbegriffe auftragsbezogen anwenden
s) Farb- und Materialpläne erstellen
t) Aufmaße für durchzuführende Arbeiten erstellen.

Für die zeitliche Gliederung gibt es zwar zwei Methoden, nämlich

> nach Zeitrahmen in Monaten und
> nach Zeitrichtwerten in Wochen.

Die Gliederung nach Zeitrichtwerten ist heute jedoch in neuen und neu geordneten Ausbildungsordnungen die übliche Form. Beim Beruf des Malers und Lackierers/der Malerin und Lackiererin werden die Berufsbildpositionen in Wochen auf die Zeiträume Teil 1 der Gesellenprüfung (1. bis 24. Monat) und Teil 2 der Gesellenprüfung (25. bis 36. Monat) aufgeteilt. In anderen Berufen ist auch eine Unterteilung in die Monate 1 bis 18 und 19 bis 36 beziehungsweise 19 bis 42 bei dreieinhalbjähriger Ausbildungsdauer üblich.
Pro Ausbildungsjahr ergeben die zeitlichen Richtwerte in Summe jeweils 52 Wochen (= Bruttoausbildungszeit). Bei der Umsetzung im Betrieb müssen Samstage

Bruttoausbildungszeit

Nettoausbildungszeit

sowie Sonn- und Feiertage, Tage mit Berufsschulbesuch und Urlaub abgezogen werden (= Nettoausbildungszeit).

Der Ausbildungsrahmenplan ist für den betrieblichen Ausbilder die wichtigste Planungsunterlage für einen lernzielorientierten, didaktisch-methodischen Aufbau der Ausbildung im Betrieb.

2.1.2.3 Rechtlicher Handlungsspielraum bei der Umsetzung der Ausbildungsordnung

Flexibilitätsklausel

Grundsätzlich sollen die Fertigkeiten, Kenntnisse und Fähigkeiten des Ausbildungsberufsbildes entsprechend dem Ausbildungsrahmenplan vermittelt werden. Eine davon abweichende sachliche und zeitliche Gliederung der Ausbildungsinhalte ist insbesondere zulässig, soweit betriebspraktische Besonderheiten oder Gründe, die in der Person des Auszubildenden liegen, die Abweichung erfordern (Flexibilitätsklausel). Darüber hinaus können Fertigkeiten, Kenntnisse und Fähigkeiten vermittelt werden, die die berufliche Handlungsfähigkeit ergänzen oder erweitern.

2.1.3 Bedeutung berufstypischer Arbeits- und Geschäftsprozesse und individueller Lernvoraussetzungen für die Erreichung der Ausbildungsziele

Die erfolgreiche Erreichung der Ausbildungsziele erfordert neben der geeigneten Lernsituation und dem angepassten Lernstoff vor allem auch die Lernfähigkeit und Lernbereitschaft des Auszubildenden.

2.1.3.1 Berufstypische Arbeits- und Geschäftsprozesse

Moderne Ausbildungsordnungen fordern, die Ausbildung prozessorientiert zu gestalten. Insbesondere die Orientierung der Ausbildung an Arbeits- und Geschäftsprozessen spielt hier eine wichtige Rolle. Hierzu gehört die komplette Begleitung eines Kundenauftrags – vom Erstkontakt bis zur Abwicklung oder von der Angebotserstellung bis zum Beschwerdemanagement. Dabei lassen sich in nahezu allen Lernfeldern Handlungen darstellen, die von den Auszubildenden im Sinne vollständiger Arbeits- und Geschäftsprozesse als berufsspezifische Arbeitshandlungen selbst geplant, durchgeführt und bewertet werden können. Dabei sollen die Geschäftsprozesse in Teilprozesse (z. B. Teilprozess Angebotserstellung) und einzelne Prozessschritte (z. B. Erfassung von Maßen, Berechnung von benötigten Arbeitsstunden und Ähnliches) zerlegt werden. Grundlage dafür ist in der Regel der Ausbildungsrahmenplan der jeweiligen Ausbildungsordnung. Die Auszubildenden sollen in der Ausbildung mit den vollständigen Geschäfts- bzw. Arbeitsprozessen vertraut gemacht werden, um so das Verständnis für die Gesamtzusammenhänge im Betrieb zu fördern und kompetentes Handeln zu ermöglichen.

Teilprozesse

2.1.3.2 Individuelle Lernvoraussetzungen

Wichtige Lernanforderungen (Lernvoraussetzungen) im Handwerk sind:

Lernanforderungen

> praktisches und theoretisches Verständnis (Intelligenz)
> Motivation
> Eigeninitiative
> Konzentrationsfähigkeit
> Kreativität
> spezifische Fähigkeiten wie zum Beispiel Rechnen
> Hand- und Fingergeschicklichkeit.

2.1.4 Kriterien für die Erstellung und Anpassung eines betrieblichen Ausbildungsplanes

Für eine erfolgreiche Berufsausbildung hat der Ausbilder einen betrieblichen Ausbildungsplan zu erstellen, der sowohl den sachlichen Aufbau als auch die zeitliche Abfolge der Berufsausbildung ausweist (was, wo, wie, durch wen, wann) und sicherstellt, dass die Ausbildung allen inhaltlichen Anforderungen gerecht wird.

Dabei dient ihm der Ausbildungsrahmenplan als Grundlage. Dieser kann nur dann, wenn er den Erfordernissen und Möglichkeiten des Einzelfalles voll entspricht, unverändert auch als betrieblicher Ausbildungsplan übernommen werden.

Vorherige Analyse

Insgesamt soll aber der betriebliche Ausbildungsplan dem tatsächlichen Ausbildungsablauf über die gesamte Ausbildungsdauer entsprechen und auf den einzelnen Lehrling zugeschnitten sein. Dazu sollen die Inhalte des Ausbildungsrahmenplans auf die betrieblichen Verhältnisse umgesetzt werden. Dementsprechend sollte der Aufstellung eines betrieblichen Ausbildungsplanes die Analyse der betrieblichen Aufgaben und Tätigkeiten vorausgehen. Über diese Aufgaben können die notwendigen Fertigkeiten, Kenntnisse und Fähigkeiten vermittelt werden, wenn

> die Aufgaben dem Ausbildungsrahmenplan entsprechen. Dies bedeutet andererseits, dass dem Lehrling keine ausbildungsfremden Aufgaben übertragen werden dürfen und
> die Aufgaben durch den entsprechenden Komplexitätsgrad die Lehrlinge nicht unter- oder überfordern und
> die Aufgaben selbstständiges Planen, Durchführen und Kontrollieren einschließen.

Wichtige Inhalte des betrieblichen Ausbildungsplanes

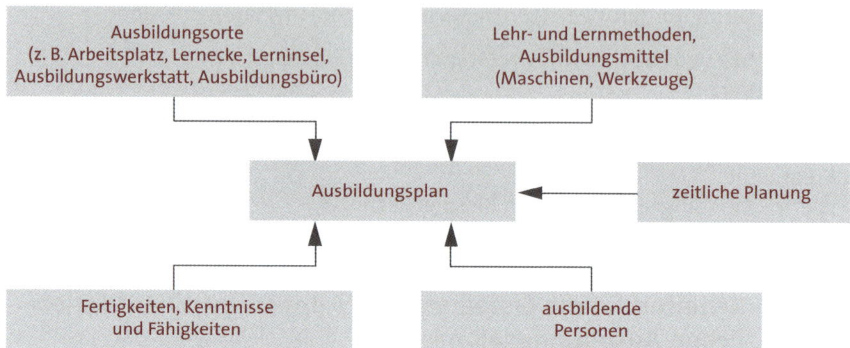

Diese Planung der Ausbildung ist in Berufen mit werkstattgebundener Fertigung leichter zu verwirklichen als in Montageberufen.

Planungszeitraum

Außerdem sollte der Planungszeitraum für die einzelbetriebliche Ausbildung umso kurzfristiger sein, je schwieriger die Planung des Arbeitsablaufs branchenbedingt im Betrieb ist.

Zu berücksichtigen ist gegebenenfalls auch noch, inwieweit mobile und digitale Lernmöglichkeiten mit zum Einsatz kommen können (>> Abschnitt 3.4.5).

Teilzeitausbildung

Bei Teilzeitausbildung ist der Ausbildungsplan entsprechend anzupassen.

In seiner Reihe „Ausbildung gestalten" gibt das Bundesinstitut für Berufsbildung auch Umsetzungshilfen für die Erstellung von betrieblichen Ausbildungsplänen. Danach sollte ein solcher Plan nach folgenden Schritten erstellt werden:

Einzelschritte

- Bilden von betrieblichen Ausbildungsabschnitten
- Zuordnen der Fertigkeiten, Kenntnisse und Fähigkeiten zu diesen Abschnitten
- Festlegung der Ausbildungsorte und der verantwortlichen Mitarbeiter/-innen
- Festlegung der Reihenfolge der Ausbildungsorte und der tatsächlichen Ausbildungszeit
- falls erforderlich, Berücksichtigung überbetrieblicher Ausbildungsmaßnahmen und Abstimmung mit Verbundpartnern.

Ferner sollte auf Folgendes geachtet werden:

- persönliche Voraussetzungen der Auszubildenden (wie unterschiedliche Vorbildung)
- Gegebenheiten des Ausbildungsbetriebes (wie Betriebsstrukturen, personelle und technische Einrichtungen, regionale Besonderheiten)
- Durchführung der Ausbildung (wie Ausbildungsmaßnahmen außerhalb der Ausbildungsstätte, Berufsschulunterricht in Blockform, Planung und Bereitstellung von Ausbildungsmitteln, Erarbeiten von methodischen Hinweisen zur Durchführung der Ausbildung).

Die Aufstellung des betrieblichen Ausbildungsplanes hinsichtlich der Festlegung von Lernzielen, Ausbildungsabschnitten, Auswahl der Lernorte, Ausbildungsmittel und Methoden sowie bei der Korrektur des Ausbildungsplanes sollte unter Beteiligung aller Betroffenen erfolgen.

Beratung des Ausbilders

Der Ausbilder kann sich auch durch einen Berater der Handwerkskammer unterstützen lassen. Empfehlenswert und sinnvoll sind dabei (bei minderjährigen Auszubildenden) ferner Kontakte mit den Erziehungsberechtigten. Dort, wo vorhanden, muss auch der Betriebsrat an der Planung beteiligt werden. Der Ausbildungsplan ist dem Lehrling auszuhändigen.
Er muss zudem der zuständigen Stelle gemeinsam mit dem Ausbildungsvertrag vorgelegt werden (>> Abschnitt 2.5.3).
Während ältere Ausbildungsordnungen im Allgemeinen für die Auszubildenden insgesamt einen Ausbildungsplan vorsehen, gilt dies bei vielen neueren Ausbildungsordnungen für jeden Auszubildenden einzeln, um individuellen Besonderheiten besser Rechnung tragen zu können.

Zu solchen Besonderheiten zählen insbesondere

- >Verkürzung der Ausbildungsdauer (>> Abschnitt 3.6.2),
- >Anrechnung beruflicher Vorbildung auf die Ausbildungsdauer (>> Abschnitt 2.5.1.10) und
- >Teilzeitausbildung (>> Abschnitt 2.5.1.1).

Wie konkret ein betrieblicher Ausbildungsplan gestaltet werden kann, wird nachfolgend anhand eines Beispiels für das Maler- und Lackiererhandwerk gezeigt.

Beispiel für einen betrieblichen Ausbildungsplan im Maler- und Lackiererhandwerk, Fachrichtung Gestaltung und Instandhaltung (Auszug; Abdruck mit freundlicher Genehmigung des Bundesverbandes Farbe Gestaltung Bautenschutz, Frankfurt am Main):

Berufsbildpositionen mit zeitlichen Richtwerten und zu vermittelnden Fertigkeiten, Kenntnissen und Fähigkeiten/Ausbildungsinhalten vom 1. bis 24. Ausbildungsmonat
Gestalten von kundenorientierten Arbeitsprozessen (5 Wochen) a) Kundenanforderungen und Arbeitsaufträge erfassen, Vorgaben auf Umsetzbarkeit prüfen und mit betrieblich beteiligten Personen abstimmen b) Wünsche und Einwände von Kunden entgegennehmen und weiterleiten c) Gespräche kundenorientiert führen d) Gespräche mit Vorgesetzten, Kolleginnen und Kollegen sowie im Team situationsgerecht führen e) Kunden informieren und Kundenwünsche in die Auftragsausführung einbeziehen und dokumentieren f) Serviceleistungen Kunden erläutern g) Sachverhalte darstellen und kulturelle Identitäten berücksichtigen

Berufsbildpositionen mit zeitlichen Richtwerten und zu vermittelnden Fertigkeiten, Kenntnissen und Fähigkeiten/Ausbildungsinhalten vom 1. bis 24. Ausbildungsmonat
Planen, Vorbereiten und Organisieren von Arbeitsaufgaben (11 Wochen) a) Arbeitsschritte planen, Arbeitsmittel festlegen, Sicherungsmaßnahmen durchführen b) Informationen, insbesondere technische Merkblätter und Gebrauchsanleitungen, beschaffen und nutzen c) Betriebsanweisungen und technische Unterlagen, insbesondere Materiallisten, Betriebsanleitungen, Herstellerangaben, Normen, Sicherheitsregeln und Arbeitsanweisungen, anwenden d) Vorschriften des vorbeugenden Brand- und Explosionsschutzes anwenden e) Arbeitsaufgaben mithilfe von Informations- und Kommunikationssystemen lösen, Daten, insbesondere Betriebs- und Kundendaten, sichern und Datenschutz anwenden f) Skizzen anfertigen g) Pläne, Skizzen und Zeichnungen lesen und anwenden h) Farbmuster erstellen und Farbwirkungen unterscheiden i) Mengen und Kosten, insbesondere anhand von Zeichnungen und Plänen, ermitteln j) Arbeitsabläufe unter Berücksichtigung ergonomischer, ökologischer und ökonomischer Gesichtspunkte festlegen und vorbereiten k) Leistungen anderer Gewerke bei der Planung einbeziehen und Vorleistungen berücksichtigen l) berufsspezifische Vorschriften, insbesondere Gesetze, Verordnungen und technische Regelwerke, anwenden m) Informationen aufbereiten, bewerten und dokumentieren n) analoge und digitale Technologien verwenden, branchenspezifische Software nutzen o) örtliche Gegebenheiten bei der Arbeitsvorbereitung berücksichtigen p) Witterungs- und Klimabedingungen für die Durchführung von Arbeiten berücksichtigen q) Messungen durchführen r) fremdsprachliche Fachbegriffe auftragsbezogen anwenden s) Farb- und Materialpläne erstellen t) Aufmaße für durchzuführende Arbeiten erstellen
Einrichten, Sichern und Räumen von Arbeitsplätzen (5 Wochen) a) Arbeitsplatz einrichten, sichern, unterhalten und auflösen, ergonomische Gesichtspunkte berücksichtigen b) persönliche Schutzausrüstung verwenden c) Verkehrs- und Transportwege auf ihre Eignung beurteilen, Maßnahmen zur Nutzung veranlassen d) Leitern und Gerüste auswählen, auf Verwendbarkeit prüfen sowie auf- und abbauen e) Wasser- und Energieversorgung veranlassen, Sicherheitsmaßnahmen beim Umgang mit elektrischem Strom ergreifen f) Sofortmaßnahmen zur Versorgung von verletzten Personen bei Arbeitsunfällen ergreifen, Unfallstelle sichern

Berufsbildpositionen mit zeitlichen Richtwerten und zu vermittelnden Fertigkeiten, Kenntnissen und Fähigkeiten/Ausbildungsinhalten vom 1. bis 24. Ausbildungsmonat
g) Materialien, Geräte und Maschinen vor Witterungseinflüssen und Beschädigungen schützen sowie vor Diebstahl sichern, für den Abtransport vorbereiten und Ladungssicherung durchführen h) Gefahrstoffe unterscheiden, Schutzmaßnahmen ergreifen, Gefahrstoffe umweltgerecht lagern und Maßnahmen zur Entsorgung ergreifen i) Abfallstoffe lagern, Maßnahmen zur Entsorgung prüfen und ergreifen j) Gegebenheiten auf der Baustelle mit Skizzen und Plänen abgleichen k) Baustellensicherungsmaßnahmen durchführen, Sicherheits- und Gesundheitspläne beachten l) Abplanungen und Einhausungen herstellen m) Betriebssicherheit von Arbeitshilfen, insbesondere von Gerüsten, fahrbaren Arbeitsbühnen und Hubarbeitsbühnen, beurteilen n) geräumte Arbeitsplätze übergeben
Bedienen und Instandhalten von Werkzeugen, Geräten, Maschinen und Anlagen (7 Wochen) a) Werkzeuge und Geräte auswählen, handhaben und instand halten b) Geräte, Maschinen und Anlagen einrichten und unter Verwendung der Schutz- und Absaugeinrichtungen, insbesondere unter Beachtung des Staubschutzes, bedienen c) Störungen an Geräten, Maschinen und Anlagen erkennen, Störungsbeseitigung veranlassen d) Transportgeräte bedienen e) Mess- und Prüfgeräte auswählen, handhaben und instand halten f) Arbeitshilfen, insbesondere Hubarbeitsbühnen und Steighilfen, einrichten und bedienen g) Funktionskontrolle bei Geräten, Maschinen und Anlagen durchführen und dokumentieren h) Werkzeuge, Geräte, Maschinen und Anlagen, insbesondere zur Untergrunderstellung und -vorbereitung, Reinigung, Ent- und Beschichtung, auswählen, einrichten und bedienen i) Werkzeuge, Geräte, Maschinen und Anlagen, insbesondere zur Herstellung und Gestaltung von Oberflächen, auswählen, einrichten und bedienen j) Anlagen zur Klimatisierung und Staubminimierung auswählen, einrichten und bedienen k) Werkzeuge, Geräte, Maschinen und Anlagen warten
Be- und Verarbeiten von Werk- und Hilfsstoffen sowie Bearbeiten von Bauteilen (16 Wochen) a) Werk- und Hilfsstoffe, insbesondere Beschichtungs-, Belags- und Verbundwerkstoffe, sowie Bauteile nach Art und Eigenschaften unterscheiden, auswählen und dem Arbeitsauftrag zuordnen b) Werk- und Hilfsstoffe auf Verwendbarkeit und auf Fehler prüfen c) Werkstoffe auf Maßhaltigkeit und Formgenauigkeit prüfen d) Werk- und Hilfsstoffe sowie Bauteile anfordern, transportieren, sichtprüfen und umweltgerecht lagern

Berufsbildpositionen mit zeitlichen Richtwerten und zu vermittelnden Fertigkeiten, Kenntnissen und Fähigkeiten/Ausbildungsinhalten vom 1. bis 24. Ausbildungsmonat
e) Werk- und Hilfsstoffe sowie Bauteile für die Bearbeitung am Arbeitsplatz bereitstellen und zwischenlagern f) Werk- und Hilfsstoffe sowie Bauteile von Hand formgebend be- und verarbeiten sowie Verbindungen herstellen g) Werk- und Hilfsstoffe, insbesondere durch Mischen, Verdünnen und Zuschneiden, vorbereiten h) berufsspezifische Arbeitsanweisungen beim Umgang mit Gefahr- und Werkstoffen, insbesondere beim Mischen und Verarbeiten von Reaktionsbeschichtungsstoffen, anwenden i) Werk-, Hilfs- und Beschichtungsstoffe sowie Bauteile auftragsbezogen auswählen, für Be- und Verarbeitung vorbereiten und bereitstellen j) Beschichtungsstoffe nach Eigenschaften, Zusammensetzung und Verträglichkeit auswählen, für die Verarbeitung zubereiten, bereitstellen und aufbringen k) Werk- und Hilfsstoffe sowie Bauteile, insbesondere unter Einsatz von Geräten und Maschinen, formgebend be- und verarbeiten l) Werkstoffe und Bauteile befestigen und lösen
Prüfen, Bewerten und Vorbereiten von Untergründen (20 Wochen) a) Untergründe hinsichtlich der weiteren Bearbeitungsmöglichkeiten unterscheiden, prüfen und beurteilen b) Gefahrstoffe in Untergründen, insbesondere Blei und Asbest, erkennen, Schutzmaßnahmen ergreifen c) Gefahren durch mineralische und organische Stäube erkennen, Schutzmaßnahmen ergreifen d) Schutzmaßnahmen für nicht zu bearbeitende Flächen, Bauteile und Objekte, insbesondere auf Verträglichkeit prüfen, beurteilen und ausführen e) Verfahren für die Entschichtung von Untergründen anwenden f) Untergründe für nachfolgende Bearbeitungen reinigen g) Unebenheiten ausgleichen h) Grundierungen für Schutz- und Festigungsmaßnahmen auftragen i) Untergründe und Oberflächen unter Beachtung bauphysikalischer und chemischer Auswirkungen auf Haftfestigkeit und auf Eignung als Träger für nachfolgende Bearbeitungstechniken beurteilen j) Untergründe auf ihre Beanspruchung und zur Befestigung von Konstruktionen, Baugruppen und -teile beurteilen k) Untergründe und Oberflächen mit mechanischen, thermischen, physikalischen und chemischen Bearbeitungsverfahren vorbereiten l) Untergründe, insbesondere durch Aufbringen von Putzen, Spachtel- und Ausgleichsmassen sowie durch Einsatz von Trockenbau-Baustoffen und Verbundwerkstoffen, vorbereiten m) Untergründe für den vorbeugenden Holz- und Bautenschutz vorbereiten

Berufsbildpositionen mit zeitlichen Richtwerten und zu vermittelnden Fertigkeiten, Kenntnissen und Fähigkeiten/Ausbildungsinhalten vom 1. bis 24. Ausbildungsmonat
Herstellen, Bearbeiten, Beschichten, Bekleiden, Gestalten und Instandhalten von Oberflächen (28 Wochen) a) Farbtöne mischen und nachmischen b) Beschichtungen, insbesondere durch Streichen, Rollen und Spritzen, ausführen c) Oberflächen in unterschiedlichen Techniken gestalten d) Klebearbeiten ausführen e) Vorlagen für kommunikative und dekorative Gestaltungselemente herstellen, maßstabsgerecht übertragen und anwenden f) Oberflächen durch Erst-, Erneuerungs- und Überholungsbeschichtungen mit festen, pastösen und flüssigen Stoffen herstellen g) Oberflächen mit Mustern, Werkzeugstrukturen und durch Beschichtungsstoffe gestalten h) Schriften, Symbole und Ornamente nach Vorlagen umsetzen i) metallische Applikationen ausführen j) Oberflächen pflegen und konservieren
Durchführen von Putz-, Dämme- und Trockenbauarbeiten (8 Wochen) a) Vorschriften des Brand-, Schall-, Feuchte-, Wärme- und Strahlenschutzes einhalten b) Verlegepläne anwenden c) Dämm- und Isolierstoffe verarbeiten d) Putzflächen zur Gestaltung von Untergründen erstellen und instand setzen e) Decken und Wände aus Gipsplatten setzen f) Fugen in unterschiedlichen Techniken ausbilden und abdichten
Durchführen von qualitätssichernden Maßnahmen und Übergeben der Leistungen an den Kunden (4 Wochen) a) eigene Arbeiten anhand von Vorgaben prüfen b) durchgeführte Qualitätskontrollen und technische Prüfungen dokumentieren c) Arbeitsberichte erstellen d) Kunden auf Pflegeanleitungen hinweisen e) Zusammenhänge zwischen Qualität, Kundenzufriedenheit und Betriebserfolg berücksichtigen f) Arbeits- und Zwischenergebnisse kontrollieren, bewerten und dokumentieren g) eigene und von anderen erbrachte Leistungen kontrollieren, beurteilen und dokumentieren h) Mess- und Prüfergebnisse dokumentieren i) Tätigkeitsnachweise erstellen, Zeitaufwand und Materialverbrauch erfassen j) Aufmaße über durchgeführte Arbeiten erstellen k) fertiggestellte Arbeiten an Kunden übergeben l) Kunden über Instandhaltungsintervalle informieren m) zur Verbesserung der Arbeit im eigenen Arbeitsbereich beitragen

Berufsbildpositionen und zu vermittelnde Fertigkeiten, Kenntnisse und Fähigkeiten/Ausbildungsinhalte während der gesamten Ausbildung
Organisation des Ausbildungsbetriebes, Berufsbildung sowie Arbeits- und Tarifrecht a) den Aufbau und die grundlegenden Arbeits- und Geschäftsprozesse des Ausbildungsbetriebes erläutern b) Rechte und Pflichten aus dem Ausbildungsvertrag sowie Dauer und Beendigung des Ausbildungsverhältnisses erläutern und Aufgaben der im System der dualen Berufsausbildung Beteiligten beschreiben c) die Bedeutung, die Funktion und die Inhalte der Ausbildungsordnung und des betrieblichen Ausbildungsplans erläutern sowie zu deren Umsetzung beitragen d) die für den Ausbildungsbetrieb geltenden arbeits-, sozial-, tarif- und mitbestimmungsrechtlichen Vorschriften erläutern e) Grundlagen, Aufgaben und Arbeitsweise der betriebsverfassungs- oder personalvertretungsrechtlichen Organe des Ausbildungsbetriebes erläutern f) Beziehungen des Ausbildungsbetriebs und seiner Beschäftigten zu Wirtschaftsorganisationen und Gewerkschaften erläutern g) Positionen der eigenen Entgeltabrechnung erläutern h) wesentliche Inhalte von Arbeitsverträgen erläutern i) Möglichkeiten des beruflichen Aufstiegs und der beruflichen Weiterentwicklung erläutern
Sicherheit und Gesundheit bei der Arbeit a) Rechte und Pflichten aus dem berufsbezogenen Arbeitsschutz und Unfallverhütungsvorschriften kennen und diese Vorschriften anwenden b) Gefährdungen von Sicherheit und Gesundheit am Arbeitsplatz und auf dem Arbeitsweg prüfen und beurteilen c) sicheres und gesundheitsgerechtes Arbeiten erläutern d) technische und organisatorische Maßnahmen zur Vermeidung von Gefährdungen sowie von psychischen und physischen Belastungen für sich und andere, auch präventiv, ergreifen e) ergonomische Arbeitsweisen beachten und anwenden f) Verhaltensweisen bei Unfällen beschreiben und erste Maßnahmen bei Unfällen einleiten g) betriebsbezogene Vorschriften des vorbeugenden Brandschutzes anwenden, Verhaltensweisen bei Bränden beschreiben und erste Maßnahmen zur Brandbekämpfung ergreifen
Umweltschutz und Nachhaltigkeit a) Möglichkeiten zur Vermeidung betriebsbedingter Belastungen für Umwelt und Gesellschaft im eigenen Aufgabenbereich erkennen und zu deren Weiterentwicklung beitragen b) bei Arbeitsprozessen und im Hinblick auf Produkte, Waren oder Dienstleistungen Materialien und Energie unter wirtschaftlichen, umweltverträglichen und sozialen Gesichtspunkten der Nachhaltigkeit nutzen c) für den Ausbildungsbetrieb geltende Regelungen des Umweltschutzes einhalten

Berufsbildpositionen und zu vermittelnde Fertigkeiten, Kenntnisse und Fähigkeiten/Ausbildungsinhalte während der gesamten Ausbildung
d) Abfälle vermeiden sowie Stoffe und Materialien einer umweltschonenden Wiederverwertung oder Entsorgung zuführen e) Vorschläge für nachhaltiges Handeln für den eigenen Arbeitsbereich entwickeln f) unter Einhaltung betrieblicher Regelungen im Sinne einer ökonomischen, ökologischen und sozial nachhaltigen Entwicklung zusammenarbeiten und adressatengerecht kommunizieren
Digitalisierte Arbeitswelt a) mit eigenen und betriebsbezogenen Daten sowie mit Daten Dritter umgehen und dabei die Vorschriften zum Datenschutz und zur Datensicherheit einhalten b) Risiken bei der Nutzung von digitalen Medien und informationstechnischen Systemen einschätzen und bei deren Nutzung betriebliche Regelungen einhalten c) ressourcenschonend, adressatengerecht und effizient kommunizieren sowie Kommunikationsergebnisse dokumentieren d) Störungen in Kommunikationsprozessen erkennen und zu ihrer Lösung beitragen e) Informationen in digitalen Netzen recherchieren und aus digitalen Netzen beschaffen sowie Informationen, auch fremde, prüfen, bewerten und auswählen f) Lern- und Arbeitstechniken sowie Methoden des selbstgesteuerten Lernens anwenden, digitale Lernmedien nutzen und Erfordernisse des lebensbegleitenden Lernens erkennen und ableiten g) Aufgaben zusammen mit Beteiligten, einschließlich der Beteiligten anderer Arbeits- und Geschäftsbereiche, auch unter Nutzung digitaler Medien, planen, bearbeiten und gestalten h) Wertschätzung anderer unter Berücksichtigung gesellschaftlicher Vielfalt praktizieren

Für den grundsätzlichen Aufbau eines betrieblichen Ausbildungsplans wird vom Bundesverband Farbe und Bautenschutz folgender Aufbau empfohlen:

Berufsbildpositionen mit zeitlichen Richtwerten in Wochen	Fertigkeiten, Kenntnisse und Fähigkeiten/Ausbildungsinhalte	Betriebliche Ergänzungen	Erledigungsvermerk	Voraussichtliche Zeitplanung/Eintragungen des Betriebes

Grundlagen und Vorgehensweise bei der Erstellung eines betrieblichen Ausbildungsplanes

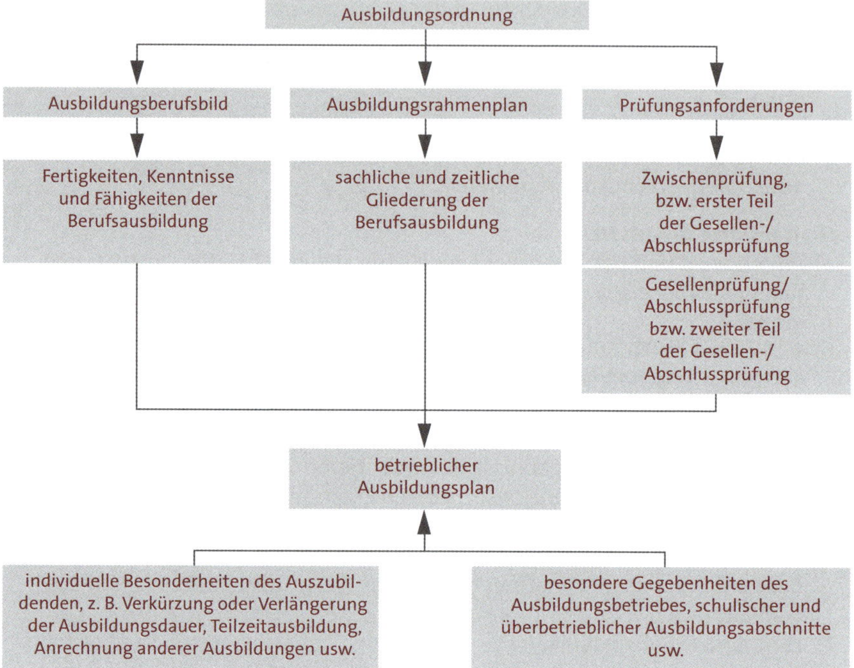

Auf dem Ausbildungsplan baut dann der Versetzungsplan auf. Klein- und Mittelbetriebe benötigen wegen der geringen Zahl an Auszubildenden oft keinen gesonderten Versetzungsplan. Hier ist der Versetzungsplan in den betrieblichen Ausbildungsplan eingebaut bzw. mit diesem identisch.
Wenn jedoch mehrere Lehrlinge im gleichen Ausbildungsjahr im Betrieb ausgebildet werden, ist es zweckmäßig, einen besonderen Versetzungsplan zu erstellen.

Der Versetzungsplan
- legt die von einem Lehrling während seiner Ausbildung zu durchlaufenden Arbeitsplätze und Betriebsabteilungen sowie die dort zu erledigenden Arbeiten fest,
- bestimmt den Zeitraum, den der Lehrling an den einzelnen Orten bleiben soll,
- beinhaltet die Versetzungstermine und die Reihenfolge des Arbeitsplatz- bzw. Abteilungswechsels.

Man unterscheidet

Einzelversetzungspläne

- Einzelversetzungspläne für einzelne Lehrlinge und
- Gesamtversetzungspläne für die Gesamtzahl der Lehrlinge eines Ausbildungsjahres.

Vor allem für Gesamtversetzungspläne ist es zweckmäßig, sie in Form von grafisch gestalteten Übersichten anzulegen oder Planungstafeln (zum Beispiel Magnethafttafeln) bzw. heute auch Displays dafür zu verwenden. Gesamtversetzungspläne

Beim Vollzug der Versetzungspläne ist besonders darauf zu achten, dass bei Fehlzeiten infolge Krankheit, außerplanmäßigen Urlaubs, betrieblicher Umstellungen, von Sonderaufträgen im Betriebsablauf und anderem die Planung entsprechend korrigiert wird. Die aus dem Ausbildungsrahmenplan abgeleiteten Nettoausbildungszeiten müssen dann nochmals im Einzelfall angepasst werden. Fehlzeiten

Beispiel:

Beispiel für einen einfachen Versetzungsplan

Zeit (Monat/ Kalenderwochen) / Lehrling	Januar		Februar	März	April
	1 2	3 4 5	6 7 8 9	10 11 12 13 14	15 16 17 18
Lehrling A	Urlaub	W 1	W 2	W 3	W 4
Lehrling B		W 2	W 1	W 4	W 3
Lehrling C		W 3	W 4	W 2	W 1
Lehrling D		W 4	W 3	W 1	W 2
W = Werkstattarbeitsplatz 1–4					

In einem solchen Versetzungsplan kann der Ausbilder auch eintragen, wie die Ausbildung dann tatsächlich abgelaufen ist. Er erhält damit eine Art Soll-Ist-Kontrolle. Die Lerninhalte aus Ausbildungsordnung und Ausbildungsplan können auch in einen Lernpass einfließen, der die Auftragsformen darstellt, mit denen Fertigkeiten und Kenntnisse erreicht werden sollen. Lernpass

Handlungsorientierte, fallbezogene Aufgaben

1. Sie setzen sich nach erfolgreicher Betriebsgründung mit der Frage auseinander, ob Sie zur Fachkräftesicherung künftig Auszubildende einstellen wollen. Aus Ihrer eigenen Meisterfortbildung wissen Sie noch, dass für die Berufsausbildung rechtliche Grundlagen und bestimmte Planungserfordernisse gelten.

   Aufgabe: Erläutern Sie das oberste Ziel der betrieblichen Ausbildungsplanung.

   >> Seite 111 |

2. Grundlage für eine geordnete und einheitliche Berufsausbildung ist

- [ ] a das Betriebsverfassungsgesetz.
- [ ] b der Tarifvertrag.
- [ ] c die Ausbildungsordnung.
- [ ] d das Bundesausbildungsgesetz.
- [ ] e die Ausbildungsplatzbeschreibung.

   >> Seite 111 |

3. Was muss ein betrieblicher Ausbildungsplan ausweisen?

- [ ] a Die notwendigen ausbildungsfremden Aufgaben.
- [ ] b Das Produktionsprogramm des Betriebs.
- [ ] c Den sachlichen Aufbau und die zeitliche Abfolge der Berufsausbildung.
- [ ] d Das Organigramm eines Betriebs.
- [ ] e Nur den Einsatz der ausbildenden Personen.

   >> Seite 117 |

4. In Ihrem Betrieb werden vier Lehrlinge im gleichen Ausbildungsjahr ausgebildet. Sie wollen für diese Lehrlinge einen Versetzungsplan erstellen.

   Aufgabe: Erklären Sie, wie Sie bei dessen Erstellung vorgehen und was Sie dabei zu beachten haben!

   >> Seiten 126 bis 127 |

2.2 Lernsituation: Möglichkeiten der Mitwirkung und Mitbestimmung der betrieblichen Interessenvertretungen in der Berufsbildung darstellen und begründen

Kompetenzen:

- Möglichkeiten und Rechte der betrieblichen Interessenvertretung in der Berufsbildung beschreiben und beachten.
- Mitwirkungsmöglichkeiten der Jugend- und Auszubildendenvertretung im Bereich der Berufsbildung darstellen und beachten.

2.2.1 Mitbestimmungsrechte der betrieblichen Interessenvertretung

2.2.1.1 Betriebsrat

In Betrieben mit mindestens 5 ständigen wahlberechtigten Arbeitnehmern (einschließlich der zu ihrer Ausbildung Beschäftigten), von denen 3 wählbar sind, kann ein Betriebsrat gewählt werden.

Wahlberechtigung

Wahlberechtigt sind alle Arbeitnehmer und Auszubildenden, die 16 Jahre alt sind. Dazu zählen auch Leiharbeitnehmer, wenn sie länger als 3 Monate im Betrieb eingesetzt werden.
Wählbar sind alle Beschäftigten, die 18 Jahre alt sind und dem Betrieb bereits 6 Monate angehören. Leiharbeitnehmer können nicht gewählt werden.
Die Zahl der Betriebsratsmitglieder richtet sich nach der Zahl der wahlberechtigten Arbeitnehmer (einschließlich der Auszubildenden).

Amtszeit

Die Amtszeit des Betriebsrates beträgt 4 Jahre.
Rechtsgrundlage ist das Betriebsverfassungsgesetz. Für den öffentlichen Dienst gelten die Personalvertretungsgesetze des Bundes und der Länder.

2.2.1.2 Rechte des Betriebsrates

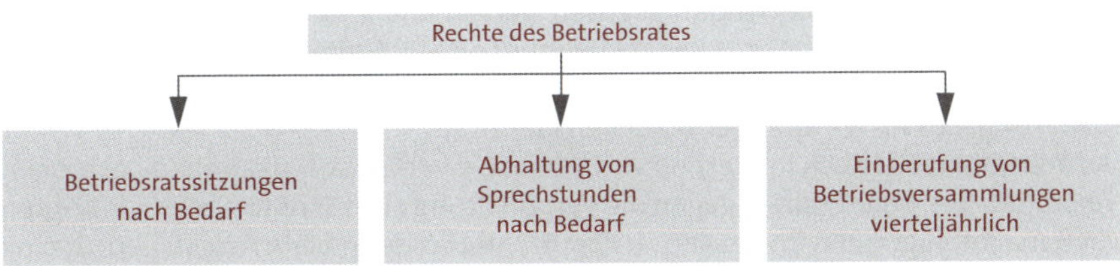

2.2.1.3 Zusammenarbeit zwischen Arbeitgeber und Betriebsrat

Friedenspflicht

Einigungsstelle

Arbeitgeber und Betriebsrat sollen unter Beachtung der geltenden Tarifverträge vertrauensvoll und im Zusammenwirken mit den im Betrieb vertretenen Gewerkschaften und Arbeitgeberverbänden zum Wohl der Arbeitnehmer und des Betriebes zusammenarbeiten. Sie unterliegen einer Friedenspflicht (d. h., Streiks und Aussperrungen sind nur zu bestimmten Zeiten möglich), können Betriebsvereinbarungen schließen und zur Beilegung von Meinungsverschiedenheiten eine Einigungsstelle bilden.

2.2.1.4 Mitwirkungs- und Mitbestimmungsrechte

Allgemeine Aufgabe des Betriebsrates ist es, darüber zu wachen, dass die Gesetze, Verordnungen, Unfallverhütungsvorschriften, Tarifverträge und Betriebsvereinbarungen eingehalten werden.

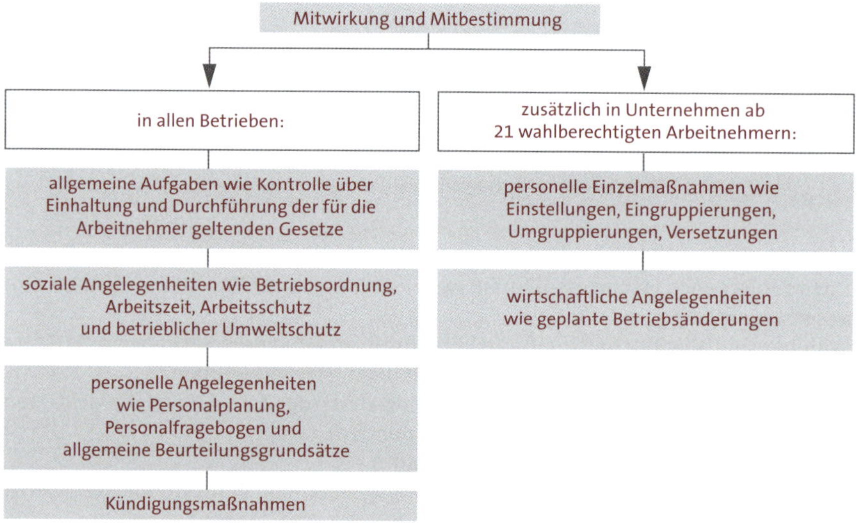

2.2.1.5 Rechte nach dem Allgemeinen Gleichbehandlungsgesetz

Allgemeines Gleichbehandlungsgesetz

Das Allgemeine Gleichbehandlungsgesetz (>> Band 2, Abschnitt 8.3.1 „Allgemeines Vertragsrecht“) untersagt Benachteiligungen aus Gründen der Rasse oder ethnischen Herkunft, des Geschlechts, der Religion oder Weltanschauung, einer Behinderung, des Alters oder der sexuellen Identität.

Betriebsräte (aber auch im Betrieb vertretene Gewerkschaften) können bei groben Verstößen des Arbeitgebers gegen die Verpflichtung zum Schutz der Beschäftigten vor Benachteiligungen im Betrieb zu deren Unterbindung beim Arbeitsgericht eine erforderliche Handlung, Duldung oder Unterlassung verlangen. Sie können jedoch keine individuellen Ansprüche des Arbeitnehmers (Schadensersatz oder Entschädigung) durchsetzen.

2.2.1.6 Rechte des einzelnen Arbeitnehmers und Auszubildenden

Jeder Arbeitnehmer und Auszubildende hat nach dem Betriebsverfassungsgesetz folgende Rechte:

Arbeitnehmerrechte

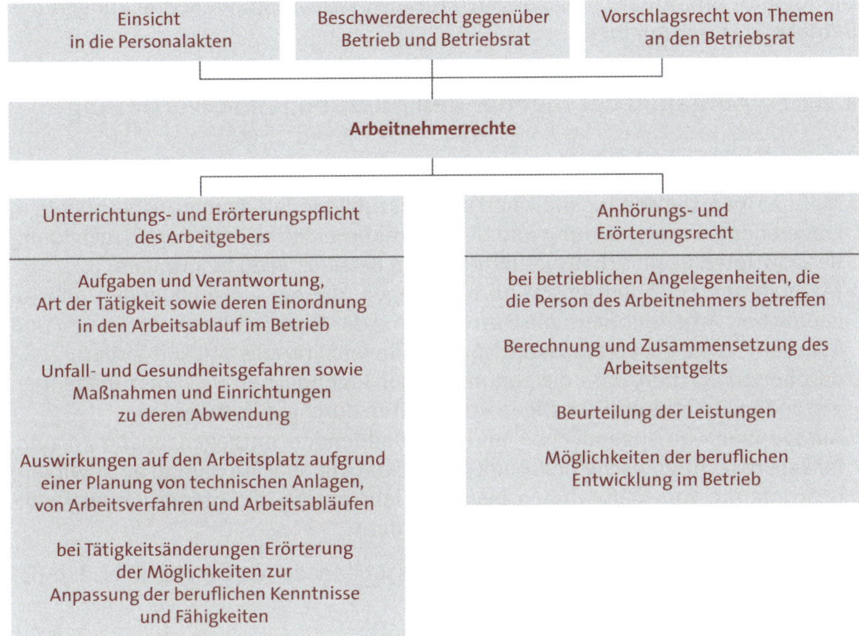

2.2.1.7 Schwerbehindertenvertretung

In Betrieben mit mindestens 5 schwerbehinderten Menschen ist für diese Gruppe ein Vertrauensmann/eine Vertrauensfrau mit wenigstens einem Stellvertreter zu wählen, der/die die besonderen Interessen dieser Beschäftigten vertritt.

2.2.2 Mitwirkungsmöglichkeiten der Jugend- und Auszubildendenvertretung

2.2.2.1 Jugend- und Auszubildendenvertretung

In Betrieben mit in der Regel mindestens 5 Arbeitnehmern, die das 18. Lebensjahr noch nicht vollendet haben (jugendliche Arbeitnehmer) oder die zu ihrer Berufsausbildung beschäftigt sind, werden neben dem Betriebsrat Jugend- und Auszubildendenvertretungen gewählt, die die Belange dieser Arbeitnehmer wahrnehmen.

Wahlberechtigt ist die oben beschriebene Personengruppe. Wählbar sind alle Arbeitnehmer des Betriebs, die das 25. Lebensjahr noch nicht vollendet haben oder die zu ihrer Berufsausbildung beschäftigt sind. Die Zahl der Jugend- und Auszubildendenvertreter richtet sich nach der Zahl der Jugendlichen und Auszubildenden, die in einem Betrieb beschäftigt sind. Ihre Amtszeit beträgt 2 Jahre.
Die Jugend- und Auszubildendenvertretung ist berechtigt, an den Sitzungen des Betriebsrates teilzunehmen.

2.2.2.2 Aufgaben der Jugend- und Auszubildendenvertretung

Allgemeine Aufgaben

Zu den allgemeinen Aufgaben gehören

- Maßnahmen, die den Jugendlichen und Auszubildenden dienen, insbesondere in Fragen der Berufsausbildung und der Übernahme der zu ihrer Berufsausbildung Beschäftigten in ein Arbeitsverhältnis, beim Betriebsrat zu beantragen;
- Maßnahmen beim Betriebsrat zu beantragen, die bei Auszubildenden und jugendlichen Arbeitnehmern die Durchsetzung der Gleichstellung von Frauen und Männern sowie die Vereinbarkeit von Familie und Erwerbstätigkeit fördern.
- darüber zu wachen, dass die zugunsten der Jugendlichen und Auszubildenden geltenden Gesetze und sonstigen Vorschriften durchgeführt werden;
- Anregungen von Jugendlichen und Auszubildenden entgegenzunehmen und, falls sie berechtigt erscheinen, beim Betriebsrat auf eine Erledigung hinzuwirken;
- Beantragung von Maßnahmen beim Betriebsrat, die die Integration ausländischer Jugendlicher und Auszubildender fördern.

Rechte

Dementsprechend hat die Jugend- und Auszubildendenvertretung über den Betriebsrat folgende Rechte:

- Informationsrecht
- Antragsrecht
- Überwachungsrecht
- Anregungsrecht.

Insbesondere vor und nach jeder Betriebsversammlung kann sie im Einvernehmen mit dem Betriebsrat eine betriebliche Jugend- und Auszubildendenversammlung einberufen.

Handlungsorientierte, fallbezogene Aufgaben

1. Welches Gesetz untersagt Benachteiligungen unter anderem wegen des Geschlechts sowie der Religion oder Weltanschauung?

- a Das Berufsbildungsgesetz.
- b Das Allgemeine Gleichbehandlungsgesetz.
- c Das Gesetz zur Stärkung der Rolle der Geschlechter.
- d Die Handwerksordnung.
- e Die Gleichstellungsverordnung.

>> Seite 130 |

2. In Ihrem Betrieb werden sechs junge Menschen zur Berufsausbildung beschäftigt.

Aufgabe: Erklären Sie, inwieweit Ihr Betrieb von den Möglichkeiten zur Bildung einer Jugend- und Auszubildendenvertretung betroffen ist! Was sind deren Aufgaben?

>> Seiten 131 bis 132 |

2.3 Lernsituation: Kooperationsbedarf ermitteln und inhaltliche sowie organisatorische Abstimmung mit Kooperationspartnern, insbesondere der Berufsschule, durchführen

Kompetenzen:

- Nutzen von Kooperationsnetzwerken, insbesondere Berufsschule, überbetriebliche Bildungsstätte, Berater in Kammer und Innung sowie Arbeitsagentur, beschreiben.
- Möglichkeiten der Zusammenarbeit mit den an der Ausbildung beteiligten Kooperationspartnern klären.

2.3.1 Netzwerk wesentlicher Kooperationspartner in der Ausbildung

Zusammenarbeit

Für eine erfolgreiche Berufsausbildung ist es wichtig, dass alle Mitwirkenden und Partner eng und vertrauensvoll zusammenarbeiten.

2.3.1.1 Zusammenarbeit mit der Berufsschule

Der Erfolg der Berufsausbildung im dualen System ist ganz entscheidend davon abhängig, wie gut die Lernorte Ausbildungsbetrieb und Berufsschule zusammenarbeiten.

Etwaige gegenseitige Vorurteile und Vorbehalte sollten im Interesse der gemeinsamen Aufgabe abgebaut werden, denn letztlich stellen Berufsschule und Ausbildungsbetrieb einen gemeinsamen Bildungsraum dar.

Die wichtigsten Aufgabenbereiche der Zusammenarbeit des Ausbildenden bzw. des Ausbilders mit der Berufsschule zeigt folgende Darstellung:

Aufgabenbereiche

Neben den oben aufgeführten klassischen Funktionen des Ausbildenden bzw. des Ausbilders können sich zusätzliche Aufgaben bei der Zusammenarbeit mit der Berufsschule ergeben:

Zusätzliche Aufgaben

- Wenn der Berufsschulunterricht nicht im Teilzeitunterricht, sondern in Form der Blockbeschulung erfolgt, ergibt sich weiterer Abstimmungsbedarf, den der Ausbilder mit der Berufsschule klären muss.
- Wird das erste Ausbildungsjahr als kooperativ-duales Berufsgrundbildungsjahr durchgeführt, ist eine besondere inhaltliche, zeitliche und methodische Abstimmung mit der Berufsschule erforderlich (>> Abschnitt 1.3.3.4).
- Weiteren Abstimmungsbedarf gibt es bei Absolventen des Berufsgrundschuljahres und der einjährigen Berufsfachschule.

2.3.1.2 Zusammenarbeit mit der überbetrieblichen Unterweisungsstätte

Ergänzung der betrieblichen Ausbildung

Die überbetrieblichen Unterweisungsstätten (auch überbetriebliche Berufsbildungsstätten genannt) der Innungen und Handwerkskammern dienen der Ergänzung und Unterstützung der betrieblichen Ausbildung.

Wichtige Aufgabenbereiche des Ausbildenden bzw. des Ausbilders für die Zusammenarbeit mit der überbetrieblichen Unterweisungsstätte ergeben sich aus folgender Abbildung:

2.3.1.3 Zusammenarbeit mit Trägern außerbetrieblicher Maßnahmen

Außerbetriebliche Berufsausbildung

Außerbetriebliche Berufsausbildung ist ein von der Bundesagentur für Arbeit gefördertes Angebot. Die Berufsausbildung findet bei einem Bildungsträger statt. Für Ausbildungsbetriebe ist die Zusammenarbeit mit diesen insofern wichtig, als bei den Auszubildenden in diesen außerbetrieblichen Maßnahmen der Übergang in ein betriebliches Ausbildungsverhältnis angestrebt wird.

2.3.1.4 Zusammenarbeit mit der Handwerkskammer

Zuständige Stelle

Die Handwerkskammer ist für das Handwerk die für die Berufsausbildung und deren Förderung sowie Überwachung zuständige Stelle, mit der der Ausbildende bzw. der Ausbilder eng zusammenarbeiten muss (>> Abschnitt 1.5.4.1).

Wichtige Aufgabenbereiche der Zusammenarbeit zeigt die nachstehende Übersicht:

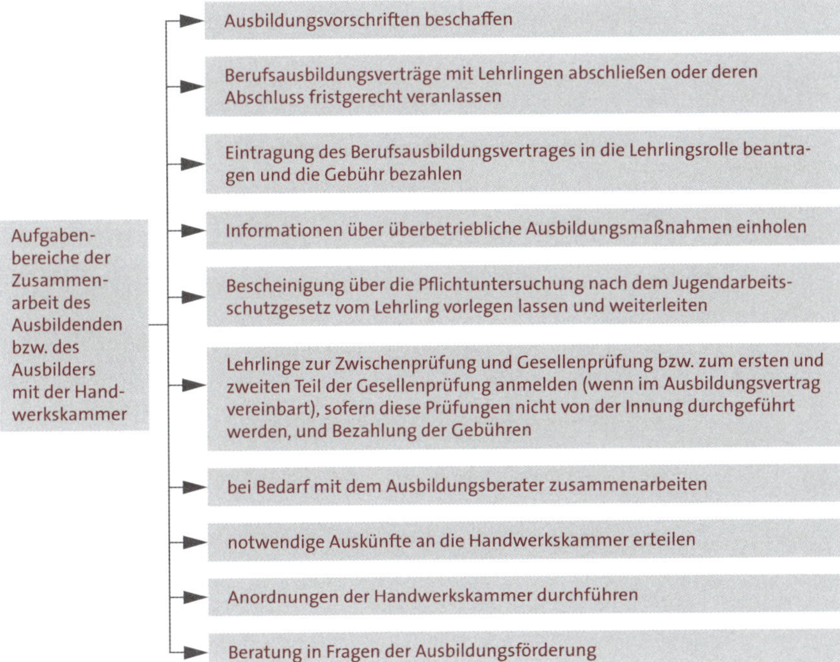

2.3.1.5 Zusammenarbeit mit der Innung

Die Innung erfüllt wichtige Aufgaben im Rahmen der Berufsausbildung im Handwerk (>> Abschnitt 1.5.4.2).
In nachstehend aufgeführten Bereichen ergeben sich Aufgaben des Ausbildenden bzw. des Ausbilders zur Zusammenarbeit mit der Innung:

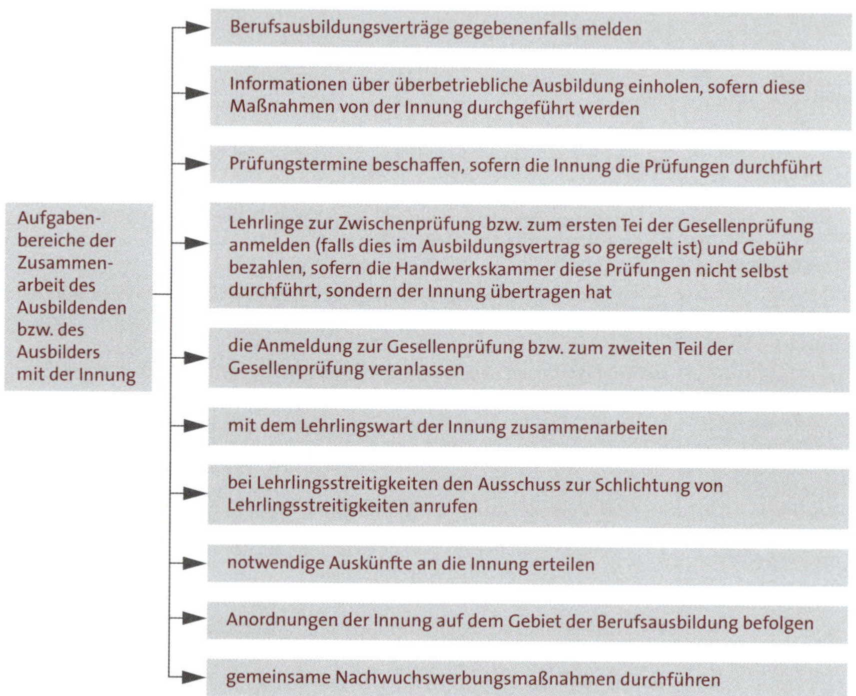

2.3.1.6 Zusammenarbeit mit der Agentur für Arbeit

Berufsberatung

Die Agentur für Arbeit ist die zuständige Stelle für die Beratung und Vermittlung von Lehrlingen. Deshalb sollte jeder Betrieb die Zusammenarbeit mit der Agentur für Arbeit suchen und Möglichkeiten der Kooperation ausloten.
Die Zusammenarbeit mit der Berufsberatung der Agentur für Arbeit umfasst nachstehende Bereiche.

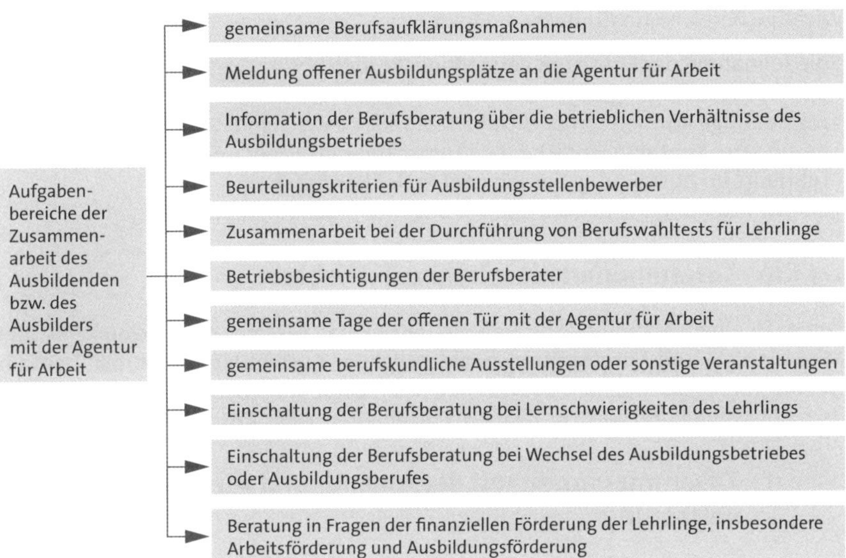

2.3.1.7 Zusammenarbeit mit Jugendberufsagenturen

Jugendberufsagenturen

Jugendberufsagenturen sind eine Zusammenarbeit von Akteuren wie Agenturen für Arbeit, Jobcenter, Träger der Jugendhilfe, Schulen und Arbeitgeberorganisationen. Sie verstehen sich als Ansprechpartner für Jugendliche und junge Erwachsene bis 25 Jahre, die Beratung und Unterstützung bei der Berufsorientierung und der Suche nach einem Ausbildungsplatz brauchen. Ansprechpartner sind zumeist die örtlichen Agenturen für Arbeit und die Jobcenter oder können über diese erfragt werden.

2.3.1.8 Zusammenarbeit mit dem Gewerbeaufsichtsamt

Arbeitssicherheit

Jugendarbeitsschutz

Der Ausbildende bzw. der Ausbilder hat auch mit dem Gewerbeaufsichtsamt Kontakte zu pflegen. Dabei geht es schwerpunktmäßig um Fragen der Arbeitssicherheit und um die gesetzlichen Bestimmungen, die für die Beschäftigung von Jugendlichen maßgebend sind (z. B. Jugendarbeitsschutzgesetz).

2.3.1.9 Zusammenarbeit mit den Eltern des Lehrlings

Der Ausbildungserfolg kann wesentlich verbessert werden, wenn der Ausbildende bzw. der Ausbilder bei Minderjährigen mit dem Elternhaus des Lehrlings Kontakt hält und mit den Eltern zusammenarbeitet.

Wichtige Kontaktbereiche

Wichtige Bereiche für Kontakte sind u. a.:

> die Teilnahme der Eltern am Vorstellungsgespräch
> Betriebsbesichtigung durch die Eltern
> regelmäßige Kontakte in zeitlichen Abständen zwischen Eltern und Ausbilder
> besondere Kontaktgespräche bei Lernschwierigkeiten und Fehlverhalten des Lehrlings im Ausbildungsbetrieb oder in der Berufsschule
> Elternmitteilungen des Ausbilders in regelmäßigen Abständen.

2.3.1.10 Zusammenarbeit mit dem Betriebsrat

Mitwirkungsrechte

Sofern in einem Handwerksbetrieb ein Betriebsrat besteht, hat er eine Reihe von Mitwirkungs- und Mitgestaltungsrechten bei der Ausbildung im Betrieb. Deshalb ist eine gute Zusammenarbeit zwischen Betriebsrat und Ausbilder bzw. Ausbildendem notwendig und wichtig. (Nähere Einzelheiten >> Abschnitt 2.2.1)

2.3.1.11 Zusammenarbeit mit der Jugend- und Auszubildendenvertretung

Interessen der Lehrlinge

Die Jugend- und Auszubildendenvertretung nimmt die Interessen der Lehrlinge und der jugendlichen Arbeitnehmer wahr. Sie vertritt diese im Betriebsrat. (Einzelheiten >> Abschnitt 2.2.2)

2.3.2 Möglichkeiten der Lernortkooperation

Aus den unterschiedlichen Zuständigkeiten und Aufgabenstellungen der einzelnen Lernorte und der Partner im dualen System (im Handwerk vor allem Betrieb, überbetriebliche Ausbildungseinrichtung und Berufsschule) ergeben sich Abstimmungs- und Koordinierungsprobleme.

Alle Ausbildungsträger haben die Aufgabe, zum Erreichen des gemeinsamen Ausbildungszieles beizutragen. Um unnötigen Leerlauf und Überschneidungen zu vermeiden, erfordert das bestehende System eine weitgehende gegenseitige Aufgeschlossenheit, Abstimmung und Kooperation zwischen den Beteiligten.

Ausbildungsstoff und Zeitablauf

Die Abstimmung bezieht sich auf den Ausbildungsstoff und den Zeitablauf der Ausbildung. Dabei sind vorher die einzelnen Anteile und Funktionen der unterschiedlichen Kooperationspartner klar abzugrenzen.

Wichtig können im Einzelfall ferner die Kooperation und Abstimmung sein mit

> Betrieben, von denen Ausbildungskapazitäten gegen Kostenerstattung zur Verfügung gestellt werden (Auftragsausbildung)
> anderen Ausbildungsbetrieben bei der Verbundausbildung (>> Abschnitt 1.5.3.2)
> den entsprechenden Hochschulen, sofern Betriebe Ausbildungsplätze für ein duales Studium anbieten.

Handlungsorientierte, fallbezogene Aufgaben

1. Sie bilden als Inhaber eines Handwerksbetriebes mit abgelegter Meisterprüfung erstmals Lehrlinge aus. Alle innerbetrieblichen Vorbereitungen für die Ausbildung haben Sie getroffen. Für eine erfolgreiche Berufsausbildung ist es darüber hinaus für Sie als Ausbilder wichtig, mit allen Mitwirkenden und Partnern im dualen System eng und vertrauensvoll zusammenzuarbeiten. Dieses Ziel wollen Sie bestmöglich erreichen.

   Als wichtigste Partner sehen Sie dabei **neben** der Handwerkskammer insbesondere an:

   A: die Berufsschule

   B: die überbetriebliche Unterweisungsstätte

   C: die Innung

   D: die Agentur für Arbeit

   E: das Gewerbeaufsichtsamt

   F: die Eltern des Auszubildenden.

   Aufgabe: Stellen Sie dar, auf welchen Gebieten mit welchen Aufgabenstellungen mit den aufgeführten Partnern zusammenzuarbeiten ist!

   a) Erläutern Sie die wichtigen Aufgaben bei der Zusammenarbeit mit dem Partner A!

   b) Erklären Sie die Aufgabenbereiche bei der Zusammenarbeit mit dem Partner B!

   c) Zeigen Sie Ihre Aufgaben auf, die bei der Zusammenarbeit mit dem Partner C zu erledigen sind!

   d) Geben Sie an, auf welchen Gebieten mit dem Partner D zusammenzuarbeiten ist!

   e) Nehmen Sie kurz Stellung, in welchen Bereichen Sie mit dem Partner E zusammenarbeiten!

   f) Schildern Sie, in welchen Bereichen Sie mit dem Partner F zusammenarbeiten!

   >> Seiten 134 bis 140 |

2. Als selbstständiger Handwerksmeister sind Sie Mitglied der Handwerkskammer und wissen, dass diese u.a. die gesetzliche Interessenvertretung des Handwerks, wichtigstes Selbstverwaltungsorgan und ein Instrument zur Handwerksförderung ist. Auf dem Gebiet der Berufsbildung ist sie die vom Gesetzgeber festgelegte zuständige Stelle.

   Aufgabe: Beschreiben Sie deren Aufgaben, die für Sie als Ausbildungsbetrieb wichtig sind!

   >> Seite 137 |

2.4 Lernsituation: Kriterien und Verfahren zur Auswahl von Auszubildenden auch unter Berücksichtigung ihrer Verschiedenartigkeit anwenden

Kompetenzen:

- >Möglichkeiten des Ausbildungsmarketings, auch mit digitalen Kanälen, und der Berufsorientierung zur Gewinnung von Ausbildungsinteressierten darstellen und bewerten.
- >Dabei Motive von potenziellen Auszubildenden verstehen, kulturelle Vielfalt berücksichtigen.
- >Potenzielle Auszubildende zielgruppengerecht und klischeefrei ansprechen.
- >Betrieb mit seinen Vorteilen präsentieren.
- >Anforderungen des Ausbildungsberufs und Eignungsvoraussetzungen als Auswahlkriterien herausstellen.
- >Geeignete Verfahren zur Auswahl von Bewerbern unter Berücksichtigung unterschiedlicher Bewerbergruppen anwenden und rechtliche Regeln beachten.
- >Ausbildungsbewerbern die mit der Ausbildung verbundenen Berufslaufbahnperspektiven aufzeigen.

2.4.1 Berufswahl

Eine grundlegende Voraussetzung für die richtige Berufswahl ist die Berufseignung.

Berufseignung

Die Berufseignung liegt vor, wenn der Bewerber oder Interessent über die Merkmale verfügt, die Voraussetzung für die jeweils geforderte berufliche Leistungshöhe sind, und der Ausbildungsberuf, die berufliche Tätigkeit oder die berufliche Position die Merkmale aufweist, die Voraussetzung für die berufliche Zufriedenheit der Person sind.

Der gesamte Prozess der Wahl eines Berufes verläuft in der Regel aber über einen längeren Zeitraum.

Berufswelt

Verschiedene Stufen der Begegnung mit der Berufs- und Arbeitswelt sind u. a.:

- >eigene Beobachtungen von Kindern und Jugendlichen im alltäglichen Umgang mit arbeitenden Menschen oder über Medien
- >der berufskundliche Unterricht in den allgemeinbildenden Schulen
- >die Teilnahme an Betriebspraktika
- >berufsvorbereitende Bildungsmaßnahmen (Berufsorientierung); auch mit einem speziellen Programm für Zugewanderte
- >die Inanspruchnahme der Berufsberatung
- >Recherchen im Internet.

Einflüsse

Die eigentliche Berufswahl stellt für jeden Menschen eine schwierige, aber auch sehr wichtige Entscheidung dar. Von der richtigen Wahl unter der großen Zahl möglicher Berufe hängt schließlich ein wesentlicher Teil der persönlichen Lebensentwicklung ab, auch wenn heute wachsende Bereitschaft zu beruflicher Mobilität gefordert wird. Auf die gesamte Berufswahl wirkt daneben eine Vielzahl von Umwelteinflüssen, wie beispielsweise:

> Familie
> Verwandtschaft und Nachbarschaft
> Freundeskreis
> Berichte in Zeitungen, Zeitschriften und Onlinemedien
> Nachwuchswerbemaßnahmen von Betrieben und Handwerksorganisationen
> Rundfunk, Fernsehen, Filme, Internet, soziale Medien
> Jugendveranstaltungen
> Berufsberatung
> Ausbildungsmöglichkeiten am Wohnort oder in der Nähe.

Einstellungen

Die jungen Menschen (man spricht heute auch von der „Generation Z" und meint damit etwa die Jahrgänge 1996 bis 2010) haben heute zum Teil deutlich andere Erwartungen an Ausbildung und Beruf als frühere Generationen. Sie zählen zu den sogenannten „Digital Natives", also den Menschen, die mit den neuen Techniken – insbesondere im Bereich der Information und Kommunikation – aufgewachsen sind bzw. aufwachsen. Für die Generation Z, zu der heute die Lehrstellenbewerber überwiegend gehören, sind folgende Themen bzw. Ziele besonders wichtig:

> Selbstverwirklichung und Unabhängigkeit
> Work-Life-Separation, also klare Trennung twischen Arbeit und Freizeit
> verlässliche Ausbildungs- und Arbeitszeiten
> ernsthafte Berücksichtigung ihrer Wünsche und Bedürfnisse
> Belange der Nachhaltigkeit und des Umweltschutzes.

Daneben streben sie weniger nach Leistung und Aufstieg. Die Bindung an den Betrieb ist weniger eng als in früheren Zeiten.

Motive

Des Weiteren ist zu berücksichtigen, dass sich Werte (Einstellungen) ständig weiterentwickeln oder neue Werte hinzukommen. Gerade die junge Generation hat oft andere Werte als ihre Eltern. Jeder Wertewandel eröffnet auch Chancen. Deshalb muss sich der Ausbilder ebenfalls damit auseinandersetzen. Er sollte darauf achten, dass sich betriebliche Ausbildungs-, Arbeits- und Organisationskonzepte und Einstellungen der Lehrlinge und Mitarbeiter nicht auseinanderentwickeln.
Nach vorliegenden Jugendstudien sind für die Jugendlichen in Arbeit und Beruf folgende Merkmale besonders wichtig:

> sicherer Arbeitsplatz mit gutem Einkommen und Aufstiegsmöglichkeiten
> Möglichkeiten, eigene Ideen einzubringen
> Möglichkeiten, etwas zu tun, das sie sinnvoll finden
> genügend Freizeit neben der Berufstätigkeit
> Möglichkeiten, etwas Nützliches für die Gesellschaft zu tun
> das Gefühl, anerkannt zu sein.

Werte

Werte wie Freundschaft, Partnerschaft und Familie stehen bei Jugendlichen ganz oben; auch Fleiß und Ehrgeiz zählen noch.
Der beruflichen Erwerbstätigkeit wird nach wie vor ein hoher Stellenwert beigemessen, allerdings ändern sich die Erwartungen, die an sie gestellt werden. Nicht nur ein hohes Einkommen wird erwartet, sondern vermehrt gute Entwicklungschancen, sichere und gesunde Arbeitsbedingungen, eine selbstständige und interessante Tätigkeit sowie Selbstverwirklichung und das Finden von Anerkennung. Gerade das Handwerk hat mit seinen Berufen hier viel zu bieten.

Im Handwerk spielt auch das Berufsethos nach wie vor eine Rolle, also eine bestimmte innere Einstellung und Werthaltung gegenüber dem Beruf. Denn immer noch gilt, dass gerade Handwerksberufe eine sehr gute Möglichkeit bieten, sich im Beruf selbst zu verwirklichen.
Für den Betriebsinhaber und Ausbilder ist es wichtig, für sich und den Betrieb die Schlussfolgerung zu ziehen, dass nur derjenige den Wettbewerb um die besten Arbeits- und Nachwuchskräfte gewinnen wird, der den Wertewandel ausreichend in seiner Personalpolitik berücksichtigt und sich mit den Erwartungen und Motiven der Lehrlinge auseinandersetzt.

Gleiches gilt für die Notwendigkeit, sich dabei mit der kulturellen Vielfalt der potenziellen Auszubildenden zu befassen; denn die Jugendlichen und jungen Menschen haben aufgrund ihrer Herkunft oft sehr unterschiedliche traditionelle und religiöse Vorstellungen, die ihre Lebensweise und ihre Erwartungen an die Zusammenarbeit beeinflussen.

Auch andersartige Verhaltensweisen können damit verbunden sein. Diese kulturelle Vielfalt kann einerseits eine Bereicherung für den einzelnen Betrieb sein, sie erfordert andererseits aber auch entsprechende Kenntnisse und viel Verständnis, um die Zusammenarbeit zu fördern (>> Abschnitt 3.7.7).

2.4.2 Möglichkeiten zur Anwerbung von Ausbildungsinteressenten

Allianz für Aus- und Weiterbildung

Im Rahmen der Allianz für Aus- und Weiterbildung wird einer fundierten Vorbereitung junger Menschen auf die Ausbildung und Arbeitswelt hohe Priorität eingeräumt. Dabei spielt die Berufsorientierung an allen allgemeinbildenden Schulen eine besonders wichtige Rolle, um das Potenzial von Betrieben und jungen Menschen noch stärker zu nutzen. Dazu sollen die einschlägigen Akteure bestmöglich zusammenarbeiten und ihre Angebote noch enger verknüpfen.

Notwendig ist aber insbesondere, dass die berufliche Bildung durch Maßnahmen der Politik, der Wirtschaftsorganisationen, der allgemeinbildenden Schulen und der Betriebe attraktiver wird.

2.4.2.1 Informationsmöglichkeiten zur Berufswahl

Berufsberatung und Lehrstellenvermittlung der Agentur für Arbeit

Berufsberatung
Berufsfindung

Insbesondere die Berufsberatung der Agentur für Arbeit spielt bei der Berufswahl eine sehr wichtige Rolle. Sie unterstützt die Berufsfindung, gibt also wesentliche Hilfen, die der Berufswahl dienen. Die überwiegende Mehrzahl der jungen Menschen nimmt diese Dienste in Anspruch.

Zentrale Aufgabe der Berufsberatung ist es, dem jungen Menschen die Kenntnisse zu vermitteln, die nötig sind, um zu einer sachgerechten Entscheidung bei der Berufswahl zu kommen. Die Berufsberatung ist unentgeltlich und darf nicht berufslenkend wirken.

Nach den Regelungen zur Grundsicherung können Jugendliche, die selbst oder deren Eltern Empfänger von Bürgergeld sind, die Berufsberatung der jeweiligen Agentur für Arbeit in Anspruch nehmen, falls die Träger der Grundsicherung diese nicht anbieten. Für die Vermittlung von Ausbildungsstellen für diesen Personenkreis ist dann entweder der Träger der Grundsicherung (Jobcenter) zuständig oder die von ihm beauftragte Agentur für Arbeit.

Bürgergeld

Wesentliche Leistungen der Berufsberatung sind:

> **Information** der Schüler über berufliche Möglichkeiten und Fragen der Berufswahl.
> **Beratung** in persönlichen Gesprächen.
> **Vermittlung** von Ausbildungsstellen durch engen Kontakt mit Ausbildungsbetrieben.
> **Veranstaltung** von berufskundlichen Vorträgen, Berufserkundungen, vertieften Berufsorientierungen, Messen, Elternabenden.
> **Individuelle Unterstützung** durch Berufseinstiegsbegleiter.
> **Informationen** mit Schriften und anderen Medien sowie ein ausführliches Internetangebot wie beispielsweise die Portale planet-berufe.de und Berufe.TV.
> **Berufsinformationszentrum** (BIZ) mit Informationsveranstaltungen und einem umfassenden Medienangebot mit zahlreichen Informationen rund um die Ausbildung.
> **Unterstützung** durch Angebote der Berufsvorbereitung, der Einstiegsqualifizierung und Förderunterricht.
> **Check-U,** mit dem die Jugendlichen herausfinden können, mit welchen Ausbildungsberufen sie sich aufgrund der ermittelten Stärken bei der Berufsorientierung näher beschäftigen sollten.
> **Finanzielle Förderung** der Berufsausbildung (wie z. B. Berufsausbildungsbeihilfe, Hilfen an Menschen mit Behinderung, Leistungen aus dem sogenannten Vermittlungsbudget) bei Vorliegen bestimmter Voraussetzungen.

Über die Arbeitsagentur wird auch die **Berufseinstiegsbegleitung** für Schülerinnen und Schüler gefördert, die voraussichtlich Schwierigkeiten beim Schulabschluss und beim Übergang von der allgemeinbildenden Schule zum Beruf haben.
Über das Internet (www.arbeitsagentur.de) können sowohl Ausbildungsplatzsuchende wie auch Betriebe, die Auszubildende suchen, auf Börsen zugreifen.
Über einen persönlichen Zugang ermöglicht die Jobbörse den Ausbildungsplatzsuchenden u. a.

Jobbörse

> eine einfache und schnelle Stellensuche,
> die Anlegung eines individuellen Bewerberprofils,
> die Verwaltung der Bewerbungsunterlagen.

Stellen- und Bewerberbörse

Den Betrieben wird

>die Veröffentlichung ihrer Lehrstellenangebote,
>der Zugang zu Bewerbern,
>die Darstellung des Unternehmens und der Ausbildungsplätze

ermöglicht.

Passgenaue Besetzung

Eine weitere Unterstützung bieten Berater im Rahmen des Bundesprogramms „Passgenaue Besetzung".

Berufsvorbereitende Aktivitäten allgemeinbildender Schulen

Eckdaten

Im Rahmen der aktuellen Fassung der Rahmenvereinbarung über die Zusammenarbeit von Schule und Berufsberatung zwischen der Kultusministerkonferenz und der Bundesagentur für Arbeit stehen folgende Grundlagen und Eckpunkte im Mittelpunkt:

>Es muss allen jungen Menschen ein erfolgreicher Übergang von der allgemeinbildenden und beruflichen Schule in Ausbildung oder Studium sowie danach in eine qualifizierte Tätigkeit und in das Erwerbsleben ermöglicht werden.
>Alle jungen Menschen sollen bestmöglich Kompetenzen aufbauen, ihre Talente entfalten und am gesellschaftlichen Leben teilnehmen können.
>Kernziel der beruflichen Orientierung ist die Förderung der individuellen Kompetenzen der Schülerinnen und Schüler zur Gestaltung des Übergangs von der Schule in den Beruf beziehungsweise in schulische oder duale Ausbildung oder Studium.
>Zu diesem Zweck sollen die Schülerinnen und Schüler befähigt werden, ihren individuellen Prozess der Berufs- und Studienorientierung erfolgreich zu durchlaufen, um eine fundierte und eigenverantwortliche Berufswahlentscheidung treffen zu können.
>Die beiden Partner verstehen den Prozess der beruflichen Orientierung als umfassende gemeinsame Aufgabe von Schule und Berufsberatung, zu der Informationsbereitstellung, Möglichkeiten zur Gewinnung praktischer Erfahrungen, individuelle Beratung und Begleitung sowie Unterstützung bei der Ausbildungsstellensuche und Studienwahl zählen.
>Dabei sollen auch andere Akteure wie Betriebe, Verwaltungen, Hochschulen, schulische Ausbildungseinrichtungen, Verbände, Kammern und Gewerkschaften sowie Eltern und Erziehungsberechtigte mit einbezogen werden.
>Die konkrete Umsetzung erfolgt jeweils durch die Schulen und die Berufsberatung vor Ort. Es geht also um eine individualisierte berufliche Orientierung.
>Betriebspraktika sind dabei ein wichtiger Bestandteil der beruflichen Orientierung.
>Angesichts fortschreitender Digitalisierung und der rasanten Entwicklung moderner Kommunikationsmittel sollen auch neue, mediengestützte Formen der Zusammenarbeit zum Einsatz kommen.

Übergangsmanagement

Der Hauptausschuss des Bundesinstituts für Berufsbildung empfiehlt ein Übergangsmanagement, das an folgenden Leitlinien ausgerichtet werden soll:

>frühzeitige Vorbereitung für einen gelingenden Übergang
>individuelle Förderung und Begleitung junger Menschen, Beratung
>Nähe zur Berufs- und Betriebspraxis
>regionale Koordinierung und Steuerung, Rolle der Akteure
>Transparenz und Anschlussfähigkeit.

Zur Stärkung der Berufsorientierung und Ausbildungsreife sowie Vermittelbarkeit sollen alle Partner – insbesondere Schulen, Betriebe, Kammern, Verbände, Arbeitsagenturen und Bildungsträger – möglichst eng vor Ort in Netzwerken zusammenarbeiten. Empfehlenswert und gewünscht sind dabei vor allem

Netzwerke

> strategische Absprachen und
> Transparenz bei den Angeboten.

Kriterien der Ausbildungs- und Berufswahlreife

Ausbildungsreife liegt dann vor, wenn eine Person die allgemeinen Merkmale der Bildungs- und Arbeitsfähigkeit erfüllt und die Mindestvoraussetzungen für den Einstieg in die berufliche Ausbildung mitbringt.

Ausbildungsreife

Kriterien dafür sind:

Kriterien

> schulische Basiskenntnisse wie (Recht-)Schreiben, Lesen (mit Texten und Medien umgehen), Sprechen und Zuhören, mathematische Grundkenntnisse, wirtschaftliche Grundkenntnisse
> psychologische Leistungsmerkmale wie Sprachbeherrschung, rechnerisches Denken, logisches Denken, räumliches Vorstellungsvermögen, Merkfähigkeit, Bearbeitungsgeschwindigkeit, Befähigung zur Daueraufmerksamkeit
> physische Merkmale wie altersgerechter Entwicklungsstand und gesundheitliche Voraussetzungen
> Merkmale des Arbeitsverhaltens und der Persönlichkeit wie Durchhaltevermögen und Frustrationstoleranz, Kommunikationsfähigkeit, Konfliktfähigkeit, Leistungsbereitschaft, Selbstorganisation/Selbstständigkeit, Sorgfalt, Teamfähigkeit, Umgangsformen, Verantwortungsbewusstsein, Zuverlässigkeit
> Berufswahlreife, also Selbsteinschätzungs- und Informationskompetenz.

Berufswahlreife bedeutet, dass jemand in der Lage ist, anhand seiner Eignung, seiner Neigungen und Begabungen die richtige Berufsentscheidung zu treffen. Die Berufswahlreife steigt mit zunehmendem Lebensalter.

Berufswahlreife

Einschlägige Statistiken zeigen, dass die Zahl der Ausbildungsabbrecher und der Ausbildungsberufswechsler umso geringer wird, je älter bzw. reifer die Jugendlichen bei der Berufswahl waren.
Besonders wichtig bei der Berufsorientierung ist die Betriebs- und Arbeitsplatzerkundung. Inhalte im Unterricht sind hier u. a.:

Betriebs- und Arbeitsplatzerkundung

> Ängste und Befürchtungen der Schüler
> Berufserkundungen und Betriebspraktika, Schülerinformationstage, Projektwochen
> Berufswahlhilfen der Agentur für Arbeit
> Berufsberater in der Schule und Erkundungen im Berufsinformationszentrum
> schulische Bildungswege
> Bewerbungsschreiben
> Eignungstests
> Rechte und Pflichten des Auszubildenden.

Vermittelbarkeit

Vermittelbar ist eine Person, wenn bei gegebener beruflicher Eignung ihre Vermittlung in eine entsprechende Ausbildung oder berufliche Tätigkeit nicht durch Einschränkungen erschwert oder verhindert wird.

Solche Einschränkungen können marktabhängig und betriebs- bzw. branchenbezogen bedingt sein; sie können aber auch in der Person selbst oder ihrem Umfeld liegen.

2.4.2.2 Nachwuchswerbung durch die Betriebe

Die Sicherung des beruflichen Nachwuchses ist eines der zentralen Anliegen des Handwerks. Der hohe Anteil von Studierenden sowie das teilweise veränderte Berufswahlverhalten vieler junger Menschen zugunsten kaufmännischer und verwaltender Berufe und der Berufe mit hoher vermuteter IT-Affinität bringen es mit sich, dass das Handwerk – allerdings mit Unterschieden nach Regionen und Berufen – teils erhebliche Probleme bei der Nachwuchsgewinnung hat. Gleiches gilt für die Konzentration auf einige wenige Ausbildungsberufe sowie die Bevölkerungsentwicklung (niedrige Geburtenraten), die allerdings regional sehr unterschiedlich ausgeprägt ist.
Um auch in Zukunft über qualifizierte Fachkräfte verfügen zu können, ist das Handwerk hinsichtlich Anzahl und Qualität auf ausreichenden beruflichen Nachwuchs angewiesen. Dies ist gerade auch vor dem Hintergrund der Energiewende und der Digitalisierung notwendig.

Akquisition von Lehrlingen

Für den einzelnen Ausbildungsbetrieb heißt dies, dass der Beschaffung (Akquisition) von Lehrlingen ein entsprechend hoher Stellenwert einzuräumen ist. Die Lehrlingsakquisition darf nicht als Nebensache behandelt, sondern sie muss als Nachwuchswerbung mit System und Strategie betrieben werden.

Werbeveranstaltungen

Geeignete Werbeveranstaltungen aus der Sicht der Betriebe sind vor allem:

- Betriebsbesichtigungen, Werkstatttage
- Betriebspraktika (hierzu kann auch die Jobsuche der Bundesagentur für Arbeit genutzt werden; auch einzelne Handwerkskammern bieten derartige Stellen über ihre Lehrstellenbörsen an). In fast allen Bundesländern gibt es mittlerweile ein allgemein verbindliches Schülerbetriebspraktikum, teilweise auch für Gymnasien. Die Betriebe sollten vor Ort mit Stellen wie den Schulen und der Handwerkskammer klären, wie sie dafür Plätze anbieten können.
- Tage der offenen Tür
- Sponsoring von Veranstaltungen
- Beteiligung an (digitalen) Berufsinformationsmessen
- Beteiligung an Schulveranstaltungen.

Schülerbetriebspraktikum

Image

Jeder Betriebsinhaber muss sich ferner darüber im Klaren sein, dass das Image seines Betriebes ein besonders wichtiges Werbeinstrument auch im Hinblick auf die Nachwuchsgewinnung ist. Die Attraktivität eines Ausbildungsbetriebes spielt nämlich eine bedeutende Rolle.

2.4.2.3 Einzelne Akquisitionsinstrumente der Betriebe

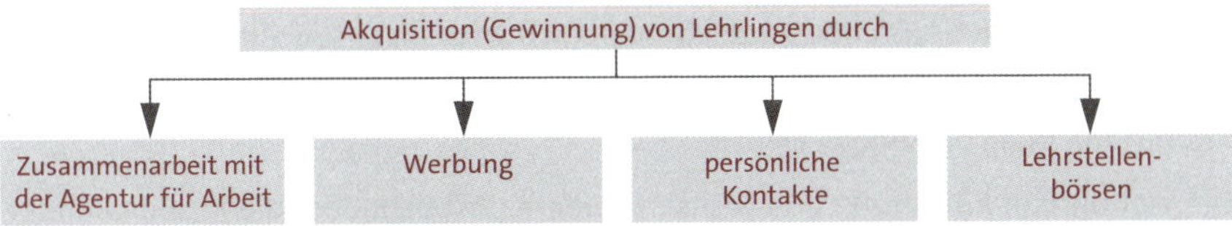

Zusammenarbeit mit der Agentur für Arbeit

> Bei der Suche nach Lehrlingen wird grundsätzlich eine enge Zusammenarbeit mit der Berufsberatung der Arbeitsverwaltung empfohlen.

Berufsberatung

Nahezu jeder Jugendliche befragt nämlich im Zusammenhang mit der Berufswahl den Berufsberater der Agentur für Arbeit. Deshalb ist es wichtig, dass der Betrieb offene Lehrstellen der Agentur für Arbeit rechtzeitig meldet. Die schon in dieser Lernsituation beschriebenen Informations- und Vermittlungssysteme sollte daher jeder Ausbilder bzw. Ausbildende, der Lehrlinge sucht, kennen und nutzen.
Auch die Zusammenarbeit mit der Jugendberufsagentur kann hierbei empfohlen werden.

Werbung

> Vorüberlegungen

Der Betriebsinhaber sollte sich zunächst darüber im Klaren werden, welche Zielgruppen er ansprechen möchte, und sich mit deren Besonderheiten wie Motivation, Alter oder Bildungsgang auseinandersetzen. Danach kann er dann die Art der Kommunikation festlegen, wie er die jeweiligen Zielgruppen bestmöglich erreichen kann und wie er sie am geeignetsten anspricht. Diese Ansprache sollte klischeefrei erfolgen. Das bedeutet, dass dabei persönliche Merkmale wie Herkunft, Geschlecht und sexuelle Orientierung sowie damit verbundene Vorurteile keine Rolle spielen dürfen. Man fasst dies auch unter dem Begriff Inklusion zusammen, d. h. jeder Mensch soll die gleichen Chancen haben.

> Anzeigen

Gestaltungselemente

Stellenanzeigen in Tageszeitungen, Werbebeilagen und anderen Druckmedien, aber auch im Internet und in sozialen Medien sind ein wichtiges Mittel der Personalbeschaffung. Um erfolgreich zu sein und sich doch von der Vielzahl anderer Stellenanzeigen abzuheben, sollte die Anzeige bestimmte Gestaltungselemente wie einen geeigneten Blickfang enthalten.

> Die Anzeige sollte so ausführlich sein, dass der Angesprochene wesentliche Informationen über den Ausbildungsplatz, die Anforderungen und die gebotenen Leistungen sowie den suchenden Betrieb (Name, Anschrift, Telefonnummer, Internet- und E-Mail-Adresse) erhält.

Im Einzelfall können hierfür entsprechende Berater hinzugezogen werden.

> Aushänge

Gleich oder ähnlich lautende Texte können auch an geeigneten Stellen wie Schulen (soweit diese das zulassen) und bekannten Jugendtreffpunkten ausgehängt werden.

> Rundfunk und Fernsehen

Die Vielfalt von Rundfunk- und Fernsehsendern, insbesondere die lokalen Sender, sind eine weitere und oftmals auch kostengünstige Möglichkeit, die zur Lehrstellenwerbung genutzt werden kann.

Persönliche Kontakte

Kontaktpartner

Gerade in dem engen lokalen und regionalen Umfeld, in dem Handwerksbetriebe in der Regel tätig sind, sollten persönliche Kontakte, die bei der Auftragsbeschaffung eine wichtige Rolle spielen, auch zur Gewinnung von Lehrlingen genutzt werden. Dies gilt nicht nur für Kontaktmöglichkeiten des Betriebsinhabers selbst, sondern auch für solche seiner Mitarbeiter. Zur Gewinnung von Lehrlingen sollte der Kontakt vor allem gesucht werden zu

> Schulen,
> ehemaligen Praktikanten,
> Vereinen und
> Kunden.

Lehrstellenbörsen

Internet

Von zahlreichen Stellen werden Lehrstellenbörsen angeboten oder auch Ausbildungsmessen abgehalten. Darunter sind Veranstaltungen verschiedenster Art zu verstehen, um Anbieter von Ausbildungsplätzen und Lehrstellensuchende zusammenzuführen. Auch elektronische Lehrstellenbörsen im Internet, z. B. von der Agentur für Arbeit oder von Handwerkskammern, werden angeboten. Apps für Smartphones wie das „Lehrstellenradar" helfen ebenfalls, Ausbildungsbetriebe und Ausbildungsinteressenten zusammenzubringen.

Soziale Netzwerke/Social Media

Soziale Netzwerke

Eine immer wichtigere Rolle bei der geeigneten Ansprache von Jugendlichen spielen die sozialen Netzwerke (wie u. a. Facebook, WhatsApp, TikTok, Instagram, Snapchat).

Je nach Ziel- und Altersgruppe sind die Jugendlichen in unterschiedlichen sozialen Netzwerken aktiv. Diese muss der Betrieb feststellen, um richtig präsent sein zu können. Dazu zählen dann z. B. Videos oder Foto-Storys, über die der Betrieb und die Berufe, für die Lehrlinge gesucht werden, sehr gut und zielgruppengerecht dargestellt werden können.
Wichtig ist, hier nicht nur einseitig vom Betrieb aus zu kommunizieren, sondern auch Kommentare und Nachfragen zuzulassen und darauf dann zu antworten oder die Möglichkeit für einen Chat zu bieten. Für die erfolgreiche Präsenz in sozialen Netzwerken ist zu empfehlen, sich Rat einzuholen, um durch geeignete Gestaltungselemente eine hohe Reichweite zu erzielen (beispielsweise durch Hashtags und Verlinkungen).

2.4.2.4 Beratung durch die Handwerksorganisationen

Die Handwerksorganisationen – Handwerkskammern, Kreishandwerkerschaften, Innungen und Fachverbände – informieren vielfältig zur Berufswahl und unterstützen die Betriebe bei ihren oben genannten Aktivitäten. Nachwuchswerbekampagnen stehen dabei im Vordergrund.
Besondere Zielgruppen für die Nachwuchssicherung sind (wobei es Unterschiede je nach Schulsystem eines Bundeslandes geben kann):

- Haupt- bzw. Mittelschulabgänger
- Realschüler
- Abiturienten
- Mädchen, junge Frauen
- ausländische Jugendliche/Jugendliche mit Migrations- oder Fluchthintergrund. Bei der letztgenannten Zielgruppe muss der Ausbildende frühzeitig Kontakt mit der Ausländerbehörde aufnehmen, um den Aufenthalts- bzw. Schutzstatus zu klären und um festzustellen, ob überhaupt eine Ausbildung möglich ist.

Altbewerber

Auch sogenannte Altbewerber, also frühere Schulentlassjahrgänge, sollten angesprochen werden.

Die Nachwuchswerbung muss dabei ansetzen bei

- den Jugendlichen selbst,
- den Eltern,
- den Lehrkräften der allgemeinbildenden Schulen,
- der Berufsberatung der Agentur für Arbeit.

Wichtig ist hierbei der geeignete Einsatz von Werbematerialien und Werbeveranstaltungen.
Besondere Informations- und Werbematerialien für die Nachwuchswerbung sind:

- Sonderbeilagen in Tageszeitungen und Zeitschriften
- Anzeigen
- Broschüren
- Faltblätter
- Informationsmappen für Lehrkräfte, Unterrichtssequenzen
- Kalender
- Plakate
- Informationswände
- Videofilme
- Rundfunkspots
- Kinospots
- T-Shirts
- CD-ROMs/DVDs
- Internet
- soziale Netzwerke.

Ausbildungsberater und Lehrlingswart

Die Berater der Handwerkskammern und die Lehrlingswarte der Innungen stehen bei Fragen zur Berufswahl als Ansprechpartner für Jugendliche, Eltern, Schulen, Betriebe und die Arbeitsverwaltung zur Verfügung.

2.4.3 Kriterien für die Bewerberauswahl

Die Voraussetzungen des Lehrlings für den Beruf und den Betrieb werden im persönlichen Eignungsprofil einerseits und im beruflichen Anforderungsprofil andererseits festgehalten. Bei dessen Festlegung dient dem Ausbilder das Ausbildungsberufsbild als wichtige Unterlage.

Eignungsprofil

Das persönliche Eignungsprofil (auch Fähigkeits- oder Qualifikationsprofil genannt) beschreibt erwartete

> schulische Voraussetzungen,
> Interessen (etwa für Menschen, Ideen),
> persönliche Eigenschaften (wie Freundlichkeit, Gewissenhaftigkeit),
> körperliche und gesundheitliche Merkmale (wie Belastbarkeit),
> Fähigkeiten (wie Sprachbeherrschung, rechnerisches Denken und Kommunikationsfähigkeit)

des Bewerbers. Dabei muss allerdings darauf geachtet werden, welche Auskünfte und Informationen ein Bewerber einem Betrieb überhaupt geben muss.

Anforderungsprofil

Das berufliche Anforderungsprofil sollte insbesondere enthalten:
> Arbeitstätigkeiten
> Lernanforderungen
> Arbeitsbedingungen.

Die besten Voraussetzungen sind gegeben, wenn sich Eignung des Jugendlichen und Anforderungen des Betriebes weitgehend entsprechen.

2.4.4 Verfahren für die Bewerberauswahl

2.4.4.1 Bewerbergruppen

Die Ausbildungsstellenbewerber lassen sich nach verschiedenen Gruppen unterscheiden, wie z. B.:

> Schulabgänger nach Schulabschluss
> Berufswechsler
> Studienabbrecher.

Bei den nachfolgend geschilderten Maßnahmen zur Nachwuchsgewinnung ist dies jeweils zu berücksichtigen.

2.4.4.2 Bewertung von Bewerbungsunterlagen

Wichtige Bewerbungsunterlagen sind:

> Anschreiben
> Lebenslauf mit Foto
> Zeugnisse (Kopien)
> Bescheinigung(en) über Praktika/Kurse.

Beim Anschreiben, das heute in der Regel mit dem Computer und nicht mehr in Handschrift erstellt wird, sollten sowohl Form wie auch Inhalt und Aussagekraft ausgewertet werden.

Anhand der Form können Rückschlüsse bezüglich der Sorgfalt und der Ernsthaftigkeit der Lehrstellensuche gezogen werden. Der Inhalt des Bewerbungsschreibens kann nach Ausdruck, Satzbau, Satzverbindungen und Wortumfang analysiert werden. Dabei ist allerdings zu berücksichtigen, dass vielfach die Eltern oder auch die Schule den Jugendlichen beim Abfassen der Schreiben helfen.
Soweit im Anschreiben nicht darauf eingegangen wird, empfiehlt sich diesbezüglich ein „Motivationsschreiben", in dem der Bewerber sein besonderes Interesse an der Ausbildungsstelle darlegt.

Motivationsschreiben

Aus dem tabellarischen Lebenslauf erfährt der Ausbildende/Ausbilder Näheres zur Person des Bewerbers, über seine Schulausbildung, besondere Kenntnisse (z. B. Sprachen und EDV), eventuelle Praktikantentätigkeiten und Hobbys.

Allerdings wird darauf bei Bewerbungen über die sozialen Netzwerke zunehmend verzichtet und stattdessen gebeten, solche Unterlagen nach Möglichkeit zum Vorstellungsgespräch mitzubringen.
Hinsichtlich der schulischen Voraussetzungen ist es für die Ausbildung und deren Gestaltung wichtig, ob es sich bei den Lehrlingen handelt um:

- Förderschüler (Schüler, die in ihrer Entwicklung oder in ihrem Lernen so beeinträchtigt sind, dass sie in den üblicherweise vorgesehenen Schularten nicht oder nicht ausreichend gefördert werden konnten) — Förderschüler
- Hauptschüler/Mittelschüler (Schüler mit grundlegender Allgemeinbildung und praxisbezogenem Wissen und Können) — Hauptschüler
- Realschüler (Schüler mit erweiterter Grundbildung und differenziert berufsvorbereitender Bildung) — Realschüler
- Gymnasiasten (Schüler mit einer vertieften Allgemeinbildung und zusätzlichen Voraussetzungen für eine berufliche Ausbildung wie beispielsweise Fremdsprachen). — Gymnasiasten

Die Schullaufbahn des Jugendlichen kann das Lernniveau, die Leistungsfähigkeit und soziale Eigenschaften beeinflussen. Hinsichtlich der Schularten gibt es zwischen den einzelnen Bundesländern Unterschiede. Wichtig ist jedoch, dass zwischen den einzelnen Schularten mittlerweile eine hohe Durchlässigkeit gegeben ist.

Allerdings ist nachdrücklich davor zu warnen, pauschal vom Schulabschluss auf Eigenschaften und Leistungsfähigkeit des Jugendlichen zu schließen. Es kommt immer auf den Einzelfall an.

Schulzeugnisse

Begabungs-schwerpunkte

Schulzeugnisse sollen zwar nicht überbewertet werden, weil die Beurteilungen in allgemeinbildenden Fächern nicht immer aussagefähig genug hinsichtlich der praktischen Eignung und Begabung für einen Ausbildungsberuf sind. Zeugnisse informieren aber durchaus über bestimmte Begabungsschwerpunkte, Interessen und Fähigkeiten. So geben gute Noten in Mathematik, Chemie und Physik Anhaltspunkte auf Konzentrations- und Abstraktionsvermögen, in Geschichte, Sprachen und Gemeinschaftskunde lassen sie auf Willenseinsatz, in Sport auf Einsatzfreude sowie in Musik und Kunst auf Kreativität und Fantasie schließen.

Grundsätzlich müssen die Schulkenntnisse, aus welcher allgemeinbildenden Schule auch immer, ausreichen, um das Ausbildungsziel des jeweiligen Berufes zu erreichen, dem Berufsschulunterricht zu folgen und den Beruf später mit Erfolg auszuüben.

Referenzen

Eine weitere Unterlage können Referenzen sein. Bei Lehrstellenbewerbern kommen dabei vor allem Bescheinigungen über Praktika infrage.

2.4.4.3 Planung und Durchführung von Bewerbungsgesprächen

Betrieb und Bewerber

Bewerber, die für die Ausbildungsstelle wirklich in Betracht gezogen werden, erhalten eine Einladung zu einem Vorstellungs- oder Bewerbungsgespräch, damit sich Betrieb und Bewerber in persönlichem Kontakt ein Bild machen und weitere Informationen erhalten können.

Der Ausbilder bzw. Betriebsinhaber sollte sich selbst auf das Vorstellungsgespräch gut vorbereiten und es planen.

Themenbereiche für ein Vorstellungsgespräch sind z. B.:

- Was will ich beobachten?
- Was will ich fragen?
- Was will ich vom Bewerber?

Vorgehen

Das Vorstellungsgespräch wird als zwanglose Unterhaltung in freundlichem Ton geführt.

Der Ausbilder schildert dabei vor allem

- den eigenen Betrieb,
- den Ausbildungsberuf und
- Perpektiven im Betrieb.

Er sollte ferner versuchen, vom Bewerber unter Einhaltung der arbeitsrechtlichen Grenzen einiges zu erfahren über

- seine Einstellung zur Schule,
- seine beruflichen Vorstellungen und Pläne,
- seine Person und sein persönliches Umfeld,
- seine Fähigkeiten (z. B. Teamfähigkeit),
- außerberufliche Interessen und Freizeitgestaltung.

Erster Eindruck

Während des Gesprächs kann man sich außerdem einen ersten Eindruck über die äußere Erscheinung (sauber, gepflegt u. Ä.) sowie das Auftreten (höflich, bescheiden, verbindlich, vorlaut u. Ä.) des Bewerbers machen. Wenn der Ausbilder diese Vorstellungsgespräche auswertet, so sollte dies möglichst unvoreingenommen geschehen (>> Abschnitt 3.9.4.5, wo häufige Beurteilungsfehler behandelt werden).

Dem Bewerber sollte ausreichend Gelegenheit gegeben werden, sich darzustellen und Rückfragen zu stellen.

Einbeziehung der Eltern

Unterschiedlich beurteilt wird die Frage, ob man ggf. die Eltern oder andere Begleitpersonen in ein Vorstellungsgespräch einbeziehen soll oder nicht. Dagegen sprechen Befürchtungen, dass zum Beispiel die Eltern versuchen, für ihr Kind zu reden. Andererseits können die Eltern aber auch zusätzliche Auskünfte geben.

2.4.4.4 Auswahltests

Ergänzende Informationen zur Einstellung eines Lehrlings können durch Auswahl-(Eignungs-)Tests gewonnen werden.

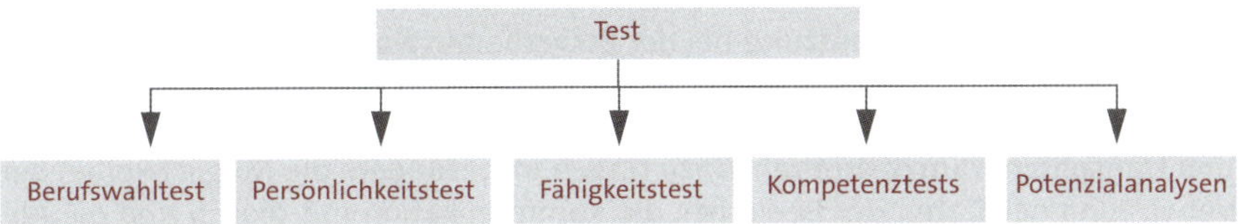

Neben den Berufswahltests, die durch die Agenturen für Arbeit durchgeführt werden, sind auch weitere möglich.
Verschiedene Arten solcher Eignungstests sind:

> Persönlichkeitstests
> Fähigkeitstests
> Kompetenztests.

Persönlichkeitstest

Persönlichkeitstests versuchen,

> Interessen,
> Neigungen,
> innere Einstellungen,
> soziale Verhaltensweisen,
> charakterliche Eigenschaften

zu erfassen.

Fähigkeitstest

Bei Fähigkeitstests geht es um Merkmale wie:

> Konzentration, Aufmerksamkeit, Willenseinsatz
> Denkvermögen, Sprachbeherrschung, Rechengewandtheit
> technische Begabung, Fingerfertigkeit, Geschicklichkeit
> besondere für den Beruf erforderliche Fertigkeiten.

Solche Fähigkeitstests werden auch von Innungen oder Fachverbänden des Handwerks angeboten.
Kompetenztests verbinden Elemente von Persönlichkeits- und Fähigkeitstests. Bei der Berufsorientierung kommen Potenzialanalysen zum Einsatz. Dabei sollen die Schüler dazu angehalten werden, sich neben ihren Stärken auch mit ihren noch weniger entdeckten Fähigkeiten, Neigungen und Interessen auseinanderzusetzen, um diese dann auch gezielt fördern zu können.

Potenzialanalyse

Tests dürfen jedoch nicht als alleiniger Maßstab genommen werden, weil ihre Ergebnisse vielfach nur beschränkt aussagefähig sind.

Die Teilnahme an derartigen Eignungstests muss nach herrschender Meinung für den Ausbildungsplatzbewerber kostenlos sein. Die grundsätzliche Gebührenfreiheit in der Berufsausbildung gilt auch für Maßnahmen im Vorfeld der eigentlichen Ausbildung.
Außerdem gibt es mittlerweile im Internet viele Tests, mit denen junge Menschen und Lehrstellensuchende ihre Begabungen, Neigungen und Eignungen testen können. Deren Ergebnisse können allerdings immer nur erste Anhaltspunkte sein.
Während aller Schritte zur Bewerberauswahl muss der Betriebsinhaber darauf achten, dass er Regelungen des Datenschutzes und des Allgemeinen Gleichbehandlungsgesetzes (>> Abschnitt 2.2.1.5) beachtet. Dies gilt insbesondere, wenn digitale Tools zur Unterstützung bei der Bewerberauswahl zum Einsatz kommen. Für die Gewinnung und die Auswahl von Lehrlingen gibt es mittlerweile auch zahlreiche Softwarelösungen, die helfen, den gesamten Prozess wirtschaftlich, rasch und transparent durchzuführen. Dazu tragen insbesondere die Möglichkeiten der Verwaltung der Daten der Bewerber, die Kommunikation mit diesen und die Abwicklung von wesentlichen Schritten des Auswahlprozesses wie etwa die Durchführung von Tests und Interviews über Video bei. Auch die Veröffentlichung von Lehrstellenangeboten über die verschiedenen Kanäle kann über derartige Softwarelösungen gesteuert werden. Im Handwerk wird allerdings das direkte Vorstellungsgespräch vorerst die Regel bleiben.

Digitale Tools

2.4.5 Berufslaufbahn und Karrieremöglichkeiten

Für Lehrstellenbewerber kann es auch wichtig sein, zu erfahren, welche Entwicklungsmöglichkeiten ihnen im Ausbildungsbetrieb und darüber hinaus mit einer Berufsausbildung offenstehen.
Die vielfältigen Entwicklungs- und Karrieremöglichkeiten im Handwerk, die die Attraktivität einer Berufsausbildung unterstreichen, lassen sich an folgenden Meilensteinen festmachen:

- Gesellen- bzw. Abschlussprüfung
- Fortbildungsabschlüsse unterhalb der Meisterebene wie Kfz-Servicetechniker (Geprüfter Berufsspezialist bzw. Geprüfte Berufsspezialistin)
- Meisterprüfung (Bachelor Professional)
- Fortbildungsabschlüsse oberhalb der Meisterebene wie Betriebswirt nach der Handwerksordnung (Master Professional)
- Studienberechtigung für Gesellen und Handwerksmeister.

Zur detaillierten Darstellung der Möglichkeiten >> Abschnitt 4.4 .

2.4.6 Kommunikation nach Vertragsabschluss

Vielfach kann es hilfreich sein und den Ausbildungsbeginn organisatorisch erleichtern, wenn zwischen Vertragsabschluss und Ausbildungsbeginn die Kommunikation aufrechterhalten wird und bereits Unterlagen ausgetauscht werden, die der Lehrling dem Ausbildungsbetrieb bei Beginn der Ausbildung aushändigen muss.

Gleichfalls ist es möglich, dem künftigen Lehrling bereits vorab die Willkommensmappe mit Informationen über die Ausbildung und den Betrieb zur Verfügung zu stellen (>> Abschnitt 3.2.1). Man nennt diesen Prozess auch Preboarding. Preboarding
Auch die Kommunikation nach Vertragsabschluss kann Bestandteil der in >> Abschnitt 2.4.4.4 beschriebenen Softwarelösungen sein.

Handlungsorientierte, fallbezogene Aufgaben

1. Bei der Gewinnung von Lehrlingen empfiehlt es sich, eng mit der Berufsberatung der Agentur für Arbeit zusammenzuarbeiten und deren Aufgaben zu kennen.

   Aufgabe: Diese Stelle hat u. a. die Aufgabe,

   - [ ] a in erster Linie eine Berufslenkung nach dem Bedarf von Wirtschaft und Gesellschaft vorzunehmen.
   - [ ] b in erster Linie den jungen Menschen auf die Notwendigkeit eines mehrmaligen Berufswechsels während des Berufslebens vorzubereiten.
   - [ ] c dem jungen Menschen die Erkenntnisse zu vermitteln, die für eine sachgerechte Entscheidung bei der Berufswahl nötig sind.
   - [ ] d ausschließlich Hinweise über finanzielle Fördermaßnahmen der Agentur für Arbeit zur beruflichen Bildung zu geben.
   - [ ] e nur über berufliche Aufstiegsmöglichkeiten in verschiedenen Berufen zu beraten.

   >> Seiten 145 |

2. Sie sind Inhaber eines Betriebes und möchten im anstehenden Ausbildungsjahr zwei Lehrlinge einstellen. Sie wissen, dass die Auswahl geeigneter Bewerber zum einen über den Ausbildungserfolg entscheidet und zum anderen auch wichtig ist, um die Auszubildenden in den Betrieb mit dem bereits vorhandenen Personal integrieren zu können.

   Aufgabe:

   a) Welche wichtigen Bewerbungsunterlagen erwarten Sie von den Interessenten für die Ausbildungsplätze in Ihrem Betrieb, und wie werten Sie diese aus?

   b) Wie führen Sie das Vorstellungsgespräch, und was versuchen Sie dabei von den Lehrstellenbewerbern besonders zu erfahren?

   >> Seiten 152 bis 155 |

3. Für das nächste Ausbildungsjahr wollen Sie zwei neue Lehrlinge einstellen. Da Sie über deren Eignung noch unschlüssig sind, wollen Sie ergänzende Informationen über einen Eignungstest gewinnen.

   Aufgabe: Beschreiben Sie, welche Testverfahren Ihnen hierfür zur Verfügung stehen und was diese jeweils über die Eignung eines Bewerbers aussagen können!

   >> Seiten 155 bis 156 |

2.5 Lernsituation: Berufsausbildungsvertrag vorbereiten und abschließen sowie die Eintragung bei der zuständigen Stelle veranlassen

Kompetenzen:

- > Wesentliche Inhalte eines Ausbildungsvertrages darstellen; Ausbildungsvertrag abschließen.
- > Rechte und Pflichten des Ausbildenden und des Auszubildenden aus dem Vertrag darstellen.
- > Voraussetzungen für die Eintragung des Ausbildungsvertrages in die Lehrlingsrolle erläutern; Antrag auf Eintragung in das Ausbildungsverzeichnis stellen.
- > Auszubildende bei der Berufsschule anmelden.
- > Möglichkeiten und Grenzen der Beendigung, insbesondere der Kündigung eines Ausbildungsverhältnisses, beschreiben.

2.5.1 Rechtliche Grundlagen und Inhalte des Ausbildungsvertrages

2.5.1.1 Berufsausbildung in Vollzeit oder Teilzeit

Die Berufsausbildung nach dem Berufsbildungsgesetz
- > ist in Vollzeit oder Teilzeit möglich,
- > muss einen geordneten Ausbildungsgang gewährleisten,
- > muss den für die Ausübung einer qualifizierten Tätigkeit in einer sich wandelnden Arbeitswelt notwendigen Erwerb der erforderlichen Fertigkeiten, Kenntnisse und Fähigkeiten (berufliche Handlungsfähigkeit) vermitteln
- > sowie erforderliche Berufserfahrungen ermöglichen.

Die überwiegende Zahl der Berufsausbildungen wird wohl auch künftig als Vollzeitausbildungen entsprechend der in der jeweiligen Ausbildungsordnung festgelegten Ausbildungsdauer stattfinden.

Reguläre Ausbildungsdauer

Sie setzt dann im Regelfalle eine reguläre Ausbildungsdauer voraus, die den Auszubildenden mit allen Betriebsabläufen, die die Ausübung des Handwerksberufs regelmäßig mit sich bringt, möglichst wirklichkeitsnah vertraut macht. Berufsausbildung kann nicht als Nebentätigkeit betrieben werden. Dementsprechend kann ein unregelmäßiges Hospitieren im Betrieb oder eine reine Praktikantentätigkeit nicht als geordneter Ausbildungsgang angesehen werden. Parallele, doppelt qualifizierende Bildungsgänge, also Verbundmodelle, bestehend aus Berufsausbildung und fachbezogenem Studium, wie z. B. an der (Fach-)Hochschule, sind möglich (kombinierter Abschluss von Bachelor und Gesellenbrief). Weitere Verbundmodelle, die in einer Vernetzung von Allgemeinbildung, Berufsausbildung, Fortbildung oder Stu-

Verbundmodelle

dium bestehen können, sind für verschiedene Handwerkszweige in der Erprobung oder bereits in der Umsetzung.

Teilzeitausbildung

Die Teilzeitausbildung ist eine generelle und gegenüber der Vollzeitausbildung qualitativ völlig gleichwertige Gestaltungsmöglichkeit der Berufsausbildung. Insbesondere kann so flexibel auf verschiedene Lebenslagen eingegangen werden. Der ausbildende Betrieb muss allerdings damit einverstanden sein.
Es gelten folgende Anforderungen:

Anforderungen

- Im Ausbildungsvertrag wird die entsprechende Verkürzung der täglichen oder wöchentlichen Ausbildungszeit vereinbart. Dabei ist der Umfang der vereinbarten Ausbildungszeit in Prozent im Verhältnis zur Vollzeit zu nennen. Die Kürzung darf aber nicht mehr als 50 Prozent der täglichen oder wöchentlichen Ausbildungszeit betragen.
- Die Verkürzung kann sich dabei auf einen bestimmten Zeitraum beschränken oder auch nach Beginn der Ausbildung durch Vertragsänderung vereinbart werden.
- Auch für die Teilzeitausbildung gilt die in der Ausbildungsordnung für den jeweiligen Ausbildungsberuf festgelegte Ausbildungsdauer. Sie dauert damit kalendarisch länger als eine Vollzeitausbildung. Es gilt jedoch eine Grenze in Höhe des Eineinhalbfachen der Dauer, die entsprechend der Ausbildungsordnung gilt.

Beispiel:

Bei einem Beruf, für den nach Ausbildungsordnung eine dreijährige Dauer festgelegt ist, wird die Ausbildung in Teilzeit in höchstens viereinhalb Jahren absolviert.

- Die Dauer der Berufsausbildung in Teilzeit ist auf ganze Monate abzurunden.
- Wenn zum Ende der Teilzeitausbildung kein Prüfungstermin möglich ist, verlängert sich auf Antrag des Auszubildenden die Ausbildungsdauer auch über die oben dargestellte Höchstgrenze hinaus bis zur nächsten möglichen Gesellen- bzw. Abschlussprüfung. In solchen Fällen ist allerdings auch ein Antrag auf Verkürzung der Ausbildungsdauer, gemeinsam gestellt durch Ausbildenden und Auszubildenden, denkbar (>> Abschnitt 3.6.2).

Berufsschule

Ob und ggf. wie die Anwesenheit im Berufsschulunterricht reduziert wird, kann nur die Berufsschule bzw. die Schulbehörde entscheiden. Im Sinne der im Berufsbildungsgesetz geregelten Lernkooperation der Lernorte sollte eine Abstimmung zwischen Betrieb und Berufsschule erfolgen.

2.5.1.2 Rechtscharakter des Berufsausbildungsverhältnisses

Berufsausbildungsvertrag

> Der Ausbildende hat mit dem Auszubildenden einen Berufsausbildungsvertrag zu schließen.

Das Berufsausbildungsverhältnis ist ein befristetes Rechtsverhältnis. Die privatrechtliche Vertragsfreiheit wird durch das Berufsbildungsgesetz, die Handwerksordnung und andere einschlägige Gesetze eingeschränkt. Man spricht deshalb auch von einem gemischten Rechtsverhältnis. Eine Vereinbarung, die zuungunsten des Lehrlings von den Vorschriften des Abschnitts 2 von Kapitel 1 des Berufsbildungsgesetzes abweicht, ist nichtig.

> Primär sind auf den Berufsausbildungsvertrag, soweit sich aus seinem Wesen und Zweck und aus dem Berufsbildungsgesetz nichts anderes ergibt, die für den Arbeitsvertrag geltenden Rechtsvorschriften und Rechtsgrundsätze anzuwenden.

Arbeitsvertragliche Rechtsgrundsätze

Dennoch ist das Berufsausbildungsverhältnis kein reines Arbeitsverhältnis, sondern ein Vertragsverhältnis besonderer Art als Ausbildungs- und teilweise noch Erziehungsverhältnis (ohne dass damit allerdings die Zuständigkeit der Erziehungsberechtigten infrage gestellt wird).
Ein Mangel in der Berechtigung, Auszubildende einzustellen oder auszubilden, berührt die Wirksamkeit des Berufsausbildungsvertrages nicht.

Vertragsverhältnis besonderer Art

2.5.1.3 Vertragsparteien

Vertragsparteien sind Ausbildende und Auszubildende. Allerdings müssen bei Minderjährigen auch die gesetzlichen Vertreter die Vertragsniederschrift unterzeichnen. Bei minderjährigen unbegleiteten jungen Menschen mit Fluchthintergrund ist dies der bestimmte Vormund.

2.5.1.4 Vertragsabschluss, Formvorschriften, Musterausbildungsvertrag

Formvorschriften

Folgende Formvorschriften sind zu beachten:

- Die Vertragsniederschrift bedarf der Schriftform. Dabei empfiehlt sich die Verwendung des von der Handwerkskammer herausgegebenen Vordrucks, der ggf. auch elektronisch ausgefüllt werden kann. Die generelle elektronische Form ist nicht zulässig. Nach der Rechtsprechung des Bundesarbeitsgerichts ist der Berufsausbildungsvertrag allerdings auch bei Nichteinhaltung der Schriftform wirksam.
- Der Berufsausbildungsvertrag muss spätestens vor Beginn der Berufsausbildung abgeschlossen werden.
- Der Ausbildende muss dem Lehrling und gegebenenfalls dessen gesetzlichen Vertretern unverzüglich eine Ausfertigung des unterzeichneten Vertrages bzw. der unterzeichneten Niederschrift aushändigen.

Bei minderjährigen Lehrlingen gelten als gesetzliche Vertreter:

- grundsätzlich die Eltern – entweder gemeinsam oder ein Elternteil allein (gegebenenfalls nach Entscheidung des Familiengerichts)
- bei unehelichen Kindern grundsätzlich die Mutter (kann aber durch Abgabe einer Sorgerechtserklärung geändert werden)
- bei Halbwaisen der lebende Elternteil
- bei Vollwaisen der Vormund nach Zustimmung des Familiengerichts
- bei minderjährigen unbegleiteten jungen Menschen mit Fluchthintergrund der vom Familiengericht bestimmte Vormund.

Bei Änderungen des Berufsausbildungsvertrages gelten die genannten Formvorschriften entsprechend.

Datenschutz

Bei der Verarbeitung von für die Verwaltung des Ausbildungsverhältnisses notwendigen Daten sind die Vorschriften des Datenschutzes zu beachten.

2.5.1.5 Gesetzliche Mindestinhalte und ergänzende Regelungen

Die Mindestinhalte gehen aus folgender Übersicht hervor:

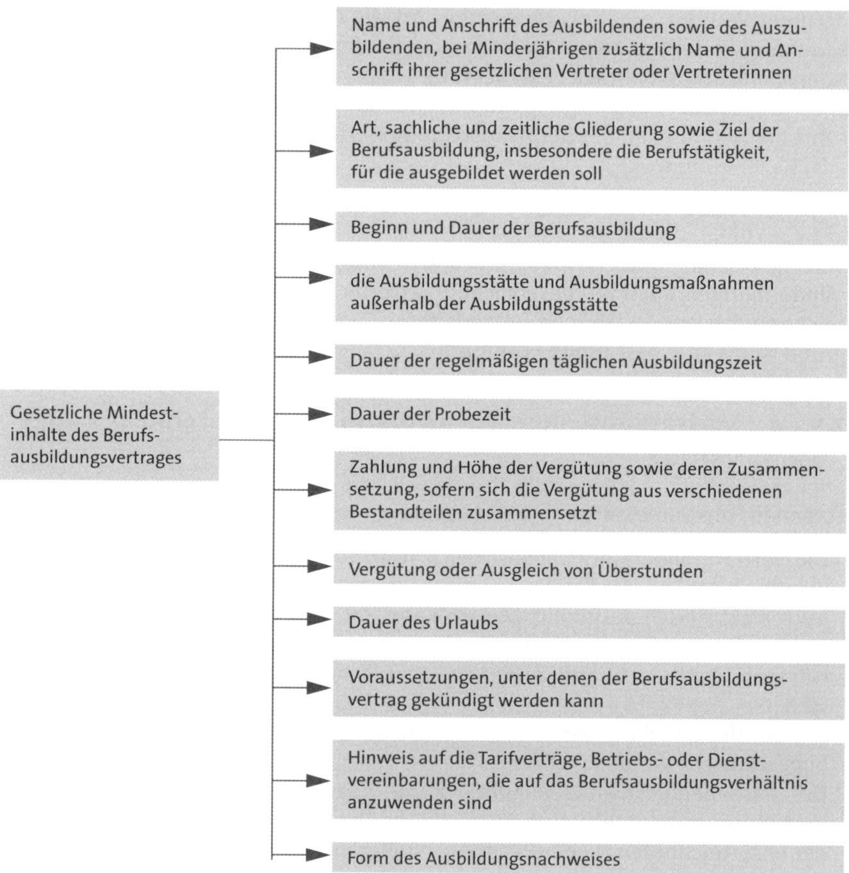

Weitere Regelungen

Darüber hinaus sind im Berufsausbildungsvertrag die wichtigsten Pflichten des Ausbildenden und des Lehrlings enthalten. Schließlich werden noch Angaben aufgenommen über das Zeugnis, die Regelung von Streitigkeiten aus dem Berufsausbildungsverhältnis, Schadenersatzansprüche sowie mit dem Ausbildungsverhältnis zusammenhängende Gebühren.
Die nachstehende Übersicht enthält den wesentlichen Gesamtinhalt des Berufsausbildungsvertrages (gesetzliche und vertragliche Bestandteile) im Überblick.

2.5.1.6 Beginn des Berufsausbildungsverhältnisses

Der Beginn der Ausbildung ist durch einen bestimmten Kalendertag festzulegen. Die Dauer der Ausbildung wird durch einen Endzeitpunkt im Ausbildungsvertrag vereinbart.

Die Regelausbildungsdauer ist der einschlägigen Ausbildungsordnung zu entnehmen.

Regelausbildungsdauer

Eine Ausbildungsordnung kann auch vorsehen, dass die Berufsausbildung in sachlich und zeitlich besonders gegliederten, aufeinander aufbauenden Stufen erfolgt. Nach den einzelnen Stufen soll ein Ausbildungsabschluss vorgesehen werden, der sowohl zu einer qualifizierten beruflichen Tätigkeit befähigt als auch die Fortsetzung der Berufsausbildung in weiteren Stufen ermöglicht.

Stufenausbildung

Bei einer derartigen Stufenausbildung muss der Berufsausbildungsvertrag über die gesamte Ausbildungsdauer bis zur letzten Ausbildungsstufe abgeschlossen werden.

Es ist ferner möglich, dass eine oder mehrere einschlägige Berufsausbildungen bzw. mehrere anerkannte Berufsabschlüsse auf unterschiedlichen Niveaustufen über eine Anrechnungsregelung miteinander verbunden werden (gestufte Ausbildung).
Sieht die Ausbildungsordnung eine gestufte Ausbildungsregelung, die von einer Anrechnung einer Ausbildung auf eine weitere Ausbildung ausgeht (Anrechnungsmodell), vor, können die Vertragspartner frei entscheiden, ob sie Ausbildungsverträge gestaffelt, d. h. bis zum ersten oder einem weiteren, darauf aufbauenden Berufsabschluss, abschließen oder ob sie einen Ausbildungsvertrag unmittelbar bis zum höchsterreichbaren Berufsabschluss abschließen (>> siehe auch Abschnitt 1.4.2).

2.5.1.7 Beendigung der Ausbildungsdauer

Zwei Möglichkeiten

Neben der Kündigung des Berufsausbildungsverhältnisses oder einer Aufhebungsvereinbarung (>> Abschnitt 2.5.5) gibt es folgende zwei Möglichkeiten zur Beendigung eines Ausbildungsverhältnisses:

Ablauf der Ausbildungsdauer

Das Berufsausbildungsverhältnis endet grundsätzlich mit Ablauf der Ausbildungsdauer nach dem Berufsausbildungsvertrag. Dies gilt auch, wenn die Gesellen- oder Abschlussprüfung später stattfindet. Der Gesetzgeber geht von dem Normalfall aus, dass sich die Dauer des Berufsausbildungsverhältnisses nach der Ausbildungsdauer gemäß Ausbildungsordnung oder der Vereinbarung der Parteien des Berufsausbildungsvertrages zu richten hat.

Vorzeitiges Ablegen der Gesellenprüfung

Besteht der Lehrling vor Ablauf der Ausbildungsdauer die Gesellenprüfung, so endet das Berufsausbildungsverhältnis mit Bekanntgabe des Ergebnisses durch den Prüfungsausschuss. Aufgrund des Bestehens der Prüfung, auch vor Ablauf der Ausbildungsdauer, ist der Zweck der Ausbildung erreicht.

Beendigung bei Stufenausbildung

Bei Stufenausbildung

Das Berufsausbildungsverhältnis in Form der Stufenausbildung endet mit Ablauf der **letzten** Stufe der Ausbildung, wenn die Vertragspartner der Stufenausbildung einen Berufsausbildungsvertrag über die gesamte Ausbildungsdauer abgeschlossen haben. Sofern der Auszubildende seine Berufsausbildung nach Erreichen einzelner Stufen aufgeben will, kann er das Ausbildungsverhältnis nach § 22 Abs. 2 Nr. 2 des Berufsbildungsgesetzes kündigen. (>> Abschnitt 2.5.5.1)

2.5.1.8 Übernahme in ein Beschäftigungsverhältnis

Werden Lehrlinge im Anschluss an das Berufsausbildungsverhältnis beschäftigt, **ohne** dass hierüber ausdrücklich etwas vereinbart worden ist, gilt ein Arbeitsverhältnis auf unbestimmte Zeit als begründet.

Befristetes und unbefristetes Arbeitsverhältnis

Hat der Prüfling seine Gesellen- oder Abschlussprüfung bzw. deren zweiten Teil bestanden und wollen beide Vertragspartner im Anschluss an die Ausbildung ein Arbeitsverhältnis eingehen, bestehen zwei Möglichkeiten:

- die Vereinbarung eines befristeten Arbeitsverhältnisses
- die Einigung auf ein unbefristetes Arbeitsverhältnis.

Bereits innerhalb der letzten 6 Monate des Berufsausbildungsverhältnisses kann sich der Lehrling verpflichten, nach dessen Beendigung mit dem Ausbildenden ein Arbeitsverhältnis einzugehen.

In der Regel wird nach Beendigung der Ausbildung ein Arbeitsvertrag auf unbestimmte Zeit abgeschlossen, der erst mit der Kündigung durch einen der beiden Vertragspartner endet.

Sonderregelung für Existenzgründer

Im Anschluss an ein Berufsausbildungsverhältnis kann auch ohne besonderen Grund ein befristetes Arbeitsverhältnis bis zur Dauer von 2 Jahren vereinbart werden. In den ersten 4 Jahren **nach der Gründung** eines Unternehmens ist die kalendermäßige Befristung eines Arbeitsvertrages ohne Vorliegen eines sachlichen Grundes bis zur Dauer von 4 Jahren zulässig.

2.5.1.9 Nichtige Vereinbarungen im Berufsausbildungsvertrag

In einem Berufsausbildungsvertrag sind folgende Vereinbarungen nicht zulässig:

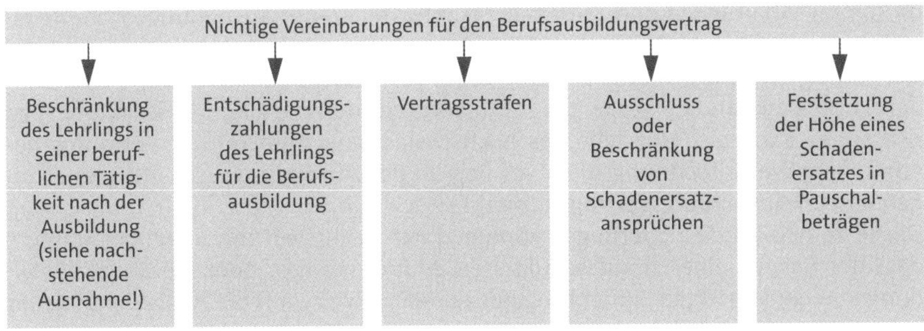

Ausnahme von der Beschränkung der beruflichen Tätigkeit

Die Beschränkung des Lehrlings in der Ausübung seiner beruflichen Tätigkeit nach der Ausbildung gilt nicht, wenn er sich innerhalb der letzten 6 Monate des Berufsausbildungsverhältnisses dazu verpflichtet, nach dessen Beendigung mit dem Ausbildenden ein Arbeitsverhältnis einzugehen.

Bei Verstoß gegen das Verbot, für die Berufsausbildung eine Entschädigung an den Ausbildenden zu zahlen, hat dieser nach der Rechtsprechung den erhaltenen Geldbetrag in voller Höhe zurückzuzahlen.

Dies gilt auch dann, wenn der Ausbildende das Verbot nicht kannte oder ihm die Entschädigung vom Auszubildenden oder Dritten (z.B. Eltern) zur Erlangung des Ausbildungsplatzes angeboten wurde und der Ausbildende selbst ein solches Lehrgeld nicht gefordert hat.

Ordnungswidrigkeiten

Nach Berufsbildungsgesetz und Handwerksordnung gibt es auch Ordnungswidrigkeiten im Zusammenhang mit dem Abschluss eines Ausbildungsvertrages. Dazu zählen:

- Der wesentliche Inhalt des Vertrages oder eine wesentliche Änderung werden nicht, nicht richtig, nicht vollständig, nicht in der vorgeschriebenen Weise oder nicht rechtzeitig niedergelegt.
- Eine Ausfertigung der Niederschrift wird nicht oder nicht rechtzeitig ausgehändigt.
- Die persönliche und/oder fachliche Eignung ist nicht gegeben.

2.5.1.10 Anrechnung auf die Ausbildungsdauer

Der Hauptausschuss des Bundesinstituts für Berufsbildung hat eine Empfehlung zur Anrechnung beruflicher Vorbildung auf die Ausbildungsdauer herausgegeben. Sie gibt Maßstäbe für die Entscheidungen der zuständigen Stellen.

Allgemeine Voraussetzungen

Nach Berufsbildungsgesetz und Handwerksordnung ist auf die in der jeweiligen Ausbildungsordnung geregelte Ausbildungsdauer der Besuch eines Bildungsganges berufsbildender Schulen oder die Berufsausbildung in einer sonstigen Einrichtung ganz oder teilweise anzurechnen.

Voraussetzung dafür ist, dass die durch solche Maßnahmen vermittelten Inhalte nach ihrer inhaltlichen und zeitlichen Struktur Teilen der Ausbildungsordnung eines anerkannten Ausbildungsberufes entsprechen.

Gemeinsamer Antrag

Der Antrag auf Anrechnung ist gemeinsam von Auszubildendem und Ausbildendem an die zuständige Stelle (bei Handwerksberufen die Handwerkskammer) zu richten. Er kann sich auf Teile des höchstzulässigen Anrechnungszeitraums beschränken. Die Anrechnung muss vor Beginn des Ausbildungsverhältnisses erfolgen und im Ausbildungsvertrag vermerkt sein.

Die einzelnen Landesregierungen können durch Rechtsverordnungen bestimmen, dass der Besuch eines berufsschulischen Bildungsganges oder die Berufsausbildung in einer sonstigen Einrichtung ganz oder teilweise auf die Ausbildungsdauer angerechnet wird. Da die Landesregierungen bisher nicht oder nicht einheitlich von dieser Regelungsmöglichkeit Gebrauch gemacht haben, muss also im konkreten Einzelfall geprüft werden, ob eine einschlägige Verordnung vorliegt oder nicht. Liegt keine vor, kann eine Anrechnung durch die zuständige Stelle im Einzelfall erfolgen. Hat das Land von der Regelungskompetenz Gebrauch gemacht, sind diese einschlägigen Anrechnungsvorschriften zu beachten.

Anrechnungszeitraum

Zur besseren Handhabung muss ein Anrechnungszeitraum in ganzen Monaten durch sechs teilbar sein und mindestens 6 Monate betragen.

Abgrenzung zur Verkürzung der Ausbildungsdauer (>> Abschnitt 3.6.2)

Bei einer Verkürzung der Ausbildungsdauer wird davon ausgegangen, dass der/die Auszubildende das Ausbildungsziel aufgrund bestimmter Gründe schneller erreichen kann. Bei der Anrechnung geht man davon aus, dass durch die vorliegende Vorbildung ein Teil der Ausbildungszeit als bereits erfolgt angesehen werden kann.

Berufliche Vorbildungen für eine Anrechnung

Dazu zählen insbesondere

Einzelne Fälle

> der erfolgreiche Besuch eines schulischen Bildungsganges; z. B. Berufsgrundbildungsjahr, Berufsvorbereitungsjahr, Berufsfachschule
> Maßnahmen des Übergangs von Schule in Beruf; z. B. berufsvorbereitende Maßnahmen und Einstiegsqualifizierung
> eine nicht abgeschlossene Ausbildung im gleichen oder in einem vergleichbaren Beruf
> eine abgeschlossene Ausbildung in einem anderen Beruf
> ein Wechsel des Ausbildungsbetriebes.

Elternzeit

Die Dauer der Elternzeit wird nicht auf die Berufsausbildungsdauer angerechnet. Die Ausbildungsdauer verlängert sich deshalb um die Elternzeit.

2.5.2 Rechte und Pflichten des Ausbildenden und des Auszubildenden

2.5.2.1 Pflichten des Ausbildenden

Auf der Grundlage des Berufsbildungsgesetzes, des Arbeitsrechts und des Berufsausbildungsvertrages ergeben sich zahlreiche Pflichten des Ausbildenden.

Die wesentlichen Pflichten des Ausbildenden

- Antrag auf Eintragung des Berufsausbildungsvertrages in die Lehrlingsrolle (auch elektronisch möglich) und Bezahlung der Gebühr
- Vermittlung der für das Ausbildungsziel erforderlichen Fertigkeiten, Kenntnisse und Fähigkeiten (berufliche Handlungsfähigkeit)
- Einhalten der geltenden Angaben zur sachlichen und zeitlichen Gliederung des Ausbildungsablaufs, planmäßige Ausbildung
- Durchführung der Ausbildung bzw. Beauftragung eines Ausbilders
- kostenlose Aushändigung der Ausbildungsordnung an den Lehrling
- kostenlose Zurverfügungstellung der Ausbildungsmittel (insbesondere Werkzeuge, Werkstoffe und Fachliteratur) für die Berufsausbildung sowie die Zwischen- und Gesellenprüfung bzw. den ersten und zweiten Teil der Gesellenprüfung, auch nach Beendigung des Ausbildungsverhältnisses[1)]
- charakterliche Förderung des Lehrlings, Verhinderung sittlicher und körperlicher Gefährdung
- nur Übertragung von Aufgaben, die dem Ausbildungszweck dienen
- Bescheinigungen über ärztliche Pflichtuntersuchungen nach dem Jugendarbeitsschutzgesetz vorlegen lassen
- kostenfreie Aushändigung der Ausbildungsnachweise; Anhalten zum Führen der schriftlichen Ausbildungsnachweise (auch elektronisches Ausfüllen möglich), Durchsicht
- Anhalten zum Besuch der Berufsschule und Freistellung zu deren Besuch
- Anmeldung des Lehrlings (falls dies im Ausbildungsvertrag vereinbart wurde) zur Zwischenprüfung bzw. zum ersten Teil der Gesellenprüfung, Aufforderung zur Ablegung der Gesellenprüfung bzw. zum zweiten Teil der Gesellenprüfung, Freistellung anlässlich der Teilnahme und Übernahme der Prüfungsgebühren[2)]
- Bereitstellung der Berufskleidung, sofern eine solche vom Ausbildenden vorgeschrieben ist
- Freistellung für angeordnete Ausbildungsmaßnahmen außerhalb der Ausbildungsstätte und Übernahme der Kosten[3)]
- Zahlung einer angemessenen Vergütung unter Beachtung der Regelungen des Berufsbildungsgesetzes zur Mindestvergütung
- Ausstellung eines schriftlichen Zeugnisses bei Beendigung der Ausbildung
- Bemühen, den Auszubildenden bei Kündigung wegen Betriebsaufgabe oder Wegfalls der Ausbildungseignung an einer anderen Ausbildungsstätte unterzubringen

1) Entspricht der Ausbildende der Pflicht nicht, dem Auszubildenden kostenlos die Ausbildungsmittel zur Verfügung zu stellen, die für die Ausbildung notwendig sind, so kann der Auszubildende nach einem Urteil des Bundesarbeitsgerichts die Ausbildungsmittel selbst kaufen und Ersatz der dafür gemachten Ausgaben vom Ausbildenden verlangen, und zwar Zug um Zug gegen Übereignung der angeschafften Ausbildungsmittel an den Ausbildenden.

2) Zur Erstattung von Fahrt- und Verpflegungskosten – und ggf. Übernachtungskosten –, die im Zusammenhang mit der Ablegung der Gesellenprüfung entstehen, ist der Ausbildende nach der Rechtsprechung nicht verpflichtet.

3) Der Ausbildende genügt nach der Rechtsprechung seiner Verpflichtung zur Freistellung seiner Lehrlinge für angeordnete überbetriebliche Unterweisungsmaßnahmen nicht, wenn er ihnen die Entscheidung über die Teilnahme selbst überlässt. Er hat vielmehr in seinem Einflussbereich alles Erforderliche zu veranlassen, um die Teilnahme der seinem Betrieb angehörenden Auszubildenden tatsächlich sicherzustellen.

Folgen der Verletzung der Ausbildungspflicht

Die wichtigste Pflicht des Ausbildenden ist die Ausbildungspflicht.
Nach einem Urteil des Bundesarbeitsgerichts kann die Verletzung der Ausbildungspflicht den Ausbildenden zum Schadensersatz verpflichten (zum Beispiel entgangener Verdienst). Der Auszubildende muss sich allerdings mitwirkendes Verschulden zurechnen lassen, wenn er sich nicht bemüht, das Ausbildungsziel zu erreichen. Zur Darlegung eines Mitverschuldens genügt jedoch nicht der pauschale Vorwurf der Faulheit oder Lernunwilligkeit. Der Ausbildende muss vielmehr konkret vertreten, was der Auszubildende oder dessen gesetzliche Vertreter versäumt haben.

2.5.2.2 Pflichten des Auszubildenden (Lehrlings)

Auch der Auszubildende hat unter Zugrundelegung der gesetzlichen Bestimmungen und des Berufsausbildungsvertrages eine Reihe von Pflichten.

2.5.2.3 Führen eines Ausbildungsnachweises

Rechtsgrundlagen

Für die Führung des Ausbildungsnachweises gibt es zwei Rechtsgrundlagen:

> Berufsbildungsgesetz bzw. Handwerksordnung
> Ausbildungsordnung.

Pflichten der Beteiligten

Pflichten

> Werden Ausbildungsnachweise im Rahmen der Berufausbildung verlangt, ist der Auszubildende verpflichtet, diese schriftlich oder elektronisch zu führen. Er muss die Ausbildungsnachweise dem Ausbildenden und soll sie ggf. dem Betriebsrat, den gesetzlichen Vertretern, der Innung und der Berufsschule vorlegen.
> Der Ausbildende hat die erforderlichen Unterlagen bzw. IT-Programme kostenlos zur Verfügung zu stellen.
> Er hat den Lehrling zum Führen der Ausbildungsnachweise anzuhalten und die Eintragungen durchzusehen.

Der Ausbildungsnachweis hat folgende Ziele:
> Reflexion (Nachdenken) über Inhalte und den Verlauf der Ausbildung
> Ablauf der Ausbildung für Beteiligte sowie die zur Überwachung zuständigen Stellen nachvollziehbar und nachweisbar machen.

Die Ausbildungsnachweise gelten bei der Zulassung zur Gesellenprüfung bzw. zu deren zweiten Teil als Zulassungsvoraussetzung.
Eine Bewertung in der Prüfung ist nicht zulässig, weil Ausbildungsnachweise selbst nicht Gegenstand oder Teil der Prüfung sind.

Führung während der Ausbildungszeit

Nach den Ausbildungsordnungen wie auch dem Berufsbildungsgesetz ist dem Auszubildenden Gelegenheit zu geben, den Ausbildungsnachweis während der Ausbildungszeit zu führen. Dabei ist unerheblich, ob er den Ausbildungsnachweis im Betrieb (was aber die Regel sein sollte) oder bei entsprechenden Verminderungen der betrieblichen Anwesenheitszeiten außerhalb des Betriebes führt.
Das Bundesinstitut für Berufsbildung empfiehlt für das Führen von Ausbildungsnachweisen als Mindestanforderungen:

Mindestanforderungen

> Die Ausbildungsnachweise sind täglich oder wöchentlich in möglichst einfacher Form (stichwortartige Angaben, ggf. Loseblattsystem), schriftlich oder elektronisch vom Auszubildenden selbstständig zu führen sowie vom Ausbilder und Auszubildenden mindestens monatlich abzuzeichnen (Umfang: ca. 1 DIN-A4-Seite für eine Woche).
> Jede Tages-/Wochenübersicht des Ausbildungsnachweises ist mit dem Namen des/der Auszubildenden, dem Ausbildungsjahr und dem Berichtszeitraum zu versehen.
> Die Ausbildungsnachweise müssen mindestens stichwortartig den Inhalt der betrieblichen Ausbildung wiedergeben. Dabei sind betriebliche Tätigkeiten einerseits sowie Unterweisungen bzw. überbetriebliche Unterweisungen (z. B. im Handwerk), betrieblicher Unterricht und sonstige Schulungen andererseits zu dokumentieren.
> In die Ausbildungsnachweise müssen darüber hinaus die Themen des Berufsschulunterrichts aufgenommen werden.

> Die zeitliche Dauer der Tätigkeiten sollte aus dem Ausbildungsnachweis hervorgehen.

Schon länger gibt es Muster für Ausbildungsnachweise, die auch elektronisch ausgefüllt werden können. Zur Dokumentation und Vorlage erfolgt dann ein Ausdruck. Gesetzlich ist auch die Möglichkeit für die vollkommen digitale Führung des Ausbildungsnachweises gegeben. Anmerkungen des Ausbilders sind direkt im digital geführten Dokument möglich, die Unterzeichnung erfolgt per einfacher elektronischer Signatur oder durch elektronische Freigaben. Wie der Ausbildungsnachweis zu führen ist, wird im Ausbildungsvertrag festgelegt.

Digitale Führung

2.5.2.4 Regelung der Ausbildungsvergütung

Vergütungsanspruch

Der Ausbildende hat dem Lehrling nach dem Berufsbildungsgesetz eine angemessene Vergütung zu gewähren, die mit fortschreitender Berufsausbildung mindestens jährlich ansteigt.

Angemessene Vergütung

Die Angemessenheit der Vergütung setzt voraus, dass sie die nachfolgend genannten Werte einer monatlichen Mindestvergütung für neu abgeschlossene Ausbildungsverträge nicht unterschreitet:

Mindestvergütung

- Im ersten Jahr einer Berufsausbildung
  - 649,– EUR, wenn die Berufsausbildung im Zeitraum vom 01.01.2024 bis zum 31.12.2024 begonnen wird.
- Im zweiten Jahr einer Berufsausbildung den jeweiligen Betrag aus dem ersten Jahr zuzüglich 18 Prozent.
- Im dritten Jahr einer Berufsausbildung den jeweiligen Betrag aus dem ersten Jahr zuzüglich 35 Prozent.
- Im vierten Jahr einer Berufsausbildung den jeweiligen Betrag aus dem ersten Jahr zuzüglich 40 Prozent.

Die sich daraus ergebenden Beträge sind bis unter 0,50 EUR abzurunden und ab 0,50 EUR aufzurunden.

Es ergibt sich folgende Übersicht zur Mindesthöhe der Ausbildungsvergütung für ab dem 01.01.2021 abgeschlossene Ausbildungsverträge:

Ausbildungsbeginn	Ausbildungsjahr	Mindestvergütung in EUR
01.01. bis 31.12.2021	1	**550,–**
	2	649,–
	3	742,50
	4	770,–
01.01. bis 31.12.2022	1	**585,–**
	2	690,30
	3	789,75
	4	819,–
01.01. bis 31.12.2023	1	**620,–**
	2	731,60
	3	837,–
	4	868,–
01.01. bis 31.12.2024	1	**649,–**
	2	766,–
	3	876,–
	4	909,–

Bekanntgabe

Seit 2024 wird die Höhe der Mindestvergütung jährlich vom Bundesministerium für Bildung und Forschung jeweils spätestens bis zum 01. November des Vorjahres bekanntgegeben.

Rechtsgrundlagen

Die Rechtsgrundlagen für die Höhe der Vergütung in der Praxis sind – unter den Vorgaben des Berufsbildungsgesetzes – Tarifverträge oder einzelvertragliche Regelungen.

Tarifvertragliche Regelungen

Tarifverträge

Als angemessen gelten auch tarifvertragliche Vergütungsregelungen, die die Mindestvergütung nach dem Berufsbildungsgesetz unterschreiten. Das bedeutet, dass tarifvertragliche Regelungen Vorrang haben. Damit ein Ausbildungsbetrieb diese anwenden kann, muss er Mitglied des für ihn zuständigen Arbeitgeberverbandes (Innung bzw. Innungsverband) sein. Gilt für den Betrieb wegen Nichtzugehörigkeit zu einem Arbeitgeberverband ein für allgemein verbindlich erklärter Tarifvertrag, so umfasst dies **nicht** die Vergütung für Auszubildende.
Nach Ablauf eines Tarifvertrages gilt dessen Vergütungsregelung für bereits begründete Ausbildungsverhältnisse weiterhin als angemessen, bis sie durch einen neuen oder ablösenden Tarifvertrag ersetzt wird.

Einzelvertragliche Regelungen

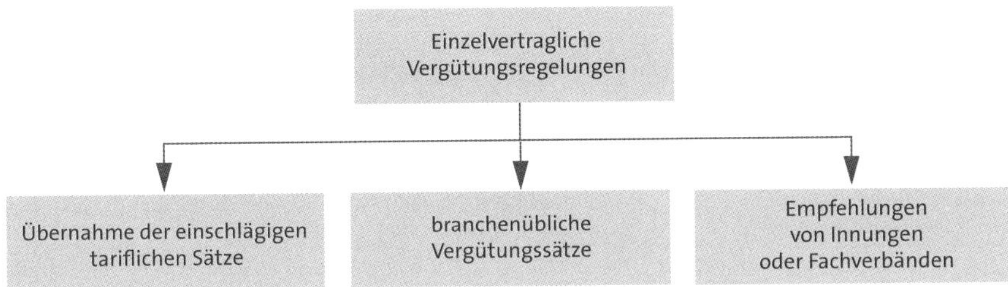

Einzelvertragliche Regelungen

Die Untergrenze für einzelvertragliche Vergütungsregelungen sind für Ausbildungsverhältnisse die jeweiligen Werte der Mindestvergütung nach dem Berufsbildungsgesetz.
Unter dieser Maßgabe können, falls die Vertragspartner dies wünschen, die Vergütungssätze des **einschlägigen Tarifvertrages** zur Anwendung kommen, wenn die Partner des Berufsausbildungsvertrages nicht tarifgebunden sind oder der Tarifvertrag nicht für allgemein verbindlich erklärt wurde. Dazu ist dann eine schriftliche Vereinbarung im Berufsausbildungsvertrag erforderlich.
Wollen die Vertragspartner in einem solchen Fall eine geringere Vergütung vereinbaren, dann ist die Angemessenheit nur dann gegeben, wenn

- die tarifliche Vergütung nicht um mehr als 20 Prozent unterschritten wird und
- dabei die Mindestvergütung nach dem Berufsbildungsgesetz mindestens eingehalten wird.

Branchenüblichkeit

Gibt es in den entsprechenden Handwerkszweigen keinen Tarifvertrag, können auch **branchenübliche Vergütungen**, soweit sie die Mindestwerte nach dem Berufsbildungsgesetz überschreiten, als Maßstab genommen werden. Ferner können Empfehlungen der Innungen oder Fachverbände als Grundlage für die Branchenüblichkeit herangezogen werden.
Sind weder **branchenbezogene Tarifverträge** noch **Empfehlungen von Innungen oder Verbänden** vorhanden, kann eine **Orientierung an fachlich verwandten Tarifverträgen** erfolgen, wenn

- die entsprechenden Ausbildungssituationen miteinander vergleichbar sind und
- die Werte der Mindestvergütung nach dem Berufsbildungsgesetz überschritten werden.

Höhe der Vergütung in Sonderfällen

Folgende drei Sonderfälle sind für die Praxis von Bedeutung:

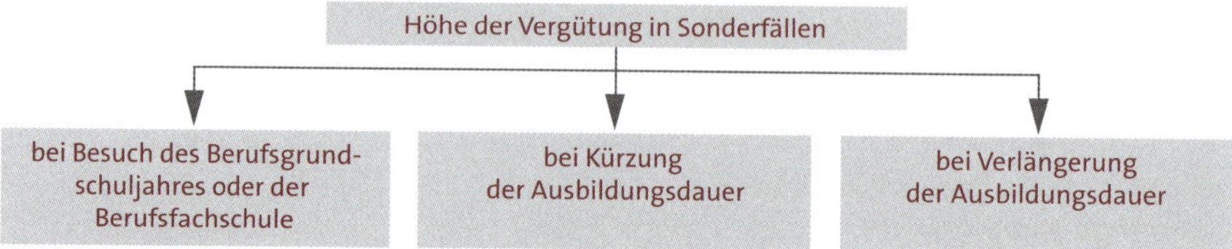

Berufsgrundschuljahr oder Berufsfachschule

Bei erfolgreichem Besuch des Berufsgrundschuljahres oder der einjährigen Berufsfachschule beginnt der Auszubildende im Betrieb im Falle der Anrechung auf die Ausbildungsdauer als Folge seiner fachspezifischen Vorbildung in der Regel das zweite Ausbildungsjahr. Demzufolge ist die Vergütung für das zweite Jahr der Ausbildung zu zahlen.

Kürzung der Ausbildungsdauer

Bei Kürzungen der Ausbildungsdauer von Beginn des Ausbildungsverhältnisses an muss je nach Art der Vorbildung, aufgrund der die Kürzung erfolgt, zwischen berufsspezifischer, fachlicher Vorbildung (z. B. einschlägiger Berufstätigkeit oder Arbeitserfahrung im Beruf oder Berufsfeld) und allgemeiner Vorbildung (z. B. Fachoberschul- oder Fachhochschulreife oder allgemeine Hochschulreife) unterschieden werden.

Nach dem derzeitigen Stand der Rechtsprechung des Bundesarbeitsgerichts hat der Lehrling nur bei berufsspezifischer Vorbildung ein Recht auf vorgezogene Erhöhung der Ausbildungsvergütung zum Zeitpunkt des vorgezogenen Eintritts in das nächste Ausbildungsjahr. Bei Verkürzung der Ausbildungsdauer wegen allgemeiner schulischer Vorbildung (mittlerer Schulabschluss, Fachhochschul- oder allgemeine Hochschulreife) beginnt die Ausbildung im Betrieb mit dem ersten Ausbildungsjahr ohne fachspezifische Vorbildung. Deshalb ist auch kein Anspruch auf eine entsprechende höhere Ausbildungsvergütung wegen fortgeschrittener Ausbildung (zum Beispiel Berufsgrundschuljahr) gegeben. Anderweitige tarifvertragliche oder einzelvertragliche Regelungen oder Vereinbarungen sind möglich.

Kürzung bei Teilzeitausbildung

Bei Verkürzung der täglichen oder wöchentlichen Ausbildungszeit (Teilzeitausbildung) kann die Vergütung entsprechend der prozentualen Verkürzung der regulären Ausbildungszeit gekürzt werden. Dies gilt für die in der Ausbildungsordnung festgelegte Ausbildungsdauer. Für darüber hinausgehende Jahre – möglich sind maximal 5¼ Jahre bei 3½-jährigen Ausbildungsberufen – muss die Vergütung nicht weiter ansteigen.

Verlängerung der Ausbildungsdauer

Bei Verlängerung eines dreijährigen Ausbildungsverhältnisses zur Erreichung des Ausbildungsziels oder wegen Nichtbestehens der Gesellenprüfung ist die Vergütung für den Verlängerungszeitraum in der zuletzt gewährten Höhe (nicht jedoch in Höhe der für ein viertes Ausbildungsjahr infrage kommenden Vergütung) fortzuzahlen. Dies gilt jedoch nur, sofern sich aus dem Tarifvertrag oder einer einzelvertraglichen Vereinbarung nichts anderes ergibt.

Anrechnung von Sachleistungen

Wenn ein Lehrling Sachleistungen (z. B. Kost und Wohnung) erhält, können diese in Höhe der gesetzlichen Sachbezugswerte angerechnet werden, jedoch nicht über 75 Prozent der Bruttovergütung hinaus. Der somit verbleibende Geldbetrag in bar in Höhe von 25 Prozent der Bruttovergütung kann sich jedoch nach herrschender Meinung um die Summen verringern, die aufgrund steuer- und sozialrechtlicher Vorschriften vom Auszubildenden zu zahlen sind. Tarifvertragliche und einzelvertragliche Regelungen sind im Rahmen der gesetzlichen Vorgabe möglich.

Fälligkeit der Vergütung

Fälligkeit

Die Vergütung bemisst sich nach Monaten. Bei der Berechnung der Vergütung für einzelne Tage wird der Monat zu 30 Tagen gerechnet. Die Vergütung für den laufenden Monat muss spätestens am letzten Arbeitstag des Monats gezahlt werden. Das auf die Urlaubszeit entfallende Urlaubsentgelt muss vor Antritt des Urlaubs ausgezahlt werden.

Fortzahlung der Vergütung

Eine Verpflichtung zur Fortzahlung der Vergütung besteht in nachstehend aufgeführten Fällen.

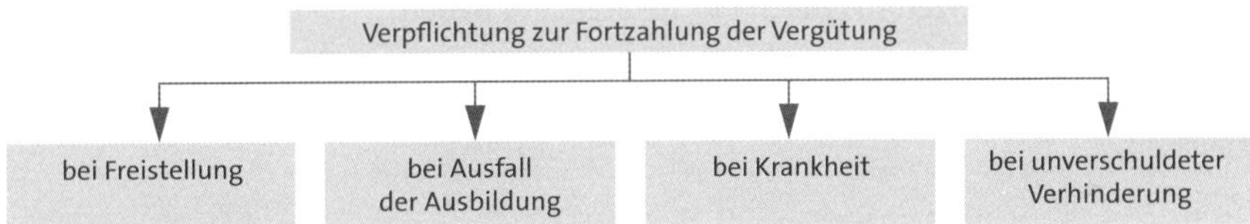

Freistellung

Freistellungsgründe

Ausbildende müssen Lehrlinge (auch volljährige) mit Fortzahlung der Vergütung freistellen

- für die Teilnahme am Berufsschulunterricht,
  - an einem Berufsschultag mit mehr als 5 Unterrichtsstunden von mindestens je 45 Minuten, einmal in der Woche,
  - in Berufsschulwochen mit einem planmäßigen Blockunterricht von mindestens 25 Stunden an mindestens 5 Tagen. Hier sind allerdings zusätzliche betriebliche Ausbildungsveranstaltungen bis zu 2 Stunden wöchentlich zulässig.
- für die Teilnahme an Prüfungen und Ausbildungsmaßnahmen, die aufgrund öffentlich-rechtlicher oder vertraglicher Bestimmungen außerhalb der Ausbildungsstätte durchzuführen sind (im Handwerk insbesondere überbetriebliche Unterweisungsmaßnahmen),
- an dem Arbeitstag, der der schriftlichen Abschluss-/Gesellenprüfung unmittelbar vorangeht (bei gestreckter Gesellenprüfung dann insgesamt 2 Tage).

Für Jugendliche, die noch dem Jugendarbeitsschutzgesetz unterliegen, gilt ferner die Freistellung für die Durchführung der ärztlichen Untersuchungen nach diesem Gesetz.
Bleibt der Lehrling Maßnahmen, die der Freistellung unterliegen, **schuldhaft** fern, kann der Ausbildungsbetrieb die Fortzahlung der Vergütung verweigern bzw. die Vergütung anteilig kürzen.

Ausfall der Ausbildung

Bis zur Dauer von 6 Wochen ist die Vergütung fortzuzahlen, wenn sich der Lehrling für die Berufsausbildung bereithält, diese aber ausfällt.

Krankheit

Krankheit

Ebenfalls bis zur Dauer von 6 Wochen ist die Vergütung fortzuzahlen, wenn der Lehrling infolge unverschuldeter Krankheit nicht an der Berufsausbildung teilnehmen kann. Im Übrigen findet das Entgeltfortzahlungsgesetz Anwendung.

Unverschuldete Verhinderung

Schließlich ist die Vergütung bis zur Dauer von 6 Wochen fortzuzahlen, wenn der Lehrling aus einem sonstigen unverschuldeten Grund (zum Beispiel Todesfälle nächster Angehöriger) seine Pflichten aus dem Berufsausbildungsverhältnis nicht erfüllen kann.
Dagegen verpflichten zum Beispiel Verkehrsbehinderungen oder Naturkatastrophen nicht zur Fortzahlung der Vergütung.

Abgeltung von Sachleistungen

Wenn der Lehrling während der Zeit, für welche die Vergütung fortzuzahlen ist, aus berechtigtem Grunde Sachleistungen nicht abnehmen kann (zum Beispiel wegen Teilnahme am Blockunterricht, Krankenhausaufenthalt, Urlaub), so sind diese nach den festgesetzten Sachbezugswerten abzugelten.

Vergütung oder Freizeitausgleich bei zusätzlicher Arbeit

Eine über die vereinbarte regelmäßige tägliche Ausbildungszeit hinausgehende Beschäftigung ist besonders zu vergüten oder durch entsprechende Freizeit auszugleichen.

2.5.3 Eintragung in die Lehrlingsrolle

Handwerkskammer

> Die Handwerkskammer hat zur Regelung, Überwachung, Förderung und zum Nachweis der Berufsausbildung in anerkannten Ausbildungsberufen ein Verzeichnis der in ihrem Bezirk bestehenden Berufsausbildungsverhältnisse nach Maßgabe der Anlage D zur Handwerksordnung einzurichten und zu führen (Lehrlingsrolle).

Gebühr

Die Eintragung ist für den Lehrling gebührenfrei. Der Ausbildende hat die Gebühr zu zahlen.
Der Ausbildende hat unverzüglich nach Abschluss des Vertrags die Eintragung in die Lehrlingsrolle bei der Handwerkskammer unter Beifügung einer Vertragsniederschrift zu beantragen. Dem Vertrag sind ferner beizufügen:

Unterlagen

- ein formularisierter Antrag auf Eintragung
- eine Aufstellung über die sachliche und zeitliche Gliederung des Ausbildungsablaufs
- bei Lehrlingen unter 18 Jahren die ärztliche Bescheinigung über die Erstuntersuchung nach dem Jugendarbeitsschutzgesetz
- bei Abkürzung der Ausbildungsdauer oder Anrechnung vorangegangener Ausbildung die entsprechenden Unterlagen wie Schulzeugnisse, Bescheinigung über die Ausbildungsdauer, Abschlussprüfungszeugnis, Gesellenprüfungszeugnis.

Ausbildende und Auszubildende sind verpflichtet, der Handwerkskammer die zur Eintragung in die Lehrlingsrolle erforderlichen Tatsachen auf Verlangen mitzuteilen.
Zahlreiche Handwerkskammern bieten auch im Rahmen ihrer elektronischen Dienste die Möglichkeit, den Berufsausbildungsvertrag via Internet auszufüllen und zu übermitteln. Dieser Onlineservice bewirkt sowohl für den Ausbildungsbetrieb als auch für die Handwerkskammer eine Vereinfachung und einen besseren Informationsfluss in Bezug auf den Zugriff auf gespeicherte Daten und den Stand der Bearbeitung. Auch bei diesem Verfahren müssen die Verträge aber ausgedruckt und unterschrieben werden (Schriftform gesetzlich vorgeschrieben!).

Schriftform

Der Antrag auf Eintragung in die Lehrlingsrolle kann schriftlich oder elektronisch erfolgen. Eine Kopie der Vertragsniederschrift (schriftlich bzw. elektronisch) ist beizufügen.

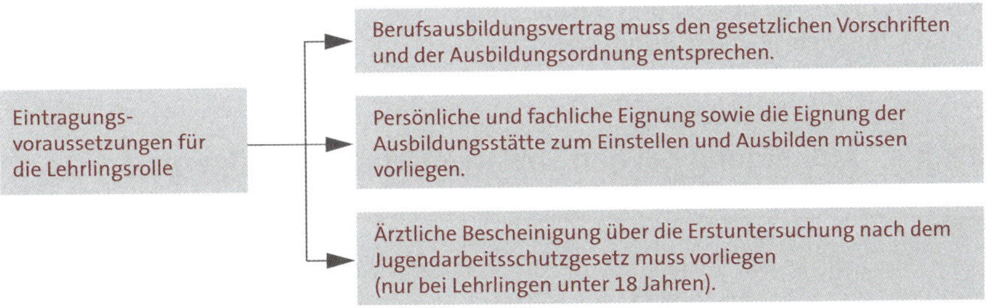

Auch Änderungen des wesentlichen Inhalts des Berufsausbildungsvertrages müssen in die Lehrlingsrolle eingetragen werden.

Ablehnung
Löschung

Die Handwerkskammer muss die Eintragung ablehnen oder löschen, wenn die Eintragungsvoraussetzungen nicht vorliegen oder ein Mangel in der Berufsausbildung nicht behoben wird.
Die Eintragung ist ferner zu löschen, wenn die ärztliche Bescheinigung über die erste Nachuntersuchung nach dem Jugendarbeitsschutzgesetz nicht spätestens am Tag der Anmeldung zur Zwischenprüfung bzw. zum ersten Teil der Gesellenprüfung – d. h., der Lehrling muss zu diesem Zeitpunkt noch Jugendlicher, also unter 18 Jahren, sein – zur Einsicht vorgelegt und der Mangel nicht in der gesetzten Frist behoben wird.

Anmeldung bei der Innung

> Die Handwerkskammer kann aus Zweckmäßigkeitsgründen den Berufsausbildungsvertrag über die zuständige Innung an die Vertragspartner zurücksenden. Damit ist die Innung über die bestehenden Berufsausbildungsverhältnisse informiert.

Sollten zwischen Handwerkskammer und Innungen keine entsprechenden Vereinbarungen bestehen, hat der Ausbildende das Berufsausbildungsverhältnis auch bei der Innung anzumelden, da die Innung wichtige Aufgaben in der Berufsausbildung hat. In einzelnen Handwerkskammerbezirken können diesbezüglich unterschiedliche Regelungen bestehen! (auch >> Abschnitte 1.5.4.2 und 2.3.1.4.)

2.5.4 Anmeldung bei Berufsschule und weiteren Stellen

2.5.4.1 Anmeldung bei der Berufsschule

> Das Berufsausbildungsverhältnis ist auch bei der zuständigen Berufsschule anzumelden.

Die Gründe hierfür sind vielfältig. Nähere Einzelheiten >> Abschnitte 1.3.3.4 und 2.3.1.1.

Anmeldung zur Berufsschule

Die Bestimmungen darüber, wer die Anmeldung zur Berufsschule vorzunehmen hat – der Ausbildende und/oder der Auszubildende bzw. bei Minderjährigen dessen Erziehungsberechtigte – sind je nach Bundesland geregelt. In den meisten Fällen trifft diese Pflicht aber den Ausbildenden.

Dauer der Berufsschulpflicht

Unterschiedlich je nach Bundesland ist auch die Dauer der Berufsschulpflicht (>> Abschnitt 1.3.3.4).

2.5.4.2 Anmeldung bei den Sozialversicherungsträgern

> Für Zwecke der Sozialversicherung hat der Arbeitgeber die Auszubildenden bei der Einzugsstelle (Krankenkasse) anzumelden. Zuständig ist die vom Auszubildenden gewählte Krankenkasse.

Wird das Wahlrecht vom Auszubildenden nicht wahrgenommen und besteht keine Vorversicherung, wählt der Arbeitgeber eine der gesetzlich möglichen Krankenkassen und verständigt hiervon den Auszubildenden.
Die Meldefrist beträgt bei Beginn des Ausbildungsverhältnisses 6 Wochen.

2.5.4.3 Anmeldung bei der überbetrieblichen Unterweisung

Innung, Handwerkskammer

Die Ausbildungsbetriebe werden in der Regel von der Innung oder der Handwerkskammer, je nachdem, wer die überbetrieblichen Unterweisungsmaßnahmen durchführt, aufgefordert, die Teilnahme der Lehrlinge zu veranlassen.
Soweit ein anderes Verfahren zur Anwendung kommt, hat der Ausbildende die Anmeldung von sich aus vorzunehmen.

2.5.5 Rechtliche Möglichkeiten der Kündigung sowie der Beendigung von Ausbildungsverhältnissen

2.5.5.1 Kündigung

> Das Berufsausbildungsverhältnis kann unter bestimmten Voraussetzungen durch Kündigung beendet werden.

Die Kündigung eines Minderjährigen wird nur wirksam, wenn sie den gesetzlichen Vertretern (Eltern) zugeht, wobei der Zugang bei einem Elternteil ausreicht.
Im Vergleich zu einem Arbeitsverhältnis bestehen aber wesentliche Einschränkungen, weil ein Berufsausbildungsverhältnis nach der Probezeit im Interesse der Ausbildung des Lehrlings für einen Beruf möglichst aufrechterhalten bleiben soll.
Die folgende Darstellung gibt einen Überblick über die Kündigungsmöglichkeiten.

Kündigungsmöglichkeiten

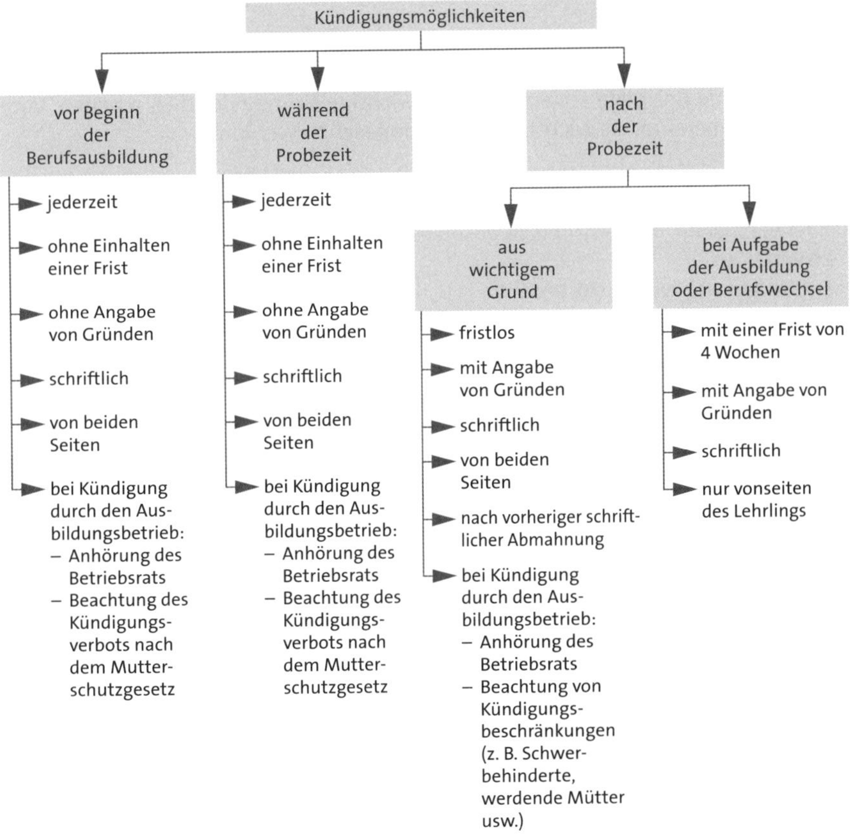

Bei Berufsausbildungsverhältnissen in Form der Stufenausbildung kann der Lehrling nach Erreichen einzelner Stufen die Ausbildung aufgeben. In diesem Falle ist das Ausbildungsverhältnis vom Lehrling wie bei der grundsätzlichen Aufgabe einer Ausbildung zu kündigen (siehe vorherige Darstellung, rechter Kasten).
An die Kündigung aus wichtigem Grunde werden wegen der starken Bindungswirkung des Berufsausbildungsverhältnisses strenge Maßstäbe gelegt.

Leitsatz

> Als Leitsatz für das Vorliegen eines wichtigen Grundes gilt: Ein wichtiger Grund ist dann gegeben, wenn objektive Tatsachen vorliegen, aufgrund derer dem Kündigenden unter Berücksichtigung aller Umstände des Einzelfalles und unter Abwägung der Interessen beider Vertragsparteien die Fortsetzung des Berufsausbildungsverhältnisses nach Treu und Glauben bis zum Ablauf der Ausbildungsdauer nicht zugemutet werden kann.

Für die Beurteilung, ob in der Praxis ein wichtiger Grund vorliegt, ist weitgehend die Rechtsprechung maßgebend.

Wichtige Gründe für den Lehrling

Nachstehende Beispiele sollen mögliche wichtige Gründe deutlich machen. Vom **Lehrling** können u. a. als wichtige Gründe angesehen werden:

- Der Lehrling wird zur Fortsetzung der Ausbildung unfähig.
- Der Ausbildende oder dessen Vertreter oder deren Familienangehörige verleiten oder versuchen, den Lehrling zu gesetzeswidrigen oder unsittlichen Handlungen zu verleiten.
- Die Vergütung wird nicht bezahlt.
- Die Fortsetzung der Ausbildung bringt Leben und Gesundheit des Lehrlings in Gefahr.
- Der Ausbildende vernachlässigt seine Ausbildungspflicht erheblich.

Wichtige Gründe für den Ausbildenden

Vonseiten des **Ausbildenden** sind als wichtige Gründe denkbar:

- Der Lehrling macht sich eines schweren Diebstahls, eines Betruges oder einer Unterschlagung schuldig.
- Der Lehrling weigert sich beharrlich, seinen vertraglichen Verpflichtungen nachzukommen, um das Ausbildungsziel zu erreichen.
- Der Lehrling verlässt wiederholt unerlaubt seine Ausbildung.
- Der Lehrling gefährdet die Sicherheit des Betriebes.
- Der Lehrling lässt sich zu groben Beleidigungen oder Tätlichkeiten gegen den Ausbildenden oder dessen Vertreter oder deren Familienangehörige hinreißen.
- Der Lehrling begeht vorsätzliche oder auch wiederholt grob fahrlässige Sachbeschädigung zum Nachteil des Ausbildenden.
- Der Lehrling wird zur Fortsetzung des Berufsausbildungsverhältnisses unfähig infolge Krankheit oder Unfall.
- Der Lehrling vernachlässigt trotz wiederholter Aufforderung dauernd den Besuch der Berufsschule oder der überbetrieblichen Lehrlingsunterweisung.

> Bei der Kündigung aus wichtigem Grunde muss beachtet werden, dass diese unwirksam ist, wenn die ihr zugrunde liegenden Tatsachen dem zur Kündigung Berechtigten länger als 2 Wochen bekannt sind. Wenn ein Güteverfahren vor einer außergerichtlichen Stelle eingeleitet ist, so wird bis zu dessen Beendigung der Lauf dieser Frist gehemmt. Außerdem muss der Ausbildende den Lehrling vor einer außerordentlichen Kündigung in der Regel abmahnen.

In Betrieben, die unter das Kündigungsschutzgesetz fallen, weil sie den Schwellenwert dieses Gesetzes hinsichtlich der Beschäftigten überschreiten, können Auszubildende, die bereits länger als 6 Monate dem Betrieb angehören, nur innerhalb einer Frist von 3 Wochen nach Zugang der Kündigung gegen eine Kündigung aus wichtigem Grund Klage beim Arbeitsgericht erheben. Besteht ein Schlichtungsausschuss (z. B. Lehrlingsstreitigkeitenausschuss bei der Innung) und ist dessen Zuständigkeit gegeben, muss vor Erhebung der Klage der Schlichtungsausschuss angerufen werden.

Lehrlingsstreitigkeitenausschuss

2.5.5.2 Aufhebungsvertrag

Eine Beendigung des Berufsausbildungsverhältnisses kann jederzeit auch im beiderseitigen Einvernehmen zwischen den Vertragspartnern erfolgen (Aufhebungsvertrag). Hierfür ist die Schriftform zwingend vorgeschrieben. Sofern diesbezügliche Regelungen im Tarifvertrag vorgesehen sind und für die Vertragspartner Tarifgebundenheit besteht, sind ggf. bestimmte Belehrungs-, Überlegungs- und Widerrufsfristen zu beachten.

Beiderseitiges Einvernehmen

Ein Aufhebungsvertrag sollte mindestens folgende Sachverhalte regeln:

Zu regelnde Sachverhalte

- genauer Zeitpunkt der Beendigung des Ausbildungsverhältnisses
- noch offene Ausbildungsvergütung und deren Bezahlung
- verbleibender Resturlaub und dessen Gewährung
- Aushändigung von Arbeitspapieren
- wechselseitige Rückgabe von Betriebsunterlagen bzw. von Unterlagen des Lehrlings
- Verschwiegenheitspflichten
- Erstellung eines Ausbildungszeugnisses
- Hinweis auf Meldepflichten bzw. -empfehlungen bei der Agentur für Arbeit.

Vor Unterschrift ist dem Auszubildenden ausreichend Bedenkzeit und Gelegenheit einzuräumen, sich mit Dritten zu besprechen. Bei minderjährigen Lehrlingen ist auch die Unterschrift der Eltern bzw. der gesetzlichen Vertreter erforderlich.

2.5.5.3 Schadensersatz bei vorzeitiger Beendigung des Berufsausbildungsverhältnisses

Wenn ein Berufsausbildungsverhältnis nach Ablauf der Probezeit vorzeitig gelöst wird, kann der Ausbildende oder der Lehrling Ersatz des Schadens verlangen, wenn der andere Vertragspartner den Grund für die Auflösung zu vertreten hat. Dies gilt jedoch nicht im Falle der Aufgabe der Berufsausbildung durch den Lehrling oder im Falle des Berufswechsels. Der Schaden muss in jedem Falle nachgewiesen werden. Der Schadensersatzanspruch erlischt, wenn er nicht innerhalb von 3 Monaten nach Beendigung des Berufsausbildungsverhältnisses geltend gemacht wird.

Schadensersatz

Erlöschen des Anspruchs

Handlungsorientierte, fallbezogene Aufgaben

1. Sie sind Inhaber eines Handwerksbetriebes und beabsichtigen erstmals zwei Lehrlinge einzustellen und auszubilden. Bevor Sie die beiden Berufsausbildungsverträge abschließen, wollen Sie sich Klarheit über den Rechtscharakter des Berufsausbildungsverhältnisses verschaffen.

   Aufgabe: Stellen Sie die wesentlichen Rechtskriterien fest und erläutern Sie diese!

   >> Seiten 160 bis 161 |

2. Sie haben als selbstständiger Handwerksmeister mehrere Vorstellungsgespräche mit Lehrstellenbewerbern geführt, da Sie zu Beginn des neuen Ausbildungsjahres zwei Auszubildende einstellen wollen. Sie haben sich für zwei Bewerber entschieden und bereiten den Abschluss der Berufsausbildungsverträge vor.

   Aufgabe: Erläutern Sie, wer die Vertragsparteien der Berufsausbildungsverträge sind!

   >> Seite 161 |

3. Sie möchten mit einem ausgewählten Bewerber einen Berufsausbildungsvertrag abschließen.

   Aufgabe: Geben Sie an, welche Formvorschriften dabei zu berücksichtigen sind!

   >> Seiten 161 |

4. Sie haben als Inhaber eines Handwerksbetriebes ein Vorstellungsgespräch mit einem Lehrstellenbewerber erfolgreich abgeschlossen und wollen nunmehr einen Berufsausbildungsvertrag in Schriftform abschließen.

   Aufgabe: Welchen Vertragsvordruck verwenden Sie?

   >> Seite 161 |

5. Ein Handwerksmeister hat für zwei minderjährige Auszubildende, die er einstellen will, die Berufsausbildungsverträge zur Leistung der Vertragsunterschriften vorbereitet.

Aufgabe: Klären Sie, welche Unterschriften und gegebenenfalls welche Genehmigungen zu den Vertragsabschlüssen erforderlich sind! Welche Aussage trifft zu?

a Die Berufsausbildungsverträge brauchen nur vom Ausbildenden und vom Auszubildenden unterzeichnet werden.

b Die Berufsausbildungsverträge sind vom Ausbildenden, vom Auszubildenden und von den gesetzlichen Vertretern bzw. Vertreterinnen der Lehrlinge zu unterzeichnen.

c Der Abschluss der Berufsausbildungsverträge bedarf in jedem Falle der Genehmigung des Vormundschaftsgerichts.

d Der Abschluss der Berufsausbildungsverträge bedarf in jedem Falle der Genehmigung der Agentur für Arbeit.

e Der Abschluss der Berufsausbildungsverträge bedarf in jedem Falle der Genehmigung der zuständigen Berufsschule.

>> Seite 161 |

6. Sie haben als Ausbildender im Rahmen eines Vorstellungsgespräches mit einem Lehrstellenbewerber vereinbart, dass Sie mit ihm einen Berufsausbildungsvertrag abschließen werden.

Aufgabe: Wann müssen Sie den Vertrag im vorliegenden Fall abschließen?

a Vor Beginn der Berufsausbildung.

b Am ersten Tag der Berufsausbildung.

c Einen Monat nach Beginn des Berufsausbildungsverhältnisses.

d Zu einem beliebigen Zeitpunkt während der Probezeit.

e Nach Ablauf der Probezeit.

>> Seite 161 |

7. Ein Betriebsinhaber stellt erstmals Lehrlinge ein. Er weiß, dass dafür ein Berufsausbildungsvertrag abzuschließen ist, der gesetzliche Mindestinhalte aufweisen muss.

Aufgabe: Geben Sie diese gesetzlichen Mindestinhalte an!

>> Seite 162 |

8. Sie bilden als selbstständiger Handwerksmeister einen Lehrling aus, dessen Berufsausbildungsvertrag am 31. Juli endet. Alle Prüfungsmaßnahmen werden bereits im Monat Juni durchgeführt. Der Lehrling besteht in allen Prüfungsanforderungen die Prüfung.

   Aufgabe: Zu welchem Zeitpunkt endet das Berufsausbildungsverhältnis im vorliegenden Fall?

   - [ ] a Nur mit Aushändigung des Prüfungszeugnisses.
   - [ ] b Mit dem Ablauf der Woche, in der die Prüfung bestanden wurde.
   - [ ] c Mit dem Ende der vereinbarten Ausbildungsdauer.
   - [ ] d Mit Bekanntgabe des Prüfungsergebnisses durch den Prüfungsausschuss.
   - [ ] e Mit Ablauf des Monats, in dem der Auszubildende die Prüfung bestanden hat.

   >> Seite 164 |

9. Ein in Ihrem Handwerksbetrieb ausgebildeter Lehrling hat die Gesellenprüfung bestanden. Sowohl Sie als Betriebsinhaber als auch der junge Handwerker wollen im Anschluss an die Ausbildung ein Arbeitsverhältnis eingehen.

   Aufgabe: Beschreiben Sie die Gestaltungsmöglichkeiten für das geplante Arbeitsverhältnis im vorliegenden Fall!

   >> Seite 165 |

10. Sie wollen als Ausbildender verlangen, bei Abschluss des Berufsausbildungsvertrages eine Regelung aufzunehmen, nach der der Auszubildende bzw. dessen Eltern bei Kündigung des Vertrages – gleichgültig aus welchen Gründen – eine Vertragsstrafe von 2.000,00 EUR zu zahlen haben.

    Aufgabe: Stellen Sie fest, ob eine solche Vereinbarung rechtsgültig ist, und begründen Sie Ihr Ergebnis!

    >> Seiten 165 bis 166 |

11. Sie haben als Inhaberin eines Handwerkbetriebes zum 01.08. zwei Lehrlinge eingestellt. Mit Abschluss der Berufsausbildungsverträge haben Sie als Ausbildende eine Reihe von Pflichten übernommen.

    Aufgabe: Erläutern Sie die übernommenen Pflichten, damit Sie diese korrekt erfüllen können!

    >> Seiten 167 bis 169 |

12. Sie haben als Betriebsinhaber mit einem volljährigen Auszubildenden einen Berufsausbildungsvertrag abgeschlossen. Bei Beginn der Ausbildung weisen Sie den Lehrling nochmals auf seine Vertragspflichten hin.

    Aufgabe: Stellen Sie diese Vertragspflichten dar!

    >> Seite 169 |

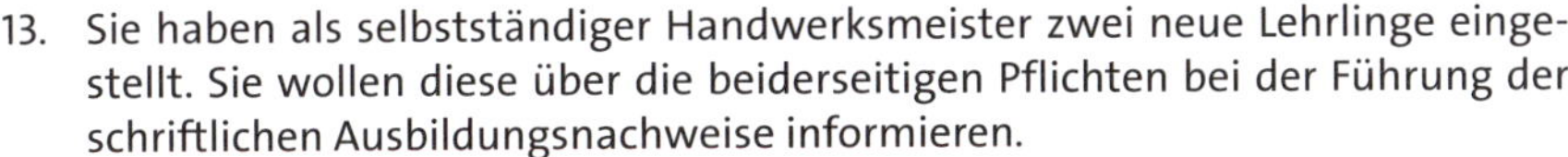

13. Sie haben als selbstständiger Handwerksmeister zwei neue Lehrlinge eingestellt. Sie wollen diese über die beiderseitigen Pflichten bei der Führung der schriftlichen Ausbildungsnachweise informieren.

Aufgabe: Erklären Sie den beiden Lehrlingen die Pflichten!

>> Seiten 170 bis 171 |

14. Zwischen Ihnen als Inhaber eines Handwerkbetriebes und den bei Ihnen beschäftigten Auszubildenden gibt es Meinungsverschiedenheiten, wann der Ausbildungsnachweis zu führen ist. Die Auszubildenden sind der Auffassung, dass die Aufzeichnungen während der Ausbildungszeit zu erfolgen haben, während Sie als Ausbilder diese Arbeit in der Freizeit, also außerhalb der betrieblichen Arbeitszeit, erledigt haben wollen.

Aufgabe: Wer hat recht? Wann sind die Aufzeichnungen zu erledigen?

- [ ] a Während des Berufsschulunterrichts.
- [ ] b Nur während einer überbetrieblichen Ausbildungsmaßnahme.
- [ ] c Während der betrieblichen Arbeitspausen.
- [ ] d Während der betrieblichen Ausbildungszeit.
- [ ] e In der Freizeit, also außerhalb der Ausbildungszeit.

>> Seite 170 |

15. Sie sind Handwerksmeister, der sich vor Kurzem selbstständig gemacht hat und nun einen Lehrling einstellen will. Sie bereiten sich auf das Einstellungsgespräch mit dem Bewerber und seinen Eltern vor. Unter anderem wollen Sie feststellen, was hinsichtlich der Ausbildungsvergütung gilt.

Aufgabe: Welche der nachfolgenden Aussagen ist zutreffend?

- [ ] a Die Höhe der Vergütung obliegt nur der freien Vereinbarung der Vertragspartner des Berufsausbildungsverhältnisses.
- [ ] b Die Vergütung muss angemessen sein und mit fortschreitender Berufsausbildung mindestens jährlich ansteigen. Soweit kein Tarifvertrag einschlägig ist, darf sie einen bestimmten Mindestwert nicht unterschreiten.
- [ ] c Die Höhe der Vergütung richtet sich nur nach tarifvertraglichen Regelungen des Handwerks und der Industrie.
- [ ] d Die Höhe der Vergütung richtet sich nur nach Empfehlungen der Landesinnungsverbände.
- [ ] e Die Höhe der Vergütung richtet sich nur nach Empfehlungen der Handwerkskammern.

>> Seiten 171 bis 173 |

16. Die Inhaberin eines Handwerksbetriebes hat mit einer Bewerberin einen Berufsausbildungsvertrag abgeschlossen, in dem eine Verkürzung der betriebsüblichen täglichen Ausbildungszeit um 25 Prozent vorgenommen wurde.

    Aufgabe: Bis zu welchem Prozentsatz kann dann die übliche Ausbildungsvergütung gekürzt werden?

- a Überhaupt nicht.
- b Um 10 %.
- c Um 15 %.
- d Um 20 %.
- e Um 25 %.

>> Seite 174 |

17. Ein in Ihrem Betrieb beschäftigter Lehrling ist unverschuldet erkrankt und fehlt nunmehr seit sieben Wochen im Betrieb.

    Aufgabe: Wie lange müssen Sie in diesem Fall die Vergütung an den Lehrling bezahlen? Was trifft zu?

- a Bis zu einer Krankheitsdauer von zwei Wochen.
- b Bis zu einer Krankheitsdauer von sieben Wochen.
- c Bis zu einer Krankheitsdauer von vier Wochen.
- d Bis zu einer Krankheitsdauer von neun Wochen.
- e Bis zu einer Krankheitsdauer von sechs Wochen.

>> Seite 176 |

18. Sie haben als Handwerksmeister Ihre beiden Lehrlinge über die vereinbarte regelmäßige Arbeitszeit hinaus beschäftigt. Einer der beiden Lehrlinge verlangt dafür eine besondere Vergütung, der andere will die zusätzliche Arbeit durch Freizeit ausgeglichen haben.

    Aufgabe: Klären Sie, welche Regelungen in diesen Fällen möglich sind!

>> Seite 176 |

19. Sie haben als selbstständiger Handwerker erstmals mit einem jungen Menschen einen Berufsausbildungsvertrag in einem Ausbildungsberuf des Handwerks abgeschlossen. Von einem Kollegen haben Sie gehört, dass für alle Berufsausbildungsverhältnisse die Pflicht zur Eintragung in ein Verzeichnis (Lehrlingsrolle) besteht und dafür eine Gebühr zu entrichten ist.

Aufgabe: Stellen Sie fest, bei welcher Einrichtung Sie die Eintragung in die Lehrlingsrolle in diesem Fall zu beantragen haben und wer die Gebühr zu entrichten hat! Welche Aussagen treffen zu?

19.1 Die Eintragung hat zu erfolgen

- a bei der Innung.
- b bei der Berufsschule.
- c bei der Handwerkskammer.
- d bei der Agentur für Arbeit.
- e beim Amt für Berufsbildung.

>> Seite 176 |

19.2 Die Gebühr hat zu zahlen

- a die Agentur für Arbeit.
- b das Amt für Ausbildungsförderung.
- c die Eltern des Lehrlings.
- d der Lehrling.
- e der Ausbildende.

>> Seite 176 |

20. Sie haben als Inhaber eines Handwerksbetriebes mit einem Lehrstellenbewerber einen Berufsausbildungsvertrag in Schriftform, wie gesetzlich vorgeschrieben, abgeschlossen. Nach dem Berufsbildungsgesetz ist die elektronische Form ausgeschlossen.

    Aufgabe: Kann trotzdem der Antrag auf Eintragung in die Lehrlingsrolle und der beizufügende Berufsausbildungsvertrag elektronisch an die Handwerkskammer übermittelt werden?

- [ ] a Nein, weil auch dafür die elektronische Form nach dem Berufsbildungsgesetz ausgeschlossen ist.
- [ ] b Nein, weil dies nach dem „Gesetz über den Nachweis der für ein Arbeitsverhältnis geltenden wesentlichen Bedingungen" („Nachweisgesetz") nicht zulässig ist.
- [ ] c Nein, weil das nach dem Datenschutzgesetz nicht erlaubt ist.
- [ ] d Ja, das Berufsbildungsgesetz schließt die elektronische Form der Übermittlung nicht aus.
- [ ] e Ja, aber nur, wenn dieses Verfahren ausdrücklich in der Satzung der Handwerkskammer ausführlich geregelt ist.

>> Seite 177 |

21. Sie haben als Handwerksmeisterin zwei Berufsausbildungsverträge abgeschlossen. Die Anträge auf Eintragung der Berufsausbildungsverhältnisse in die Lehrlingsrolle haben Sie bei der Handwerkskammer schon gestellt.

    Aufgabe: Stellen Sie fest, bei welchen weiteren Stellen diesbezügliche Anmeldungen vorzunehmen sind!

>> Seite 178 |

22. Sie beschäftigen als Inhaber eines Betriebes drei Lehrlinge. Einer davon ist seit zwei Monaten im Betrieb, d. h., er befindet sich noch in der vereinbarten viermonatigen Probezeit. Dieser Lehrling kündigt von heute auf morgen, also ohne Einhaltung einer Kündigungsfrist, schriftlich das Berufsausbildungsverhältnis.

    Aufgabe: Stellen Sie fest, ob diese Kündigung des Berufsausbildungsverhältnisses zulässig ist, und begründen Sie Ihr Ergebnis!

>> Seite 179 |

23. Ein in Ihrem Betrieb beschäftigter Lehrling, der sich im zweiten Ausbildungsjahr befindet, kündigt fristlos in schriftlicher Form das Ausbildungsverhältnis mit der Begründung, dass er die Berufsausbildung aufgeben will.

    Aufgabe: Geben Sie an, ob diese Kündigung in der erfolgten Art und Weise zulässig ist, und begründen Sie Ihre Entscheidung!

>> Seite 179 |

24. Sie bilden als Handwerksmeister seit einem Jahr einen minderjährigen Lehrling aus. Die Ergebnisse der bisherigen Ausbildungsmaßnahmen sind absolut unzureichend. Deshalb findet zwischen dem Lehrling, seinen Eltern und Ihnen ein ausführliches Gespräch statt mit dem Ergebnis, dass es für alle Teile das Beste ist, das Berufsausbildungsverhältnis in beiderseitigem Einvernehmen zu beenden.

    Aufgabe: Erstellen Sie für diesen Fall den schriftlichen Aufhebungsvertrag!

    >> Seite 181 |

2.6 Lernsituation: Möglichkeiten prüfen, ob Teile der Berufsausbildung im Ausland durchgeführt werden können

Kompetenzen:

- Vorteile und mögliche Risiken von Ausbildungsabschnitten im Ausland für Auszubildende und den Betrieb abwägen.
- Rechtsgrundlagen für die Entscheidungsfindung zur Durchführung von Ausbildungsteilen im Ausland heranziehen.
- Formen der Berufsausbildung in anderen europäischen Ländern bei der Planung des Auslandsaufenthaltes beachten.
- Beratungs- und Unterstützungsmöglichkeiten für die Durchführung von Auslandsaufenthalten darstellen.
- Dokumentation von Auslandsaufenthalten nachvollziehen.

2.6.1 Vorteile, mögliche Risiken und rechtliche Grundlage für Ausbildungsteile im Ausland

Ausbildung im Ausland

Teile der Berufsausbildung können gemäß Berufsbildungsgesetz bzw. Handwerksordnung auch im Ausland durchgeführt werden, wenn dies dem Ausbildungsziel dient. Der Auslandsaufenthalt dient dem Ausbildungsziel, wenn im Ausland u.a. berufliche Qualifikationen vermittelt werden, die Gegenstand der Ausbildungsordnung sind. Darüber hinaus ist zu berücksichtigen, dass das Ziel eines Auslandsaufenthalts auch darauf ausgerichtet ist, andere Lebens- und Arbeitsbedingungen kennenzulernen und berufsbezogene Fremdsprachenkenntnisse zu erwerben. Mit Auslandsaufenthalten kann ferner die interkulturelle Kompetenz (>> Abschnitt 3.10.2) der Auszubildenden gefördert werden. Alle Akteure sollten die Planung des Auslandsaufenthaltes auf das Ausbildungsziel hin ausrichten, da ansonsten das Risiko besteht, wertvolle Ausbildungszeit in Hinblick auf die Erlangung beruflicher Handlungskompetenz nicht sinnvoll zu nutzen.
Der Auslandsaufenthalt kann nur in Abstimmung mit dem Ausbildenden erfolgen. Ein Rechtsanspruch des Auszubildenden besteht nicht. Durch derartige Angebote kann der Ausbildungsbetrieb aber seine Attraktivität erhöhen.

Die Gesamtdauer des Auslandsaufenthalts soll ein Viertel der in der Ausbildungsordnung festgelegten Ausbildungsdauer nicht überschreiten. Bei der Berechnung sind Verkürzungen oder Verlängerungen der Ausbildungsdauer nicht zu berücksichtigen.

Bei einer Ausbildungsdauer von 3 Jahren kann der Auslandsaufenthalt also bis zu 9 Monate betragen. Er kann sich in diesem Rahmen auch auf mehrere kürzere Aufenthalte verteilen.
Die Vereinbarung über einen Auslandsaufenthalt kann zwischen den Vertragspartnern des Ausbildungsvertrages vor Beginn der Berufsausbildung oder während der Dauer des Berufsausbildungsvertrages getroffen werden. Die Handwerkskammer

muss in jedem Falle über diese Vereinbarung informiert werden. Wenn der Ausbildungsabschnitt im Ausland mehr als 8 Wochen dauert, muss der Handwerkskammer ein abgestimmter Plan vorgelegt werden.
Für die Zeit des Auslandsaufenthalts hat der Lehrling eine Beurlaubung vom Berufsschulunterricht bei der Berufsschule zu beantragen. Der versäumte Unterrichtsstoff muss aber in der Regel nachgeholt werden.

2.6.2 Berufsausbildung in anderen europäischen Ländern

Internationaler Vergleich

Aufgrund der unterschiedlichen Entwicklungen in technologischer, wirtschaftlicher, gesellschaftlicher und politischer Hinsicht bestehen in den einzelnen Staaten verschiedenartige Bildungssysteme.

Unterschiede

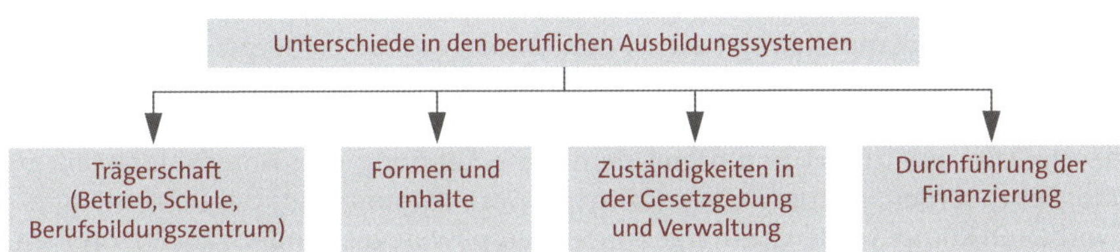

Europäische Union

Das berufliche Bildungswesen ist in den Mitgliedsstaaten der Europäischen Union recht verschieden gestaltet. Vereinfacht dargestellt lassen sich im Wesentlichen folgende Hauptsysteme unterscheiden:

> Die Lehre, also ein Ausbildungsverhältnis. Bei einem Ausbildungsverhältnis sind praktische Ausbildung in einem Betrieb und in Ausbildungszentren mit theoretischer Ausbildung an Schulen verbunden.
> Die vollzeitschulische Berufsausbildung. Diese Ausbildung kann innerhalb des allgemeinen Bildungssystems, in Bildungsgängen des Sekundarbereichs (Schularten nach der Grundschule) oder in gesonderten Bildungszentren stattfinden.
> Mischformen.
> Modulare Qualifikationssysteme für unterschiedliche Qualifikationsstufen.

Bezüglich der Finanzierung trägt entweder der Staat die Kosten, oder es finden sich Mischformen wie in Deutschland, wo auch die Ausbildungsbetriebe dazu beitragen.
Die EU weist dem dualen System im Rahmen der Stärkung der praxisorientierten Berufsbildung in Europa Vorbildcharakter für ganz Europa zu.

Europäischer Qualifikationsrahmen (EQR)

Um einen europäischen Bildungs- und Beschäftigungsraum zu schaffen, wurde ein auch die berufliche Bildung umfassender „Europäischer Qualifikationsrahmen" (EQR) entwickelt und beschlossen. Der EQR soll Qualifikationen in den unterschiedlichen Bildungssystemen der EU-Mitgliedsländer deutlich und verstehbar darstellen und dazu beitragen, die europäischen Aus- und Weiterbildungssysteme für die Öffentlichkeit leichter zugänglich und vergleichbar zu machen sowie die grenzüberschreitende, internationale Mobilität und Durchlässigkeit zu fördern.
Im Einzelnen sieht der Europäische Qualifikationsrahmen vor, sämtliche Qualifikationen (Lernergebnisse) – vom Schulabschluss über Zeugnisse der beruflichen Aus- und Weiterbildung bis hin zu akademischen Abschlüssen – einem von 8 Referenzniveaus zuzuordnen. Diese Qualifikationsniveaus werden durch die jeweils

erworbenen Kenntnisse, Fertigkeiten und Kompetenzen definiert und sollen über verschiedene Bildungs- und Karrierewege erreichbar sein.
Der EQR dient auch zu einem erheblichen Teil als „Übersetzunghilfe" zwischen den verschiedenen europäischen Qualifikationssystemen.

Deutscher Qualifikationsrahmen (DQR)

Zur Umsetzung des EQR und zur Zuordnung der deutschen Bildungs- und Berufsabschlüsse wurde der nationale Qualifikationsrahmen für Deutschland (DQR) entwickelt. Der DQR weist so wie der EQR ebenfalls 8 Stufen auf. Zweijährige Berufsausbildungen werden der Stufe 3 zugeordnet, drei- und dreieinhalbjährige Berufsausbildungen der Stufe 4 (gleiche Stufe wie das Abitur) und die Abschlüsse Meister sowie Bachelor der Stufe 6. Der Betriebswirt nach der Handwerksordnung ist wie der Master-Abschluss in Stufe 7.

Europäisches Leistungspunktesystem (ECVET)

Als besondere Maßnahme zur Schaffung eines europäischen Bildungs- und Beschäftigungsraumes und zur Förderung der gegenseitigen Anerkennung von beruflichen Qualifikationen zwischen den EU-Staaten hat die EU-Kommission die Einrichtung eines Europäischen Leistungspunktesystems (ECVET) für die berufliche Bildung als Empfehlung beschlossen. Danach sollen Lernergebnissse zu Lerneinheiten zusammengefasst und mit Leistungspunkten belegt werden. Durch das ECVET sollte die Bewertung von im europäischen Ausland absolvierten Bildungsabschnitten erleichtert und damit deren Anerkennung und Anrechenbarkeit ermöglicht werden. Mittlerweile wird mehr Wert daraufgelegt, die im Ausland erworbenen Kompetenzen (Lernergebnisse) europaweit verständlich zu beschreiben.

2.6.3 Beratungs- und Unterstützungsmöglichkeiten für die Realisierung von Ausbildungsteilen im Ausland

Möglichkeiten von Partnerschaften in EU-Projekten

Trotz der zum Teil unterschiedlichen Ausbildungssysteme in den Staaten Europas wird eine verstärkte Kooperation und eine gemeinsame Förderung auf allen Ebenen des Bildungswesens angestrebt. Hauptziele sind die Verbesserung des Ausbildungsniveaus, die Förderung der Mobilität der jungen Menschen in Europa, die Eingliederung Jugendlicher in die Gesellschaft, die Förderung der europäischen Zusammenarbeit, die Unterstützung von Partnerschaften und Netzen, der Erfahrungsaustausch, die gegenseitige Information sowie der Ausbau von Sprachkenntnissen.

EU-Projekte

Zahlreiche Maßnahmen und Projekte werden durch Programme wie z. B. Erasmus+ der EU finanziell gefördert. Auch für Auslandsaufenthalte außerhalb der EU gibt es mittlerweile Förderprogramme.
Für die Berufsausbildung bieten sich insbesondere Partnerschaften an. Interessierte Auszubildende bzw. Ausbilder sollten sich mit der Berufsausbildungsabteilung oder einem Berater der Handwerkskammer (Mobilitätsberatung) in Verbindung setzen.

2.6.4 Dokumentation von Auslandsaufenthalten

Auslandsaufenthalte können mit dem „europass Mobilität" dokumentiert werden. Der „europass Mobilität" dokumentiert Lernerfahrungen von Personen, die einen Lernabschnitt im Ausland absolvieren und dabei bestimmte Qualitätskriterien einhalten:

> Vereinbarung über wesentliche Kernpunkte des Lernabschnitts im Ausland zwischen Entsende- und Gastorganisation

- >Vorliegen angemessener Sprachkenntnisse
- >Betreuung im Ausland durch einen Mentor oder eine Mentorin
- >Lernaufenthalt in einem der EU-Mitgliedsstaaten sowie in Großbritannien, Norwegen, Island, Liechtenstein, Schweiz, Mazedonien, Montenegro, Serbien und der Türkei.

Der „europass Mobilität" wird sowohl in Papierform als auch elektronisch und internetbasiert zur Verfügung gestellt und kann beispielsweise bei der Handwerkskammer bzw. dem Zentralverband des Deutschen Handwerks bezogen werden. Der Antrag auf Ausstellung kann seitens des Betriebes erfolgen.

Handlungsorientierte, fallbezogene Aufgaben

1. Ein Ausbildender führt mit einem minderjährigen Lehrstellenbewerber und dessen Eltern ein Gespräch über den Abschluss eines Berufsausbildungsvertrages mit einer gemäß Ausbildungsordnung auf 3 Jahre festgelegten Ausbildungsdauer in einem Handwerksberuf. Der Lehrling will 12 Monate der vorgesehenen Gesamtausbildungsdauer in einem dem Ausbildungsziel dienenden Auslandsaufenthalt verbringen.

   Aufgabe: Ist die gewünschte Dauer der Ausbildung im Ausland nach den Vorschriften des Berufsbildungsgesetzes möglich?

- [ ] a Ja, weil dies Vorschriften der EU so vorsehen.
- [ ] b Nein, weil die Gesamtdauer der Ausbildung im Ausland ein Achtel der in der Ausbildungsordnung festgelegten Ausbildungsdauer nicht überschreiten soll.
- [ ] c Nein, weil die Gesamtdauer der Ausbildung im Ausland ein Sechstel der in der Ausbildungsordnung festgelegten Ausbildungsdauer nicht überschreiten soll.
- [ ] d Nein, weil die Gesamtdauer der Ausbildung im Ausland ein Fünftel der in der Ausbildungsordnung festgelegten Ausbildungsdauer nicht überschreiten soll.
- [ ] e Nein, weil die Gesamtdauer der Ausbildung im Ausland ein Viertel der in der Ausbildungsordnung festgelegten Ausbildungsdauer nicht überschreiten soll.

>> Seite 190 |

2. Ein in einem Handwerksbetrieb beschäftigter Lehrling will im 2. Ausbildungsjahr einen Teil der Ausbildung im Umfang von 10 Wochen im Ausland absolvieren. Der Ausbildende ist mit diesem Auslandsaufenthalt einverstanden. Nach dem Berufsbildungsgesetz und der Handwerksordnung ist für diesen Ausbildungsabschnitt ein Plan erforderlich. Außerdem muss dieser Ausbildungsabschnitt im Ausland in geeigneter Weise überwacht werden.

   Aufgabe: Welche Stelle ist dafür in diesem Fall zuständig, und mit wem ist der Plan für die Teilausbildung im Ausland abzustimmen?

- [ ] a Auswärtiges Amt
- [ ] b Agentur für Arbeit
- [ ] c Gewerbeaufsichtsamt
- [ ] d Innung
- [ ] e Handwerkskammer

>> Seite 190 |

3. Sie sind ein junger selbstständiger Handwerksmeister, der laufend Lehrlinge ausbildet. Sie verfolgen mit großem Interesse die im Zusammenhang mit der zunehmenden Verflechtung in der Europäischen Union einhergehende Diskussion über die teils unterschiedlichen Ausbildungssysteme in Europa. Der Obermeister der Innung, der Sie angehören, weiß von Ihrem Interesse und bittet Sie, darüber in der nächsten Innungsversammlung einen Vortrag zu halten.

   Aufgabe: Erstellen Sie für diesen Vortrag ein Konzept! Erläutern Sie die unterschiedlichen Systeme in Europa und gehen Sie dabei auf die Unterschiede in Bezug auf Trägerschaft, Formen und Inhalte sowie Zuständigkeiten und Durchführung der Finanzierung ein!

   >> Seiten 191 bis 192 |

3 Handlungsfeld: Ausbildung durchführen

3.1 Lernsituation: Lernförderliche Bedingungen und motivierende Lernkultur schaffen, Rückmeldungen geben und empfangen

Kompetenzen:

> Individuelle Voraussetzungen der Auszubildenden für die Gestaltung von Lernprozessen berücksichtigen und feststellen.
> Entwicklung einer Lernkultur des selbst gesteuerten Lernens, auch mit digitaler Infrastruktur, unterstützen sowie die Rolle des Ausbilders als Lernbegleiter reflektieren.
> Lernen durch Beachtung grundlegender didaktischer Prinzipien fördern.
> Lernprozesse durch Zielvereinbarung, Stärkung der Motivation und Transfersicherung unterstützen.
> Lernen durch Vermittlung von Lern- und Arbeitstechniken sowie durch geeignete Rahmenbedingungen fördern.
> Lernergebnisse ermitteln und dem Auszubildenden seine Kompetenzentwicklung durch geeignetes Feedback aufzeigen sowie Rückmeldungen empfangen.

3.1.1 Feststellung von heterogenen Voraussetzungen

Typische Lernvoraussetzungen

Erfolgreiches Lernen erfordert neben der geeigneten Lernsituation und dem angepassten Lernstoff aufseiten des Auszubildenden vor allem Lernfähigkeit und Lernbereitschaft.

Wichtige Lernvoraussetzungen (Lernanforderungen) im Handwerk sind unter anderem:

Lernvoraussetzungen

> praktische und theoretische Begabung (Intelligenz)
> Motivation
> Eigeninitiative
> Konzentrationsfähigkeit
> Kreativität
> besondere Fähigkeiten wie Rechnen
> Hand- und Fingergeschicklichkeit, -fertigkeit.

Spezifische Lernvoraussetzungen

Heterogenität

Heterogenität

> Die Lehrlinge haben jeweils unterschiedliche Voraussetzungen, wie z. B. schulische Vorbildung, Motivation, Interessen und Fähigkeiten sowie kultureller Hintergrund für das Erlernen eines Berufs. Darauf muss der Ausbilder eingehen können; auch darauf, dass jeder Mensch eine andere Art hat, zu lernen.

Lernbereitschaft

Wille zum Lernen

> Die Lernbereitschaft beschreibt die Einstellung des Einzelnen zum Lernen und seine grundsätzliche Bereitschaft dazu.

Ohne diesen Willen kann Lernen nicht erfolgreich sein. Er muss vom Auszubildenden selbst kommen. Der Ausbilder kann allerdings durch verschiedene Motivationsmaßnahmen versuchen, die Lernbereitschaft zu fördern (dazu auch >> Abschnitt 3.1.4.6).

Lerntempo

Lerntempo kennzeichnet die Geschwindigkeit, mit der der Lernende den Lernstoff erfasst, verarbeitet und behält. Dieses Lerntempo kann von Person zu Person sehr unterschiedlich sein, da es von zahlreichen Faktoren abhängt wie Wahrnehmungsfähigkeit, Reaktionsgeschwindigkeit, Merkfähigkeit, Konzentration und auch der jeweiligen Tagesform. Die Veranlagung – mehr praktisch oder mehr theoretisch – spielt ebenfalls eine Rolle.

Kommunikations-, Abstraktions- und Übertragungsfähigkeit

Kommunikationsfähigkeit

Erfolgreiches Lehren und Unterweisen setzen voraus, dass Ausbilder und Lehrling nicht zu unterschiedliche sprachliche Verhaltensweisen haben, sich also verstehen und miteinander verständigen können.

Abstraktionsfähigkeit

Unter Abstraktionsfähigkeit oder Möglichkeit zum abstrakten Denken ist zu verstehen, dass der Lehrling in der Lage sein sollte, das Wesentliche und Gleichbleibende unterschiedlicher Gegenstände oder komplexer Sachverhalte zu erkennen. Die Anwendung von Berechnungsformeln statt Herumprobieren zeugt beispielsweise von der Fähigkeit zu abstraktem Denken.

Übertragungsfähigkeit

Die Übertragungsfähigkeit fordert, dass der Lehrling in der Lage sein sollte, erarbeitete Lösungswege auch auf andere Problemstellungen anzuwenden. Nur dann ist auch selbstständiges Lernen möglich.

3.1.2 Lernen, Lernkompetenz, Lernkultur des selbst gesteuerten Lernens

3.1.2.1 Lernen

Lernbegriff

> Unter Lernen versteht man allgemein die Aneignung eines Lerngegenstandes, die langfristig auf die Veränderung von Einstellungen und Verhaltensweisen ausgerichtet ist.

Reifung
Verhaltensänderung

Lernen ist dabei abzugrenzen von Reifungsprozessen, angeborenen Reaktionen, Verhaltensänderungen aufgrund von Krankheit oder Drogen und Medikamenten sowie von kurzfristig auftretenden Stimmungsschwankungen.

Lernsituation

> Die für die berufliche Ausbildung typische Lernsituation besteht darin, dass sich der Lernende, also der Lehrling, mit dem Lerngegenstand seiner Ausbildung auseinandersetzen muss.

Lerngegenstand

Wesentliche Bestandteile des Lerngegenstandes sind dabei:

> Kenntnisse
> Fertigkeiten
> Fähigkeiten
> fachliche und soziale Verhaltensweisen.

Lerndreieck

Kommt noch eine Person dazu, die das Lernen durch „Lehren“ unterstützt, spricht man auch von einem Lerndreieck.

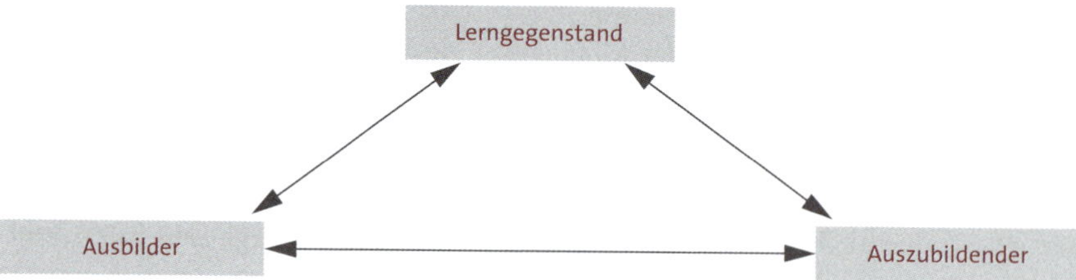

Lernarten

Geplantes Lernen Geplantes Lernen wird gesteuert, zum Beispiel am Ausbildungsplatz vom Ausbilder im Rahmen einer Unterweisung.	**Zufälliges Lernen** Zufälliges Lernen heißt, dass sich der Lernende Fertigkeiten, Kenntnisse, Fähigkeiten und Verhaltensweisen durch zufällige Beobachtung bzw. Wahrnehmung (Sehen oder Hören) aneignet.
Bewusstes Lernen Der Lernende ist sich der Tatsache des Lernens voll bewusst und steuert bzw. organisiert den Lernprozess.	**Unbewusstes Lernen** Unbewusstes Lernen erfolgt eher funktional, das heißt ohne Absicht und eher zufällig.
Zwischen diesen Formen ist eine Reihe verschiedenartiger Abstufungen möglich.	
Einsichtiges Lernen Lernen durch Einsicht erfordert das vollständige Erfassen von Zusammenhängen und Abläufen. Es ist die höchste Stufe des Lernens und baut oft auf recht schwierigen Denkvorgängen auf.	**Primitives Lernen** Primitives Lernen ist in erster Linie ein bloßes Reagieren auf Reize und Signale der Umwelt (Reflexe). Frühe Stufen des Lernens beim Kleinkind werden so genannt.
Aktives Lernen Aktives Lernen vollzieht sich durch eigenverantwortliches Handeln des Menschen.	**Passives Lernen** Passives Lernen erfolgt durch Wahrnehmung, ohne sich direkt mit einem Lerngegenstand zu befassen.
Theoretisches Lernen Diese Lernart baut auf der systematischen Verarbeitung von Erkenntnissen und gesetzmäßigen Aussagen auf.	**Praktisches Lernen** Bei dieser Lernart stehen praktische Erlebnisse und Erfahrungen im Vordergrund. Die betriebliche Ausbildung ist zu einem wesentlichen Teil praktisches Lernen.
Es muss vor dem Fehler gewarnt werden, praktischem Lernen einen niedrigeren Stellenwert beizumessen als theoretischem Lernen. In der Berufsausbildung kommt es auf beides an.	
Direktes Lernen Der Lernende steuert den Lernprozess selbst.	**Indirektes Lernen** Das Lernen wird eher nebenbei angeregt.
Produktives Lernen Hier überwiegt beim Lernen die eigene schöpferische Tätigkeit.	**Reproduktives Lernen** Hier ist beim Lernen mehr der nachahmende und nachbildende Charakter ausgeprägt.
Individuelles Lernen Das Lernen vollzieht sich im persönlichen Bereich.	**Soziales (kooperatives) Lernen** Das Lernen findet in Gemeinschaft statt.

Lernformen

In der Wissenschaft werden verschiedene Lernformen unterschieden, die für konkrete Lernleistungen und Lernbedingungen charakteristisch sind.

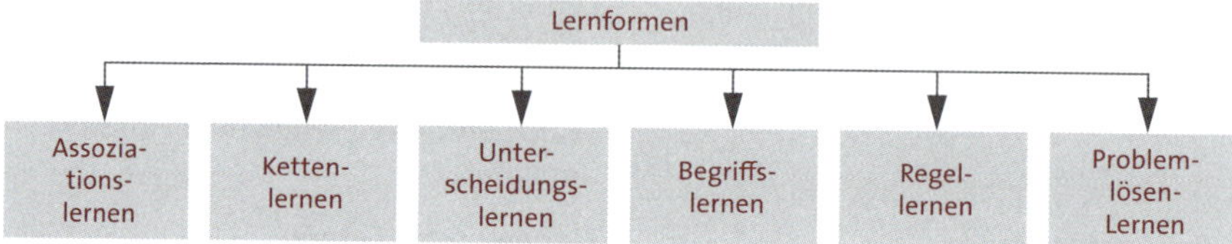

Assoziationslernen: Das Lernen besteht im Einprägen einer bestimmten Reiz-Reaktions-Verbindung.

Beispiel:

Der Lehrling lernt, eine Maschine bei Vorliegen eines Störanzeichens (optisch oder akustisch) sofort abzuschalten.

Kettenlernen: Hier werden mehrere Reiz-Reaktions-Verbindungen zu einem kompletten Handlungsablauf verknüpft.

Beispiel:

Das Inbetriebsetzen einer Maschine.

Unterscheidungslernen: Dieser Lerntyp bezeichnet die Fähigkeit, mehrere Reize genau wahrzunehmen und entsprechend der gestellten Aufgabe unterscheiden zu können.

Beispiel:

Zuordnung von Materialien anhand ihrer Oberflächenbeschaffenheit.

Begriffslernen: Der Lernende ist fähig zu erkennen, dass verschiedene Dinge einige Reize gemeinsam haben; er kann das Gemeinsame bei ähnlichen Reizen herausstellen.

Beispiel:

Die Fähigkeit, zusammengehörende Arbeitsgeräte zu erkennen.

Regellernen: Zwei oder mehrere Begriffe können zu einer Regel zusammengefasst werden.

Beispiel:

Im Elektrobereich die Widerstandsbestimmung.

Problemlösen-Lernen: Mehrere Regeln können zu einer übergeordneten Regel verknüpft werden.

Beispiel:

Die Fähigkeit, anhand von Störungsanzeichen auf die Ursachen schließen zu können.

Lerntypen

Lerntypen

Bezüglich der Lerntypen unterscheidet man insbesondere:

- auditiv: Hier steht das Lernen über Sprechen und Hören im Vordergrund.
- visuell: Hier steht das Lernen durch Sehen und Wahrnehmung im Vordergrund.
- kommunikativ: Hier prägt der Austausch mit anderen das Lernen.
- haptisch: Hier geht es um das Ertasten und Spüren einer Sache.

In der Praxis der betrieblichen Ausbildung wird es immer Kombinationen dieser Lerntypen geben.

3.1.2.2 Lernkompetenz

Unter Lernkompetenz versteht man die Bereitschaft und Befähigung, Informationen über Sachverhalte und Zusammenhänge zu verstehen, auszuwerten, einzuordnen, anzuwenden und sich daran zu erinnern.

Dazu zählt insbesondere die Fähigkeit und Bereitschaft, im Beruf und darüber hinaus Lerntechniken und Lernstrategien zu entwickeln und diese für lebenslanges Lernen einzusetzen.

3.1.2.3 Lernkultur des selbst gesteuerten Lernens

Lernen bedeutet aktive Auseinandersetzung mit dem Lerngegenstand. Diese Auseinandersetzung kann selbst- und fremdgesteuert erfolgen. Ziel der Berufsausbildung soll es sein, dass der Lehrling zu selbst gesteuertem Lernen befähigt wird.

Selbstgesteuert

Selbstgesteuertes Lernen bedeutet, dass der Lernende selbst fähig ist, seine Lernhandlung zu bestimmen. Er soll ferner so auch in der Lage sein, den Anforderungen lebenslangen Lernens gerecht zu werden. Der Lernende muss über die Kompetenzen bzw. Lernstrategien verfügen, die es ihm ermöglichen, die bestehenden Spielräume für das eigene Lernen zu nutzen. Dabei geht es vor allem um

- das Ziel des Lernprozesses (worauf hin),
- die Inhalte des Lernprozesses (was),
- die Lernregulierung (wann, wo, wie lange),
- den Lernweg (mit welchen Mitteln, allein oder mit anderen).

Lernkultur

Die Lernkultur des selbstständigen Lernens wird gefördert unter anderem durch die rasante Fortentwicklung der Informations- und Kommunikationstechnologien, den technischen Fortschritt, Veränderungen in Wirtschaft und Gesellschaft sowie in der Arbeitswelt.

Fremdbestimmt

Wenn diese Entscheidungen – also: was, wie und womit gelernt und wie dies kontrolliert und unterstützt wird – weitgehend fremden Personen, insbesondere dem Ausbilder, vorbehalten sind, dann spricht man von fremdbestimmtem Lernen. Allerdings muss auch das selbst bestimmte Lernen sozusagen vorher erlernt werden. Die erforderlichen Fähigkeiten müssen dazu im Laufe der Ausbildung entwickelt werden.

3.1.3 Der Ausbilder als Lernbegleiter

Begleiter von Lernprozessen

Mit der Neuordnung vieler Berufe wird gefordert, dass die Auszubildenden lernen sollen, selbstständig zu planen, durchzuführen und zu kontrollieren. Dies wirkt sich natürlich auf die Ausbildungspraxis aus und hat Folgen für die Rolle des Ausbilders. Er wird vom bloßen Unterweiser zum Begleiter von Lernprozessen.

> Lernbegleiter ist ein Ausbilder dann, wenn er seine Hauptaufgabe darin sieht, umfassende Lernprozesse bei den Lernenden zu unterstützen, in Gang zu setzen und aufrechtzuerhalten. Ziel ist es dabei, dass die Lehrlinge die gestellten Aufgaben mit angeeignetem Wissen und Können selbstständig bewältigen können.

3.1.4 Förderung des selbstgesteuerten Lernens durch digitale Infrastruktur (Lernplattformen)

Lernplattformen

Selbstgesteuertes Lernen kann nicht nur im Betrieb und in der Berufsschule, sondern zeitlich und örtlich losgelöst davon auch durch digitale Angebote gefördert werden. Zumeist werden diese jedoch eingesetzt, um das Lernen im Betrieb und in der Berufsschule zu unterstützen. Mit Lernplattformen werden Lernen und Lehren durch Onlineangebote gefördert und ergänzt. Bei der Auswahl einer geeigneten Lernplattform sollten sich die Ausbildungsbetriebe, für die das noch weitgehend Neuland ist, Unterstützung von Beratern – beispielsweise der Handwerksorganisationen – holen. Den Lehrlingen müssen, damit sie diese Angebote nutzen können, die geeigneten Endgeräte wie PC, Laptop oder Tablet bzw. Smartphone, jeweils mit Internetzugang, zur Verfügung stehen.

Man muss sich allerdings darüber im Klaren sein, dass Selbststeuerung und Nutzung gerade bei digitalen Angeboten besondere Anforderungen an die Lehrlinge stellen. Man spricht hierbei von Medienkompetenz.

Medienkompetenz

> Dazu zählt nicht nur, entsprechende Geräte und die dazu gehörige Software nutzen und bedienen zu können. Die Lehrlinge müssen auch auf rechtliche Themen wie Datenschutz und Urheberrecht (Copyright) hingewiesen werden. Ferner müssen sie auf die Anforderungen des fachlichen Austauschs auf Plattformen sowie Regeln für die dort übliche Kommunikation vorbereitet werden (>> Abschnitt 3.4.5).

3.1.5 Didaktische Prinzipien zur Lernförderung

In der Wissenschaft wurden mehrere didaktische bzw. pädagogische (= das Lehren und Unterweisen betreffende) Prinzipien entwickelt und abgeleitet, die bei der betrieblichen Ausbildung beachtet werden sollen.

Einzelne Prinzipien

- Prinzip der **Altersgerechtheit**
  Der Ausbilder muss immer bedenken, welcher Altersgruppe die Auszubildenden angehören. Zu Beginn der Ausbildung sind im Handwerk viele Lehrlinge noch Jugendliche (dazu auch >> Abschnitt 3.7.1).
- Prinzip des **handlungsorientierten Lehrens und Lernens**
  Fertigkeiten, Kenntnisse und Fähigkeiten (Handlungsfähigkeit) sollen in Handlungssituationen vermittelt werden.
- Prinzip der **Zielklarheit**
  Lehr- und Lernziele sollen so klar und eindeutig wie möglich definiert werden.
- Prinzip der **Fasslichkeit**
  Der gesamte Stoff muss so gegliedert und aufgebaut werden, dass er vom Lehrling „erfasst" werden kann.
- Prinzip der **Anschaulichkeit**
  Der Lernstoff wird besser behalten, wenn er mit bestimmten Vorstellungen verbunden werden kann.
- Prinzip der **Praxisnähe**
  Der Stoff soll an den praktischen Erfordernissen des Ausbildungsberufes ausgerichtet sein (auftragsorientiertes Lernen).
- Prinzip der **Förderung der Aktivität**
  Die Ausbildung soll darauf ausgerichtet sein, den Lehrling an möglichst selbstständiges Arbeiten, insbesondere auch durch selbstgesteuertes Lernen, heranzuführen.
- Prinzip der **Erfolgssicherung**
  Durch laufende Kontrollen ist sicherzustellen, dass das Ziel der Ausbildung erreicht wird.
- Didaktisches Prinzip der **Differenzierung und Individualisierung**

Differenzierung heißt, dass der Lern- und Lehrprozess möglichst weitgehend auf den einzelnen Lehrling bzw. eine gleichartig zusammengesetzte Gruppe ausgerichtet wird, um so jeden Lehrling entsprechend seinen Voraussetzungen bestmöglich zu fördern.
Individualisierung bedeutet, dass im Rahmen der Ausbildung auf den Einzelnen und seine Voraussetzungen bei der Stoffaufbereitung und der Unterweisung besondere Rücksicht genommen wird.

Formen

Für eine Differenzierung sind vor allem unterschiedliche

> Aktionsformen,
> Sozialformen,
> Lehr- und Lernformen,
> Lehrverfahren,
> Ausbildungsmittel

geeignet.

Anspruchsniveau

Bei der Differenzierung ist es aber auch möglich, das Anspruchsniveau im Rahmen der Lernziele entsprechend der jeweiligen Personengruppe – nach oben oder nach unten – anzupassen.

3.1.6 Phasen und Fördermöglichkeiten des Lernprozesses (Zielvereinbarung, Motivation, Transfersicherung)

3.1.6.1 Lernprozess

Stufen des Lernprozesses

In der pädagogischen Literatur wurde eine Reihe von Modellen entwickelt, die die Stufen bzw. Phasen des Lernprozesses darstellen. Allgemein umfasst der Lernvorgang die Schritte Vorbereitung, Aneignung, Speicherung, Erinnerung.

Drei-Stufen-Modell

Für die praktische Berufsausbildung eignet sich insbesondere das sogenannte Drei-Stufen-Modell.

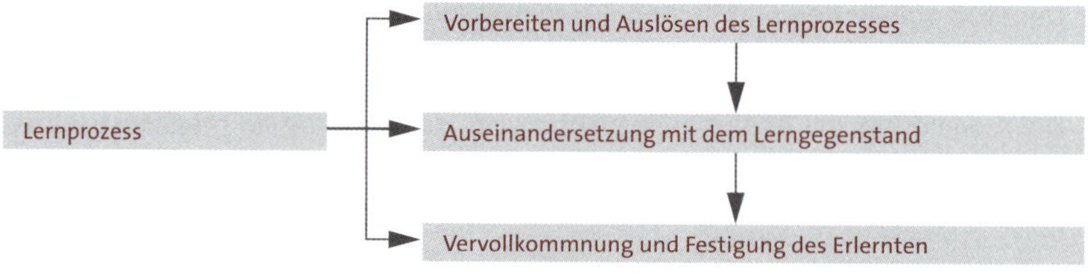

Vorbereiten und Auslösen des Lernprozesses

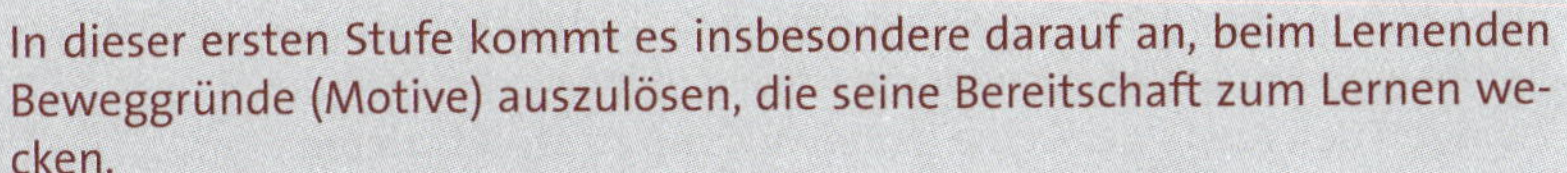

In dieser ersten Stufe kommt es insbesondere darauf an, beim Lernenden Beweggründe (Motive) auszulösen, die seine Bereitschaft zum Lernen wecken.

Wecken der Lernbereitschaft

Zu bedenken ist dabei, dass mangelnde Lernbereitschaft mehrere Ursachen haben kann, insbesondere:

> mangelndes Interesse
> fehlende Einsicht in Sinn und Zweck der gestellten Aufgabe
> Überforderung des Lernenden.

Auseinandersetzung mit dem Lerngegenstand

In dieser zweiten Stufe tastet sich der Lernende nach und nach an die richtige Lösung heran. Fehler werden durch wiederholte Versuche und auf der Basis des bereits vorhandenen Wissens abgestellt.

Mit der ersten Aneignung der zu erlernenden Verhaltensweise oder dem ersten selbstständigen Erwerb einer neuen Fertigkeit, Kenntnis oder Fähigkeit ist das eigentliche Lernstadium abgeschlossen.

Vervollkommnung und Festigung des Erlernten

In der dritten Stufe geht es darum, den Lernerfolg, das heißt die Speicherung und Erinnerung, durch

> mehrmalige Übungen
und
> gestaltende Anwendung sicherzustellen.

Während des gesamten Lernprozesses sind Erfolgserlebnisse für die Lern- und Leistungsmotivation besonders wichtig.

Erfolgserlebnisse

3.1.6.2 Lernziele vereinbaren

Definition

Lernziele beinhalten beabsichtigte, angestrebte und erwünschte Ergebnisse des Lernprozesses und die Veränderung von Verhaltensweisen beim Lernenden.

Lernziele sind also Beschreibungen des beobachtbaren Endverhaltens, das durch das Lernen in der Ausbildung erreicht werden soll.

Endverhalten

Zweck

Klar festgelegte Lernziele

> informieren über die zu erwerbenden Fertigkeiten, Kenntnisse und Fähigkeiten,
> helfen, den Erfolg der Ausbildung zu beurteilen,
> zwingen den Ausbilder, seine Unterweisung zu strukturieren.

Lernzielklassifikationen

Lernzielbereiche

Ausgerichtet auf die Lernbereiche – Kenntnisse, Fertigkeiten, Fähigkeiten, Verhalten – gibt es auch entsprechende Lernzielbereiche.

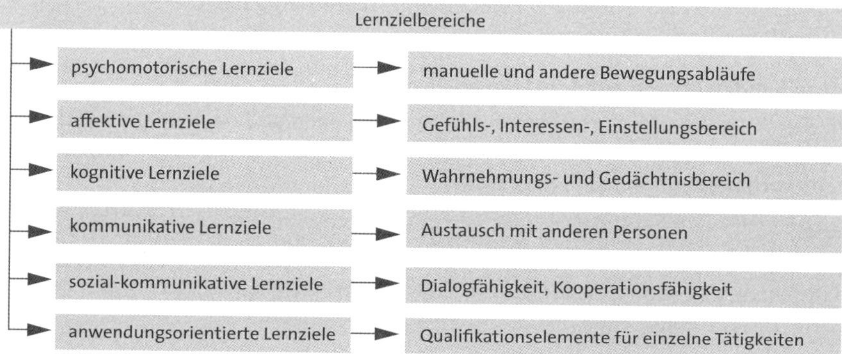

Einzelne Lernziele

Kognitive Lernziele (Kenntnisse) beziehen sich insbesondere auf Veränderungen bei:

> Wissen, Verstehen, Einsehen, Denken und Behalten.

Affektive Lernziele (Verhaltensweisen) beinhalten unter anderem Veränderungen bei:

> Empfindungen, Wertungen, Interessen, inneren Einstellungen, Motivation, sozialem Verhalten, Ordnungssinn, Bereitschaft zur Kooperation und Arbeitsfreude.

Psychomotorische Lernziele (Fertigkeiten) sind vor allem Veränderungen in den Bereichen:

> körperliches Handeln, Bewegungen und manuelle Tätigkeiten.

Zu den **kommunikativen Lernzielen** gehören:

> Hinwenden, gemeinsames Handeln und Integrieren.

Sozial-kommunikative Lernziele sind:

> Informieren, Abstimmen und Kooperieren.

Zu den **anwendungsorientierten Lernzielen** zählen:

> Wissen, Verstehen und Anwenden.

Fähigkeiten können jeweils mehrere Lernzielbereiche betreffen, zum Beispiel:

> Beobachtungsgabe (kognitiv) und
> Handgeschicklichkeit (psychomotorisch).

Lernziele können auch nach dem Grad der Genauigkeit und Eindeutigkeit unterschieden werden:

Genauigkeit

> Leitziele, Richtziele, Grobziele und Feinziele.

Leitziele sind das oberste Ziel des Lernens (in eher abstrakter Form).

Beispiel:

Erfolgreiche Ausbildung im Kfz-Mechatroniker-Handwerk.

Richtziele – auch Makroziele genannt – beschreiben einen Bereich der angestrebten Fertigkeiten, Kenntnisse und Fähigkeiten. Sie weisen damit einen geringen Grad an Genauigkeit auf und lassen eine größere Zahl von Auslegungen zu.

Beispiel:

Beherrschung der notwendigen Fertigkeiten, Kenntnisse und Fähigkeiten für die Personenkraftwagentechnik.

Grobziele beschreiben Ausprägungen eines Teils dieses Lernbereichs. Sie weisen damit einen mittleren Grad an Genauigkeit auf.

Beispiel:

Messen zum Feststellen von Störungen am Kfz.

Feinziele – auch Mikroziele genannt – beschreiben die jeweiligen Ziele einer Lerneinheit. Sie sind damit auf Exaktheit ausgerichtet und lassen nur eine Auslegung zu.

Beispiel:

Prüfen des Elektrodenabstandes an Zündkerzen.

Aus Gründen einer größtmöglichen Systematik und der Notwendigkeit der Festlegung kleinerer Lern- und Unterweisungseinheiten kann man auch Teillernziele festlegen. Sie müssen allerdings den jeweiligen Endlernzielen systematisch zugeordnet sein.

Teillernziele

Lernzielniveaus

Unter dem Gesichtspunkt des Anspruchsniveaus und der Wertigkeit des Gelernten unterscheidet man mehrere Lernzielstufen bzw. Lernzielniveaus.

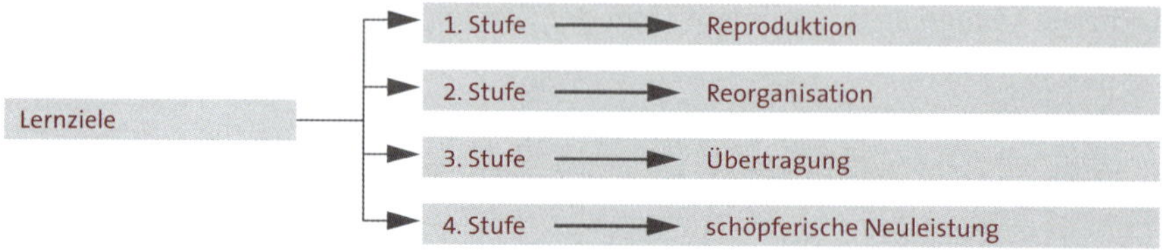

Lernziele	1. Stufe	→	Reproduktion
	2. Stufe	→	Reorganisation
	3. Stufe	→	Übertragung
	4. Stufe	→	schöpferische Neuleistung

Lernzielstufen

Reproduktion bedeutet, dass das Gelernte aus dem Gedächtnis wiedergegeben werden kann.

Beispiel:

Wiedergabe von Begriffen und Regeln.

Reorganisation besagt, dass der Lernende das Wesentliche des Gelernten verstanden hat und es mit eigenen Worten, unter Umständen auch in veränderter Reihenfolge, wiedergeben kann.

Beispiel:

Zuordnung von Handlungsanleitungen auf den jeweiligen Kundenauftrag.

Bei der **Übertragung** (Transfer) kann der Lernende die Prinzipien des Gelernten auf neue, ähnliche Aufgaben anwenden.

Beispiel:

Berechnung des Materialverbrauchs für neue Aufträge anhand der Erfahrungen und Ergebnisse eines soeben beendeten Auftrages.

Schöpferische Neuleistung liegt vor, wenn der Lernende in der Lage ist, das Gelernte selbst weiterzuentwickeln, also problemlösend und problemfindend zu denken.

Beispiel:

Entwerfen von Verbesserungsvorschlägen.

Lernzielniveaus

Eine weitere, aber der obigen vergleichbare Darstellung nach Lernzielniveaus lautet:

> Faktenwissen
> Kenntnisse über Verfahren
> Problemlösungsstrategien
> Fähigkeiten zur Analyse und Bewertung.

Lernzielbeschreibung (Operationalisierung)

Für eine systematische Planung, Ausführung, Kontrolle und Steuerung des Ausbildungsprozesses bedarf es genauer Lernzielbeschreibungen. Man spricht dabei auch von der Operationalisierung der Lernziele.

Ein operational formuliertes Lernziel enthält

Inhalt

- > die Angabe des Endverhaltens,
- > die Bedingungen, unter denen das Verhalten gezeigt werden soll,
- > einen Maßstab zur Kontrolle, ob das Endverhalten erreicht wurde.

Bei der Auswahl der Lernziele müssen mehrere Faktoren berücksichtigt werden, nämlich:

- > Ausbildungsrahmenplan
- > Prüfungsanforderungen
- > Bedeutung für die Ausbildung
- > Besonderheiten des einzelnen Ausbildungsbetriebes
- > Auffassungsgabe und persönliche Struktur des Auszubildenden.

Lernzielvereinbarung

Ausbilder und Auszubildende sollten sich mit den aktuellen Lernzielen der Ausbildung auseinandersetzen und sich Vorüberlegungen zur Auswahl der Ziele machen, zu ihrer Bedeutung für die Praxis und über geeignete Kriterien für die Zielerreichung.

Lerntagebuch

Die Ziele sollten schriftlich mit Vereinbarungen über Lernzeiten und Lernort festgehalten werden. In Lerntagebüchern kann gegebenenfalls – ähnlich wie im Ausbildungsnachweis – die eigene Lernpraxis dokumentiert werden, um sie zu überprüfen und möglicherweise zu verändern.

3.1.6.3 Motivation stärken

Begriff der Lernmotivation

Unter Lernmotivation versteht man grundsätzlich den Beweggrund oder Auslöser zum Lernen. Ein wesentliches Lernmotiv ist beim Menschen die Neugier.

Lerninteresse

Jedes bewusste Lernen und jede zielgerichtete Informationsaufnahme setzt ein entsprechendes Lern- bzw. Informationsinteresse, aber auch Lernfreude voraus.

Arten der Lernmotivation

Hinsichtlich der Motive zum Lernen unterscheidet man zwischen

- > **aktueller Motivation:** Beweggründe aus bestimmten Einzelsituationen (z. B. Erlernen einer Fremdsprache, weil man im Urlaub in ein bestimmtes Land reisen will) und
- > **habitueller Motivation:** Beweggründe, die immer wieder auftreten und damit bereits zur Gewohnheit geworden sind.

Motivinhalte

Beide Motive können sich auch wechselseitig beeinflussen und ergänzen. Hinsichtlich der Motivinhalte lassen sich zwei Gruppen bilden:

> **Primäre oder direkte Motive:** Sie sind direkt auf den Lerngegenstand bezogen, zum Beispiel, weil er Spaß macht oder interessant ist. Man nennt dies auch intrinsische (= von innen geleitete) oder Eigenmotivation.
> **Sekundäre oder indirekte Motive:** Hier liegen die Beweggründe für das Lernen außerhalb der unmittelbaren Lerntätigkeit. Gelernt wird dann zum Beispiel für gute Noten oder wegen einer finanziellen Belohnung. Man nennt dies auch extrinsische (= von außen geleitete) oder Fremdmotivation. Auf solche Motive hat der Ausbilder weniger Einfluss. Er sollte deshalb stets versuchen, sie in eine intrinsische Motivation umzuwandeln.

Dem Ausbilder muss besonders daran gelegen sein, rechtzeitig zu erkennen, ob bei Lehrlingen die Motivation nachlässt oder fehlt. Indikatoren dafür können nachlassende Leistung, zunehmende Fehler und Fehlzeiten sein.

Faktoren und Bedingungen der Lernmotivation

Die Lernmotivation wird von mehreren Faktoren und Bedingungen maßgeblich geprägt:

> kontinuierliche (Lern-)Erfolgserlebnisse
> Anerkennung
> Selbstständigkeit
> Entfaltungsmöglichkeiten
> Selbstverwirklichung.

Maßnahmen und Hilfen zur Förderung der Arbeits- und Lernmotivation

Dem Ausbilder stehen vielfältige Möglichkeiten zur Verfügung, durch geeignete Maßnahmen und Hilfen die Lernmotivation zu fördern.

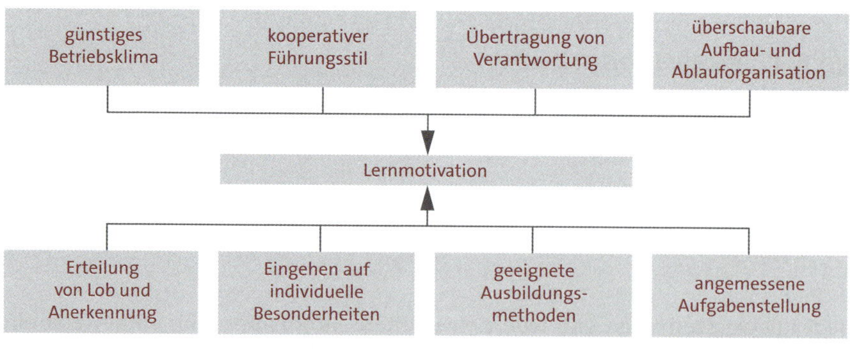

Jeder Ausbilder muss versuchen, die Motivationsförderung auch optimal zu nutzen.

Motivations-förderung

Dafür stehen ihm mehrere Möglichkeiten zur Verfügung:

> ausführliche und nachvollziehbare Informationen über Sinn und Zweck sowie Probleme
> realitätsnahe Einbindung in die gesamte Auftragserfüllung

- Zuweisung abwechslungsreicher Arbeiten
- Vermeidung von Überforderung und Unterforderung
- vertrauensvolles Verhältnis und Übertragung von Verantwortung
- eine offene Fehlerkultur im Betrieb; d. h. erkannte Fehler werden offen, aber sachlich, angesprochen und gemeinsam ausgewertet, um so daraus zu lernen und sich weiterzuentwickeln.

Fehlerkultur

Es ist auch hilfreich, den Erwerb von Wissen gleich mit entsprechenden Lern- und Arbeitsaufgaben zu verbinden.

3.1.6.4 Transfersicherung

Für die Fähigkeit, sich das Geübte einzuprägen und es zu behalten, ist das Gedächtnis entscheidend.

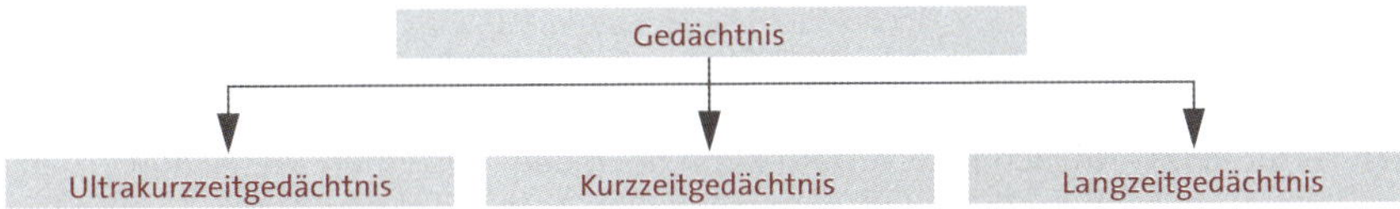

Das Ultrakurzzeitgedächtnis nimmt eingehende Informationen auf und behält sie rund ein bis zwei Sekunden in Form von elektrischen Schwingungen. Nur das, was für wichtig gehalten wird, wird gefiltert und landet dann im Kurzzeitgedächtnis. Hier bleiben die Informationen in der Regel höchstens 20 Minuten und werden ein weiteres Mal gefiltert.

Ultrakurzzeitgedächtnis
Kurzzeitgedächtnis

Tatsächlich gelernt ist nur, was im Langzeitgedächtnis gespeichert ist.

Man spricht in diesem Zusammenhang von Enkodierung in das Langzeitgedächtnis. Viele dieser Prozesse finden statt, während der Mensch schläft. Auf die dann abgespeicherten Informationen kann auch noch nach vielen Jahren zurückgegriffen werden.

Langzeitgedächtnis

Allerdings kann sich der Mensch im Zeitablauf an Gelerntes oft nicht mehr vollständig oder überhaupt nicht mehr erinnern. In der grafischen Darstellung besagt die Vergessenskurve, dass bereits unmittelbar nach dem Lernvorgang sehr viel wieder vergessen wird. Im weiteren Zeitablauf geht das Vergessen wesentlich langsamer vor sich. Allerdings kann der Behalteneffekt durch ständiges Üben deutlich verbessert werden. Hilfreich ist ferner, nicht alles auf einmal erlernen zu wollen, sondern den Lernstoff auf mehrere Tage oder Wochen zu verteilen.

Die Vergessenskurve

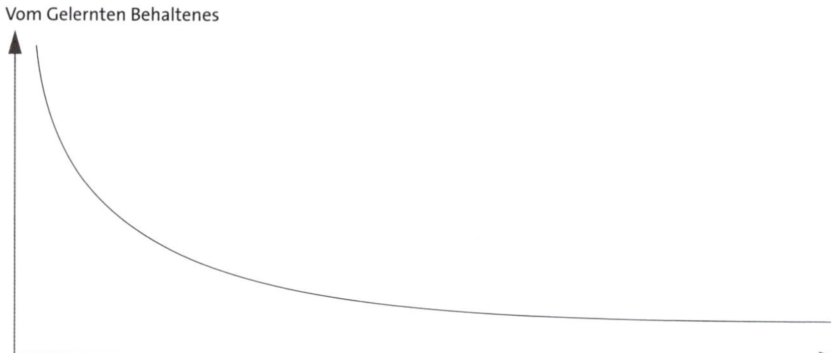

Individuelle Gegebenheiten

Allerdings darf auch diese Darstellung nur als allgemeines Verlaufsmuster angesehen werden. Der tatsächliche Verlauf kann bei jedem einzelnen Menschen erheblich davon abweichen. Er hängt wesentlich vom Lerngegenstand, den Lernbedingungen und der jeweiligen persönlichen Situation des Einzelnen ab.

Einflussfaktoren auf das Behalten

Behaltenseffekt

Forschungserkenntnisse zeigen, dass durch eine entsprechende Gestaltung des Lernprozesses der Behaltenseffekt wesentlich gesteigert werden kann.

Forschungsergebnisse

> Aus der Hirnforschung weiß man, dass der Behaltenseffekt maßgeblich davon abhängt,
>
> > auf welche Art Informationen aufgenommen werden und
> > ob neue Informationen mit bereits im Gehirn vorhandenen Informationen verknüpft werden können.

Wichtig ist ferner, sich positiv mit den Lerninhalten auseinanderzusetzen.

Behaltensfähigkeit nach Art der Aufnahme von Informationen

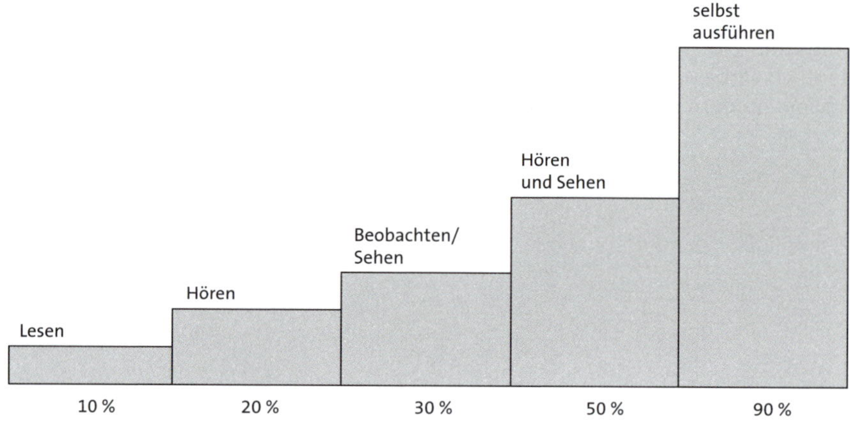

Verschiedene Kanäle

Grundsätzlich ist zu berücksichtigen, dass Informationen über verschiedene Kanäle in das Gehirn kommen können, nämlich insbesondere:

- Sehen
- Hören
- Fühlen
- Riechen und Schmecken.

Der optische Kanal ist dabei der leistungsfähigste. Grundsätzlich empfiehlt es sich jedoch, so viele Aufnahmemöglichkeiten wie möglich zu nutzen.

Linke Gehirnhälfte

Wichtig ist ferner, die beiden Hälften des Gehirns gezielt zu nutzen. Die linke Seite, die oftmals auch „männliche" Hälfte genannt wird, hat ihren Einsatz schwerpunktmäßig für:

- Fakten
- Zahlen, Wörter
- Analyse
- Taktik
- Logik.

Rechte Gehirnhälfte

Die rechte oder „weibliche" Hälfte steht für:

- Bilder
- Meinungen
- Intuition
- Visionen
- Kreativität
- Gefühl.

Es hat sich herausgestellt, dass Lernstoff umso besser behalten wird, wenn beide Hälften dafür eingesetzt werden, der Lernstoff also sowohl vom Denken wie auch vom Gefühl her verankert ist.

Störfaktoren

Zu beachten ist außerdem, dass der Vorgang der Einprägung von Informationen im Gedächtnis anfällig für Störeinflüsse ist. So erschweren Stress, Konzentrationsstörungen und Ablenkung die Gedächtnisleistung erheblich. Dies ist bei der Gestaltung der Lernbedingungen zu berücksichtigen. Eine ruhige Arbeitsumgebung ist für das Lernen sehr hilfreich. Wichtig ist ferner eine gute körperliche und innerliche Verfassung des Lernenden.

Wiederholen

Eine besondere Bedeutung für das Behalten hat das Wiederholen des Lernstoffes. Periodische Wiederholungen, beispielsweise nach einem Tag, einer Woche, einem Monat, einem Jahr, sind der beste Schutz vor dem Vergessen. Wichtig ist auch, dass Informationen gründlich und tief verarbeitet werden.

Bedeutung von Üben und Anwenden (Transfer) für den Lern- und Ausbildungserfolg

Üben, Einprägen und Anwenden sind für den Lern- und Ausbildungserfolg eine unabdingbare Voraussetzung. Stetiges Üben dient der

- Erlernung,
- Sicherung und

> Stabilisierung

von Fertigkeiten, Kenntnissen, Fähigkeiten und Verhaltensweisen.

Lerntransfer

Für den Lern- und Ausbildungserfolg ist im Weiteren von besonderer Bedeutung, dass der Lernende diese Fertigkeiten, Kenntnisse, Fähigkeiten und Verhaltensweisen auch von einer Situation auf eine andere übertragen kann. Diesen Prozess bezeichnet man als Lerntransfer.

Beachtung von Leistungsfähigkeit und Regeln bei der Gestaltung von Übungs- und Transferphasen

Bedingungen für das Einprägen und Behalten

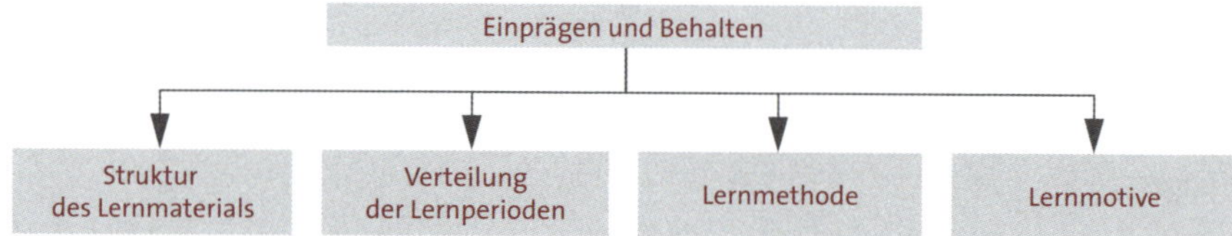

Lernkurve

Die Darstellung, wie groß der Zuwachs beim Lernen im Laufe der Übung ist, bezeichnet man als Lernkurve.

Lernkurve

Die Lernkurve ist eine grafische Darstellung der Beziehung zwischen Wissensaufnahme und zeitlichem Ablauf des Lernprozesses. Zwei Abbildungsmöglichkeiten sind dafür möglich, nämlich einerseits die Darstellung, wie die Zahl der Fehler im Verlaufe der Übung abnimmt, und andererseits die Darstellung der richtigen Bewegungen, etwa beim Erlernen einer Fertigkeit.

Lernkurven

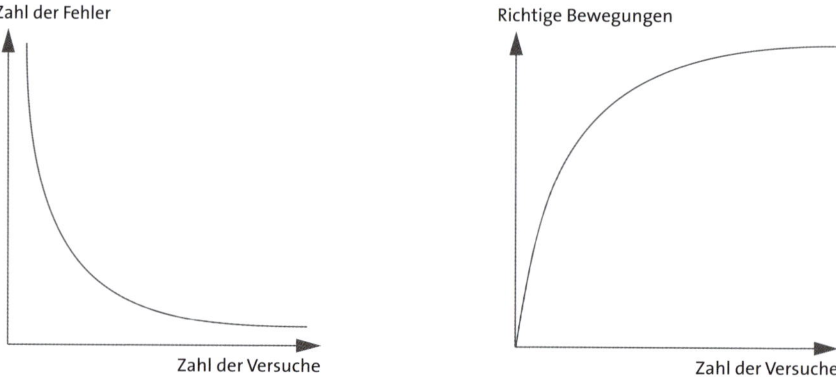

Es muss jedoch dabei darauf hingewiesen werden, dass diese Darstellungen nur das typische Verlaufsmuster wiedergeben können. Lernkurven sind bei jedem Lernenden verschieden und von einer Reihe von Faktoren abhängig, von der Begabung und Veranlagung bis hin zur jeweiligen Tagesform und Leistungsfähigkeit des Auszubildenden.

Individuelle Unterschiede

Gestaltung

Bei der Gestaltung von Übungs- und Transferphasen sollte darauf geachtet werden, dass

- die persönlichen Voraussetzungen (z. B. Motivation und Flexibilität),
- die organisatorischen Voraussetzungen (z. B. Anwesenheit und Unterstützung durch einen Ausbilder) und
- die Umfeldbedingungen (z. B. Ausbildungsklima und Ausbildungsbedingungen)

stimmen. Wichtig ist auch, dass der Ausbilder den Nutzen klarmacht.

3.1.7 Lern- und Arbeitstechniken, Rahmenbedingungen

3.1.7.1 Lerntechniken

Wichtige Grundvoraussetzung für jedes Lernen sind die Motivation und die Organisation des Lernprozesses. Um diesen dauerhaft im Gedächtnis zu sichern, wurden daneben verschiedene Techniken entwickelt. Sie sind allerdings keine Patentrezepte. Vielmehr kommt es immer auf den Einzelfall an, welche Methode oder welche Kombination aus ihnen die geeignetste ist. Neben schon älteren Techniken wie der Führung eines Karteikastens oder der farblichen Markierung von Texten beruhen die meisten neueren Methoden darauf, beide Gehirnhälften optimal einzusetzen und die verschiedenen Aufnahmekanäle zu kombinieren. Dies geschieht zumeist dadurch, dass die sachlichen Fakten mit emotionalen Erlebnissen verknüpft werden.

Beispiel:

Die Lerngegenstände werden mit Gegenständen aus der eigenen vertrauten Wohnung verknüpft oder mit Gebäuden auf dem täglichen Weg zur Arbeit usw.

Derartige Techniken bedingen allerdings, dass man vorher genau gelernt hat, mit ihnen umzugehen.

Mindmapping

Eine solche Technik ist das sogenannte „Mindmapping“ (= Gedanken-Landkarte). Bei dieser Lerntechnik wird das zu behandelnde Thema auf einem Blatt Papier oder am Bildschirm im Zentrum durch ein einprägsames Bild oder eine kleine Skizze dargestellt (= visualisiert). Alle damit zusammenhängenden Gedanken, Neben- oder Unterpunkte werden am Rand des Blattes Papier gruppiert und mittels Linien oder/und Pfeilen in unterschiedlichen Farben mit dem Hauptpunkt verbunden. Durch diese Verästelungen kann die relative Bedeutung der jeweiligen Gedanken und Ideen symbolisiert werden. Mindmaps eignen sich sehr gut zur Wiederholung eines bereits erlernten und so dargestellten Stoffes. Sie erleichtern es, die Gedanken zu ordnen, tragen zur Entwicklung der Vorstellungskraft bei und steigern die Merkfähigkeit. Dem vergleichbar ist auch die Darstellung von Informationen über Zeichnungen, Grafiken und Diagramme.

Unabhängig von der gewählten Lerntechnik bleiben zudem Üben, Vertiefen und Wiederholen zentrale Elemente eines erfolgreichen Lernprozesses.

3.1.7.2 Rahmenbedingungen

Rahmen-bedingungen

Für erfolgreiches Lernen sind lernförderliche Rahmenbedingungen unerlässlich. Dazu zählen:

> persönliche Rahmenbedingungen wie körperliches Wohlbefinden
> räumliche Rahmenbedingungen wie Beleuchtung, Temperatur, Belüftung und Geräusche
> die Einrichtung des Arbeitsplatzes wie auf die Körpergröße abgestimmte Büromöbel oder Werkstatteinrichtungen
> passende Arbeitsmaterialien.

3.1.8 Feedback-Möglichkeiten

Ausbilder und Lehrling beeinflussen sich immer gegenseitig und üben durch ihr Handeln und Verhalten bestimmte Wirkungen aufeinander aus. Um sich dieser Wirkungen bewusst zu werden und sie dann auch steuern zu können, sind wechselseitige Rückmeldungen erforderlich. Diesen Prozess umschreibt der Begriff „Feedback".

Dieses Feedback ist gerade in der Ausbildung sehr wichtig. Der Lehrling braucht die Rückmeldung des Ausbilders, um zu wissen, wie er die ihm gestellten Aufgaben erledigt. Fehlt diese, so kann Unsicherheit beim Lehrling die Folge sein.

Das Feedback sollte

Regeln

> kurz,
> konkret,
> direkt
> und konstruktiv sein.

Während der Berufsausbildung spielen sowohl spontane Feedbackäußerungen – etwa, wenn der Lehrling etwas gut erledigt hat – wie auch umfangreichere Feedbackgespräche – z. B. nach Ausbildungsabschnitten – eine wichtige Rolle. Letztere bedürfen allerdings der Vorbereitung. Sie sollten vor allem nicht zwischen Tür und Angel stattfinden, sondern in ungestörter Atmosphäre.
In der Ausbildung lassen sich so auch Verhaltensweisen steuern und erlernen.

Vertrauensvolles Verhältnis

Feedback setzt für den Erfolg allerdings voraus, dass die Beteiligten ein weitgehend harmonisches und vertrauensvolles Verhältnis zueinander haben. Der Ausbilder sollte in der Lage sein, die Rückmeldungen des Lehrlings sensibel, verständnisvoll und situationsgerecht aufzunehmen. Gegebenenfalls muss er auch bereit sein, sein eigenes Verhalten zu hinterfragen und zu ändern.

Handlungsorientierte, fallbezogene Aufgaben

1. Sie sind selbstständiger Betriebsinhaber und bilden laufend Lehrlinge aus. Als Ausbilder wissen Sie, dass erfolgreiches Lernen neben der geeigneten Lernsituation und dem angepassten Lernstoff aufseiten des Lehrlings vor allem Lernfähigkeit und Lernbereitschaft erfordert. Diese versuchen Sie während des Unterweisungsprozesses besonders zu fördern.

   Aufgabe: Beschreiben Sie die wichtigsten Lernvoraussetzungen (Lernanforderungen) für die Ausbildung Ihrer Lehrlinge!

   >> Seiten 196 bis 197 |

2. Für eine systematische Planung, Ausführung, Kontrolle und Steuerung des Ausbildungsprozesses sollen Sie als Ausbilder die Lernziele genau beschreiben und festlegen.

   Aufgabe: Unter einem Lernziel versteht man

- [ ] a ausschließlich die Beschreibung von Fertigkeiten, die in der Grundausbildung zu vermitteln sind.
- [ ] b nur die Kenntnisse, die während der Anwendungsausbildung vermittelt werden sollen.
- [ ] c die Fertigkeiten und Kenntnisse, die ausschließlich die Fachausbildung betreffen.
- [ ] d die Beschreibung des beobachtbaren Endverhaltens, das durch Lernen erreicht werden soll.
- [ ] e die Beschreibung der Prüfungsanforderungen.

   >> Seite 205 |

3. Sie bilden zwei Lehrlinge aus und stellen fest, dass bei beiden immer wieder die Motivation zum Lernen unzureichend ist. Deshalb wollen Sie ein Konzept entwickeln, wie Sie diese Situation künftig verbessern können.

   Aufgabe: Stellen Sie dar, mit welchen Hilfen und Maßnahmen Sie die Motivation Ihrer beiden Lehrlinge fördern und verbessern können!

   >> Seite 210 |

4. Sie bilden Lehrlinge in Ihrem Betrieb aus. Für den optimalen Ausbildungserfolg sind Sie bestrebt, die einzelnen Unterweisungen so zu gestalten, dass die Lehrlinge auch möglichst viel davon langfristig behalten und umsetzen können.

   Aufgabe: Erläutern Sie die wichtigsten Einflussfaktoren auf das Behalten von Gelerntem und erklären Sie, wie Sie diese Grundsätze in der Gestaltung der Unterweisungen Ihrer beiden Lehrlinge umsetzen!

   >> Seiten 211 bis 215 |

5. Als Ausbilder sind Sie bestrebt, im Rahmen der gesamten Ausbildung und der einzelnen Unterweisungsmaßnahmen die besten Bedingungen dafür zu schaffen, dass der Lehrling erfolgreich lernen kann.

   Aufgabe: Nennen Sie die Rahmenbedingungen, die dafür unerlässlich sind.

   >> Seite 216 |

3.2 Lernsituation: Probezeit organisieren, gestalten und bewerten

Kompetenzen:

> Inhaltliche und organisatorische Gestaltung der Probezeit festlegen und rechtliche Grundlagen beachten.
> Lernaufgaben zur Ermittlung von Eignung und Neigung des Auszubildenden für die Probezeit auswählen.
> Die Einführung des Auszubildenden in den Betrieb planen.
> Entwicklung des Auszubildenden während der Probezeit bewerten und mit dem Auszubildenden rückkoppeln, Durchführung und Ergebnis der Probezeit bewerten.

3.2.1 Einführung des Auszubildenden in den Betrieb (Onboarding), auch unter Verwendung digitaler Tools

Die ersten Wochen beeinflussen maßgeblich, ob sich der Lehrling, für den ein neuer Lebensabschnitt mit neuen Erfahrungen beginnt, im Ausbildungsbetrieb wohlfühlt und von daher die besten Voraussetzungen hat, die Ausbildungsanforderungen zu erfüllen, zumal die neue Umgebung und die neuen Spielregeln ihm noch fremd sind.

Deshalb ist die Gestaltung der Einführung besonders wichtig.
Der Ausbildende sollte auch prüfen, ob er dem künftigen Lehrling schon vor Ausbildungsbeginn Informationen zum Ausbildungsbetrieb zur Verfügung stellen kann.

Gestaltung der Einführungstage

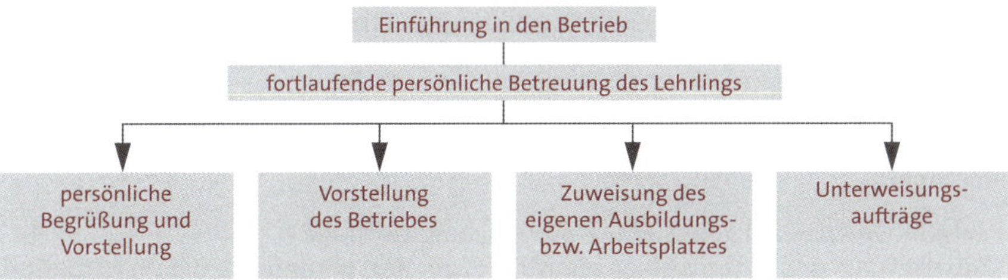

Bei der **persönlichen Begrüßung und Vorstellung** ist zu empfehlen:

Maßnahmen

> persönliche Kontaktaufnahme und Begrüßung durch den Ausbilder
> Vorstellen beim Ausbildenden, beim unmittelbaren Vorgesetzten, bei den Kollegen und bei der Jugendvertretung (nur bei größeren Betrieben)
> erste Informationen über den Ausbildungsberuf, die betriebliche Ausbildung, überbetriebliche Ausbildungsmaßnahmen und die Berufsschule. Dazu kann auch eine „Willkommensmappe“ zusammengestellt werden.

> Übergabe der einzureichenden Unterlagen des Lehrlings wie z. B. Steueridentifikationsnummer, Sozialversicherungsausweis (Kopie), Mitgliedsbescheinigung der Krankenkasse.

Vorstellung des Betriebes

Die **Vorstellung des Ausbildungsbetriebes** sollte mindestens folgende Punkte beinhalten:

> allgemeine Informationen über den Betrieb mit seinen Haupttätigkeiten
> Erläuterung der Besonderheiten des Betriebes wie
  - örtliche Gegebenheiten und Verkehrsanbindung
  - Arbeitszeit- und Pausenregelung
  - Urlaub
  - Zahlungstermin und -weise (in der Regel bargeldlos auf das Konto des Auszubildenden) der Ausbildungsvergütung
  - Zeiterfassung
> Vorstellung der Unternehmenskultur und von Verhaltensregeln, die im Betrieb gelten
> Führung durch den Betrieb
> Bekanntmachen mit den Nebeneinrichtungen des Betriebes wie
  - Kantine
  - Toiletten, Waschräume
  - Garderobe mit Schrank für persönliche Gegenstände
  - Erste-Hilfe-Einrichtungen
  - „Schwarzes Brett" mit Aushängen (u. a. Jugendarbeitsschutzgesetz)
> Hinweis auf Unfallschutz, Sicherheitsbestimmungen sowie Schutzkleidung.

Ausbildungsplatz

Bei der **Zuweisung des Ausbildungs- bzw. Arbeitsplatzes** sollte insbesondere eingegangen werden auf:

> Eigenheiten des Ausbildungs- bzw. Arbeitsplatzes
> Einbindung des Ausbildungs- bzw. Arbeitsplatzes in die betriebliche Ablauf- und Aufbauorganisation
> Übergabe, falls im Betrieb üblich, von Schlüsseln oder Zugangskarten
> Erklärung wichtiger Werkzeuge; Zurverfügungstellen der notwendigen IT (Zugänge, Postfach)
> Aushändigung der schriftlichen Ausbildungsnachweise bzw. Hinweis, wie die Ausbildungsnachweise gemäß Ausbildungsvertrag zu führen sind (schriftlich oder elektronisch).

Vorgehen

Bei den ersten **Unterweisungsaufträgen** ist allgemein das folgende Vorgehen zu empfehlen:

> sorgfältige Auswahl geeigneter Unterweisungsaufträge
> Ausrichtung der Unterweisungsaufträge an der betrieblichen Ernstsituation, zum Beispiel an konkreten Kundenaufträgen
> Abstimmung des Schwierigkeitsgrades auf den jeweiligen Lehrling
> ausführliche Informationen über Sicherheitsbestimmungen
> Einweisung in die Bedienung von Maschinen.

Betreuung

Besonders wichtig ist gerade in den ersten Wochen der betrieblichen Ausbildung, dass der Lehrling verstärkt durch den Ausbilder oder einen anderen ständigen Ansprechpartner als Vertrauensperson persönlich betreut wird.
Teile der vorher beschriebenen Maßnahmen lassen sich auch digital unterstützen; beispielsweise durch Informationen und Dokumente im Intranet und entspre-

chende Schulungsmodule. Auch Apps können den Prozess der Einführung in den Betrieb in geeigneter Form unterstützen. Wichtig ist, dass solche Lösungen auch die Möglichkeit der Interaktion – also Fragen und Antworten – zulassen.
Allerdings ist gerade in Handwerksbetrieben in den ersten Tagen der direkte Kontakt zwischen Lehrling sowie Ausbildendem und Ausbilder besonders wichtig.

3.2.2 Digitale Kommunikation

Digitale Kommunikation

Während der Probezeit ist eine intensive Kommunikation zwischen Lehrling und Ausbildendem/Ausbilder sehr wichtig. Diese kann zum Teil auch digital stattfinden bzw. digital unterstützt werden. Im Wesentlichen sind dazu in dieser Phase E-Mail- oder Chat-Dienste geeignet.

3.2.3 Instrumente zur Bindung der Auszubildenden: Patenschaften, Mentoren, Teambuilding

Junge Menschen, die eine Ausbildung beginnen, kommen in ein für sie ungewohntes Umfeld, in dem sie sich erst zurechtfinden und an das sie sich gewöhnen müssen. Dieser Prozess ist auch wichtig für die Bindung an den Betrieb sowie die Zufriedenheit mit dem neuen Lebensabschnitt. Deshalb sollte er durch geeignete Maßnahmen unterstützt werden. Dazu zählen:

Patenschaften

> Patenschaften: Hier wird dem Lehrling ein Kollege zur Seite gestellt, der den Betrieb bereits sehr gut kennt und der ihn bei der fachlichen wie auch sozialen Eingliederung unterstützt.

Mentoren

> Mentoren: Dabei handelt es sich um Personen, die zumeist schon über längere berufliche Erfahrung verfügen und damit den Auszubildenden als Ansprechpartner zur Verfügung stehen und sie fördern. Mentoren müssen nicht aus demselben Betrieb kommen, es kann sich auch um Personen im Ruhestand handeln.

Teambuilding

> Teambuilding: Hier soll mit geeigneten Maßnahmen dazu beigetragen werden, dass die neuen Lehrlinge einander und ihre Kollegen kennenlernen und mit ihnen gut zusammenarbeiten können. Das können gemeinsame Unternehmungen in der Freizeit sein, aber auch regelmäßige Treffen am und um den Arbeits- bzw. Ausbildungsplatz, um das Zusammengehörigkeitsgefühl zu stärken. Auch die gemeinsame Mittagspause und ein Betriebsausflug können dazu dienen.

3.2.4 Bedeutung, Gestaltung und Auswertung der Probezeit

3.2.4.1 Rechtliche Vorgaben

Die Probezeit hat den Zweck, die Eignung des Lehrlings für den zu erlernenden Beruf sorgfältig zu prüfen. Jedes Berufsausbildungsverhältnis hat mit einer Probezeit zu beginnen. Sie muss mindestens 1 Monat und darf höchstens 4 Monate dauern.

Wichtige Regelungen zur Probezeit sind:

> Sie ist Bestandteil des Berufsausbildungsverhältnisses.

Verpflichtungen

> Während der Probezeit bestehen die vollen beiderseitigen Verpflichtungen der Vertragspartner.

Zweck

> Die Probezeit hat den Zweck, die Eignung des Lehrlings für den zu erlernenden Beruf sorgfältig zu prüfen. Dies gilt sowohl für den Ausbildenden/Ausbilder wie den Lehrling.

Verlängerung

> Die gesetzlich vorgeschriebene Probezeit von höchstens 4 Monaten verlängert sich nicht automatisch um die Dauer einer Unterbrechung. Die Vertragspartner des Ausbildungsvertrages können aber in Fällen einer bedeutsamen Unterbrechung (wie längerer Krankenhausaufenthalt des Lehrlings oder Ausfall des Ausbildenden/Ausbilders) eine Verlängerung der Probezeit vereinbaren. Bundeseinheitliche Mustervordrucke für den Berufsausbildungsvertrag enthalten eine entsprechende Vereinbarung, nach der sich die Probezeit um den Zeitraum der Unterbrechung verlängert, wenn die Ausbildung während der Probezeit um mehr als ein Drittel dieser Zeit unterbrochen wird. Der Ausbildende kann sich auf eine solche Vereinbarung jedoch dann nicht berufen, wenn er die Unterbrechung selbst vertragswidrig herbeigeführt hat.
> Wenn der Auszubildende während der Probezeit wegen Blockunterricht in der Berufsschule oder überbetrieblicher Ausbildung nur wenig im Betrieb ist, kann die Probezeit trotzdem nicht verlängert werden, da diese Maßnahmen keine Unterbrechung der Ausbildung, sondern Bestandteil der Gesamtausbildung sind.

Bei einer Stufenausbildung fällt die Probezeit nur zu Beginn der ersten Stufe an.

3.2.4.2 Planung des ersten Ausbildungsabschnittes unter besonderer Berücksichtigung der intensiven Betreuung des Lehrlings durch den Ausbildenden/Ausbilder

Grundsätze

Um die Probezeit bestmöglich zu nutzen, sollte der Ausbilder einige wichtige Grundsätze bei ihrer Gestaltung beachten:

> Besonders wichtig ist, dass von der 4-monatigen Probezeit nach Möglichkeit mindestens ein Drittel auf die Ausbildungsphase im Betrieb entfällt.

> Der Lehrling muss in möglichst vielen Bereichen des entsprechenden Ausbildungsberufsbildes getestet werden und Gelegenheit erhalten, verschiedene Einsatzbereiche seines Berufes kennenzulernen.

> Durch Steigerung des Schwierigkeitsgrades der gestellten Aufgaben sollte geprüft werden, ob der Lehrling auch tatsächlich dem während der gesamten Berufsausbildung steigenden Niveau gewachsen ist.

Die Probezeit muss auf jeden Fall optimal genutzt werden. Für den Ausbilder heißt dies, dass er sich in dieser Zeit intensiv um den Lehrling kümmern muss, um am Ende der Probezeit ein kompetentes Urteil über dessen Eignung abgeben zu können.

3.2.4.3 Auswertung der Probezeit

Die während der Probezeit gemachten Beobachtungen dienen als Grundlage für das Gespräch mit dem Lehrling vor Ende der Probezeit. Neben den eigenen Beobachtungen sollten dabei auch Erkenntnisse einfließen, die aus Gesprächen mit Arbeitskollegen des Lehrlings gewonnen werden.
Ziel der Auswertung der Probezeit ist es,

Ziele

> die Ausbildungseignung zu klären,
> Stärken und Schwächen des Lehrlings zu diskutieren,
> für die weitere Ausbildung motivierende und fördernde Maßnahmen zu erarbeiten.

Beim Gespräch mit dem Auszubildenden sollten die Gesprächsregeln beachtet werden (>> Abschnitt 3.7.3.5).
Letztlich muss damit aber auch die Entscheidung getroffen werden, ob das Ausbildungsverhältnis fortgesetzt werden kann oder nicht. Sollte es zu einer Beendigung kommen, sollte der Ausbildende/Ausbilder überlegen, ob er dem Lehrling alternative Entwicklungswege und Perspektiven aufzeigen kann, wie z. B. ein Wechsel des Ausbildungsberufs, wenn der ursprünglich gewählte wegen gesundheitlicher Einschränkungen nicht ausgeübt werden kann.

Handlungsorientierte, fallbezogene Aufgaben

1. Sie haben zu Beginn des Ausbildungsjahres einen Lehrling eingestellt. Als Ausbilder wissen Sie, dass bereits die ersten Tage und Wochen maßgeblichen Einfluss haben, ob sich der Lehrling, den Sie eingestellt haben, in Ihrem Betrieb wohlfühlt und von daher die besten Voraussetzungen hat, die Ausbildungsanforderungen zu erfüllen.

   Aufgabe: Wie gestalten Sie in diesem Fall den ersten Arbeitstag des Lehrlings, dem ja in der Regel die neue Umgebung und die neuen Spielregeln noch fremd sind, um ihn bestmöglich in den Betrieb einzuführen?

   >> Seiten 219 bis 221 |

2. Welche Aussage ist richtig?

- a Die Probezeit ist Bestandteil des Berufsausbildungsverhältnisses.
- b Die Probezeit wird zur Hälfte auf die Ausbildungsdauer angerechnet.
- c Die Probezeit ist nicht Bestandteil des Berufsausbildungsverhältnisses.
- d Der Ausbildende entscheidet darüber, ob und in welchem Umfang die Probezeit auf die Ausbildungsdauer angerechnet wird.
- e Eine Anrechnung auf die Ausbildungsdauer findet nur statt, wenn die Probezeit mindestens drei Monate dauert.

   >> Seite 221 |

3. Sie führen mit Ihrem Lehrling vor Ende der Probezeit ein Gespräch.

   Aufgabe: Was sollte dabei im Mittelpunkt stehen?

   >> Seite 223 |

3.3 Lernsituation: Aus dem betrieblichen Ausbildungsplan und den berufstypischen Arbeits- und Geschäftsprozessen betriebliche Lern- und Arbeitsaufgaben entwickeln und gestalten

Kompetenzen:

> Bedeutung des Lernens in Auftrags- und Geschäftsprozessen herausstellen.
> Zukünftige Veränderungen in betrieblichen Geschäftsprozessen (auch im Hinblick auf Nachhaltigkeit und Digitalisierung) für Ausbildung erkennen und in Ausbildung implementieren
> Ausbildungsplan sowie Arbeits- und Geschäftsprozesse analysieren und hieraus geeignete Lern- und Arbeitsaufgaben gestalten.
> Auszubildende unter Berücksichtigung individueller Voraussetzungen in Arbeitsaufgaben einbinden.

3.3.1 Methodenkonzept der auftrags- und geschäftsprozessorientierten Ausbildung (vollständige Handlung)

3.3.1.1 Auftragsorientiertes Lernen

Begriff

Kundenauftrag

Unter den verschiedenen Auftragsformen ist im Handwerk vor allem der Kundenauftrag von Bedeutung. Darunter versteht man die Aufforderung des Kunden an den Betrieb, ihm ein bestimmtes Produkt zu liefern oder eine bestimmte Leistung zu erbringen.

Wichtige Bereiche des Kundenauftrages im Handwerk

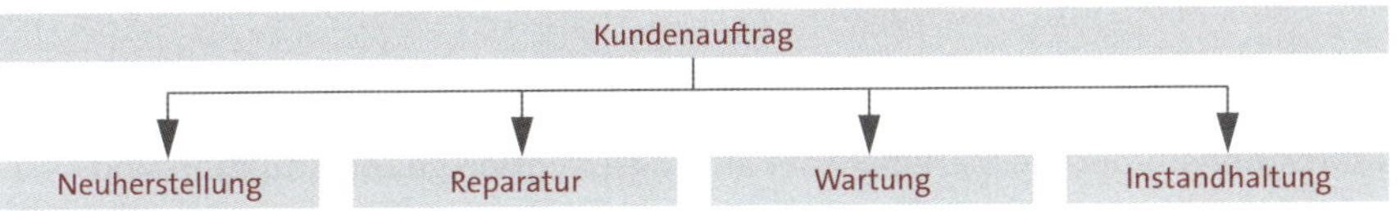

Allgemeine Merkmale

Als allgemeine Merkmale der für das Handwerk typischen Aufträge lassen sich nennen:

> unmittelbarer und direkter Kontakt zum Kunden
> breites Leistungsspektrum bei geringer Fertigungstiefe
> Anforderungen gestalterischer Art
> breites Aufgabenfeld für die einzelnen Mitarbeiter.

Bedeutung

Im Handwerk sind die Lehrlinge in der Regel in den betrieblichen Leistungsprozess eingebunden. Die Ausbildung findet in engem Zusammenhang mit der täglichen Arbeit im Betrieb, das heißt der Auftragsabwicklung, sozusagen im Ernstfall, statt.

Vorteile

Die besonderen Vorteile der auftragsorientierten Ausbildung liegen damit in der Kundennähe und dem Einblick in den gesamten Arbeitsprozess. Die Lehrlinge können realitätsnah, entsprechend ihren steigenden Fertigkeiten, Kenntnissen und Fähigkeiten, an der Erledigung der Aufträge beteiligt werden.
Diese Auftragsabwicklung weist zwar durchaus branchenmäßige Unterschiede auf. Es lassen sich jedoch wesentliche allgemeine Bestandteile herausarbeiten.

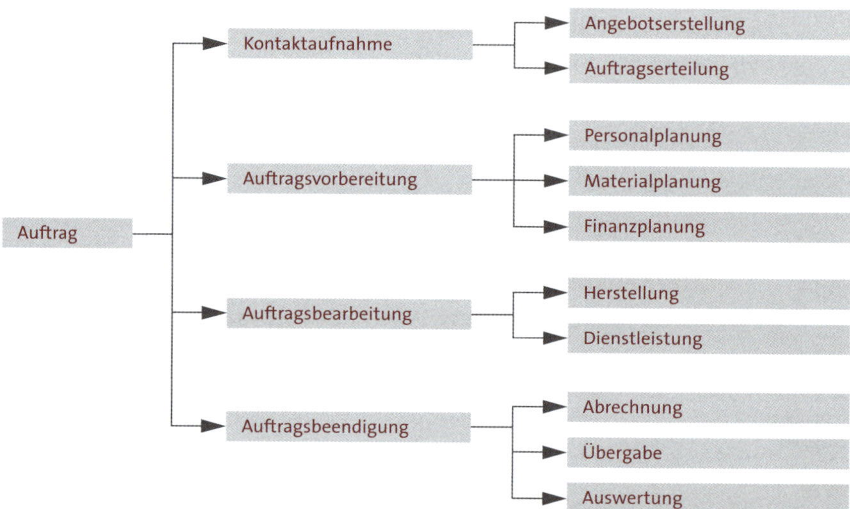

Die gesamten Arbeiten, die so im Rahmen der Auftragsabwicklung anfallen, sollen dann auch in die Ausbildung übernommen werden.

Auftragsorientierte Ausbildung

> Eine auftragsorientierte Ausbildung bietet vielfältige Möglichkeiten, über die fachliche Kompetenz hinaus auch persönliche und soziale Kompetenz zu stärken und zu vermitteln.

Ferner ist sie besonders günstig für die Förderung der Arbeits- und Lernmotivation. Motivationsfördernde Merkmale der auftragsorientierten Lernsituation sind:

Merkmale

- enger Kontakt zum Ausbilder
- realitätsnahes Lernen
- breites Lernfeld im Rahmen des Gesamtauftrages
- Abwechslung und Arbeitsvielfalt
- gute Entfaltungsmöglichkeiten
- wachsendes Selbstvertrauen durch Übertragung von Verantwortung.

Struktur und didaktischer Aufbau

Unter der Struktur der betrieblichen Ausbildungsorganisation versteht man allgemein die Beschaffenheit und das Zusammenspiel der Faktoren, die das Lernen und Lehren im Betrieb kennzeichnen. Dies sind insbesondere:

> Kundenaufträge
> auftragsorientierte Arbeitsaufgaben und Arbeitstätigkeiten
> darauf ausgerichtete Betriebsabläufe.

Im Rahmen dieses Umfeldes muss nun der Lehrling in didaktisch geeigneter Form in den betrieblichen Produktions- und Dienstleistungsprozess eingebunden werden. Für das auftragsorientierte Lernen wurde dafür ein vierstufiges System entwickelt:

Stufen

> Erste Stufe: Zuordnung des Lehrlings zu produktiven Arbeitsaufgaben.
> Zweite Stufe: Festlegung, wie der Lehrling in den Prozess der Auftragserledigung einbezogen werden soll.
> Dritte Stufe: Formulierung konkreter Aufgaben und Unterstützung des Lehrlings bei der Aufgabenerfüllung.
> Vierte Stufe: Angemessener Einsatz von Sonderformen des betrieblichen Lernens.

3.3.1.2 Geschäftsprozessorientierte Ausbildung

Ein Geschäftsprozess bildet alle Aktivitäten ab, die ausgeführt werden, um ein Produkt herzustellen oder eine Leistung zu erbringen (>> auch Abschnitt 2.1.3.1). Insbesondere seit der Neuordnung der Metall- und Elektroberufe verfolgen Ausbildungsordnungen einen prozessorientierten Ansatz. Damit wird neuen Entwicklungen vor allem in folgenden Bereichen Rechnung getragen:

Neue Anforderungen

> neue Organisationsformen in den Betrieben
> rascher technischer Wandel
> Qualitätssicherungskonzepte durch neue Normen nach ISO-Standard (Internationale Organisation für Normung)
> neue lerntheoretische Konzepte
> arbeitsplatznahe Ausbildung.

Kern- und Fachqualifikationen

Im Vordergrund stehen weniger konkrete Fertigkeiten und Kenntnisse, sondern Kern- und Fachqualifikationen, die anhand berufstypischer Arbeitsaufgaben zu vermitteln sind. Kernqualifikationen betreffen Inhalte, die beispielsweise für die Metallberufe insgesamt gelten, wie zum Beispiel Berufsbildung, Arbeits- und Tarifrecht sowie Sicherheit und Gesundheitsschutz. Fachqualifikationen dagegen zielen auf die einzelnen Berufe. Dazu werden

> die Geschäfts-, Leistungs- und Arbeitsprozesse im Betrieb festgelegt,
> die entsprechend der Ausbildungsordnung zu vermittelnden Qualifikationen damit abgestimmt,
> die Arbeitsplätze und Arbeitsaufgaben ausgewählt, mit denen diese Qualifikationen vermittelt werden können.

3.3.1.3 Modell der vollständigen Handlung

Nach heutigem Verständnis wird die berufliche Handlungsfähigkeit am geeignetsten durch selbstständiges Arbeiten gefördert. Dies bildet das Modell der vollständigen Handlung ab.

Stufen

Konkrete Inhalte der einzelnen Stufen können sein:

- Informieren: Die Lehrlinge beschaffen sich selbst die Informationen, die zur Erledigung der gestellten Aufgabe erforderlich sind. Der Ausbilder kann sie dabei durch Nachfragen unterstützen.
- Planen: Die Lehrlinge befassen sich damit, wie die gestellte Aufgabe konkret gelöst werden kann. Sie sollten das auch schriftlich dokumentieren. Der Ausbilder sollte ihnen dafür die erforderlichen Arbeitsmittel zur Verfügung stellen.
- Entscheiden: Die Lehrlinge prüfen die in der Planung entworfenen Varianten und entscheiden sich für eine davon. Bei diesem Schritt ist in der Regel eine Rückkopplung mit dem Ausbilder hilfreich.
- Ausführen: Die Lehrlinge erledigen dann die notwendigen Arbeiten eigenständig.
- Kontrollieren: Nach der Ausführung gilt es kritisch zu prüfen, ob die Erledigung den Anforderungen entspricht.
- Bewerten: Die Lehrlinge beurteilen gemeinsam mit dem Ausbilder das gesamte Vorgehen und das Ergebnis, um daraus für weitere Aufgaben zu lernen.

3.3.2 Auswahl geeigneter Arbeitsaufgaben und Einbindung der Auszubildenden

3.3.2.1 Arbeitsstrukturanalyse

Die Arbeitsstrukturanalyse ist eine Darstellung der verschiedenen Phasen der Auftragsabwicklung sowie der in den einzelnen Phasen jeweils konkret anfallenden Aktivitäten.

Dabei wird aufgezeigt,

- woran (Objekte)
- was (Verrichtungen)
- wie (Informationen)
- womit (Hilfsmittel)

gearbeitet wird.

3.3.2.2 Zuordnung des Lehrlings zu den Arbeitsaufgaben und verantwortlichen Mitarbeitern

Dem Lehrling können grundsätzlich zugeordnet werden:

Arten

- > Arbeitsaufgaben, die den ganzen Auftrag abdecken
- > Arbeitsaufgaben, die nur Teile eines kompletten Auftrags abdecken
- > Arbeitsaufgaben, die allgemein bei einzelnen Aufträgen immer wiederkehren (z. B. Rechnungsbearbeitung und Mahnwesen).

Wichtige Zuordnungsmerkmale von Arbeitsaufgaben

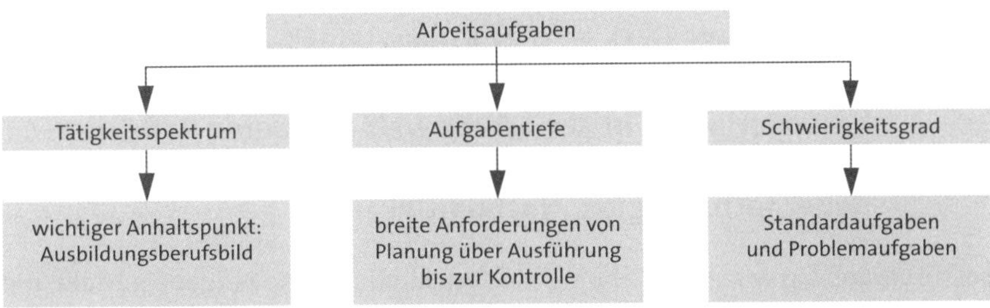

Tätigkeitsspektrum

Beim **Tätigkeitsspektrum** sollten neben den rein fachtechnischen insbesondere auch

- > betriebswirtschaftliche,
- > arbeitsorganisatorische,
- > gestalterische,
- > arbeitsökologische

Aufgaben berücksichtigt werden.

Aufgabentiefe

Durch die umfassende **Aufgabentiefe** soll erreicht werden, dass der Lehrling nicht nur Handlungen nachvollziehen, sondern selbst gestalten und kontrollieren kann.

Schwierigkeitsgrad

Standardaufgaben sind Aufgaben, die immer wieder vorkommen und mit einem einmal erlernten Verhaltens- und Lösungsmuster bewältigt werden können. **Problemaufgaben** dagegen erfordern jeweils angepasste Lösungsansätze.

3.3.2.3 Bestimmung der angemessenen Mitwirkungsformen und der erforderlichen Lernhilfen

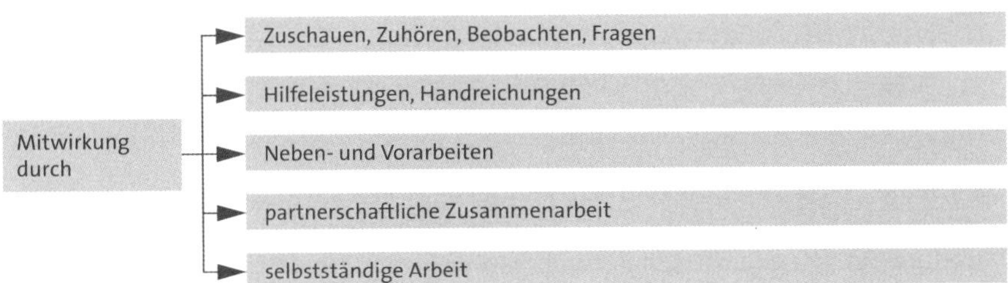

Die Form der Mitwirkung ist dabei maßgeblich abhängig vom jeweiligen Ausbildungs- und Lernstand.

Lernhilfen

Im Laufe ihrer Ausbildung im Handwerksbetrieb sollen die Lehrlinge mit allen wesentlichen berufs- und betriebsüblichen Aufgaben und Aufträgen vertraut gemacht werden. Ausbilder und Arbeitskollegen unterstützen sie dabei durch gezielte Hilfen, insbesondere durch

> fallweises Eingreifen
  und
> „Auf-die-Sprünge-Helfen".

Dabei sollen sowohl Über- wie auch Unterforderung vermieden werden. (Auf einzelne Lernhilfen wird in >> Abschnitt 3.5.1.3 näher eingegangen.)

3.3.3 Gestaltung von Lern- und Arbeitsaufträgen unter Nutzung digitaler Tools (digitale Lerndokumentation) auch zu Veränderungen in der Arbeitswelt und deren Reflexion (z. B. Änderungen der Arbeitsorganisation, die Einführung neuer Technologien, Nachhaltigkeit)

Beim **Lernauftrag** wird dem Lehrling eine reale, praxisnahe Aufgabe gestellt, die auf einem **Arbeitsauftrag** aufbaut. Der Lehrling hat diese Aufgabe möglichst selbstständig nach dem Konzept der vollständigen Handlung (>> auch Abschnitt 3.3.1.3) zu erledigen. Lernen und Arbeiten finden dabei gleichzeitig statt. Es bietet sich – um Aufwand und Kosten gering zu halten – an, vor allem aus öfter durchgeführten Standardaufträgen (Kundenaufträgen) Lernaufträge zu gestalten.
Bei **Erkundungsaufträgen** müssen die Lehrlinge bestimmte Informationen durch eigene Beobachtungen sammeln.
Anwendungsaufträge haben zum Ziel, bereits vorhandene Fertigkeiten, Kenntnisse und Fähigkeiten auf neue Aufgabenstellungen anzuwenden.
Um von einem Kundenauftrag zu einem Lernauftrag zu kommen, sind folgende Schritte hilfreich:

Schritte

> Zerlegung des Auftrags in Teilaufgaben
> Zuordnung der Teilaufgaben zu den im Ausbildungsplan geforderten Kenntnissen und Fertigkeiten
> Abgleich der Kenntnisse und Fertigkeiten mit dem Stand des Lehrlings
> Auswahl einer zum Stand des Lehrlings passenden Teilaufgabe
> Darstellung der Aufgabe als Auftrag
> Zurverfügungstellung der entsprechenden Arbeitshilfen.

Dabei ist auch den fortlaufenden technischen – z. B. durch die Digitalisierung – und organisatorischen Änderungen der Arbeitswelt Rechnung zu tragen. Hinzu kommen neue Anforderungen wie die Nachhaltigkeit.

Die Themen Digitalisierung und Nachhaltigkeit sind auch Bestandteil der fachrichtungsübergreifend, integrativ zu vermittelnden Fertigkeiten, Kenntnisse und Fähigkeiten bei neu geordneten Berufen bzw. der vom Bundesinstitut für Berufsbildung empfohlenen Standardberufsbildpositionen (>> Abschnitt 2.1.2.1).

So werden in der Ausbildungsordnung für den Beruf des Malers und Lackierers/der Malerin und Lackiererin im Bereich Umweltschutz und Nachhaltigkeit folgende zu vermittelnden Fertigkeiten, Kenntnisse und Fähigkeiten aufgeführt:

Umweltschutz und Nachhaltigkeit

a) Möglichkeiten zur Vermeidung betriebsbedingter Belastungen für Umwelt und Gesellschaft im eigenen Aufgabenbereich erkennen und zu deren Weiterentwicklung beitragen
b) bei Arbeitsprozessen und im Hinblick auf Produkte, Waren oder Dienstleistungen Materialien und Energie unter wirtschaftlichen, umweltverträglichen und sozialen Gesichtspunkten der Nachhaltigkeit nutzen
c) für den Ausbildungsbetrieb geltende Regelungen des Umweltschutzes einhalten
d) Abfälle vermeiden sowie Stoffe und Materialien einer umweltschonenden Wiederverwertung oder Entsorgung zuführen
e) Vorschläge für nachhaltiges Handeln für den eigenen Arbeitsbereich entwickeln
f) unter Einhaltung betrieblicher Regelungen im Sinne einer ökonomischen, ökologischen und sozial nachhaltigen Entwicklung zusammenarbeiten und adressatengerecht kommunizieren.

Bezüglich der digitalisierten Arbeitswelt sollen folgende Fertigkeiten, Kenntnisse und Fähigkeiten vermittelt werden:

Digitalisierte Arbeitswelt

a) mit eigenen und betriebsbezogenen Daten sowie mit Daten Dritter umgehen und dabei die Vorschriften zum Datenschutz und zur Datensicherheit einhalten
b) Risiken bei der Nutzung von digitalen Medien und informationstechnischen Systemen einschätzen und bei deren Nutzung betriebliche Regelungen einhalten
c) ressourcenschonend, adressatengerecht und effizient kommunizieren sowie Kommunikationsergebnisse dokumentieren
d) Störungen in Kommunikationsprozessen erkennen und zu ihrer Lösung beitragen
e) Informationen in digitalen Netzen recherchieren und aus digitalen Netzen beschaffen sowie Informationen, auch fremde, prüfen, bewerten und auswählen
f) Lern- und Arbeitstechniken sowie Methoden des selbstgesteuerten Lernens anwenden, digitale Lernmedien nutzen und Erfordernisse des lebensbegleitenden Lernens erkennen und ableiten
g) Aufgaben zusammen mit Beteiligten, einschließlich der Beteiligten anderer Arbeits- und Geschäftsbereiche, auch unter Nutzung digitaler Medien, planen, bearbeiten und gestalten
h) Wertschätzung anderer unter Berücksichtigung gesellschaftlicher Vielfalt praktizieren.

Die Bearbeitung der Lern- und Arbeitsaufträge findet in der Regel zumindest stichpunktartig Eingang in den Ausbildungsnachweis (>> Abschnitt 2.5.2.3). Es sind aber auch weitergehende Dokumentationen der ausgeführten Tätigkeiten und der damit verbundenen Lernprozesse mittels spezieller Softwarelösungen möglich.

Handlungsorientierte, fallbezogene Aufgaben

1. Sie bilden in Ihrem Betrieb zum ersten Mal aus und setzen sich damit auseinander, nach welcher Ausbildungsmethode Sie den Jugendlichen am geeignetsten entsprechend den Gegebenheiten in Ihrem Betrieb ausbilden können.

   Aufgabe: Untersuchen Sie dazu die Methode der auftragsorientierten Ausbildung und schildern Sie deren Vorgehensweise sowie deren Vorteile!

   >> Seiten 225 bis 227 |

2. Bei zu vermittelnden Inhalten, die für Berufe insgesamt gelten, spricht man von

- [ ] a Fachqualifikationen.
- [ ] b Kernqualifikationen.
- [ ] c Zweckqualifikationen.
- [ ] d Bereichsqualifikationen.
- [ ] e Standardqualifikationen.

>> Seite 227 |

3. Arbeitsaufgaben, die jeweils angepasste Lösungsansätze erfordern, nennt man

- [ ] a Problemaufgaben.
- [ ] b Sonderaufgaben.
- [ ] c Standardaufgaben.
- [ ] d Fachaufgaben.
- [ ] e Kernaufgaben.

>> Seite 229 |

3.4 Lernsituation: Ausbildungsmethoden und -medien zielgruppengerecht auswählen und situationsspezifisch einsetzen

Kompetenzen:

- Wesentliche Ausbildungsmethoden und deren Einsatzmöglichkeiten darstellen.
- Kriterien für die Auswahl von Methoden beschreiben; Methodenauswahl begründen.
- Lehrgespräch und Arbeitsunterweisung planen und bewerten.
- Methodische Gestaltung von Ausbildungsinhalten zielgruppengerecht planen, umsetzen und bewerten.
- Funktion von Ausbildungsmedien und -mitteln beschreiben und diese methodengerecht auswählen.
- Einsatz von digital gestützten Lernmöglichkeiten für die Ausbildung beurteilen.

3.4.1 Überblick über Ausbildungsmethoden und Kriterien für die Methodenwahl

3.4.1.1 Aktions- und Sozialformen

Aktionsformen

> Als Aktionsformen bezeichnet man die Art und Weise, wie Ausbilder und Lehrlinge im Rahmen der Ausbildung zur Stoffvermittlung tätig werden.

Häufige Formen

Häufige Aktionsformen sind:

- Zeigen
- Vormachen
- Vorführen
- Erklären
- Fragen
- Anerkennen
- Ermutigen
- Tadeln.

Sozialformen

> Als Sozialformen bezeichnet man in diesem Zusammenhang die nach sozialen Gesichtspunkten ausgerichteten Formen der Lehrtätigkeit.

Frontalunterricht

Beim **Frontalunterricht** (die Lehrperson steht vor der Klasse oder Lerngruppe) steht die Vermittlung gleicher Kenntnisse an alle Lernenden im Vordergrund. Aktivität und Beteiligung der Lernenden sind weniger gefragt. Wichtig ist vielmehr nur das Beherrschen des für alle Lernenden gleichen Lernstoffs.

Einzelarbeit

Einzelarbeit in der Ausbildung bedeutet, dass der Lehrling sich eigenverantwortlich mit einer ihm übertragenen Aufgabe befasst. Der Ausbilder steht als Hilfe zur Verfügung.

Gruppenarbeit

Gruppenarbeit (auch Teamarbeit genannt) bedeutet, dass mehrere Lehrlinge für die Unterweisung zusammengefasst werden. Sind nur zwei Teilnehmer beteiligt, spricht man von **Partnerarbeit**. Auf Einzelheiten der Gruppenarbeit wird in >> Abschnitt 3.8 ausführlich eingegangen.

3.4.1.2 Überblick über die verschiedenen Ausbildungsmethoden und Lehrverfahren

Methodensysteme und Methodenkonzeptionen

Methoden

Der Begriff Methode dient in der Regel zur Kennzeichnung geregelter Verfahren und Abläufe. Eine Methodenkonzeption der betrieblichen Ausbildung umfasst demnach deren gesamten Ablauf und Prozess.

Darunter fallen unter anderem:

- Lernziele
- Aufbau und Ablauf der Ausbildung
- organisatorische und institutionelle Einbettung der Ausbildung
- Eigenheiten, Verhalten und Aktivitäten von Ausbildern und Lehrlingen.

Methoden-konzeptionen

In der Wissenschaft wurden dazu verschiedene Konzepte entwickelt.
Bei der **lehrgangsorientierten Ausbildung** werden für die Lernziele und den entsprechenden Lehrstoff eine genaue Abfolge und Zeitspanne vorgegeben. Der Lehrgang in der betrieblichen Ausbildung ist sozusagen das Gegenstück des Lehrplans in der Schule.
Das wesentliche Merkmal der **projektorientierten Ausbildung** besteht darin, dass die Lernenden eine umfangreiche und konkrete Arbeitsaufgabe erhalten. Für die Durchführung und Lösung wird ihnen ein hohes Maß an Selbstständigkeit eingeräumt.
Die **auftragsorientierte Ausbildung** ist als weiterentwickelte Stufe durch das Lernen und Lehren anhand echter Arbeitsaufgaben und Arbeitssituationen im Rahmen eines Kundenauftrages gekennzeichnet.
Diesen Methodenkonzeptionen entsprechen die Methodensysteme

- Lehrgangsmethode,
- Projektmethode und
- Auftragsmethode.

Lehrverfahren

Die grundlegenden Lehrverfahren beziehen sich auf den Gesamtprozess des Lehrens, insbesondere die Stellung und das Verhältnis von Lehrenden, Lernenden und Lernstoff.

Beim **darbietenden Lehrverfahren** wird der Stoff vom Lehrenden vorgetragen, gezeigt und dargestellt. Der Lehrling verhält sich eher passiv und nimmt den Stoff auf.
Beim **erarbeitenden Lehrverfahren** beteiligt der Lehrende den Lernenden durch Fragen und Diskussionen am Finden und Erarbeiten des neuen Lehrstoffes.
Beim **entdeckenden Lehrverfahren** eignet sich der Lernende den Stoff mit geeignetem und anregendem Lernmaterial weitgehend selbstständig an.
In der Praxis werden oftmals auch einzelne Elemente der Lehrverfahren miteinander kombiniert. Kombinationen

Einzelne Methoden des Lehrens und Lernens im Betrieb

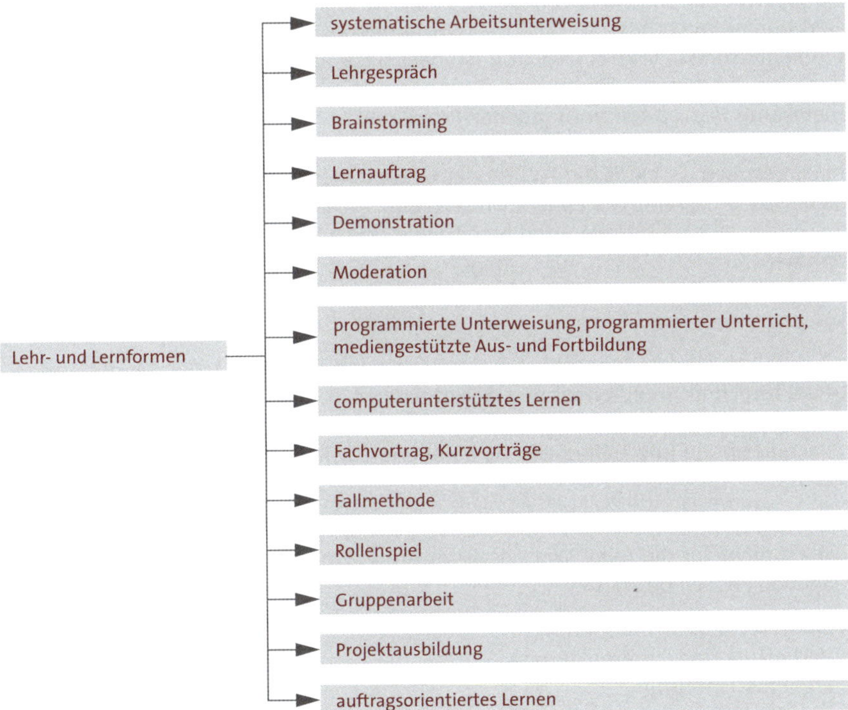

Auf systematische Arbeitsunterweisungen, Lehrgespräche und Lernaufträge wird in >> Abschnitt 3.4.2 näher eingegangen.

Fachvortrag

Im Rahmen von ausbildungsbezogenen Fachvorträgen wird ein Thema oder ein Themenbereich in einer auf den Lehrling zugeschnittenen Gliederung, Darstellung und Ausdrucksform abgehandelt. Der Zuhörer spielt hier eher eine passive, aufnehmende Rolle.

Fallmethode/Fallstudie

Im Rahmen dieser Methode sollen durch Bearbeitung konkreter Fälle Ziele

> vorhandenes Wissen und Können angewandt und
> noch fehlendes Wissen und Können angeeignet werden.

Fallstudien

Fallstudien ermöglichen dem Lehrling das Lernen in wirklichkeitsnaher und praxisähnlicher Form und fördern durch die notwendigen Aktivitäten

- Information
- Problemfindung
- Problemlösung

in besonderer Form das selbstständige Handeln.

Moderation (z. B. Metaplantechnik)

Moderationsmethode

Die Moderationsmethode hat das Ziel, die Kommunikation und Zusammenarbeit innerhalb von Gruppen zu verbessern. Sie kombiniert verschiedene Erkenntnisse aus Pädagogik, Soziologie und Psychologie, um bestmögliche Voraussetzungen dafür zu schaffen, dass sich Menschen in der Gruppe wohlfühlen, damit motiviert sind und so auch bessere Leistungen erbringen. Die Gruppen sollen lernen, ihre Probleme selbst zu lösen. Wichtig ist, dass dazu alle Mitglieder einbezogen werden. Um die Kommunikation der Gruppenmitglieder untereinander und das gemeinsame Bearbeiten vorhandener Probleme zu fördern, wird ein Gruppenmitglied zum Moderator ernannt oder ein von außen kommender Moderator hinzugezogen. Er leitet die Treffen der Gruppe methodisch, aber nicht inhaltlich; das heißt, er soll mit seinen Kenntnissen eine Atmosphäre schaffen, in der die Anwesenden sich wohlfühlen und bereitwillig sowie offen an den Diskussionen teilnehmen.

Moderator

Um die Teilnehmer einzubeziehen, bedient sich der Moderator folgender Techniken:

Techniken

- Zurufabfragen (die Teilnehmer äußern sich nach Zuruf durch den Moderator)
- Punktetechnik (die Teilnehmer kennzeichnen ihre Betroffenheit oder Zustimmung z. B. mit Klebepunkten an einer Skala)
- Kartenabfrage (die Teilnehmer schreiben ihre Vorstellungen und Ideen auf Karten).

Die Moderationsmethode ist gut für die Suche nach Problemlösungen, eignet sich jedoch nicht für die reine Wissensvermittlung. Eine moderierte Diskussion sollte folgende Phasen enthalten:

- Einführung und Einstimmung
- Vertiefung und Differenzierung
- Ergebnissicherung
- Abschlussgespräch.

Moderationsmaterial

Zu jeder Moderation gehören die geeigneten Moderationsmaterialien. Dies sind insbesondere Flip-Chart und Pinnwand, da es wichtiges Element der Moderationsmethode ist, die einzelnen Beiträge festzuhalten und immer wieder sichtbar zu machen.

Gruppenarbeit

> Darunter ist zu verstehen, dass mehrere Lehrlinge zusammenkommen, um einen vorgegebenen Auftrag oder eine vorgegebene Aufgabe gemeinsam zu erledigen bzw. zu lösen.

Die Vorzüge liegen in einer höheren Lernmotivation, aber auch in der Förderung der Bereitschaft zur Zusammenarbeit und sozialer Verhaltensweisen.

Gruppengröße

Hinsichtlich der Gruppengröße wird zumeist eine Teilnehmerzahl zwischen 3 und 8 Lehrlingen empfohlen.

Ablauf der Gruppenarbeit

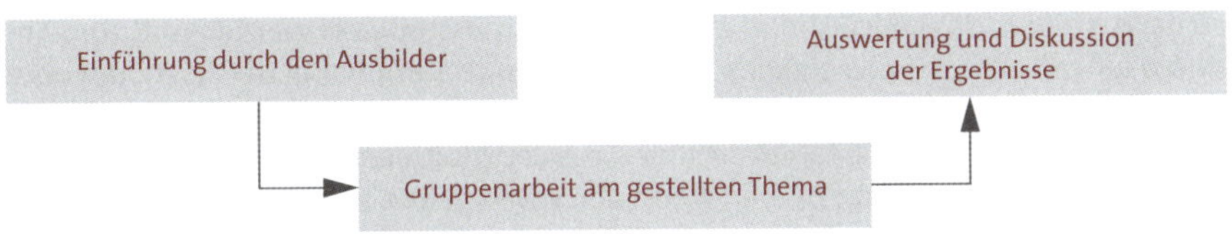

Dabei kann der Ausbilder der gesamten Gruppe

- ein Thema (themengleiche Gruppenarbeit) (Themengleich)
  oder
- mehrere Themen zugleich (arbeitsteilige Gruppenarbeit) (Arbeitsteilig)

zur Bearbeitung geben.

Grundsätze

Für eine erfolgreiche Gruppenarbeit sind für die Planung und Durchführung wichtige Grundsätze zu beachten:

- sorgfältige Vorbereitung
  - bei der Zusammensetzung einer Gruppe
  - bei der Auswahl der Lehr- und Lernmittel
- klare Aufgabenstellung
- Abstimmung der Aufgabe auf den Leistungsstand der Teilnehmer
- Benennung eines oder mehrerer Gruppensprecher mit der Verantwortung für eine sachliche und themenbezogene Diskussion und Arbeit.

Entscheidungskriterien

Wichtige Faktoren, die bei der Entscheidung für Einzel- oder Gruppenarbeit eine Rolle spielen, sind unter anderem:

- Lernprobleme
- vorhandene Basiskenntnisse der Lehrlinge
- Zusammensetzung der Lehrlingsgruppe.

Gruppendiskussion

Zweck

Diskussionen verfolgen den Zweck, durch Meinungsaustausch eine Aufgabe zu untersuchen und Lösungsmöglichkeiten dafür aufzuzeigen. Dabei sollen die verschiedenen Ansichten der Diskussionsteilnehmer einfließen.

Für den Erfolg ist es empfehlenswert, dass sich die Gruppenmitglieder auf die Diskussion vorbereiten, um dort ihre Ansichten vortragen zu können.

Diskussionsleiter

Der Diskussionsleiter hat darauf zu achten, dass sachorientiert diskutiert wird und möglichst alle an der Diskussion teilnehmen. Ferner soll er zwischendurch und am Ende den Diskussionsstand zusammenfassen.

Kurzvorträge

Kurzvorträge haben das Ziel, ein Thema aus dem Bereich der Ausbildung durch entsprechende

Vortragstechnik

- Gliederung,
- Darstellung und
- Ausdrucksform

so darzustellen, dass die Zuhörer zum einen positiv motiviert werden und zum anderen einen Lernzuwachs erzielen. Der Vortragende kann dabei der Ausbilder oder einer der Auszubildenden sein. Kurzvorträge haben ferner den Vorteil, dass der Vortragende seine Ausdrucksfähigkeit und die Sicherheit des Auftretens vor anderen schulen kann. Dies gelingt besser, wenn der Vortragende seinen Text nicht nur abliest, sondern anhand von Stichworten teilweise frei vorträgt.

Regeln

Bei Vorträgen und Referaten ist aber darauf zu achten, dass die Informationsmenge von den Zuhörern auch verarbeitet werden kann. Für den Erfolg von Vorträgen können folgende Regeln empfohlen werden:

- klare Zielsetzung
- gute Gliederung des Vortrages
- Einsatz von Darstellungsmitteln wie Flip-Chart oder Tageslichtprojektor/Beamer (der Einsatz dieser Mittel sollte aber nicht im Vordergrund stehen, da die Teilnehmer sonst eher vom Zuhören abgelenkt werden)
- Einbeziehung der Teilnehmer durch Fragen
- Kombination mit Beispielen aus der täglichen Ausbildungspraxis.

Brainstorming

Ziel

> Ziel des Brainstormings ist es, innerhalb kurzer Zeit zu einem Thema möglichst viele Ideen oder Lösungsmöglichkeiten zu finden.

Stufen

In der ersten Stufe teilen alle Teilnehmer das mit, was ihnen zu dem gestellten Thema einfällt. Dies wird von einem Leiter notiert, aber nicht weiter kommentiert oder diskutiert. Erst in der zweiten Stufe, wenn keine Ideen mehr kommen, werden die Vorschläge bearbeitet, strukturiert und gegebenenfalls ausgesondert.

Rollenspiel

Soziale Verhaltensweisen

Rollenspiele (z. B. Handwerker – Kunde) sind insbesondere zum Lernen sozialer Verhaltensweisen geeignet, indem sie auf die berufliche Wirklichkeit vorbereiten.

> Rollenspiele haben ihren Schwerpunkt im Bereich von Einstellungen und Verhaltensweisen.

Dazu sollen sich die Teilnehmer vor Beobachtern in andere Personen (z. B. Handwerker und Kunde) hineinversetzen und deren Verhalten darstellen. Die Beobachtung durch Gruppenmitglieder kann durch Videoaufzeichnungen ergänzt werden. Für Rollenspiele empfiehlt sich folgende Vorgehensweise:

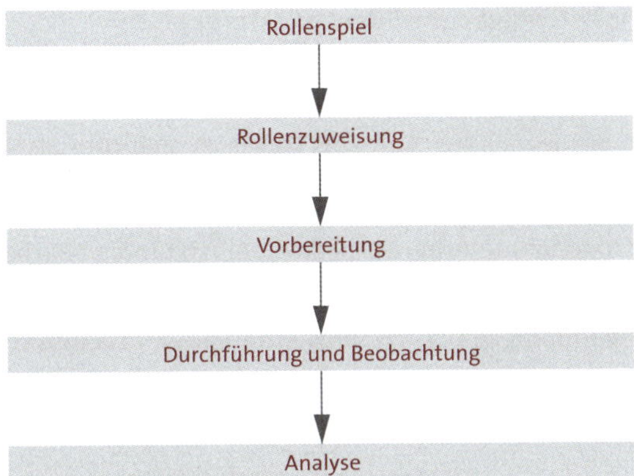

Empfehlungen

Bei Rollenspielen ist allerdings darauf zu achten, dass

- niemand zu einer bestimmten Rolle gezwungen wird,
- zuvor Hemmschwellen beispielsweise vor Videoaufzeichnungen abgebaut werden,
- keine „Hänseleien" oder Verspottungen stattfinden,
- eine gründliche Vor- und Nachbereitung vorgenommen wird.

Verhaltenstraining

Rollenspiele eignen sich gut zum Verhaltenstraining. Dafür sind folgende Schritte zu empfehlen:

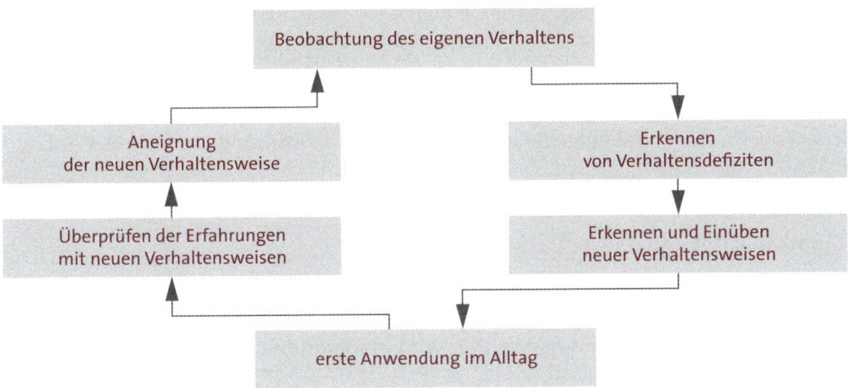

Projektausbildung

> Unter einem Projekt versteht man eine umfangreichere, aber fest umrissene, in vielen Fällen auch relativ komplizierte und zeitlich befristete Aufgabe bzw. Tätigkeit.

Merkmale

Projektarbeit ist durch folgende Merkmale gekennzeichnet:

- fächer- bzw. bereichsübergreifende Arbeit
- Methodenvielfalt

- weitgehend selbstständige Arbeit der Projektgruppe
- ergebnisorientiertes Arbeiten
- Verknüpfung von theoretischer Analyse und praktischer Umsetzung.

Kombinationen

Zur Bearbeitung der jeweiligen Aufgabe bietet es sich oftmals an, Einzelarbeit, Gruppenarbeit und Arbeit im gesamten Projektteam miteinander zu kombinieren. Im Rahmen dieser Ausbildungsform sollen die Lehrlinge umfassendere, realitätsnahe Aufgaben (sogenannte Arbeitsprojekte) selbstständig bearbeiten. Damit soll schwerpunktmäßig Folgendes erreicht werden:

Effekte

- Förderung der Teamfähigkeit durch selbstständiges Erarbeiten von Lösungsmöglichkeiten
- kritische und kooperative Auseinandersetzung mit den Meinungen anderer Projektmitarbeiter
- Förderung des Fächer bzw. Bereiche übergreifenden Denkens durch unterschiedliche Sichtweisen einer Fragestellung.

Demonstration

Die Demonstration ist ein Verfahren zur anschaulichen Darstellung und Vermittlung von Arbeitsvorgängen. Der Ausbildungserfolg hängt dabei entscheidend vom richtigen, das heißt situationsangepassten Einsatz der Demonstrationsmittel ab.

Programmierte Unterweisung, programmierter Unterricht, mediengestützte Aus- und Fortbildung

> Unter programmiertem Lernen versteht man ein Lehrverfahren, bei dem der Lernstoff in verhältnismäßig kleinen, logisch aufeinander aufbauenden Lernschritten vermittelt und laufend kontrolliert wird.

Vorteile

Gerade die sofortige Kontrolle verbessert den Lern- und steigert den Behaltenserfolg. Von Vorteil ist dabei ferner die individuelle Abstimmungsmöglichkeit auf

- Lernvermögen, Begabungen und Neigungen,
- Lernwillen,
- Lernkapazität und Konzentrationsfähigkeit.

Die Person der Lehrkraft oder des Ausbilders rückt beim programmierten Lernen eher in den Hintergrund. Für Rückfragen sollte er jedoch zur Verfügung stehen. Das programmierte Lernen und Lehren wird in folgenden Formen angeboten:

- Bücher
- Lehrmaschinen (z. B. Sprachlabors)
- Videoaufzeichnungen
- Computer } E-Learning (heute die üblichste Form)
- Onlineanwendungen }

Formen

Beim linearen Programm muss der Lernende Lernschritt für Lernschritt vorgehen. Beim verzweigten Programm wird er je nach Antwort auf den nächsten Lernschritt verwiesen.

Einsatzmöglichkeiten

Grundsätzlich hängen die Einsatzmöglichkeiten des programmierten Lernens und Lehrens von

> dem jeweiligen Lern- und Lehrstoff
  sowie
> der Veranlagung des Lernenden ab.

Programme eignen sich beispielsweise eher für exakte technische Stoffgebiete als für soziales Lernen sowie vorwiegend für die theoretische, weniger dagegen für die praktische Berufsausbildung.

Programmiertes Lernen und Lehren können in der Einzelausbildung, Gruppenausbildung und im Selbstunterricht eingesetzt werden.

Einzelausbildung

Die Vorteile des programmierten Lernens und Lehrens in der Einzelausbildung sowie im Selbstunterricht liegen vor allem in folgenden Punkten:

> Durchführung des Unterrichts losgelöst von einer Klasse oder Gruppe
> individuelle Bestimmung des Lerntempos, Lernrhythmus und der Lernzeiten
> lernzielflexibles und nach Schwierigkeitsgraden abgestimmtes Lernen
> Möglichkeit, die Lern- und Lehreinheiten jederzeit und mehrmals zu wiederholen.

Gruppenausbildung

In der Gruppenausbildung hat das programmierte Lernen und Lehren folgende Vorzüge:

> Entlastung des Ausbilders oder der Lehrkraft
> Förderung der Lernaktivität des Einzelnen durch Bestätigung in der Gruppe
> Vertiefung des Lern- und Lehrstoffes durch begleitende Diskussionen.

Programmierte Prüfung

Das programmierte Lernen erleichtert zudem das programmierte Prüfen, das in Bereichen der Aus- und Fortbildung zum Einsatz kommt. Die Vorteile einer programmierten Prüfung sind vor allem:

> gleicher Prüfungsstoff für jeden Prüfling
> Ausschluss von Bevorzugung und Benachteiligung bei der Stoffauswahl
> breitere Streuung der Stoffgebiete
> Erhöhung der Chancengerechtigkeit
> Abbau von Sprachbarrieren.

Dem stehen als Nachteile gegenüber:

> hoher Aufwand für Entwicklung geeigneter Aufgaben
> keine Erarbeitung eigener Lösungsansätze.

Digital gestütztes Lernen

(>> Abschnitt 3.4.5)

3.4.1.3 Kriterien zur Auswahl der geeigneten Ausbildungsmethoden

Kriterien, die bei der Auswahl der wichtigsten der erwähnten Organisationsformen des Lehrens und Lernens im Betrieb von Bedeutung sein können, sind beispielsweise:

- Systematische Arbeitsunterweisung:
  - geeignet zur Vermittlung von Grundfertigkeiten und auch komplexeren Fertigkeiten, Kenntnissen und Fähigkeiten
  - Anpassungsmöglichkeiten an individuelle Voraussetzungen der Teilnehmer (Lerntempo u. Ä.).
- Leittextmethode:
  - geeignet zur Vermittlung von Qualifikationen verschiedenster Art
  - strukturierter Lernprozess
  - umfangreicher Vorbereitungsaufwand.
- Auftragsorientiertes Lernen:
  - gut geeignet zur Vermittlung fachlicher, sozialer und persönlicher Kompetenz
  - praxisnahe Ausbildung
  - Heranführung an selbstständiges Handeln.
- Lehrgespräch:
  - Konzentration auf einen eingegrenzten Lerngegenstand.
- Lernauftrag:
  - umfassende und anspruchsvolle Auseinandersetzung mit einem Lerngegenstand
  - Ausbilder wird weniger gefordert.
- Programmiertes Lernen, computerunterstütztes Lernen, Telelearning (E-Learning bzw. Blended Learning):
  - vorausgesetzt werden geeignete Angebote
  - Teilnehmer brauchen Medienkompetenz
  - individuelle Gestaltungsmöglichkeiten
  - eventuell hoher Aufwand für Ausstattung und Programme.
- Projektausbildung:
  - geeignete Gruppenzusammensetzung
  - hoher Vorbereitungsaufwand
  - fördert Kreativität und soziales Lernen.
- Fachvortrag:
  - ermöglicht schnelle Information einer größeren Anzahl von Teilnehmern
  - erfordert geringe Kapazitäten an Ausbildern, Unterweisungsräumen und Unterweisungszeit
  - lässt aber andererseits nur wenig Spielraum für Individualisierung und Differenzierung.
- Fallmethode/Fallstudie:
  - höherer Vorbereitungsaufwand
  - gute Kenntnisse über Arbeiten mit Gruppen.
- Rollenspiel:
  - oft schwierige Auswahl geeigneter Situationen
  - Motivation der Teilnehmer
  - mit viel Aufwand verbunden.

Im Einzelnen wurde und wird darauf bei den einzelnen Organisationsformen teilweise noch näher eingegangen.

3.4.2 Planung und Realisierung von Lehrgesprächen und lernaktivitätsfördernden Methoden

Während des Ausbildungsprozesses kann es zur besseren Sicherstellung des Ausbildungserfolges notwendig werden, manche Lern- und Lehraktivitäten aus dem am konkreten Auftrag orientierten Verbund herauszulösen und sie in anderer Form durchzuführen.

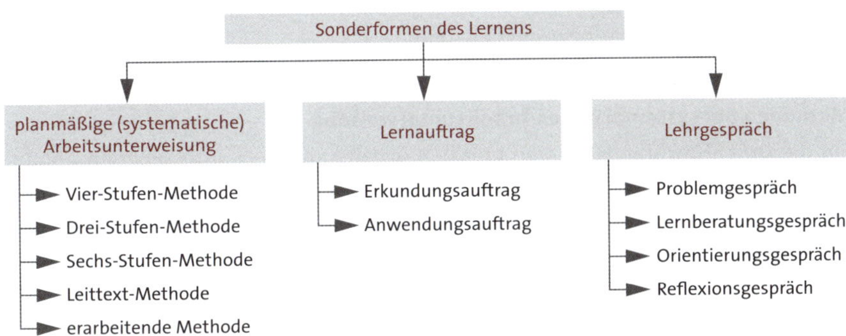

Im Vordergrund sollten dabei Methoden stehen, die die Lehrlinge aktiv einbeziehen und so deren eigene Lernaktivitäten fördern.

3.4.2.1 Systematische Arbeitsunterweisung

Zum Konzept

> Die systematische Arbeitsunterweisung ist eine besondere Form des planmäßigen Lehrens und Lernens in der betrieblichen Ausbildung. Neben fachlichen Fertigkeiten, Kenntnissen und Fähigkeiten zielt sie auch auf die Vermittlung sozialer Verhaltensweisen ab.

Unterweisungslehre

Das Lehren erfolgt bei der systematischen Arbeitsunterweisung in Stufen. Der Ausbilder muss dazu die wichtigsten Inhalte der Unterweisungslehre beherrschen. Diese hat die Aufgaben,

- den Unterweisungsvorgang zwischen Ausbilder und Lehrling darzustellen,
- den Unterweisungsvorgang zu systematisieren,
- dem Ausbilder Hilfen für eine methodische Durchführung der Unterweisung zu vermitteln.

Grundsätze

Wichtige Grundsätze für die Durchführung der Unterweisung sind:

- geeigneter Unterweisungsstoff
- lebensnahe Unterweisung
- zukunftsorientierte Unterweisung
- anschauliche Unterweisung
- keine Überforderung oder Unterforderung des Lehrlings
- ständige Übung und Vertiefung

- Unterweisung am Arbeits- bzw. Ausbildungsplatz oder in besonderem Unterrichtsraum
- Einzel- oder Gruppenunterweisung.

Vorteile

Bei Beachtung dieser Grundsätze ermöglicht die systematische Arbeitsunterweisung folgende wesentliche Vorteile:

- Steigerung des Lerninteresses
- gründliches und rationelles Lernen
- nachhaltiger Lernerfolg
- Genauigkeit der Arbeit bzw. der Leistung
- Einschränkung der Unfallgefahr.

Methoden der systematischen Arbeitsunterweisung

Für die Durchführung der systematischen Arbeitsunterweisung stehen in Abhängigkeit von

- Lernzielen und
- Lernprozess

mehrere Unterweisungsmethoden zur Verfügung.

Vier-Stufen-Methode

Eine nach wie vor sehr bekannte Methode für die systematische Arbeitsunterweisung ist die Vier-Stufen-Methode. Sie ist in der Regel einfach und praktikabel. Allerdings steht hier zu sehr der Ausbilder im Vordergrund. Sie läuft sehr schematisch ab und eignet sich eher für standardisierte Routinearbeiten.

Dabei geht man bei der Vermittlung einer Fertigkeit in vier Stufen und innerhalb dieser wiederum nach einzelnen Schritten vor.

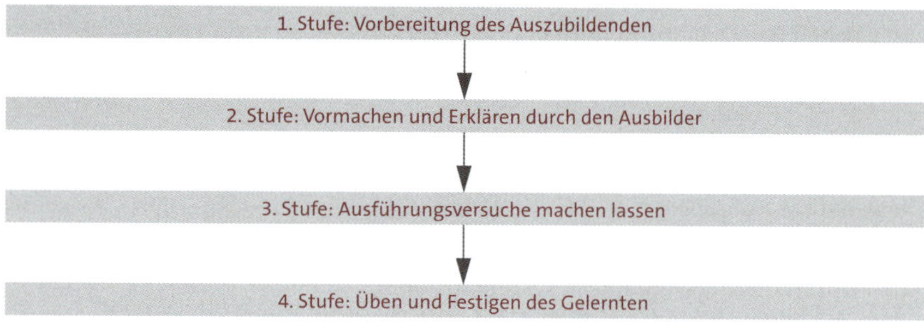

Wenn sich Defizite zeigen, kann im Bedarfsfall auch auf eine vorausgegangene Stufe zurückgesprungen werden.

Vorbereitung

Bei der **Vorbereitung des Auszubildenden** sind folgende Schritte wichtig:

- Befangenheit nehmen und Kontakt herstellen
- Weckung von Interesse, Leistungs- und Aufnahmebereitschaft
- Vermittlung von Lernmotiven
- Beseitigung von Hemmungen
- Unsicherheit nehmen durch Ermutigung

- Bezeichnung der zu erlernenden Fertigkeit, damit der Lehrling weiß, worum es geht
- Anknüpfung an den vorhandenen Erfahrungs- und Wissensstand (Vorkenntnisse und Vorfertigkeiten)
- Vermeidung von langatmigen Einführungen
- Prüfung der Arbeits- und Ausbildungsplatzausstattung (Werkzeuge)
- Überprüfung der Ausbildungsplatzgestaltung
- richtige Aufstellung am Ausbildungsplatz.

Beim **Vormachen und Erklären** des Vorgangs sollte der Ausbilder nach folgenden Schritten vorgehen:

Erklären

- kurz und verständlich erklären und zeigen
- genauere Erklärungen geben
- Vorgehen begründen (was, wie, warum)
- wichtige Teilvorgänge bzw. Lernschritte hervorheben
- Kernpunkte betonen und besonders unterstreichen
- Zeichnungen und Muster benutzen.

Bei **Ausführungsversuchen** sind folgende Einzelschritte besonders wichtig:

Ausführung

- den Auszubildenden zum Durchdenken der Aufgaben und Lösungsmöglichkeiten veranlassen
- den Lehrling selbst ausführen lassen
- Unterweisungsvorgang erklären und begründen lassen
- Kernpunkte als Orientierungshilfen und Gedächtnisstützen herausstellen
- Hilfen geben (aber nur, wenn wirklich nötig)
- Fehler finden und beseitigen.

Üben und Festigen des Gelernten erfordert insbesondere folgende Einzelmaßnahmen:

Üben

- Ziel der Festigung herausheben
- bei der Festigung und Sicherung des Gelernten Hilfestellungen geben
- ausreichende Gelegenheiten zum Üben geben
- Übungsfortschritte kontrollieren und anerkennen
- Probeaufträge erteilen
- Fehler rechtzeitig abstellen
- auf Arbeitsgenauigkeit und Arbeitsqualität achten
- Arbeitsschnelligkeit bzw. Arbeitstempo durch Intervalltraining fördern
- Übungsbedingungen abwandeln.

Man kann die vier Stufen entsprechend der Aufteilung des Lernprozesses auch zur **Drei-Stufen-Methode** zusammenfassen, und zwar:

Drei-Stufen-Methode

- 1. Stufe: Vorbereiten des Lehrlings
- 2. Stufe: Auseinandersetzung mit dem Lerngegenstand
- 3. Stufe: Vervollkommnung und Festigung des Gelernten.

> Eine Ausbildungsmethode, bei der die Auszubildenden im Vordergrund stehen, ist die Leittextmethode.

Leittexte

Leittexte sind schriftliche Anleitungen zum Lernen. Ihr Ziel ist es, selbst gesteuertes Lernen über Planung, Ausführung und Kontrolle zu ermöglichen und die Handlungskompetenz des Lehrlings zu fördern.
Die Leittextmethode ist deshalb auch anspruchsvoller und zeitintensiver als andere Unterweisungsmethoden.

Aufbau und Hilfsmittel der Leittextmethode

Aufbau

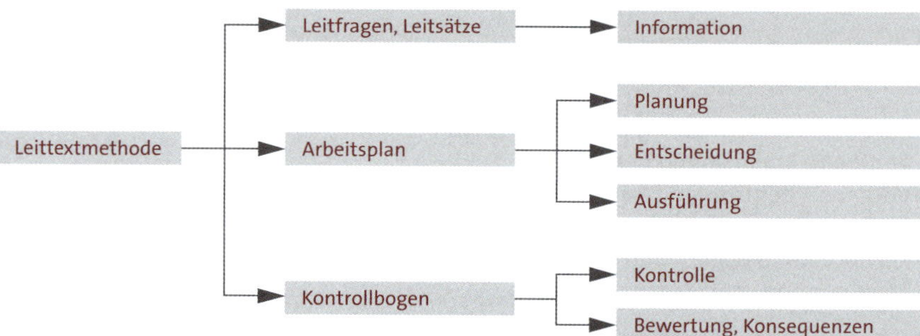

Die **Leitfragen** sollen das notwendige Grundwissen zur Aufgabenlösung vermitteln. Die **Leitsätze** sollen darüber informieren, was getan werden soll. Im **Arbeitsplan** werden die notwendigen Schritte von den Auszubildenden fest- und dargelegt. Der **Kontrollbogen** schließlich hat die Funktion, zur systematischen Fehlersuche und Fehlerbeseitigung mit den entsprechenden Konsequenzen anzuleiten.

Beispiel:

Mögliche Leitfragen für den Teil „Planen, Vorbereiten und Organisation von Arbeitsaufgaben; d) Vorschriften des vorbeugenden Brand- und Explosionsschutzes anwenden" des Berufsbildes des Malers und Lackierers sind:

- Welche besonderen Gefahren bestehen im Maler- und Lackiererhandwerk?
- Wie kann diesen Gefahren im Arbeitsalltag vorgebeugt werden?
- Was kann und soll der einzelne Mitarbeiter dazu beitragen?

Ob die Leittextmethode auch im Handwerksbetrieb angewandt werden kann, hängt immer vom jeweiligen Einzelfall ab.

Erfahrungen haben gezeigt, dass dafür folgende Faktoren bedacht werden müssen:

Zeitaufwand

- Die Leittextmethode erfordert, dass ein Ausbilder als „Lernberater/-begleiter" zur Verfügung steht, der genügend Zeit für die Auszubildenden, die möglichst eigenständig die Aufgaben lösen, hat. Gerade der Informationsprozess kann sehr zeitintensiv sein.

Räumliche Gegebenheiten

- Die Leittextmethode setzt ferner im Rahmen der Ausbildung entsprechende zeitliche und räumliche Möglichkeiten voraus; so kann diese Methode auf Baustellen oder im Rahmen von Arbeiten bei Kunden nur eingeschränkt angewandt werden.

> Die Leittextmethode bedingt schließlich auch Gruppenausbildung; das heißt, sie eignet sich weniger für den typischen Handwerksbetrieb, der nur wenige Lehrlinge hat oder sie jeweils an verschiedenen Lernorten einsetzt. In der überbetrieblichen Ausbildung allerdings sind diese Voraussetzungen gegeben.

Gruppenausbildung

Es ist jedoch auch möglich, nur einzelne Elemente der Leittextmethode in die Handwerksausbildung zu übernehmen.

Eine weitere Anwendung ist die erarbeitende Unterweisungsmethode. Die Vorgehensweise ist dabei ähnlich wie bei der Vier-Stufen-Methode. Der wesentliche Unterschied liegt darin, dass der Auszubildende sehr frühzeitig eigene Aktivitäten entwickeln muss.

Erarbeitende Unterweisung

Folgende Schritte sind für die erarbeitende Unterweisung typisch:

> Vorbereitungsphase: Vorstellung der Aufgabe
In dieser Phase wird der Auszubildende mit der Aufgabenstellung bzw. der Situation konfrontiert. Dabei wird ihm die Ausgangssituation erläutert. Außerdem wird ihm das Ziel vorgestellt, beispielsweise mit der Formulierung einer Problemfrage.
Im Sinne der Handlungsorientierung sollte die Ausgangssituation an die bisherige Ausbildung des Auszubildenden anknüpfen, also dort ansetzen, wo dieser sich mit seinem Lernstand und seinen bisherigen Erfahrungen im Betrieb befindet. Auf diese Weise kann auch das Interesse des Auszubildenden und seine Motivation gefördert werden.

Einzelne Phasen

> Erarbeitungsphase: Erarbeitung des Lösungswegs
In dieser Phase soll der Auszubildende möglichst selbst eine Lösung erarbeiten. Nach Analyse der Situation soll er sein Vorwissen einbringen, indem er Lösungsvermutungen formuliert und diese weiterentwickelt. Fehlende Informationen soll er recherchieren bzw. auf die Unterstützung des Ausbilders zurückgreifen.
Hier ist es wichtig, dass der Auszubildende eigene Ideen entwickelt und gemeinsam mit seinem Ausbilder die Bearbeitung durchdenkt, gegebenenfalls auch schon in Teilschritten praktisch ausprobiert. Der Ausbilder sollte darauf achten, dass der Auszubildende Vermutungen über echte Handlungsschritte anstellt.
> Kontrollphase: Anwendung und Reflexion
In der Kontrollphase sollen die Erkenntnisse des Auszubildenden überprüft werden. Dies geschieht beispielsweise dadurch, dass der Auszubildende die einzelnen Arbeitsschritte durchführt.
Diese Phase weist sehr große Ähnlichkeit mit der Stufe „Ausführungsversuche machen lassen“ der Vier-Stufen-Methode auf. Im Sinne der Handlungsorientierung sollte der Auszubildende „laut denken“, also begründen, warum er die jeweiligen Arbeitsschritte in der gezeigten Form durchführt.
> Übungsphase: Sicherung des Gelernten durch Üben und Anwenden
Auch diese Phase zeigt hohe Identität mit der Stufe „Üben und Festigen des Gelernten“ der Vier-Stufen-Methode auf. Der Auszubildende soll die gewonnenen Erkenntnisse nun durch Anwendung festigen.

Lernvorgang

Sowohl bei der Vier-Stufen-Methode als auch bei der erarbeitenden Unterweisungsmethode ist es wichtig zu beachten, dass der eigentliche Lernvorgang erst bei Durchlaufen aller Phasen stattfindet: Bei beiden Methoden wird der Vorgang zunächst „im Kopf" erarbeitet. Das geschieht durch Vormachen des Ausbilders oder durch Erarbeiten des Auszubildenden. In der Praxis dürfte vielfach eine Mischform entstehen, beispielsweise dann, wenn der Ausbilder den Vorgang insgesamt vorführt, in Teilschritten den Auszubildenden aber ermuntert, Vermutungen anzustellen, wie es weitergeht. Und wenn der Vorgang erarbeitet ist, führt der Auszubildende in beiden Methoden den Arbeitsvorgang vor, um ihn anschließend durch Üben zu festigen.

Sechs-Stufen-Methode

Um den veränderten Anforderungen und Arbeitsbedingungen Rechnung zu tragen, kommt verstärkt die Sechs-Stufen-Methode der Unterweisung (Modell der vollständigen Handlung >> Abschnitt 3.3.1.3) zum Einsatz.

Vermeidung typischer Unterweisungsfehler

Unterweisungsfehler

Trotz der genauen Aufteilung des Unterweisungsvorganges in die einzelnen Schritte können Fehler bei der Unterweisung nicht ausgeschlossen werden. Es gibt typische, immer wiederkehrende Unterweisungsfehler, die sich vor allem bei Routinearbeiten einschleichen. Dies sind insbesondere:

> starres Festhalten an einem Orientierungsschema
> Über- oder Unterforderung des Lernenden
> keine Rücksicht auf die individuelle Lernweise des Lehrlings
> ungenügende Vorbereitung und Motivation des Lehrlings
> Vernachlässigung des Lehrlings.

Jeder Ausbilder muss bestrebt sein, solche Unterweisungsfehler zu vermeiden bzw. zu beseitigen.

Didaktische Hilfsmittel

Arbeitsaufgabenanalyse (Arbeitszergliederung)

Die Arbeitsaufgabenanalyse (Arbeitszergliederung) ist ein wichtiges Hilfsmittel, den Ablauf der zu erlernenden Fertigkeiten in lernbaren Schritten zu gewährleisten.

Sie bestimmt damit weitgehend den Unterweisungserfolg.
Schwerpunkte der Arbeitszergliederung sind:

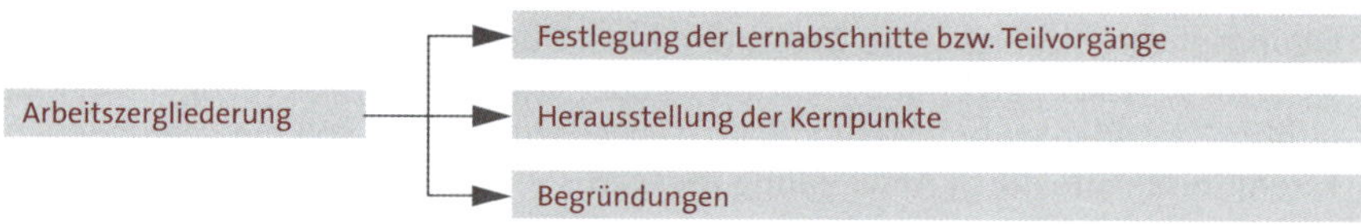

Bei der Festlegung der Lernabschnitte bzw. Teilvorgänge steht die Frage im Vordergrund: Was mache ich?

Teilvorgänge

Dabei ist jeder Teilvorgang ein logischer Abschnitt des gesamten Arbeitsprozesses, der diesen jeweils einen Schritt weiterbringt. Durch die Zerlegung in Teilvorgänge lässt sich ferner feststellen, wie viel man dem Lehrling bei der Unterweisung auf einmal zumuten kann.

Die Herausstellung der Kernpunkte gibt Antwort auf die Frage: Wie mache ich es?

Für jeden festgelegten Teilvorgang sind im zweiten Schritt entsprechende Kernpunkte festzulegen. Während der Arbeitsausführung sollen die mit dem jeweiligen Kernpunkt zusammenhängenden Fragen immer wieder gestellt werden.

Auswirkungen

Die genaue Festlegung von Kernpunkten

> bestimmt den Erfolg der Unterweisung,
> verringert die Unfallgefahren,
> erleichtert die Arbeit,
> hilft, Materialverschwendung und Beschädigung von Werkzeugen, Maschinen und Geräten zu verhindern.

Bei den Begründungen geht es um die Frage: Warum mache ich es?

Zu jedem Kernpunkt gehört auch stets eine Begründung. Gute Begründungen erleichtern das Verstehen und damit das Lernen und Behalten des Lernvorgangs. Die Begründung muss nachvollziehbar sein und sich an der zweckmäßigsten, leichtesten und sichersten Art, den Auftrag durchzuführen, orientieren.
Für die Aufstellung einer Arbeitszergliederung bietet sich folgendes Schema an:

Bezeichnung der Arbeit:	Abteilung/Arbeitsgruppe: Ausbilder: Unterweisung am:	Benötigte Maschinen: Werkzeuge: Materialien:
Lernschritte (Was?)	Kernpunkte (Wie?)	Begründung (Warum?)
Besondere Unfallgefahren:		

Unterweisungsentwürfe und Lehrgesprächsskizzen

Unterweisungsentwürfe Lehrgesprächsskizzen

Es ist jedem Ausbilder zu empfehlen, für die wichtigen und immer wiederkehrenden Lehrvorgänge das gesamte Vorgehen sowohl bei Arbeitsunterweisungen wie auch bei Lehrgesprächen zu notieren. Meistens, zumindest beim erfahrenen Ausbilder, genügen dafür kurze stichpunktartige Aufzeichnungen, sogenannte

> Unterweisungsentwürfe bzw.
> Lehrgesprächsskizzen.

Beide geben dem Ausbilder wichtige Anhaltspunkte und einen Leitfaden nicht nur für die gerade stattfindende, sondern auch für spätere Unterweisungen.

Lernbögen

Einen ähnlichen Zweck verfolgen auch sogenannte Lernbögen als Anleitung für die Lehrlinge.

3.4.2.2 Lehrgespräche

Ausbildungs-, Unterweisungs- und Arbeitsablauf erfordern ständig Gespräche zwischen Ausbilder und Lehrlingen, aber auch zwischen den Lehrlingen untereinander, zur optimalen Wissensvermittlung und Erkenntnisgewinnung. Solche Gespräche nennt man Lehrgespräche.

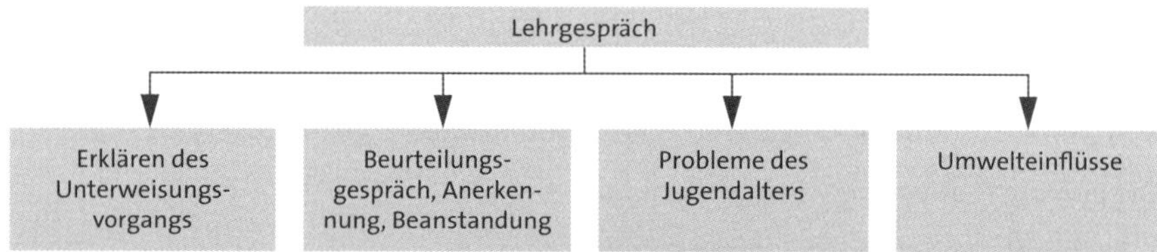

Wegen ihrer besonderen Bedeutung muss jeder Ausbilder über Arten, Formen und Einsatzmöglichkeiten des Lehrgesprächs informiert sein.

Lehrgespräche

Wichtige Arten von Lehrgesprächen sind:

> **Unterweisungsgespräch:** Im Gespräch werden einerseits Inhalte vermittelt und andererseits von Ausbilder und Lehrling in die Praxis umgesetzt. Teil des Lehrgesprächs ist die fragend-entwickelnde Ausbildungsmethode. Der Ausbilder stellt das Thema dar und bindet die Auszubildenden über entsprechende offene Fragen, Hinweise und Hilfestellungen in die Erarbeitung von Ausbildungsinhalten ein. Voraussetzung dafür ist allerdings, dass die Lehrlinge schon über Grundkenntnisse verfügen, um sich optimal beteiligen zu können. Ein fragend-entwickelndes Vorgehen erfordert zudem ausreichend Zeit. Ferner ist es empfehlenswert, dem Auszubildenden auf seine Antwort bzw. seine Nachfragen auch ein Feedback wie Lob und Anerkennung zu geben.

Voraussetzungen

> **Problemgespräch:** Damit soll dem Lehrling vor allem vermittelt werden, wie man am geeignetsten mit Problemen umgeht, die während der Auftragserledigung auftauchen.

> **Lernberatungsgespräche:** Sie befassen sich mit grundsätzlichen Fragen, die beim Lehrling auftauchen, zum Beispiel über den Lernstand, Konfliktbewältigung oder auch berufliche Perspektiven.

> **Orientierungsgespräch:** Vielfach ist es dem Lehrling nicht möglich, alle Zusammenhänge an und um seinen Arbeits- bzw. Ausbildungsplatz zu durchschauen und zu verstehen. Hier soll das Orientierungsgespräch, nach Möglichkeit ausgehend von einem konkreten Auftrag, helfen.

> **Reflexionsgespräche (Reflexion = Nachdenken/Überdenken):** Sie haben das Ziel, Lernprozesse nachzubereiten und aus den gewonnenen Erfahrungen zu lernen.

Formen des Lehrgesprächs

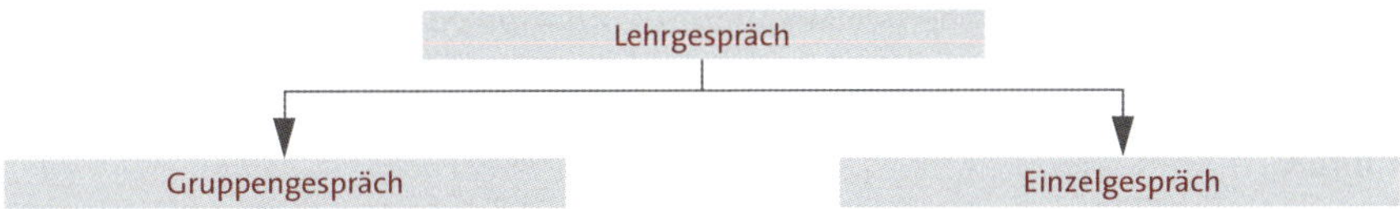

Das **Gruppengespräch** kommt zur Anwendung, wenn in der Gruppe ausgebildet wird. Es hat vor allem den Zweck,

> die Unterweisung vorzubereiten und
> den Meinungsaustausch innerhalb der Gruppe in Gang zu bringen.

Für den optimalen Erfolg sollten folgende Voraussetzungen gegeben sein: Voraussetzungen

> geeignete Auswahl der Gruppenmitglieder
> bestmögliche Vorbereitung durch den Ausbilder mit Festlegung von Themen, Zeitpunkt und Ort
> Bereitstellung des notwendigen Anschauungsmaterials
> Gesprächsleitung durch den Ausbilder
> genügend Zeit für die freie Aussprache
> angemessene Herausstellung und Zusammenfassung der Ergebnisse.

Das **Einzelgespräch** richtet sich an den einzelnen Auszubildenden. Es hat immer auch einen vertraulichen Charakter und gibt dem Lehrling das Gefühl, dass seine Probleme innerhalb des Gesprächs im Vordergrund stehen. Einzelgespräche sollten, falls notwendig, in allen Phasen der Berufsausbildung durchgeführt werden.

Zwiegespräch

Beim Lehrgespräch in der Form des Einzelgesprächs ist insbesondere darauf zu achten, dass es keinen einseitigen und langatmigen Monolog des Ausbilders darstellt, sondern als echtes Zwiegespräch geführt wird.

Sorgfältig vorbereitete und regelmäßig durchgeführte sowie in sachlichem und in richtigem Ton geführte Lehrgespräche tragen wesentlich dazu bei,

Positive Auswirkungen

> die Lernmotivation zu steigern,
> Unklarheiten rechtzeitig zu beseitigen,
> selbstständiges Handeln, Arbeitsfreude sowie ähnliche positive Verhaltensweisen zu fördern.

3.4.3 Präsentation einer Ausbildungssituation

Neben der Möglichkeit der praktischen Durchführung einer Ausbildungssituation kann im Rahmen der praktischen Prüfung zum Teil IV der Meisterprüfung bzw. der AdA-Prüfung auch die Präsentation einer Ausbildungssituation vorgenommen werden.

Erfolgt die Prüfung der Ausbildungssituation in Form der Präsentation, stellt der Prüfling dar, wie er die Ausbildungssituation lehren bzw. wie er bei der Planung, Durchführung und Kontrolle der Ausbildungssituation vorgehen würde.

Schriftlicher Entwurf

Er hat in der Regel einen schriftlichen Entwurf der Planung der Präsentation selbstständig anzufertigen und dann die Präsentation der Ausbildungssituation auszuführen.

Es ist zweckmäßig, auf dem Deckblatt des Entwurfs folgende Rahmendaten anzugeben:

- Prüfungstag
- Prüfungsort (Ort der Präsentation)
- Name des Prüflings, Prüfungsnummer
- Ausbildungsberuf
- Thema der Präsentation mit Hinweis auf den Ausbildungsrahmenplan und das Lernziel.

Inhalt

Der Inhalt des schriftlichen Präsentationsentwurfs kann wie folgt gegliedert werden:

Planung

- **Planung der Präsentation der Ausbildungssituation (schriftlicher Entwurf)**
  - Thema der Ausbildungssituation präzise formulieren.
  - Präsentationsziel darstellen.
  - Zeitlichen Rahmen festlegen.
  - Ausgangsvoraussetzungen in Bezug auf die Zielgruppe erfassen.
  - Gliederung des Aufbaus der Präsentation in:
    - Einleitung (Eröffnung, Einführung)
    - Darstellung der Ausbildungseinheit (Hauptteil)
    - Abschluss, Zusammenfassung.
  - Erläuterung der Vorbereitung und Umsetzung der Ausbildungssituation mit Beschreibung der Voraussetzungen der Zielgruppe, des Ablaufs, des Methodeneinsatzes, der Kontrolle des Ausbildungserfolgs und der Erfolgssicherung.
  - Festlegung des Medieneinsatzes für die Präsentation.

Durchführungsschritte

- **Durchführung der Präsentation der Ausbildungssituation**
  - **Eröffnung und Einführung in die Präsentation:**
    - Begrüßung und Vorstellung des Präsentierenden.
    - Hinführung zum Thema und Erläuterung des Präsentationszieles.
    - Vermittlung eines Überblicks über Inhalte und Ablauf.
    - Ermittlung der Vorkenntnisse und der Anknüpfungspunkte.
    - Wecken des Interesses bei den Zuhörern, Schaffung einer positiven Stimmung.
  - **Darstellung der Ausbildungssituation** (Hauptteil):
    - Logischen Aufbau der Darstellung entsprechend dem Entwurf vornehmen.
    - Genaue und überzeugende Darbietung der Vorbereitung und Gestaltung der Ausbildungssituation vornehmen und dabei auf Wahl der Methode und Methodeneinsatz, Ablaufgestaltung, Ausbildungserfolgskontrolle und Erfolgssicherung eingehen.
  - **Abschluss und Zusammenfassung der Präsentation**:
    - Kernaussagen zusammenfassen.
    - Prüfen, ob das geplante Ausbildungsziel erreicht und gesichert wurde.
    - Anregungen zum Nachdenken, Diskutieren und Handeln sowie Ausblick auf weitere Arbeitsaufgaben geben.

Medieneinsatz

> **Medieneinsatz bei der Präsentation:**
  - Themenbezogen und zielorientiert Medien gestalten und einsetzen; zum gesprochenen Wort passend, gut lesbar und, wenn geeignet, mit Farben und Bildern im sinnvollen Mix zum Thema und zur Situation einsetzen; auf freien Blick zu den Medien achten.

Rhetorische Umsetzung

> **Rhetorische Umsetzung (wirkungsvolle Gestaltung der Rede):**
  - Situationsgemäßes Sprachniveau wählen und einsetzen.
  - Auf Lautstärke, Stimmlage, Wortwahl, Sprechtempo, Verständlichkeit und Wirkung der Sprache achten.
  - Körpersprache, Blickkontakt, Haltung, Gestik, Mimik, wo sinnvoll, unterstützend einsetzen.
  - Auf sicheres Auftreten achten.

Bewertungskriterien

Die Bewertung der Präsentation der Ausbildungssituation (Entwurf und Durchführung) erfolgt in der Prüfungspraxis im Wesentlichen nach den bereits dargestellten Gliederungspunkten und den nachstehenden zusätzlichen Bewertungskriterien:

> Einhaltung des zeitlichen Rahmens
> Übereinstimmung des schriftlichen Präsentationsentwurfs mit der Durchführung der Präsentation der Ausbildungssituation.

3.4.4 Funktionen und Auswahl von Ausbildungsmedien

3.4.4.1 Erscheinungsformen

Ausbildungsmedien

Ausbildungsmedien (Ausbildungsmittel) sind wichtige Hilfen bei der Unterweisung und zur Förderung des Lernprozesses.

Sie ermöglichen es, neben der Sprache, die bei der Unterweisung im Vordergrund steht, andere Sinneskanäle der Lehrlinge – wie zum Beispiel Sehen, Hören, Fühlen – anzusprechen, um so den Lernerfolg zu verbessern. Sie veranschaulichen den Lernstoff und sind geeignet, das selbst gesteuerte Lernen zu fördern.

Arten von Ausbildungsmitteln

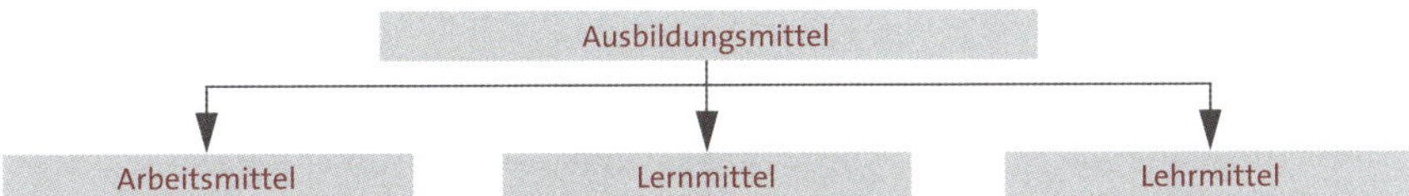

Die elementarsten Ausbildungsmittel sind die unmittelbaren **Arbeitsmittel** wie

> Arbeits- und Ausbildungsplätze,
> Maschinen,
> Werkzeuge und andere Arbeitsmaterialien.

Wichtige **Lernmittel** zur Förderung des Lernens beim Lehrling:

Lehr- und Fachbücher Anforderungen

- Lehr- und Fachbücher dienen der Vorbereitung von Unterweisungsprozessen oder der Vertiefung von erworbenen Fertigkeiten, Kenntnissen und Fähigkeiten. Wichtige Anforderungen an Lehr- und Fachbücher sind:
  - klare Systematik und Gliederung
  - knappe, aber dennoch informative Darstellungen
  - dem Verständnis des Lernenden angepasste Sprache
  - Hilfen zur Übung und Vertiefung des Stoffes wie Zusammenfassungen und optische Darstellungen.

Fachzeitschriften

- Fachzeitschriften weisen gegenüber Fach- und Lehrbüchern vor allem den Vorteil größerer Aktualität auf. Sie sind ein hervorragendes Informationsmittel über die aktuellen technischen, wissenschaftlichen und wirtschaftlichen Entwicklungen. Vielfach werden aktuelle Beiträge auch über das Internet veröffentlicht.

Arbeitsblätter

- Aufgaben-, Arbeitsblätter, Merkblätter:
  Aufgaben- und Arbeitsblätter fördern die Auseinandersetzung mit dem Lerngegenstand. Geeignete Merkblätter, die die wesentlichen Kernpunkte enthalten, erhöhen die Merkfähigkeit.
- Buchauszüge, Grafiken, Tabellen, Skizzen, Diagramme, Flussdiagramme, Schaubilder:
  Systematische und überschaubare Darstellungen in Form dieser Ausbildungsmittel erleichtern den Lernprozess.

Bedienungs-anleitungen

- Betriebs- und Bedienungsanleitungen, Schalt- und Funktionspläne:
  Diese Ausbildungsmittel fördern neben dem Verständnis des jeweiligen Sachverhaltes vor allem auch das funktionelle Denken.
- Regelwerke, Arbeitsanweisungen.
- Digitale Tools und Medien (>> Abschnitt 3.4.5).

Lehrmittel werden bei Unterricht und Unterweisung als Hilfsmittel des Ausbilders vor allem zur Veranschaulichung eingesetzt.

- Schreibtafeln, Hafttafeln, Stecktafeln, Pinnwand, Flip-Chart (die Tafel wird durch große Papierblätter ersetzt):
  Diese Ausbildungsmittel haben den Vorteil, dass die Aufmerksamkeit des Lernenden beim Vortrag gleichzeitig über Auge und Ohr (Optik und Akustik) angesprochen wird. Vor allem, wenn während des Unterrichts und der Unterweisung die entsprechenden Ausbildungsmittel mit der Hand beschriftet werden, ist auf gute Lesbarkeit und Übersichtlichkeit zu achten. Bei Hafttafeln mit Druckbuchstaben lassen sich diese Probleme umgehen.

Tageslicht-projektoren

- Tageslichtprojektoren, Präsentation per Computer/Beamer:
  Für diese Ausbildungsmittel, die zwar viel Vorbereitung erfordern, aber in der Unterweisung dann sehr gut einsetzbar sind, gilt von der Wirkung her das oben Gesagte.
- Modelle, Schaukästen, Unterweisungs-, Schalt- und Demonstrationsbretter:
  Diese Ausbildungsmittel erleichtern das „Zeigen“ als wichtigen Teil des Demonstrationsvorganges. Sie dürfen jedoch die praktische Durchführung der Unterweisungsarbeit, also das selbstständige Durchführen und eigene Erleben, nicht ersetzen. Modellhaftes Zeigen kann auch anhand von Maschinen und Geräten aus dem Programm der Ausbildungsstätte erfolgen.
- Lehrfilme, Funk und Fernsehen, Internet:
  Diese Ausbildungsmittel helfen dem Ausbilder bei der Demonstration und Darstellung des Unterweisungsstoffes.

- Videokamera/Camcorder, Bildschirmgerät (Fernseher), Multimedia-PC: Video
  Durch diese Hilfsmittel ist es möglich, im Rahmen von Rollenspielen typische Situationen des Berufslebens zu trainieren. Das Lernen erfolgt vor allem durch Auswertung der Aufnahmen und darauf aufbauende Korrekturen.
- Unterrichts- und Ausbildungsprogramme
  (>> Abschnitt 3.4.1.2)
- Computerprogramme Computer
  (>> Abschnitt 3.4.5)

3.4.4.2 Didaktisch-methodische Funktionen

Wesentliche Funktionen von Ausbildungsmitteln sind:

- Vermittlung klarer Vorstellungen von realen Objekten oder Vorgängen Funktionen
- Verdeutlichung des Wesentlichen
- Darstellung abstrakter Zusammenhänge
- Systematisierung von Einzelwissen
- Vergrößerung des Behaltenseffekts
- Verhaltenstraining
- Förderung der Lernmotivation und der Aufgeschlossenheit für Unterweisungsvorgänge
- Förderung des selbstgesteuerten Lernens.

3.4.4.3 Allgemeine Hinweise für den lernspezifischen Einsatz und die Gestaltung von Ausbildungsmitteln

> Bei richtigem Einsatz helfen Ausbildungsmittel dem Ausbilder wesentlich bei der Vermittlung von Fertigkeiten, Kenntnissen und Fähigkeiten.

Positive Auswirkungen des Einsatzes von Ausbildungsmitteln

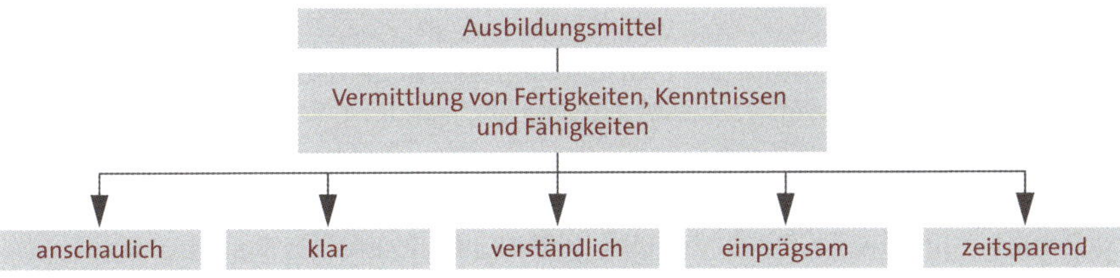

Bei der Auswahl der geeigneten und richtigen Ausbildungsmittel sollte sich der Ausbilder folgende Fragen stellen:

- Welche Ausbildungsmittel stehen jeweils zur Verfügung? Fragen
- Wie können die Lehrlinge bei der Planung des Einsatzes von Ausbildungsmitteln angemessen berücksichtigt werden?
- Wie stellen die jeweiligen Ausbildungsmittel den Lerninhalt dar?
- Welche Lernziele lassen sich mit den einzelnen Ausbildungsmitteln erreichen?

- Ist es möglich und nützlich, das Ausbildungsmittel selbst oder gemeinsam mit den Lehrlingen zu erstellen, bzw. wie hoch sind die Kosten einer Beschaffung?
- Welche Voraussetzungen stellen die jeweiligen Ausbildungsmittel an die Lehrlinge?
- Welche Auswirkungen haben die jeweiligen Ausbildungsmittel auf die Motivation der Lehrlinge?
- Welche Sinnesorgane werden angesprochen und aktiviert?
- Welche technischen und räumlichen Voraussetzungen sind vorhanden?

Grundsätze

Für den bestmöglichen Erfolg ist es ferner notwendig, einige Grundsätze beim Einsatz von Ausbildungsmitteln zu beachten:
- Lernzielangemessenheit
- Lehrlingsangepasstheit
- Zuverlässigkeit
- dem Unterweisungszweck dienlich
- an Lehrmethoden, Lehrverfahren und Sozialformen des Lehrens ausgerichtet
- der Individualisierung und Differenzierung dienlich (>> Abschnitt 3.1.5).

Ausbildungsmittel dürfen nicht zum Hauptzweck oder Selbstzweck der Unterweisung werden. Der Lehrling darf durch Ausbildungsmittel außerdem nicht abgelenkt oder überfordert werden.

Lerntransfer

Bei optischen Ausbildungsmitteln ist gleichzeitig zu erklären, worauf das Augenmerk in besonderem Maße zu richten ist. Auch bei der Verwendung von Ausbildungsmitteln sollten die Erkenntnisse über den Lerntransfer (>> Abschnitt 3.1.6.4) mitverwertet werden; das heißt, es ist beispielsweise zu berücksichtigen, dass Informationen, die über Wort und Bild zusammen vermittelt werden, den Lernerfolg erheblich steigern.

3.4.5 Digital gestütztes Lernen in der Ausbildung (Lernplattformen, virtuelle und hybride Lernumgebungen, digitale Lerneinheiten, digitale Kommunikationstools)

Unter den Lehr- und Lernmitteln eröffnen digitale Medien und Tools viele Möglichkeiten. In der Realität werden diese allerdings bei Weitem noch nicht ausgeschöpft. Dies liegt vor allem daran, dass

- Ausbildende bzw. Ausbilder oft nicht den Überblick darüber haben, welche Möglichkeiten und Angebote es hier gibt, und nicht wissen, wie sie diese in den Ausbildungsalltag einbinden können. Zudem verursacht die Anschaffung der notwendigen Geräte und Software auch Kosten.
- den Lehrlingen die Kompetenz für den Umgang mit digitalen Ausbildungsangeboten fehlt.

Deshalb ist es wichtig, dass diese Themen auch in der Berufsschule und der überbetrieblichen Lehrlingsunterweisung mit behandelt werden.

Eine wichtige Funktion digitaler Medien und Tools liegt darin, den Lehr- und Lernstoff zu visualisieren und damit besser nachvollziehbar zu machen.

Derartiges Lernen bewirkt

- eine zeitliche und räumliche Unabhängigkeit der Aus-, Fort- und Weiterbildungsaktivitäten,
- eine stärkere Anpassung an die Lernvoraussetzungen des Einzelnen,
- ein intensives und praxisnahes Lernen.

Digitale Geräte, die für die Berufsausbildung zum Einsatz kommen können, sind im Wesentlichen:

Digitale Geräte

- Desktop-PC und Laptop mit Internetzugang
- Tablet und Smartphone
- Elektronische Tafel (interaktives Whiteboard); Inhalte können über Computer dort gezeigt und bearbeitet werden
- AR-Datenbrille und VR-Brille; AR = Augmented Reality (digitale Inhalte können mit einer realen Umgebung verknüpft werden, so kann z. B. dargestellt werden, wie ein neuer Einrichtungsgegenstand zu einer vorhandenen Wohnung passt); VR = virtuelle Realität (es wird eine rein virtuelle Welt abgebildet, z. B. im Rahmen von Simulationen).

Digital gestützte Angebote können einerseits das Lernen am Ausbildungsplatz ergänzen und fördern. Anderseits kommen sie in speziellen Formen zum Einsatz wie

- hybriden Lernumgebungen und
- virtuellen Lernumgebungen.

Hybride Lernumgebungen

Hybride Lernumgebungen

Hier werden Präsenzlernphasen am Ausbildungsplatz oder im Berufsbildungszentrum mit Onlinelernen (auch E-Learning oder Blended Learning genannt) durch Angebote auf Lernplattformen kombiniert.

Auf Lernplattformen finden Lehrlinge z. B. Textbeiträge, E-Books, Videos und gesprochene Texte. E-Learning kann im Betrieb, im Bildungszentrum oder auch zu hause stattfinden.

Virtuelle Lernumgebungen

Virtuelle Lernumgebungen

Hier findet das Lernen nur mittels Lernplattformen ohne Präsenzlernphasen statt. Für das erfolgreiche Lernen ist es wichtig, dass Lernplattformen dann auch die Möglichkeit des Austauschs untereinander, aber auch mit Ausbildern ermöglichen. Dafür gibt es Instrumente wie Blogs (= Veröffentlichung von Beiträgen zu bestimmten Themen), eventuell mit einer Kommentarfunktion zum Austausch, Wikis (= Beiträge für Lexika durch Internetnutzer) und Podcasts (= Audio- oder Videodateien, die über das Internet bezogen werden können). Auch ermöglicht die Technik den direkten Austausch von Dozenten und Lernenden, ohne dass beide am selben Ort sein müssen (z. B. über Chats und Foren). Vielfach gibt es auch Apps, die mobiles Lernen ermöglichen und unterstützen.

Webinare

Wichtig sind ferner Webinare, also Seminare, die über das Internet (Web) gehalten werden, sowie Tutorials (= schriftliche oder Anleitungen mit Bildern und Filmen).

3.4.6 Digitaler Ausbildungsnachweis im Ausbildungsprozess

Digitaler Ausbildungsnachweis

Hier wird zunächst auf die Ausführungen in >> Abschnitt 2.5.2.3 verwiesen. Wenn die Lehrlinge bereits während der Ausbildung mit elektronischen Geräten arbeiten und damit ausgestattet sind, bietet es sich an, dass sie auch den Ausbildungsnachweis elektronisch führen. Dies erleichtert für alle Beteiligten unter anderem die Lesbarkeit und ermöglicht leichter Überarbeitungen. Außerdem lässt sich ein digitaler Ausbildungsnachweis im Sinne der Lernortkooperation einfacher anderen Stellen zugänglich machen. Mittlerweile gibt es dafür auch geeignete Softwarelösungen, über die Kammern und Innungen informieren und beraten oder die sie sogar selbst anbieten.

Handlungsorientierte, fallbezogene Aufgaben

1. Im Rahmen der Ausbildung steht Ihnen als Ausbildungsmethode auch die programmierte Unterweisung zur Verfügung.

   Aufgabe: Was versteht man unter programmiertem Lernen und Lehren?

   - [ ] a Lern- und Lehrverfahren mit verhältnismäßig großen Schritten.
   - [ ] b Nur das Lernen mit Lehrmaschinen auf der Basis der Elektronik.
   - [ ] c Lern- und Lehrverfahren mit verhältnismäßig kleinen, logisch aufeinander aufbauenden Schritten.
   - [ ] d Eine moderne, noch nicht voll entwickelte Ganzheitsmethode im Bildungswesen.
   - [ ] e Eine Unterrichtstechnologie, die nur an Hochschulen, Fachhochschulen und Fachakademien eingesetzt werden kann.

   >> Seite 240 |

2. Als Inhaber eines Betriebes bilden Sie Lehrlinge aus. Sie wenden in der Ausbildung die systematische Arbeitsunterweisung als eine besondere Form des planmäßigen Lehrens und Lernens an. Neben fachlichen Fertigkeiten, Kenntnissen und Fähigkeiten können Sie damit auch soziale Verhaltensweisen vermitteln.

   Aufgabe:

   a) Welche wichtigen Grundsätze wenden Sie bei der Durchführung von Unterweisungen bei den Lehrlingen an?

   b) Beschreiben Sie die von Ihnen eingesetzte Form der systematischen Arbeitsunterweisung näher!

   >> Seiten 243 bis 248 |

3. Sie bereiten sich sehr genau auf die Unterweisung der Lehrlinge in Ihrem Betrieb vor. Sie wissen aber, dass Sie trotzdem darauf achten müssen, Unterweisungsfehler zu vermeiden.

   Aufgabe: Welches sind typische Fehler, die bei Unterweisungen immer wieder vorkommen, und wie können Sie diese vermeiden?

   >> Seite 248 |

4. Sie bilden Lehrlinge aus. Den im Rahmen einer Unterweisung geplanten Arbeitsablauf stellen Sie in Form einer Arbeitszergliederung dar.

   Aufgabe: Welche Vorteile hat es für Sie, solche Arbeitszergliederungen in Form eines Schemas festzuhalten?

☐ a Keine, weil ein erfahrener Ausbilder für die Aufstellung einer sinnvollen Arbeitszergliederung kein Schema braucht.

☐ b Keine, weil schematische Arbeitszergliederungen grundsätzlich von den Beteiligten als schablonenhaft empfunden und abgelehnt werden.

☐ c Sie sind wichtige Bestandteile der Ausbildungsnachweise.

☐ d Keine, weil sich nur wenige Arbeitsvorgänge bei der betrieblichen Ausbildung in ein Schema einordnen lassen.

☐ e Es ermöglicht die schnellere Erstellung von Arbeitszergliederungen und deren Wiederverwendung für spätere Unterweisungen.

>> Seite 250 |

5. Der Prüfungsausschuss hat im Rahmen der Ablegung der Meisterprüfung im Prüfungsteil IV, praktische Prüfung, festgelegt, dass die Ausbildungssituation in Form der Präsentation geprüft wird. Sie werden als Prüfling aufgefordert, einen schriftlichen Entwurf vorzulegen, der alle wesentlichen Inhalte zur Planung und Durchführung der Präsentation enthält.

   Aufgabe: Erstellen Sie den im vorliegenden Fall geforderten Präsentationsentwurf für die von Ihnen ausgewählte Ausbildungssituation!

>> Seiten 252 bis 253 |

6. Sie bilden drei Lehrlinge aus. Als Ausbilder setzen Sie Ausbildungsmittel ein, um damit die Vermittlung von Fertigkeiten, Kenntnissen und Fähigkeiten zu erleichtern.

   Aufgabe:

   a) Stellen Sie dar, welche Faktoren und Gegebenheiten Sie bei der Auswahl der geeigneten Ausbildungsmittel beachten!

   b) Erläutern Sie die Grundsätze, die Sie beim Einsatz von Ausbildungsmitteln bei der Ausbildung Ihrer drei Lehrlinge beachten, um den bestmöglichen Erfolg zu erreichen!

>> Seiten 255 bis 256 |

3.5 Lernsituation: Auszubildende bei Lernschwierigkeiten durch individuelle Gestaltung der Ausbildung und Lernberatung unterstützen, ausbildungsunterstützende Hilfen einsetzen und Möglichkeiten zur Verlängerung der Ausbildungsdauer prüfen

Kompetenzen:

> Typische Lernschwierigkeiten in der Ausbildung erkennen und mögliche Ursachen feststellen.
> Lernvoraussetzungen überprüfen.
> Individuelle Hilfestellung bei Lernschwierigkeiten geben und Fördermaßnahmen einleiten.
> Bedarf von ausbildungsbegleitender Förderung erkennen und Maßnahmen organisieren.
> Möglichkeit zur Verlängerung der Ausbildungsdauer prüfen.

3.5.1 Erscheinungsformen sowie Ursachen von Lernschwierigkeiten und darauf abgestimmte Lernhilfen und Fördermaßnahmen

3.5.1.1 Begriff und Eingrenzung von Lernschwierigkeiten sowie deren Ursachen

Typische Lernschwierigkeiten ergeben sich dann, wenn der Lernende den Lernanforderungen nicht gerecht werden will oder kann.

Sie äußern sich in Verhaltensweisen, die das Lernen erschweren und negativ beeinflussen.

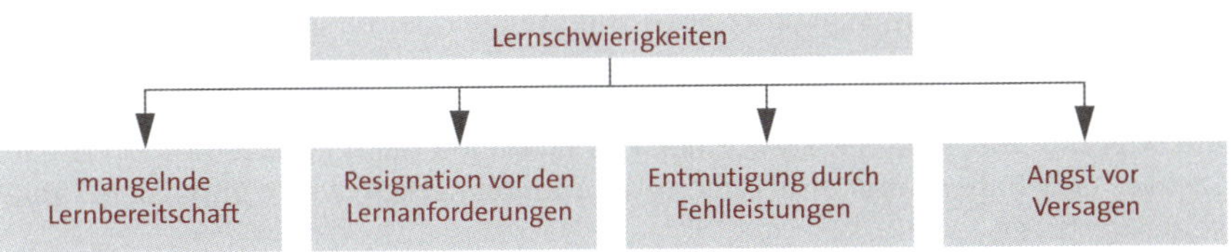

Wissenslücken

Lernschwierigkeiten beruhen vielfach auf Wissenslücken, das heißt, früherer Lernstoff wurde versäumt, nicht verstanden oder nicht richtig verarbeitet. Sie können durch geeignete Nachhilfemaßnahmen ausgeglichen werden.

3.5.1.2 Ursachen für typische Lernschwierigkeiten

Lernbeeinträchtigungen und Behinderungen spielen dabei eine besondere Rolle.

> Lernbeeinträchtigt sind all diejenigen, die die üblichen Lernanforderungen der betrieblichen Ausbildung insgesamt oder wesentliche Teile davon nicht erfüllen können.

Lernbeeinträchtigungen

Lernbeeinträchtigungen (auch: Lernbehinderungen) äußern sich unter anderem in

- mangelndem Interesse,
- Unsicherheit,
- verminderter Konzentrationsfähigkeit,
- geringerer Merkfähigkeit,
- mangelndem abstraktem Denkvermögen,
- geringerem Wortschatz,
- Schreib- und Leseschwierigkeiten.

Die Ursachen dafür können sehr vielfältig sein, so unter anderem:

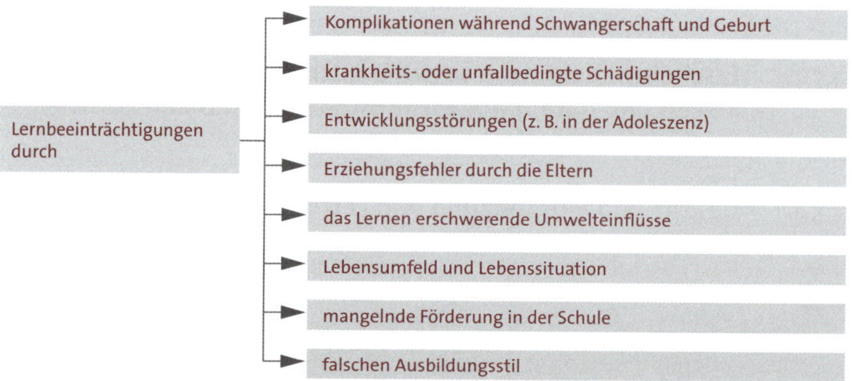

Lernschwierigkeiten können auch mit Sprachschwierigkeiten zu tun haben, also mit Problemen hinsichtlich des Verstehens und des richtigen Gebrauchs der Sprache. Die Ursachen dafür können sehr unterschiedlich sein. Sie können angeboren und krankheitsbedingt sein, aber auch von mangelnder Beherrschung einer Sprache herrühren.

Praktische Fähigkeiten

Die Chance für eine berufliche Ausbildung im Handwerk liegt bei vielen Lernbeeinträchtigten darin, dass sie zwar einerseits Probleme beim Erfassen theoretischer Sachverhalte haben, aber andererseits oft über bemerkenswerte praktische Fähigkeiten verfügen.

> Menschen mit Behinderungen sind Personen, bei denen infolge schwerwiegender Beeinträchtigungen eine Ausbildung und Beschäftigung nur unter erschwerten Bedingungen, insbesondere unter besonderer pädagogischer Betreuung, möglich ist.

Es gibt insbesondere folgende Arten von Behinderungen: Behinderungen

> körperliche Behinderung
> geistige Behinderung
> Sehbehinderung, Blindheit
> Schwerhörigkeit, Gehörlosigkeit
> Sprachbehinderung
> Lernbehinderung
> psychische Behinderung (Verhaltensstörungen).

Viele betroffene Personen weisen Mehrfachbehinderungen auf.
Im Rahmen einer beruflichen Ausbildung müssen insbesondere folgende mögliche Auswirkungen von Behinderungen berücksichtigt werden: Auswirkungen

> geringere Begabung
> verlangsamte oder eingeschränkte psychomotorische Fähigkeiten („Handfertigkeiten")
> geringe Motivation
> Schwierigkeiten, sich sprachlich mitzuteilen
> Verständnis- und Auffassungsprobleme.

Darauf sollte der Ausbilder insbesondere mit folgenden Maßnahmen reagieren: Maßnahmen

> klare und leicht verständliche Anweisungen
> immer für Nachfragen zur Verfügung stehen
> Lehrlingen oft Standardaufgaben erteilen
> den Lehrlingen einen festen Ansprechpartner an die Seite stellen.

Um dies rechtzeitig tun zu können, sollte der Ausbilder seine Lehrlinge genau beobachten.

3.5.1.3 Lernhilfen und Fördermaßnahmen

Lernhilfen

Es ist Aufgabe des Ausbilders, durch geeignete Lernhilfen solche Lernschwierigkeiten von vornherein zu verhindern bzw. sie rasch zu beseitigen. Lernhilfen

Lernhilfen sind abhängig von Lernziel, Lerngegenstand und Lernschwierigkeiten. Sie helfen bei richtiger Gestaltung wesentlich

> beim Einprägen von Wissen, Nutzen
> bei der Vermittlung von Fertigkeiten,
> bei der Befähigung zur Problemlösung.

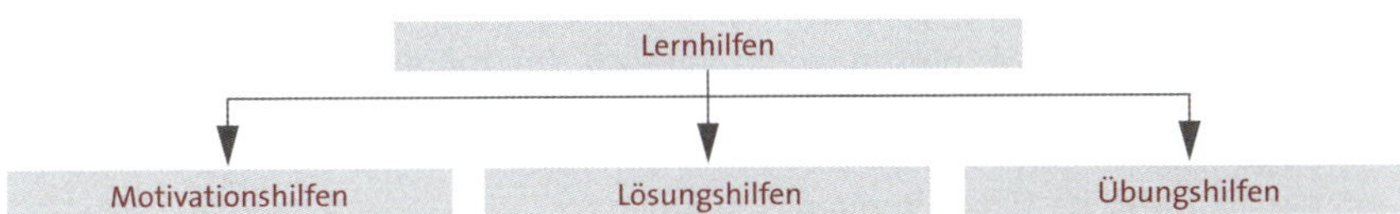

Motivations-hilfen

Motivationshilfen dienen der Förderung der Lernbereitschaft, um den Lernprozess optimal in Gang bringen zu können.

Wichtige Motivationshilfen sind:

> Steigerung des Selbstwertgefühls
> Beseitigung von Hemmungen
> Weckung des Interesses
> Herausstellen der Bedeutung und Aufgabe des Lerngegenstandes.

Lösungshilfen

Lösungshilfen verfolgen den Zweck, dem Lehrling bei Problemen während der Lösung gestellter Aufgaben zu helfen.

Dies ist beispielsweise möglich durch:

> Einräumen von genügend Zeit zum Probieren
> Vermittlung von Anregungen zum Durchdenken der Aufgabe
> gemeinsame Diskussion über Alternativlösungen
> Vormachen, Demonstrieren und Erklären.

Übungshilfen dienen dem Ziel, den Übungsvorgang optimal und erfolgsorientiert zu gestalten.

Übungshilfen

Wichtige Übungshilfen sind:

> Bereitstellen von Übungsaufgaben
> rechtzeitiges Abstellen von Fehlern
> Verändern der Übungsaufgaben
> Gedächtnisstützen.

Generell ist es wichtig, die Eigeninitiative und das Selbstvertrauen der Lehrlinge zu stärken.

Spezielle Lernhilfen

Spezielle Lernhilfen wurden auch für die einzelnen Lernformen (dazu >> Abschnitt 3.1.2.1) entwickelt. Es sind dabei insbesondere zu nennen:

> Hilfen zum Unterscheidungslernen; eine solche Hilfe ist zum Beispiel dann gegeben, wenn dem Lehrling bestimmte optische und akustische Reize immer wieder demonstriert werden.
> Hilfen zum Begriffslernen; das Lernen kann dem Lehrling beispielsweise dadurch erleichtert werden, dass zusammengehörende Arbeitsgeräte immer wieder in der täglichen Praxis eingesetzt werden.
> Hilfen für das Erlernen von Regeln, zum Beispiel durch laufende Erklärung an konkreten Fällen aus der betrieblichen Praxis.
> Befähigung zum Problemlösen, wenn möglich durch Erarbeiten aus dem Ernstfall.
> Hilfen zum Einprägen von Wissen, zum Beispiel durch einfache und verständliche oder auch grafische Darstellungen (Schaubilder).
> Hilfen für die Vermittlung von Fertigkeiten wie Vormachen und Fehlerkorrektur.

Möglichkeiten der Individualisierung und Differenzierung

Für Menschen mit **Lernbeeinträchtigungen** und **mit Behinderung:**

> besondere Eignung des Ausbildungsbetriebes hinsichtlich der personellen und räumlichen Gegebenheiten
> besondere sozialpädagogische Betreuungsmaßnahmen und Lernbegleitung
> Stützkurse
> Förderkurse
> Einsatz besonderer technischer Lernhilfen und angepasster Lernmaterialien
> Anpassung der Unterweisung.

Bund und Länder unterstützen die Ausbildung von Menschen mit Lernbeeinträchtigungen und Behinderungen durch finanzielle Fördermaßnahmen. Ansprechpartner dafür sind die Integrationsämter. Als besondere Einrichtungen gibt es Förderberufsschulen und Berufsbildungswerke. In diesem Zusammenhang gewinnt das Konzept der Inklusion an Bedeutung. Es fördert die uneingeschränkte Teilhabe aller Menschen auch am Berufsleben. Fördermaßnahmen

Verschiedene Programme haben die Förderung der beruflichen Orientierung für schwerbehinderte Schüler sowie die Förderung von betrieblichen Ausbildungsplätzen und der Hinführung zu Ausbildung zum Ziel.

3.5.2 Ausbildungsbegleitende Förderungsmöglichkeiten

Hierzu empfiehlt sich der Dialog mit Akteuren wie den Agenturen für Arbeit, den Jugendberufsagenturen und den Kammern als für die Berufsbildung zuständigen Stellen.

Eine wichtige Unterstützungsmaßnahme ist die **Assistierte Ausbildung (AsA)**.

Ihre Ziele sind

Ziele

> die Aufnahme einer Berufsausbildung
und
> die Hinführung auf den Abschluss der betrieblichen Ausbildung.

Gefördert werden können insbesondere junge Menschen, die ansonsten eine Berufsausbildung nicht aufnehmen oder fortsetzen können oder voraussichtlich Schwierigkeiten haben werden, die Berufsausbildung abzuschließen.

Dazu dienen folgende Instrumente:

Instrumente

> sozialpädagogische Begleitung
> Maßnahmen zur Stabilisierung des Berufsausbildungsverhältnisses oder der Einstiegsqualifizierung
> Angebote zum Abbau von Bildungs- und Sprachdefiziten
> Angebote zur Vermittlung fachtheoretischer Fertigkeiten, Kenntnisse und Fähigkeiten.

Ausbildungsbegleiter

Neben den jungen Menschen können auch die Betriebe dabei unterstützt werden. Beiden stehen dabei eine Ausbildungsbegleiterin bzw. ein Ausbildungsbegleiter als Ansprechpartner zur Verfügung. Eine Maßnahme der assistierten Ausbildung kann zu jedem Zeitpunkt der Ausbildung begonnen werden. Auch vor Aufnahme einer betrieblichen Ausbildung sind Maßnahmen möglich. Diese stehen unter bestimmten Voraussetzungen auch Ausländerinnen und Ausländern offen, die die entsprechenden asylrechtlichen Voraussetzungen erfüllen. Die Kosten werden insgesamt von der zuständigen Arbeitsagentur bzw. vom Jobcenter getragen.

3.5.3 Anpassungsoptionen: Verlängerung, Stufen- und Fachpraktikerausbildung, Teilzeitausbildung zur Behebung von Lernschwierigkeiten, z. B. bei Ursachen im familiären Umfeld

Zu den Ursachen für Lernschwierigkeiten, auch im familiären Umfeld >> Abschnitt 3.5.1.2.

3.5.3.1 Verlängerung der Ausbildungsdauer

Grundsatzregelung

Neben der Verlängerungsmöglichkeit der Ausbildungdauer bei Nichtbestehen der Gesellen- oder Abschlussprüfung (>> Abschnitt 4.2.3) besteht in Ausnahmefällen auf Antrag des Lehrlings auch die Möglichkeit der Verlängerung der Ausbildungsdauer, wenn diese notwendig ist, um das Ausbildungsziel zu erreichen.

Verfahren

Der Antrag ist vom Auszubildenden schriftlich bei der Handwerkskammer zu stellen. Bei Minderjährigen ist die entsprechende Zustimmung der gesetzlichen Vertreter erforderlich. Der Antrag soll rechtzeitig vor Ablauf des Berufsausbildungsverhältnisses gestellt werden. Vor der Entscheidung über den Antrag ist der Ausbildende (Betrieb) zu hören. Die Berufsschule kann gehört werden. Der Auszubildende muss glaubhaft machen, dass die Verlängerung erforderlich ist, um das Ausbildungsziel zu erreichen. Eine Verlängerung soll nur ausnahmsweise bei Vorliegen besonderer Gründe erfolgen. Der betriebliche Ausbildungsplan ist dann entsprechend anzupassen.

Verlängerungsgründe

Nachfolgende Gründe können eine Verlängerung erforderlich machen:

- erkennbare schwere Mängel in der Ausbildung
- Nichterreichen des Leistungszieles der Berufsschulklasse
- längere, vom Auszubildenden nicht zu vertretende Ausfallzeiten (z. B. infolge Krankheit)
- körperliche, geistige und psychische Behinderung des Auszubildenden, die dazu führt, dass das Ausbildungsziel nicht in der vereinbarten Ausbildungsdauer erreicht werden kann
- Betreuung des eigenen Kindes oder von pflegebedürftigen Angehörigen.

Bei Festlegung der Verlängerungsdauer sind die Prüfungstermine zu berücksichtigen.
Inhaltlich verknüpfte Anträge auf Verkürzung der täglichen oder wöchentlichen Ausbildungsdauer und auf Verlängerung der kalendarischen Gesamtausbildungsdauer sollen im Sinne förderlicher Bedingungen für die Vereinbarkeit von Berufsausbildung und Familie entschieden werden.

3.5.3.2 Stufen- und Fachpraktikerausbildung

Stufenausbildung

Stufenausbildung

Die Stufenausbildung (>> Abschnitte 1.4.2.3 und 2.5.1.6) bietet die Möglichkeit, bei Lernschwierigkeiten zunächst zumindest zu versuchen, die erste Stufe, die bereits einen Berufsabschluss – wie z.B. im Baubereich Hochbaufacharbeiter, Ausbaufacharbeiter oder Tiefbaufacharbeiter – ermöglicht, zu absolvieren. Bei Erfolg kann danach noch die zweite Stufe angeschlossen werden.

Fachpraktikerausbildung

Fachpraktikerausbildung

In begründeten Ausnahmefällen, in denen Art und/oder Schwere der Behinderung eine reguläre Ausbildung in einem anerkannten Ausbildungsberuf nicht erlauben, können die zuständigen Stellen (Kammern) besondere Ausbildungsregelungen erlassen. Diese sollen aus den Inhalten der jeweiligen Ausbildungsberufe entwickelt werden. Sie sehen dann den Abschluss Fachpraktiker/Fachpraktikerin im jeweiligen Handwerk vor. Die Möglichkeit des Übergangs von einer Fachpraktikerausbildung in eine reguläre Ausbildung ist entsprechend kontinuierlich zu prüfen. Um die notwendige bundesweite Einheitlichkeit zu sichern, hat der Hauptausschuss des Bundesinstitutes für Berufsbildung eine Rahmenregelung entwickelt. Für die Ausbildung von Menschen mit Behinderung gelten auch erweitere Anforderungen an die Eignung des Ausbildungsbetriebs. Ausbildende bzw. Ausbilder müssen eine rehabilitationspädagogische Zusatzqualifikation nachweisen.

3.5.3.3 Teilzeitausbildung

Eine Teilzeitausbildung (>> Abschnitt 2.5.1.1) kommt auch für Menschen mit Behinderung und Lernbeeinträchtigte in Frage und bietet ihnen Vorteile. Sie bietet Flexibilität und Zeit, die Lerninhalte zu vertiefen sowie für Unterstützungs- und Fördermaßnahmen. Für Menschen mit Behinderung kann die Teilzeitausbildung unter Umständen eine Alternative zur Fachpraktikerausbildung sein, Personen mit Lernbeeinträchtigung den Einstieg und dann möglicherweise den Übergang in eine Vollzeitberufsausbildung ermöglichen.

Handlungsorientierte, fallbezogene Aufgaben

1. Sie sind Ausbilder. Im neuen Ausbildungsjahr nehmen Sie einen lernbeeinträchtigten Jugendlichen zur Ausbildung auf.

   Aufgabe: Stellen Sie dar, wie Sie für diesen Jugendlichen die Ausbildung in Ihrem Betrieb gestalten!

   >> Seiten 263 bis 265 |

2. Ein in Ihrem Betrieb in Berufsausbildung stehender Auszubildender weist eine körperliche Behinderung auf, die dazu führt, dass das Ausbildungsziel nicht in der vereinbarten Ausbildungsdauer erreicht werden kann. Er stellt daher den Antrag, die Ausbildungsdauer um sechs Monate zu verlängern, weil diese Verlängerung erforderlich ist, um das Ausbildungsziel zu erreichen.

   Aufgabe: Stellen Sie fest, ob dies hier rechtlich gesehen möglich ist, und begründen Sie Ihr Ergebnis!

   >> Seite 266 |

3. Bei wem ist der Antrag auf Verlängerung der Ausbildungsdauer zu stellen?

- [ ] a Beim Ausbildungsbetrieb.
- [ ] b Bei der zuständigen Innung.
- [ ] c Bei der Handwerkskammer.
- [ ] d Bei der Agentur für Arbeit.
- [ ] e Bei der Kreisverwaltungsbehörde.

>> Seite 266 |

3.6 Lernsituation: Für Auszubildende zusätzliche Ausbildungsangebote, insbesondere Zusatzqualifikationen, prüfen und vorschlagen; Möglichkeiten der Verkürzung der Ausbildungsdauer und die vorzeitige Zulassung zur Abschluss- oder Gesellenprüfung prüfen

Kompetenzen:

- Besondere Voraussetzungen und Begabungen bei Auszubildenden erkennen und sie durch geeignete Angebote z. B. von Zusatzqualifikationen fördern.
- Möglichkeiten der Verkürzung der Ausbildungsdauer sowie der vorzeitigen Zulassung zur Abschluss-/Gesellenprüfung für diese Auszubildenden klären sowie den restlichen Ausbildungszeitraum gestalten.

3.6.1 Förderangebote für leistungsstarke Auszubildende

3.6.1.1 Anzeichen für spezifische Begabungen

Begabung

Grundsätzlich versteht man unter Begabung die Leistungs- und Lernfähigkeit einer Person jeweils auf verschiedenen Gebieten. Begabung ist zu einem wesentlichen Teil durch die Erbanlagen vorbestimmt und begrenzt. Ihre Entfaltung kann jedoch durch äußere Einflüsse, günstige Bedingungen und auch durch Schule sowie Betrieb gefördert werden.

Begabung ist also zum Beispiel die Fähigkeit zum Erlernen von Fremdsprachen, manuelles Geschick, herausragende Merkfähigkeit oder besondere Kontaktfähigkeit.

Spezifische Begabungen

Spezifische Begabungen können unter anderem liegen in

- erkenntnisorientierter, forschender Begabung,
- sprachlicher Begabung,
- mathematisch-logischer Begabung,
- mechanisch-technischer Begabung,
- musisch-künstlerischer Begabung.

Sie lassen sich durch Tests, im Rahmen der Beurteilung und durch Beobachtung in der Berufsschule feststellen. Besondere Begabung wird heute nicht mehr mit hoher Intelligenz gleichgesetzt. Sie kann sich vielmehr in verschiedenen Formen äußern. Solche spezifischen Ausprägungen können sein:

Besondere Formen

- Kreativität
- Organisationsfähigkeit des Lernens
- Effizienz der Informationsverarbeitung
- leistungsorientierte Arbeitshaltung.

3.6.1.2 Schüler mit Hochschul- oder Fachhochschulreife

Abiturienten

Etwa 16 Prozent der Ausbildungsanfänger im Handwerk besitzen die Hochschul- oder Fachhochschulreife. Ihr Anteil ist in den kunsthandwerklichen Berufen sowie bei den Gesundheitshandwerken und einigen Berufen der Elektro- und Metallhandwerke besonders hoch. Da heute knapp 50 % eines Jahrgangs die Studienberechtigung (in der Regel Hochschul- oder Fachhochschulreife) erwerben, ist es für das Handwerk wichtig, auch diese Gruppe stärker in die Ausbildungsanstrengungen einzubeziehen. Dies gilt aber auch, weil die fachlichen Anforderungen in vielen Handwerksberufen ständig zunehmen.

3.6.1.3 Fördermöglichkeiten

Besonders begabte Auszubildende können zum einen durch Individualisierung und Differenzierung des Ausbildungsprozesses gezielt gefördert werden. Zum anderen gibt es folgende Möglichkeiten:

- Beschleunigung des Lernprozesses, also höheres Lerntempo für besonders Begabte.
- Anreicherung des Lernstoffes durch erweiternde und vertiefende Lernangebote sowie Übertragung spezieller und zusätzlicher Aufgaben; dabei kann es sich vor allem um schwierigere, anspruchsvollere, komplexere und verantwortungsvollere Aufgaben innerhalb des Ausbildungsberufsbildes wie auch um Zusatzqualifikationseinheiten aus anderen Ausbildungs- und Fortbildungsordnungen handeln.
- Zusammenfassung von besonders Begabten. Da dies bei Handwerksbetrieben wegen der geringen Betriebsgröße kaum infrage kommt, bieten sich dazu überbetriebliche Einrichtungen oder auch die Berufsschule mit Spitzenleistungskursen und Arbeitsgemeinschaften an.

Förderprogramm

Das Bundesbildungsministerium hat ein Programm „Begabtenförderung Berufliche Bildung“ aufgelegt, das allerdings erst für Absolventen einer Berufsausbildung gilt. Danach werden gefördert

- fachbezogene berufliche Aufstiegsfortbildung bzw. höherqualifizierende Berufsbildung und
- fach- oder berufsübergreifende Weiterbildung.
(>> Abschnitt 4.4.5.4)

Für Jugendliche mit (Fach-)Hochschulreife:

- Angebot zusätzlicher Wahlqualifikationseinheiten, die über die in der Ausbildungsordnung vorgesehenen Mindestanforderungen hinausgehen, ferner Zusatzqualifikationseinheiten aus anderen Ausbildungs- und Fortbildungsordnungen sowie Berufsakademien und Verbundmodelle Handwerk/(Fach-)Hochschule, bei denen parallel eine berufliche Ausbildung in einem Handwerksberuf und ein (Fach-)Hochschulstudium zum Bachelor ermöglicht wird. Ferner gibt es Angebote für das Berufsabitur, also die Kombination von Berufsausbildung und Erlangung der Hochschulreife.

Berufsabitur

3.6.2 Verkürzung der Ausbildungsdauer und vorzeitige Zulassung zur Abschluss-/Gesellenprüfung

Der Hauptausschuss des Bundesinstituts für Berufsbildung empfiehlt zur Handhabung der Verkürzung der Ausbildungsdauer den zuständigen Stellen folgende Maßstäbe.

3.6.2.1 Allgemeine Voraussetzungen

> Die Handwerkskammer hat auf gemeinsamen schriftlichen Antrag des Lehrlings und des Ausbildenden die Ausbildungsdauer zu kürzen, wenn zu erwarten ist, dass das Ausbildungsziel in der gekürzten Zeit erreicht wird. Bei Minderjährigen ist die entsprechende Zustimmung der gesetzlichen Vertreter erforderlich.

Die Kürzung der Ausbildungsdauer soll möglichst bei Vertragsschluss, spätestens jedoch so rechtzeitig beantragt werden, dass noch mindestens ein Jahr Ausbildungsdauer verbleibt.
Die Antragsteller müssen glaubhaft machen, dass das Ausbildungsziel in der gekürzten Dauer erreicht werden kann, z. B. durch Vorlage von (Berufs-)Schul- und Prüfungszeugnissen, Leistungsbeurteilungen, Berufsausbildungsverträgen und angepassten betrieblichen Ausbildungsplänen.
Hinsichtlich des möglichen Zeitpunktes für die Abkürzung der Ausbildungsdauer gibt es grundsätzlich zwei Möglichkeiten.

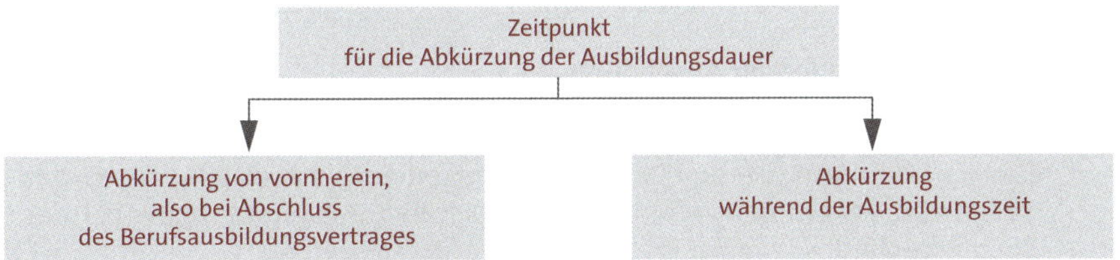

Zeitpunkt

3.6.2.2 Verkürzung bei Vertragsabschluss

Verkürzungsgründe

> Nachfolgende Gründe können zu einer Verkürzung in dem angegebenen Zeitrahmen führen:
>
> - Fachoberschulreife oder gleichwertiger Abschluss — bis zu 6 Monate
> - Nachweis der Fachhochschulreife — bis zu 12 Monate
> - allgemeine Hochschulreife — bis zu 12 Monate
> - abgeschlossene Berufsausbildung — bis zu 12 Monate

Im Einzelfall kann die Ausbildungsdauer auch wegen eines Lebensalters von mehr als 21 Jahren um bis zu 12 Monate verkürzt werden.
Fachlich einschlägige Lernleistungen aus der Hochschule können zu einer Verkürzung der Ausbildungsdauer um bis zu 6 Monate führen.

Darüber hinaus kann bei Nachweis einer einschlägigen beruflichen Grundbildung oder einschlägigen Berufstätigkeit oder Arbeitserfahrung im Berufsfeld diese angemessen berücksichtigt werden.

3.6.2.3 Verkürzung während der Ausbildungsdauer

Voraussetzungen

> Die Kürzung der Ausbildungsdauer während der laufenden Berufsausbildung ist möglich, wenn durch Vorlage entsprechender Unterlagen (siehe oben) glaubhaft nachgewiesen wird, dass das Ausbildungsziel in der verkürzten Zeit erreicht werden kann und die Ausbildungsinhalte vermittelt werden können.

Wird der Antrag erst im Laufe der letzten 12 Monate der Ausbildungsdauer gestellt, so soll dieser vorrangig als Antrag auf vorzeitige Zulassung zur Abschluss-/Gesellenprüfung (>> Abschnitt 4.2.1.3) behandelt werden.

3.6.2.4 Zusammentreffen mehrerer Verkürzungsgründe

Treffen mehrere Verkürzungsgründe zusammen, können sie nebeneinander berücksichtigt werden. Eine vorzeitige Zulassung zur Prüfung ist auch bei verkürzter Ausbildungsdauer möglich, wenn dadurch die nachstehende Mindestdauer der Ausbildung nicht unterschritten wird.

3.6.2.5 Anrechnung beruflicher Vorbildung auf die Ausbildungsdauer

Neben einem Antrag auf Verkürzung der Ausbildungsdauer besteht für Lehrling und Ausbildenden auch die Möglichkeit für einen Antrag auf Anrechnung beruflicher Vorbildung (>> Abschnitt 2.5.1.10).

3.6.2.6 Mindestdauer der Ausbildung

> Die Ausbildungsdauer soll in der Regel folgende Mindestdauer, insbesondere beim Zusammentreffen mehrerer Verkürzungsgründe bzw. bei der vorzeitigen Zulassung zur Prüfung, nicht unterschreiten:

Regelausbildungsdauer	Mindestdauer der Ausbildung
3 ½ Jahre	24 Monate
3 Jahre	18 Monate
2 Jahre	12 Monate

Handlungsorientierte, fallbezogene Aufgaben

1. Sie bilden in Ihrem Betrieb drei Lehrlinge aus, von denen einer besondere Begabungen erkennen lässt und besondere Leistungen erbringt. Diesen wollen Sie gezielt fördern.

   Aufgabe: Stellen Sie dar, wie dieser Lehrling im betrieblichen Ausbildungsprozess und auch außerbetrieblich gefördert werden kann!

   >> Seite 270 |

2. Am Ende eines Vorstellungsgesprächs mit einem Lehrstellenbewerber und dessen Eltern reden Sie als Ausbildender mit den Gesprächspartnern über Einzelheiten des abzuschließenden Berufsausbildungsvertrages. Dabei bringt der künftige Auszubildende den Wunsch zum Ausdruck, die Regelausbildungsdauer der Ausbildungsordnung von vornherein um 6 Monate zu verkürzen, weil er einen mittleren Schulabschluss nachweisen könne.

   Aufgabe: Stellen Sie fest, ob Sie dem Wunsch des Auszubildenden nach den einschlägigen Rechtsvorschriften entsprechen können und wer über den Antrag entscheidet!

   >> Seite 271 |

3. Mitte des zweiten Ausbildungsjahres kommt ein Lehrling, der in Ihrem Betrieb ausgebildet wird (vereinbarte Ausbildungsdauer 3 ½ Jahre), wegen seiner sehr guten Leistungen zu Ihnen als Ausbildendem mit der Bitte, einer Abkürzung des Berufsausbildungsverhältnisses um 12 Monate zuzustimmen und einen entsprechenden gemeinsamen Antrag an die Handwerkskammer zu stellen.

   Aufgabe: Kann die Ausbildungsdauer im vorliegenden Fall gekürzt werden? Was trifft zu?

☐ a Nein, weil dem Lehrling sonst wichtige Ausbildungsinhalte vorenthalten werden.

☐ b Nein, weil eine Verkürzung nur vor Beginn der Ausbildung möglich ist.

☐ c Ja, wenn zu erwarten ist, dass der Lehrling das Ausbildungsziel in der gekürzten Dauer erreicht und die Ausbildungsinhalte vermittelt werden können.

☐ d Ja, wenn der Lehrling von der Berufsschule bestätigt bekommt, dass er überdurchschnittlichen Erfolg in der betrieblichen Ausbildung hat.

☐ e Ja, wenn die Berufsschule und die Berufsberatung der Agentur für Arbeit einer Verkürzung zustimmen.

>> Seite 272 |

3.7 Lernsituation: Soziale und persönliche Entwicklungen von Auszubildenden fördern, Probleme und Konflikte rechtzeitig erkennen und auf Lösungen hinwirken

Kompetenzen:

- > Entwicklungsaufgaben Jugendlicher in der Ausbildung beschreiben, entwicklungstypisches Verhalten von Auszubildenden sowie maßgebliche Umwelteinflüsse bei der Gestaltung der Ausbildung berücksichtigen.
- > Bedeutung des Betriebes für die Sozialisation Auszubildender beschreiben.
- > Kommunikationsprozesse während der Ausbildung gestalten, Kommunikationsfähigkeit der Auszubildenden fördern.
- > Auffälliges Verhalten und typische Konfliktsituationen in der Ausbildung rechtzeitig erkennen, analysieren und Strategien zum konstruktiven Umgang mit Konflikten anwenden.
- > Wertschätzung anderer Menschen, auch unter Berücksichtigung gesellschaftlicher Vielfalt, fördern.
- > Häufige Ursachen für drohende Ausbildungsabbrüche reflektieren und Maßnahmen zu ihrer Vermeidung ergreifen.
- > Schlichtungsmöglichkeiten für Streitigkeiten während der Ausbildung nutzen.

3.7.1 Entwicklungsaufgaben im Jugendalter und entwicklungstypisches Verhalten Auszubildender sowie Umwelteinflüsse

3.7.1.1 Lebenssituation der Jugendlichen

Umwelteinflüsse

Die Umwelteinflüsse auf die Entwicklung junger Menschen waren wohl zu keiner Zeit so stark wie heute. Dies ist auch darauf zurückzuführen, dass Freizeitdauer und Möglichkeiten ihrer Gestaltung in einem enormen Ausmaß gewachsen sind. Diese Faktoren haben auch maßgeblichen Einfluss auf das berufliche Lernen. Der Ausbilder sollte insbesondere folgende Bereiche als wesentliche Beeinflussungsfelder für Jugendliche und junge Erwachsene berücksichtigen und sich bei der Ausbildung daran orientieren:

- > Familie
- > Schule
- > Betrieb
- > Freundeskreis
- > Jugendgruppen
- > Freizeitangebote
- > (Online-)Medien.

Wirtschaftliche und soziale Situation der Familie

Hier sind insbesondere die Bedingungen, innerhalb derer sich der Jugendliche entwickeln konnte und kann (sogenannte Sozialisationsbedingungen), sowie die wirtschaftlichen und sozialen Verhältnisse von Bedeutung. Merkmale dafür können u. a. sein:

Sozialisationsbedingungen

- Erziehung durch beide Elternteile oder Aufwachsen bei Alleinerziehenden
- Vorhandensein von Geschwistern
- berufliche Situation der Eltern; Arbeitslosigkeit oder Beschäftigung
- Vorhandensein von Suchtverhalten in der Familie
- Vorbildfunktion der Eltern
- Wohnumfeld
- kultureller Hintergrund.

Der letztgenannte Faktor ist vor allem bei Jugendlichen mit Migrations- oder Fluchthintergrund (zur Definition >> Abschnitt 3.10.1) wichtig. Sie kennen teilweise wesentlich andere Lebens-, Lehr-, Lern- und Erziehungsstile.

Familie

Bei der Familie ist ferner danach zu unterscheiden, ob es sich dabei um Eltern und Geschwister handelt oder ob der Lehrling eventuell schon eine eigene Familie gegründet hat oder eine Partnerschaft eingegangen ist. Dann ist der Einfluss der Familie naturgemäß wesentlich stärker als im anderen Fall, wo die Loslösung vom Elternhaus zumeist schon wesentlich fortgeschritten ist.

Freundesgruppen

Unter Gruppe versteht man den Zusammenschluss von mehr als zwei Personen, die sich gegenseitig beeinflussen und steuern und damit besondere zwischenmenschliche Beziehungen sowie einen inneren Zusammenhalt aufweisen.
Typische Eigenschaften einer Gruppe sind:

Eigenschaften

- gemeinsames Gruppenziel
- Gruppenbewusstsein (Zusammengehörigkeit)
- Gruppennormen (Verhaltensmuster)
- Gruppenstruktur (Aufgaben- und Rollenzuweisungen)
- Gruppenbeziehungen (gegenseitige Abhängigkeit)
- regelmäßige und länger andauernde Zugehörigkeit.

> Freundeskreis und Jugendgruppen nehmen bei Jugendlichen eine wichtige Rolle bei der Loslösung vom Elternhaus ein. Sie haben auf Jugendliche großen Einfluss.

Dieser Einfluss kann sich in negativen Entwicklungen äußern wie

Extreme Jugendgruppen

- Zugehörigkeit zu besonders auffälligen bzw. extremen Jugendgruppen (z. B. Skinheads, Punks, Hooligans u. Ä.),
- Jugendkriminalität,
- Anschluss an Sekten
  und
- Hinwendung zu Drogen und Suchtmitteln, die letztendlich zur völligen Leistungsunfähigkeit und zum körperlichen Verfall führen können.

Drogen

Medien

Reizeinflüsse

Die Reizeinflüsse, denen die Jugend heute ausgesetzt ist, werden immer vielfältiger. Beispielhaft sind zu nennen:

Medien

- Werbung
- immer weiter zunehmende Mobilität
- Filme, Fernsehen, Video
- Smartphones
- Computer- und Onlinespiele
- Internet, soziale Medien
- Zeitschriften
- Porno- und Gewaltdarstellungen
- Stresswirkungen sonstiger Art.

Zu beobachten ist als Folge vielfach ein Nachlassen der Konzentrationsfähigkeit durch die Reizüberflutung. Besonders weitreichend sind die Beeinflussungsmöglichkeiten bei Jugendlichen, die selbst noch keine fest gefügten Wertvorstellungen für ihr Leben entwickelt haben. Übermäßiger Medienkonsum, insbesondere von Gewaltdarstellungen, kann zu Isolation sowie zu Angst- und Schockreaktionen führen. Nicht gering schätzen darf man ferner den Einfluss von Vorbildern oft negativer Art aus Fernsehserien, Filmen, Videos sowie Computer- und Onlinespielen, beispielsweise hinsichtlich der Rauch- und Trinkgewohnheiten oder auch der Art, Konflikte zu lösen. Eine wichtige Rolle spielen hier auch Influencer in den sozialen Netzwerken.

Betrieb

Auch durch die betriebliche Umwelt, die sachlichen Gegebenheiten wie auch insbesondere die sozialen Beziehungen zu Ausbilder, Kollegen und Kunden werden junge Menschen maßgeblich geprägt.

3.7.1.2 Grundzusammenhänge

Handeln und Verhalten als Funktion von Person und Umwelt

Individuum

> Jede Person ist in ihrem Wesen einmalig (Individuum). Sie verwirklicht sich letztlich aber erst im Kontakt mit ihrer Umwelt, das heißt dem gesamten äußeren Umfeld, das uns umgibt.

Handeln
Verhalten

Umwelt bedeutet hier sowohl die Natur um uns herum wie auch andere Menschen, insbesondere die Familie und weitere Gruppen, denen man angehört; also die natürliche, kulturelle, wirtschaftliche und soziale Umwelt. Für das Zusammenleben spielen Handeln und Verhalten des Einzelnen eine wichtige Rolle. Handeln heißt, zweckgerichtet etwas zu bewirken. Unter Verhalten versteht man bewusste (kognitive), bewegungsmäßige (motorische) und gefühlsmäßige (affektive) Reaktionen und Bewegungen, die angeboren oder erlernt sein können. Sie prägen das Handeln wesentlich.

Das Zusammenwirken von Person und Umwelt:

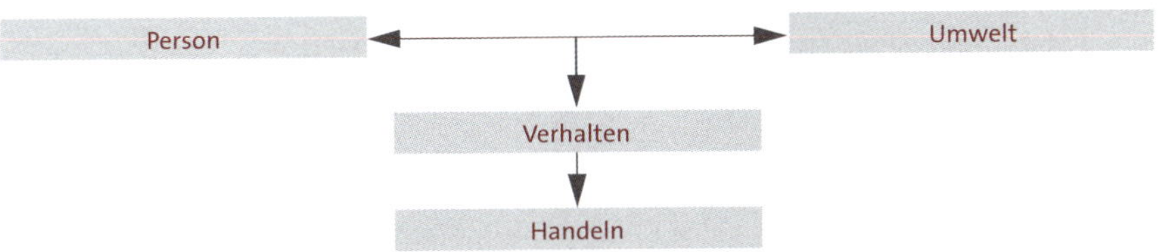

Begriff und Faktoren der Entwicklung

Entwicklungsbegriff

> Als Entwicklung bezeichnet man im Rahmen der Pädagogik die laufend fortschreitende Veränderung des einzelnen Menschen hinsichtlich körperlicher Merkmale und in Bezug auf seine Verhaltensweisen.

Die gesamte Entwicklung lässt sich dabei in verschiedene Abschnitte einteilen. Für den Bereich der Berufsausbildung sind von besonderer Bedeutung:

Adoleszenz

> frühe Adoleszenz (Adoleszenz = Phase des Erwachsenwerdens)
> mittlere Adoleszenz
> spätere Adoleszenz.

Faktoren der Entwicklung

Erbanlagen

> Hinsichtlich der Entwicklung wird danach unterschieden, welcher Anteil durch die Erbanlagen und welcher durch Umwelteinflüsse bedingt ist. Im ersten Fall handelt es sich um Reifungsprozesse, im zweiten um Lernen. Hinzu kommt die aktive Selbststeuerung des Einzelnen. Im Wechselspiel ergeben sie den Aufbau einer Persönlichkeit.

Reifung

Reifung beschreibt also die Entwicklung des Menschen bezüglich

> seiner äußeren Erscheinung,
> seines Verhaltens,
> seiner Leistungsfähigkeit,
> seiner Intelligenz,
> seiner Persönlichkeit,

soweit sie bereits in den Erbanlagen festgelegt ist.

Umwelteinflüsse

Die Steuerungsmöglichkeit durch Umwelteinflüsse ist in Teilbereichen wie der äußeren Erscheinung (Körpergröße u. Ä.) nur in geringem Umfang möglich, während bei Intelligenz, Verhalten und Leistungsfähigkeit die Einflussnahme durch Lernen in größerem Umfang gegeben ist. Beim Menschen ist das Verhalten kaum instinktiv ausgeprägt, vielmehr entwickelt es sich durch aktive Anpassung an die jeweiligen Umstände und sozialen Gegebenheiten.

Allerdings bestimmen die Erbanlagen gewisse Grenzen, die dann auch durch Lernprozesse kaum überschritten werden können.

Wichtige Personeneigenschaften für die Berufsausbildung

Personen-eigenschaften

Man unterscheidet dabei mehrere Personeneigenschaften:

> Fähigkeiten
> Fertigkeiten
> Gewohnheiten
> Bedürfnisse
> Interessen
> Motive.

Fähigkeiten: Sie ermöglichen es, auftretende Probleme durch Lernprozesse oder entsprechende Leistungen zu bewältigen. Wichtige Grundfähigkeiten sind zum Beispiel logisches Denken, abstraktes Denken, räumliches Vorstellungsvermögen und Merkfähigkeit.
Fertigkeiten: Mit Fertigkeiten können Aufgaben und Anforderungen durch bereits erlernte Reaktionsmuster ohne größere Probleme und möglichst schnell bewältigt werden. Beispiele dafür sind Handgriffe, die zur Bedienung einer Maschine erforderlich sind.
Gewohnheiten: Gewohnheiten ergeben sich aus ständigem Lernen und Üben. Beispiele sind routinemäßige Handlungen und immer wiederkehrende Denkmuster.
Bedürfnisse: Bedürfnisse ergeben sich aus dem Spannungsfeld zwischen Reiz und Reaktion, also beispielsweise dem Hunger und dem Bestreben, diesen Mangel zu beheben.
Interessen: Sie können sich äußern als Anteilnahme, Aufmerksamkeit oder Neigung und werden vom Verhältnis der Person zu den jeweiligen Gegenständen bestimmt, also beispielsweise Interesse des Jugendlichen an seiner Berufsausbildung.
Motive: Motive sind treibende Elemente für ein bestimmtes Handeln. Wenn jemand beispielsweise eine bestimmte Anschaffung tätigen will, so kann dies für ihn Anlass sein, mehr zu sparen oder Überstunden zu leisten.

3.7.1.3 Entwicklungserscheinungen

Pubertät, Adoleszenz

Reifungsprozess

Bei der Entwicklung vom Kind zum Erwachsenen findet beim Menschen ein entscheidender und einschneidender Reifungsprozess statt.
Dieser Reifungsprozess ist sowohl körperlicher, psychischer wie auch sozialer Art. Ausgelöst werden die Veränderungen insbesondere durch hormonale Einflüsse, gesteuert durch die Hirnanhangdrüse. Auch genetische, geografische und ernährungsbedingte Faktoren spielen dabei eine wichtige Rolle.

Adoleszenz

Pubertät

Man bezeichnet diese Phase als Jugendalter oder auch als Adoleszenz. In ihr findet auch die sexuelle Reifung des Menschen statt. Deren verschiedene Stadien werden als Pubertät bezeichnet.

Die Phasen des Jugendalters

Frühe Adoleszenz	ca. 10. bis 13. Lebensjahr
Mittlere Adoleszenz	ca. 14. bis 16. Lebensjahr
Späte Adoleszenz	ca. 17. bis 21. Lebensjahr

Die Dauer des Stadiums der sexuellen Reifung, die mit der frühen Adoleszenz beginnt und in der Regel während der mittleren Adoleszenz abgeschlossen wird, schwankt zwischen 3 und 6 Jahren und startet bei Mädchen 0,5 bis 1,5 Jahre früher als bei Jungen. Dies sind allerdings nur Durchschnittswerte, da die Entwicklung bei jedem Menschen letztendlich unterschiedlich verläuft.

Akzeleration

Allgemein lässt sich feststellen, dass sich die körperliche Entwicklung in den letzten Jahrzehnten spürbar beschleunigt hat. Die Geschlechtsreife wird heute um einige Jahre früher erreicht als noch vor wenigen Jahrzehnten. Man nennt dies Akzeleration. Sie ist vermutlich eine Folge von Änderungen in der Ernährung und in der gesamten Umwelt.

Körperliche und soziale Entwicklung während der Adoleszenz

Wichtige Bereiche der Entwicklung während der Adoleszenz

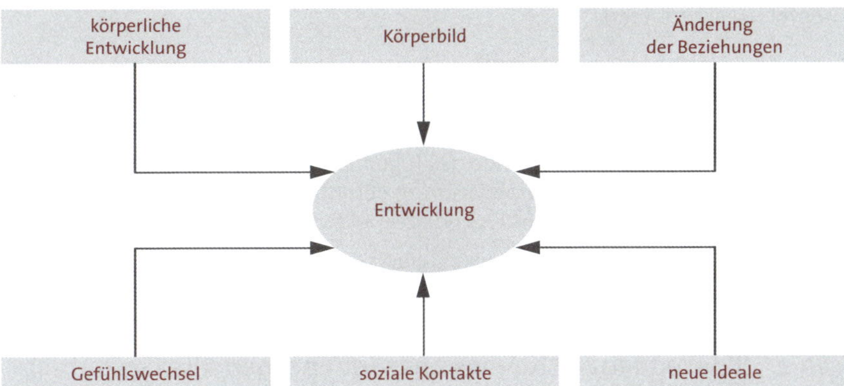

Körperliche Entwicklung

Die Pubertät bringt einen deutlichen Wachstumsschub. Außerdem ist diese Phase durch eine Zunahme der Knochendichte geprägt. Zudem beginnt die Geschlechtsreife.

Körperbild

Infolge des Wachstumsschubes fühlen sich Jugendliche oft unsicher hinsichtlich der Wirkung ihres Erscheinungsbildes auf die Umwelt. Sie können versuchen, dies beispielsweise mit ausgefallener Kleidung oder besonderen Frisuren zu überdecken. Erst im Laufe der späten Adoleszenz wird dann der eigene Körper akzeptiert. Folgen dieser Schwierigkeiten können Fehlentwicklungen wie die Magersucht sein.

Änderung der Beziehungen

Mit zunehmendem Alter werden Jugendliche unabhängiger und selbstständiger. Dies bedingt die Loslösung von den Eltern als den bis dahin wichtigsten Bezugspersonen. Dieser Prozess ist bisweilen verbunden mit offener Aufsässigkeit, Trotz und Rebellion gegenüber den Einstellungen der Eltern.

Gefühlswechsel

Die Zeit des Heranwachsens ist von raschen Gefühlswechseln gekennzeichnet. Stimmungshochs und Stimmungstiefs können sich schnell ablösen. Jugendliche, die damit nicht zurechtkommen, können sehr leicht in Depressionen verfallen. In dieser Zeit steigt auch die Konfliktbereitschaft.

Soziale Kontakte

Während sich die Jugendlichen vom Elternhaus lösen, bauen sie gleichzeitig Kontakte zu Gleichaltrigen, Gleichgesinnnten (man spricht auch von Cliquen) und später dann zu Partnern auf.

Neue Ideale

Die Phase der Jugend ist auch eine Phase der Auflehnung gegen die Vorstellungen der älteren Generation. Die Jugendlichen entwickeln ihre eigenen Ideale und moralischen Werte und zeigen diese teilweise in offenem Protest gegenüber dem Althergebrachten. In dieser Zeit suchen sich die Jugendlichen vielfach besondere Leitfiguren und Idole wie Sportler, Popsänger, Rapper, Schauspieler, Influencer oder auch Figuren aus Computer- und Onlinespielen. Die Auseinandersetzung mit der Realität führt aber recht bald zur Bereitschaft, Kompromisse einzugehen und Grenzen zu akzeptieren.

Entwicklung der geistigen Fähigkeiten

Intelligenz

Hinsichtlich der Entwicklung der Intelligenz eines jungen Menschen ist ein starker Anstieg der Kurve intellektueller Leistungen während der ersten zehn bis zwölf Lebensjahre festzustellen. Gegen Ende des Jugendalters ergibt sich eine Abflachung der Kurve und eine deutliche Stabilisierung der intellektuellen Leistungsfähigkeit im jungen Erwachsenenalter. Im Jugendalter vollzieht sich auch der Wandel

Abstraktes Denken, Logik

- vom anschaulichen zum abstrakten Denken und
- vom mechanischen Nachvollziehen zum logischen Ableiten.

3.7.1.4 Konsequenzen für eine entwicklungsgemäße Gestaltung der Berufsausbildung

Nach wie vor sind im Handwerk viele Auszubildende Jugendliche. Bei den Übrigen handelt es sich überwiegend um junge Erwachsene. Für die erfolgreiche Arbeit als Ausbilder ist daher das Verstehen und das Eingehen auf die Probleme und Eigenheiten dieser Altersgruppe eine elementare Voraussetzung.

Entwicklungsgemäße Gestaltung der Berufsausbildung

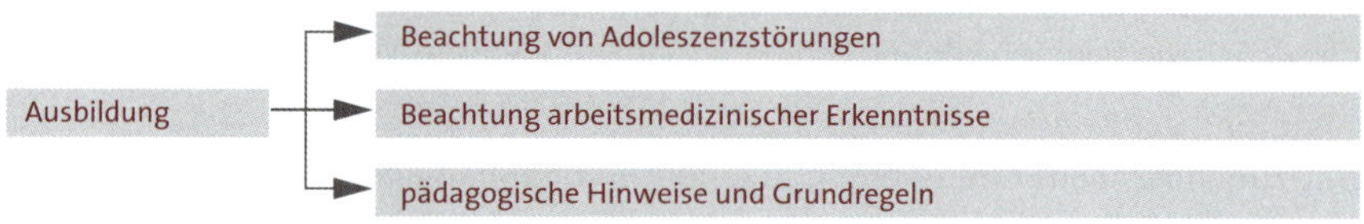

Störungen der Adoleszenz

Zu den häufigsten Adoleszenzstörungen, über die der Ausbilder Bescheid wissen sollte, gehören:

- Auftauchen psychosomatischer Beschwerden; d. h., vorhandene psychische Entwicklungsprobleme äußern sich in körperlichen Beschwerden wie Kopfschmerzen oder Bauchschmerzen
- Depressionen mit den Folgen: fehlende Initiative und Motivation, Entscheidungsschwäche und mangelnde Konzentration sowie Krankheiten
- übertriebenes Risikoverhalten, wenn Jugendliche – auch körperlich – ihre Grenzen ausloten wollen
- Jugendaggressivität und Jugendkriminalität
- Suchtverhalten bei Alkohol, Tabak, Drogen oder Medikamenten sowie Mediennutzung
- Pubertätsmagersucht.

Suchtverhalten

Der Ausbilder kann sich dazu sowohl bei Ärzten wie auch verschiedenen Selbsthilfeorganisationen oder Jugendbehörden Rat holen.

Besonders gefordert ist er bei Drogenkonsum durch den Lehrling. Da bei einer Drogenabhängigkeit sowie anderem Suchtverhalten nicht nur das weitere Berufs-, sondern auch das Privatleben in höchstem Maße gefährdet ist, sollte der Ausbilder bei entsprechendem Verdacht sofort das Gespräch mit dem Auszubildenden selbst, aber auch mit den Eltern, der Berufsschule, dem Gesundheits- und Jugendamt sowie Beratungsstellen suchen.

Beachtung entwicklungspsychologischer und arbeitsmedizinischer Erkenntnisse

Schwankungen der Leistungsfähigkeit

Jeder Ausbilder sollte ferner wissen, dass sowohl die körperliche wie auch die geistige Leistungsfähigkeit bestimmten Schwankungen unterliegen, da sie wie das gesamte menschliche Leben von rhythmischen Abläufen abhängen. Dies gilt sowohl in kurz- wie auch in längerfristiger Betrachtung.

Leistungsprofil im Tagesablauf

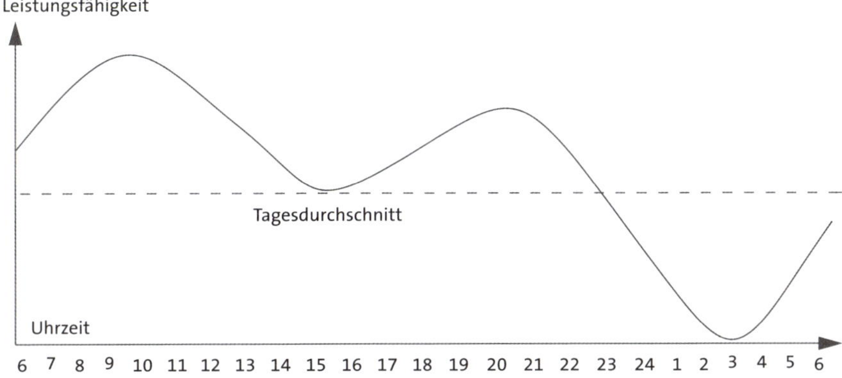

Zahlreiche Tests und Versuche haben obigen Verlauf der Leistungsbereitschaft und Leistungsfähigkeit ergeben. Sie zeigt folgende markante Werte:

Leistungshöhepunkte

> Der Gipfel der Leistungsfähigkeit liegt bereits am frühen Vormittag gegen 9 Uhr.
> Danach ist bis 15 Uhr ein Absinken zu beobachten.
> Ein weiterer Höhepunkt, allerdings auf niedrigerem Niveau, wird in den Abendstunden gegen 21 Uhr erreicht.

Leistungstiefpunkte

> Danach fällt die Leistungskurve bis in die frühen Morgenstunden gegen 3 Uhr steil ab.
> Darauf folgt ein ebenso steiler Anstieg.

Körpertemperatur

Forschungsergebnisse haben gezeigt, dass dieser Verlauf der Leistungskurve zugleich ziemlich genau den Schwankungen der Körpertemperatur und der Konzentration bestimmter Hormone entspricht.

Individuelle Abweichungen

Selbstverständlich gibt es von diesen wissenschaftlich fundierten Erhebungen bei Einzelpersonen nicht unerhebliche Abweichungen, so zum Beispiel bei sogenannten „Morgenmuffeln".
Für Arbeit und Leistung ist jedoch die Tatsache wichtig, dass in den üblichen Arbeitszeiten – ohne Schichtarbeit – und damit auch Ausbildungszeiten das Durchschnittsleistungsniveau eines 24-Stunden-Tages übertroffen wird.

Tagesrhythmus

Es ist zu empfehlen, den Tagesrhythmus bei der Erteilung von Aufträgen und bei Unterweisungen zu berücksichtigen. Werden diese in die Phasen höchster Leistungsbereitschaft und Leistungsfähigkeit gelegt, wird der Ausbildungserfolg im Regelfall am größten sein. Die beste Zeit dafür liegt nach der Leistungskurve zwischen 8 und 11 Uhr.

Wird ständig von diesem Rhythmus abgewichen, so folgen

> Überforderung,
> Ermüdung,
> Erkrankung,
> Arbeitsunfälle.

Leistungskurve

Aufgabe des Ausbilders ist es deshalb, die Leistungskurve bei der Gestaltung der Ausbildung zu berücksichtigen und in ungünstigeren Tageszeiten mögliche Unfallgefahren immer wieder in besonderer Art und Weise sichtbar zu machen.
In den leistungsschwächeren Rhythmusphasen sollten ferner Überbeanspruchungen wie dauerndes Stehen, unnatürliche Körperhaltung oder höchste Konzentration nach Möglichkeit vermieden werden.
Die Tagesleistungskurve sollte ferner der Pausenregelung zugrunde gelegt werden.

Zeitpunkte der Ermüdung und Phasen der Erholung

Die Leistungskurve verdeutlicht auch, dass sich im Verlaufe eines Tages Zeitpunkte der Ermüdung ergeben, denen Phasen der Erholung folgen müssen.

Gesunde Lebensführung

Pausen, Erholung, Freizeit und Schlaf müssen in den richtigen Tagesrhythmus eingepasst werden, um auf Dauer eine gesunde Lebensführung und die optimale Leistungsfähigkeit zu gewährleisten.

Für Pausen während eines Ausbildungstages werden aufgrund arbeitsmedizinischer Kenntnisse mehrere Kurzpausen empfohlen; denn es hat sich gezeigt, dass der Erholungseffekt nicht geradlinig zunimmt, sondern dass er zu Beginn einer Erholungspause größer ist und sich mit zunehmender Dauer nicht mehr nennenswert steigern lässt. Kurzpausen

Deshalb sind mehrere Kurzpausen erholsamer als eine einzige Pause von längerer Dauer. Allerdings wird der Einzelne aus dem Arbeitsrhythmus gebracht und verliert eventuell die Motivation zum Weiterarbeiten, wenn Kurzpausen zu lange dauern. Nach dem Jugendarbeitsschutzgesetz gelten als Pausen jedoch nur Arbeitsunterbrechungen von mindestens 15 Minuten.

Die Hauptpause sollte nach Möglichkeit eher in der zweiten Hälfte der täglichen Arbeitszeit liegen und nicht am Arbeitsplatz oder im Arbeitsraum verbracht werden, um eine echte Ablenkung und Entspannung zu gewährleisten. Hauptpause

Die richtige Pausengestaltung bewirkt Pausengestaltung

> Erholung,
> ein nicht zu starkes Abfallen der Leistungskurve,
> die bessere Verarbeitung der aufgenommenen Informationen und
> die Verringerung der Unfallgefahr.

Verlauf der Erholung bei Pausen

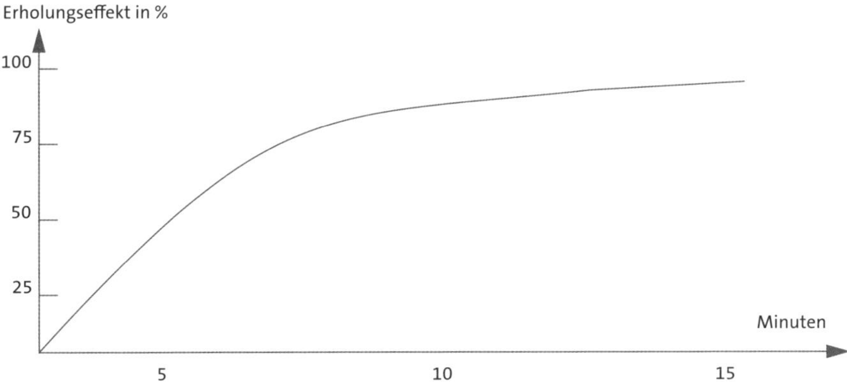

Leistungsfähigkeit im Wochenverlauf

Die Leistungsfähigkeit unterliegt auch im Verlauf einer Woche typischen Schwankungen.

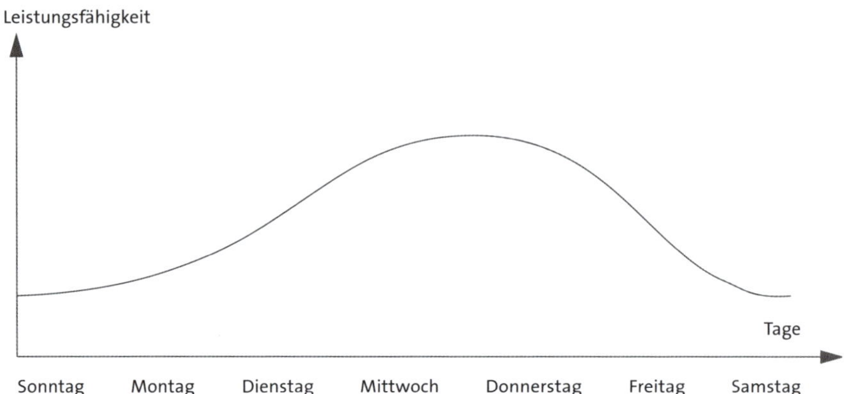

Höhepunkt

Der Kurvenverlauf zeigt, dass in der Regel die Leistungsfähigkeit zur Wochenmitte – am Mittwoch und Donnerstag – ihren Höhepunkt erreicht. Dies sollte bei der Aufstellung des Wochenunterweisungsplanes durch den Ausbilder berücksichtigt werden.

Leistungsprofil im Ablauf des Lebens

Hier gilt, dass körperliche und geistige Leistungsfähigkeit einen unterschiedlichen Verlauf haben. Während der Gipfel der körperlichen Leistungsfähigkeit in der Regel zwischen dem 20. und 30. Lebensjahr liegt, hält sich die geistige Leistungsfähigkeit deutlich länger auf einem hohen Niveau.

In der für die Berufsausbildung typischen Altersphase zeigt sowohl die Kurve der körperlichen wie auch der geistigen Leistungsfähigkeit aufsteigende Tendenz, wobei die Leistungssteigerung im körperlichen Bereich im Durchschnitt stärker ausgeprägt ist. Darauf sollte im Rahmen der Ausbildung besondere Rücksicht genommen werden.

Wichtige pädagogische Hinweise und Grundregeln für den Ausbilder

Für eine entwicklungsgemäße Ausbildung, die der sozial-kulturellen Lebenssituation des Jugendlichen und jungen Erwachsenen Rechnung trägt, sollte jeder Ausbilder einige Hinweise und Grundregeln beachten.

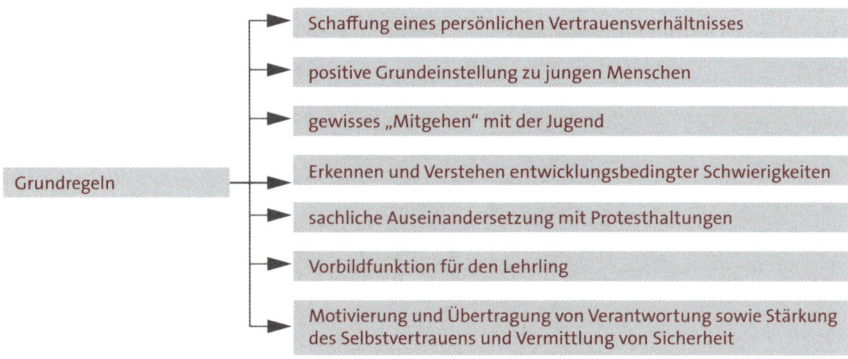

Die Schaffung eines persönlichen und wertschätzenden Vertrauensverhältnisses auf der Basis von fachlicher und persönlicher Autorität ist eine unabdingbare Voraussetzung für eine erfolgreiche Arbeit mit jungen Menschen und für die Berufsausbildung. Jugendliche wenden sich gerade an Personen, die sie einerseits als gleichberechtigte Partner behandeln, ihnen aber andererseits auch Schutz und Hilfe anbieten. Der Lehrling muss darauf vertrauen können, dass der Ausbilder bereit ist, ihm zu helfen, sich in allen Lebenslagen, vor allem bei Konflikten, zurechtzufinden. Dies ist jedoch nur möglich, wenn für den Ausbilder die positive Einstellung zu Jugendlichen und jungen Erwachsenen eine Selbstverständlichkeit und er in der Lage ist, mit ihnen „mitzugehen", das heißt, die Ansichten der Jugendlichen zu verstehen und zu unterstützen, jedoch ohne sich anzubiedern. Nur wer die Ideale der Heranwachsenden mitträgt, kann sie auch für andere Ideale begeistern.

Vertrauensverhältnis

Dabei sollte der Ausbilder auf jeden Fall den Fehler vermeiden, die heutige Jugend an seinen eigenen Erfahrungen und Erinnerungen zu messen oder Klischeevorstellungen oder Pauschalurteilen zu unterliegen.

Klischeevorstellungen

Vor verallgemeinernden Urteilen und Vorurteilen sollte sich jeder Ausbilder hüten. Sie erweisen sich fast immer als psychologische Barriere für eine entwicklungsgemäße und somit erfolgreiche Ausbildung.

Auch wird von einem qualifizierten Ausbilder erwartet, dass er die entwicklungsbedingten Schwierigkeiten eines Lehrlings kennt, versteht und mit ihnen angemessen umgehen kann.

Bei Lehrlingen (und auch Praktikanten), die noch die Phase der mittleren Adoleszenz (also bis etwa zum Ende des 16. Lebensjahres) durchlaufen, kommt auf den Ausbilder eine hohe Verantwortung zu. Gerade in dieser Zeit zeigen sich bei den Jugendlichen einerseits noch eine besondere Erziehungsbedürftigkeit, andererseits aber auch weitreichende Erziehungs- und Bildungsmöglichkeiten. Grundvoraussetzung ist, dass der Ausbilder die möglichen Verhaltensweisen kennt und Verständnis dafür aufbringt.

Ferner sollte er

Regeln

- in der Aufgaben-, Auftrags- und Arbeitsverteilung auf die körperliche Entwicklung Rücksicht nehmen,
- Unbeholfenheit und Ungeschicklichkeit als Auswirkungen dieser Entwicklungsphase erkennen,
- Streit und unbeherrschtes Verhalten vermeiden,
- immer das sachliche Gespräch suchen,
- selbst Vorbild sein.

Bei Lehrlingen in der späten Adoleszenz sollte der Ausbilder

- die Anforderungen bei Vermeidung von Unter- und Überforderungen steigern,
- das selbstständige Arbeiten fördern,
- zunehmend Verantwortung übertragen,
- zur Verantwortung gegenüber Kollegen aufrufen,
- klar die Grenzen bei unangepasstem Verhalten aufzeigen.

Vorbild

Der Lehrling wird den Ausbilder und seine Anweisungen umso besser akzeptieren, als dieser selbst durch einwandfreies Verhalten im persönlichen wie im beruflichen Lebensbereich ein gutes Vorbild abgibt und damit beim Jugendlichen besondere Wertmaßstäbe setzt.

Motivation

Verantwortung

Bei der Ausbildungsarbeit selbst kommt es insbesondere darauf an, die entsprechende Motivation zu geben und den Sinn der Arbeit zu vermitteln. Sobald ferner aufgrund der Kenntnisse und der persönlichen Reife des Lehrlings diesem Verantwortung übertragen werden kann, sollte dies geschehen. Verantwortung hebt die Freude an der Arbeit, fördert die Aufgeschlossenheit, erhöht die Selbstsicherheit und ist Voraussetzung für erfolgreiches selbstgesteuertes Lernen.

Eigenschaften

Den besten Ausbildungserfolg wird insgesamt der Ausbilder erzielen, der über

- Selbstdisziplin,
- Autorität,
- Kontaktfreudigkeit und
- Aufgeschlossenheit

verfügt.

3.7.2 Sozialisation des Auszubildenden im Betrieb

3.7.2.1 Zusammenhang zwischen Betriebskultur, Betriebsorganisation und betrieblichem Führungssystem

Betriebskultur

> Der Begriff Betriebs- oder Unternehmenskultur kennzeichnet grundlegende Annahmen und Überzeugungen darüber, wie ein Betrieb sich selbst und seine Umwelt sieht. Diese Annahmen und Überzeugungen werden von den Betriebsangehörigen erlernt, von ihnen geteilt und im Laufe der Zeit oft zur Selbstverständlichkeit.

Gerade Handwerksbetriebe bieten in der Regel aufgrund ihrer geringen Betriebsgröße gute Voraussetzungen für die Herausbildung einer Betriebskultur. Prägende Elemente der Betriebskultur (man spricht auch vom Leitbild) können u. a. sein:

Elemente

- Kundenorientierung
- Mitarbeiterorientierung
- Innovationsorientierung
- Umwelt- und Nachhaltigkeitsorientierung
- Qualitätsorientierung
- Leistungsorientierung.

Für den Ausbilder muss es ein besonderes Anliegen sein, auch den Lehrling möglichst rasch in diese betriebliche Identitätsfindung einzubeziehen (>> Band 2, Abschnitt 10.1.1).

Betriebsorganisation

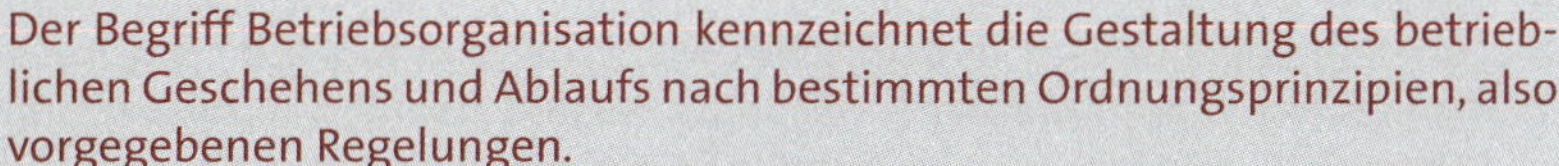
Der Begriff Betriebsorganisation kennzeichnet die Gestaltung des betrieblichen Geschehens und Ablaufs nach bestimmten Ordnungsprinzipien, also vorgegebenen Regelungen.

Organisatorische Regelungen

Durch entsprechende aufbau- und ablauforganisatorische Regelungen werden die grundlegenden Bedingungen für das Verhältnis

- zwischen Ausbildendem/Ausbilder und Lehrling sowie
- zwischen Lehrling und Kollegen gelegt; beispielsweise durch
  - Beschreibung der zu erfüllenden Aufgaben,
  - Regelung der innerbetrieblichen Kommunikation,
  - Schaffung von Anreizsystemen.

Betriebliches Führungssystem

> Führung bedeutet die Steuerung des Handelns von Personen oder Gruppen zur Verwirklichung der gesetzten oder vorgegebenen Ziele.

Unter Führungssystem versteht man die optimale Kombination der Mittel, die der Unterstützung der Führung dienen. Dazu zählen z. B.

Führungssystem

- Planungs- und Kontrollsysteme,
- Anreizsysteme,
- Regeln zur Beeinflussung des Verhaltens.

Die bestmögliche Abstimmung zwischen Betriebskultur, Betriebsorganisation und Führungssystem sowie deren Einzelmaßnahmen ist für den betrieblichen Erfolg insgesamt wie auch für den Erfolg der Berufsausbildung eine wichtige Voraussetzung.

3.7.2.2 Bedeutung von Menschenbild und Autorität für das Führungsverhalten

Menschenbild

Wesensausprägungen

Als Menschenbild bezeichnet man die Vorstellungen über den Menschen, und zwar hinsichtlich seiner verschiedenen Wesensausprägungen, so z. B. als

- kulturelles,
- soziales,
- wirtschaftliches Wesen.

Das Menschenbild bestimmt die Verhaltensweisen des Ausbilders gegenüber seinen Lehrlingen.

Dynamisches Menschenbild

Für Führungspersonen ist es wichtig, diese vielfältigen Ausprägungen insgesamt zu sehen. Gerade für den Erfolg einer Berufsausbildung kommt es auf ein sogenanntes dynamisches Menschenbild an; d.h., der Ausbilder sollte den jungen Menschen als individuelle Persönlichkeit sehen mit unterschiedlichen und sich ändernden Bedürfnissen in den jeweiligen Lebenslagen und Lebensphasen.

Führungsstil

Das Menschenbild prägt den Führungsstil. Ein Ausbilder, der davon überzeugt ist, dass die jungen Menschen heute der Arbeit lieber aus dem Wege gehen und Verantwortung scheuen, wird eher zu einem autoritären Führungsstil greifen. Hingegen wird der Ausbilder, der junge Menschen für verantwortungsbewusst hält und davon ausgeht, dass sie Selbstdisziplin und Selbstkontrolle besitzen, einen kooperativen Führungsstil wählen (>> Abschnitt 3.7.2.4).

Begriff und Arten der Autorität

Autorität bezeichnet die herausgehobene Stellung einer Person gegenüber anderen. Sie reicht bis zur Möglichkeit, andere beeinflussen und so seine Absichten durchsetzen zu können.

Person

Autorität durch die Person leitet sich von Merkmalen ab wie:

- Alter
- körperliche Verfassung
- Intelligenz
- Erfahrung
- Leistung.

Funktion

Autorität durch die Funktion beruht auf besonderen und überragenden

- Kenntnissen,
- Fähigkeiten,
- Fertigkeiten.

Position

Autorität durch die Position richtet sich nicht nach der Person, sondern nach Merkmalen wie

- beruflicher Stellung oder
- Rang innerhalb der Unternehmenshierarchie.

3.7.2.3 Bestimmungsfaktoren der Ausbildungs- und Berufszufriedenheit

Leistungsbereitschaft und Leistungsfähigkeit der Mitarbeiter werden maßgeblich durch ihre Zufriedenheit sowie durch das Betriebsklima, also den gesamten Bereich der zwischenmenschlichen Beziehungen im Betrieb, beeinflusst.

Dabei sind sowohl gute Beziehungen der Mitarbeiter untereinander wie auch zwischen Mitarbeitern und Vorgesetzten wichtig. Diese sind in der Regel besser, wenn die Führungsperson über Autorität verfügt, die durch persönliche Eigenschaften begründet ist. Insgesamt sollten Freundlichkeit und Sachlichkeit vorherrschen.
Beobachtungen haben gezeigt, dass die Zufriedenheit eines Arbeitnehmers auch eng damit zusammenhängt, wie er in der Gruppe, im Betrieb (bei Lehrlingen auch in der Berufsschule) und von seinen Kollegen akzeptiert wird.

Betriebsklima

Zufriedenheit sowie ein gutes Betriebsklima wirken nicht nur leistungsfördernd, sondern sie beeinflussen auch

- die Höhe der Fehlzeiten,
- die Neigung zum Arbeitsplatzwechsel,
- die Häufigkeit von Betriebsunfällen.

Deshalb ist es eine wichtige Aufgabe, das betriebliche Sozial- und Führungsverhalten dementsprechend auszugestalten.

3.7.2.4 Ausbildungs- und Führungsstile

Unterscheidungsmerkmale

> Der Ausbildungs- oder Führungsstil kennzeichnet die Art und Weise, wie der Ausbilder auf den Lehrling als Einzelperson oder mehrere Lehrlinge als Gruppe Einfluss nimmt.

Am weitesten verbreitet ist die Unterscheidung folgender drei Grundformen von Führungsstilen:

- autoritärer Führungsstil
- Laissez-faire-Führungsstil (Führung durch Nichteinmischen und Gewährenlassen)
- demokratischer (partnerschaftlicher, kooperativer) Führungsstil.

Autoritärer Führungsstil

Der autoritäre Führungsstil geht von einem fast absoluten Verhältnis des Über- und Untergeordnetseins zwischen Ausbilder und Lehrling aus. Die Ausbildungssituation ist dabei durch übermäßige Lenkung und Kontrolle gekennzeichnet.

Laissez-faire-Stil

Beim Laissez-faire-Stil ist der Lehrling weitgehend sich selbst überlassen. Er kann Aufträge zum großen Teil selbstständig durchführen und erhält vom Ausbilder Informationen vor allem nur auf sein eigenes Verlangen.

Demokratischer Führungsstil

Beim demokratischen Führungsstil behandelt der Ausbilder den Lehrling als gleichwertigen Partner, um den er sich optimal bemüht und mit dem er gemeinsam den bestmöglichen Ausbildungserfolg erzielen will.

Auswirkungen auf Verhalten und Leistung der Lehrlinge und Mitarbeiter

Die einzelnen Führungsstile wirken sich sehr unterschiedlich auf Verhalten und Leistung von Lehrlingen und Mitarbeitern aus.

Autoritärer Führungsstil führt zu

- mangelnder Eigeninitiative,
- Unselbstständigkeit,
- Interesselosigkeit,
- niedrigem Leistungsniveau,

- geringer Leistungsmotivation,
- aggressiven und feindseligen Verhaltensweisen.

Beim **Laissez-faire-Stil** kann zwar die Kreativität gesteigert werden. Bezüglich Verhalten und Leistung der Lehrlinge und Mitarbeiter kann allerdings häufig Folgendes beobachtet werden:

- Lustlosigkeit
- Unzufriedenheit
- Orientierungslosigkeit
- Unsicherheiten
- niedriges Leistungsniveau
- schlechtes Gruppen- und Betriebsklima
- Neigung zu Neurosen (seelisch/psychisch bedingte Verhaltensstörungen).

Der **demokratische Führungsstil** hat folgende Auswirkungen auf Verhalten und Leistung der Lehrlinge und Mitarbeiter:

- höhere Motivation
- mehr Spontanität und Kreativität
- höhere Eigeninitiative
- Verantwortungsbewusstsein
- gegenseitiges Verständnis
- Kooperationsbereitschaft
- größerer Lernerfolg
- hohes Leistungsniveau.

Frage nach dem „richtigen" Stil

Die Frage nach dem richtigen Führungsstil lässt sich nicht allgemein beantworten. Für diese Entscheidung sind mehrere Gesichtspunkte zu beachten, insbesondere:

Ausbildungssituation

- die jeweilige Ausbildungssituation (es ist beispielsweise ein Unterschied, ob schwierige Fertigkeiten an einer komplizierten Maschine oder Kenntnisse im Unterrichtsraum zu vermitteln sind)

Ausbildungsort

- der jeweilige Ausbildungsort (auf einer Baustelle ist in der Regel anders zu verfahren als in Werkstatt und Büro)

Ausbildungsziel

- das jeweilige Ausbildungsziel (Kenntnisse, Fertigkeiten, Fähigkeiten, soziale Verhaltensweisen)

Gruppenstruktur

- die Zusammensetzung der Gruppe (hierbei sind vor allem Vorbildung, Reife und eventuelle Verhaltensauffälligkeiten zu berücksichtigen).

Insgesamt lässt sich jedoch feststellen, dass der demokratische (partnerschaftliche) Führungsstil den Anforderungen an eine zeitgemäße Mitarbeiterführung und an eine Erfolg versprechende Ausbildungsatmosphäre im Betrieb allgemein am besten entspricht.

3.7.2.5 Notwendigkeit einer situativen Anpassung

Es ist allerdings in der Regel nicht möglich, einen einmal gewählten Führungs- und Ausbildungsstil konsequent beizubehalten. Es können beispielsweise im Rahmen der Ausbildung Gefahrensituationen (an Maschinen, auf Baustellen o. Ä.) auftre-

ten, die es erforderlich machen, dass eine Entscheidung nicht mehr partnerschaftlich gefällt werden kann, sondern autoritär vorgegangen werden muss.
Diese Möglichkeit des situationsangepassten Wechsels des Führungs- und Ausbildungsstils muss sich jeder Ausbilder offen halten. Dabei können die einzelnen Stile zum Teil nebeneinander, aber auch in Kombination angewendet werden.

Kombination

3.7.2.6 Managementkonzepte für Berufsausbildung und Menschenführung

Managementkonzepte bzw. betriebliche Führungsmodelle verfolgen das Ziel, das Verhalten der Mitarbeiter so zu steuern, dass für den Betrieb der bestmögliche Erfolg erzielt werden kann.

Auf die Berufsausbildung übertragen heißt dies, durch Steuerung des Verhaltens und entsprechende Führung zu guten Voraussetzungen für einen erfolgreichen Abschluss der Ausbildung beizutragen.
Auch für den Handwerksbetrieb eignen sich einige der zahlreichen betrieblichen Führungsmodelle, die für die Mitarbeiterführung als zielgerichtete und pragmatische Verhaltensanweisungen im Sinne von Handlungsempfehlungen und Problemlösungen entwickelt wurden.

Verhaltensanweisung

Führung durch Zielvereinbarung (in der Fachsprache Management by Objectives [MbO] genannt): Wesentliche Bestandteile dieses Führungsmodells sind:

Management by Objectives

- Bestimmung von Zielen und Teilzielen durch Vorgesetzte und Mitarbeiter
- Festlegung und Durchführung der Maßnahmen zur Erreichung der Zielvorgaben durch die Mitarbeiter
- gemeinsame Kontrolle der Zielerreichung.

Durch die partnerschaftliche Einbeziehung sowohl der Vorgesetzten wie auch der Mitarbeiter ist MbO ein Führungsmodell, das eng mit dem demokratischen Führungsstil in Verbindung steht. Es erbringt die besten Ergebnisse, wenn sich persönliche und Unternehmensziele in Einklang bringen lassen.
MbO setzt allerdings Verantwortungsbewusstsein und einen hohen Kenntnisstand voraus. Deshalb ist dieses Managementkonzept zwar auch in der Ausbildung gut anwendbar; aber es erfordert wegen der hohen Anforderungen eine längere Einweisungs- und Eingewöhnungsphase.

Führung nach dem Ausnahmeprinzip (Management by Exception [MbE]): In diesem System der Führung erhalten die Mitarbeiter sehr viel Freiraum. Der Vorgesetzte greift nur in besonderen Situationen oder bei mangelhafter Zielerfüllung ein.
Die Führung nach dem Ausnahmeprinzip ist allerdings nur dann Erfolg versprechend, wenn folgende Voraussetzungen erfüllt sind:

Management by Exception

- eindeutige Vorgabewerte für die jeweiligen Zuständigkeitsbereiche
- klare Trennung von Routine- und Führungsaufgaben
- eindeutige Regeln für die Information bei Ausnahmesituationen
- Errichtung eines strengen Kontrollsystems.

Gefahren bei MbE

MbE birgt die Gefahr, dass bei den Mitarbeitern durch zu enge Beschränkung auf Routineaufgaben Eigeninitiative und Verantwortungsbewusstsein beeinträchtigt werden. Dies muss auch beim Einsatz von MbE im Rahmen der Ausbildung berücksichtigt werden.

Übertragen von Verantwortung

Führung durch Aufgabendelegation (Management by Delegation [MbD]): Durch die Übertragung von Aufgaben und die damit verbundene Verantwortung erhalten die Mitarbeiter ein Tätigkeitsgebiet in eigener Handlungsverantwortung. Die Führungsverantwortung bleibt beim Vorgesetzten. Man spricht in diesem Zusammenhang vielfach auch vom „Harzburger Modell".
Wichtige Voraussetzung für den Erfolg dieses Managementkonzepts sind insbesondere

- Vorgabe des Umfangs der Aufgaben sowie eindeutige Übertragung von Weisungsrechten und notwendigen Befugnissen
- klare Handlungsanweisungen (im „Harzburger Modell" allgemeine Führungsanweisungen genannt).

Daraus ergibt sich zugleich die Gefahr, dass dieses Führungsmodell bei allzu vielen und zu engen Vorgaben die notwendige Flexibilität beeinträchtigt. Im Rahmen der Berufsausbildung muss dies auf jeden Fall vermieden werden.

Kombination

Die einzelnen Managementtechniken lassen sich in der Regel nicht scharf voneinander abgrenzen. Vielmehr beinhaltet die Betriebsführung meist Elemente mehrerer Managementtechniken und versucht, diese in Abhängigkeit von den betrieblichen Gegebenheiten optimal zu kombinieren. Dies gilt auch im Hinblick auf das Verhältnis von Ausbildern und Lehrlingen.

3.7.2.7 Einsatz und Gestaltung von Führungsmitteln

Für die Durchführung der Ausbildung stehen dem Ausbilder mehrere allgemeine Führungsmittel zur Verfügung.

Anweisungen und Beauftragungen (Kompetenzübertragung)

Anweisungen und Beauftragungen sind jeweils wichtige Mittel der Menschenführung auch im Rahmen der Ausbildung.

Der Auszubildende wird dabei vom Ausbilder mit der Ausführung einer bestimmten Tätigkeit beauftragt bzw. zu bestimmtem Verhalten bzw. Handeln angewiesen. Damit werden dem Lehrling auch bestimmte Zuständigkeiten (Kompetenzen) und damit verbundene Verantwortung übertragen.

Voraussetzungen

Für den optimalen Einsatz von Anweisungen und Beauftragungen sind als besondere Voraussetzungen und Anforderungen zu beachten:

> verständliche Begründung
> klare und psychologisch richtige Dosierung
> Verwendung verständlicher und leicht im Gedächtnis zu behaltender Formulierungen
> rechtzeitige Übermittlung
> Vermeidung von Überforderungen und Überbelastungen
> Einräumung von ausreichend Kompetenzspielraum (Spielraum für eigenes Denken und Handeln)
> sichtbares Vertrauen in die Leistungsfähigkeit des Lehrlings
> Vermeidung der Befehlsform.

Ausnahmen

Anweisungen und Beauftragungen, die diese Anforderungen erfüllen und damit einem partnerschaftlichen Ausbildungsstil entsprechen, lassen im Rahmen einer zeitgemäßen Ausbildung die besten Erfolge erwarten. Allerdings darf dies nicht ausschließen, dass in manchen Situationen beispielsweise doch Befehle gegeben werden müssen, etwa in Gefahrensituationen.

Gebote und Verbote

Gebote und Verbote können und müssen manchmal zur Regelung bestimmter Einzelfälle ausgesprochen werden. Dies kann zum Beispiel in Form von Betriebsvorschriften und Unfallverhütungsvorschriften geschehen.

Der Vorteil allgemeiner Verbote und Gebote besteht darin, dass dadurch zahlreiche Einzelanweisungen und ihre ständige Wiederholung überflüssig werden.

Anforderungen

Auch beim Einsatz von Geboten und Verboten sind bestimmte Anforderungen zu beachten:

> Beschränkung auf wirklich schwerwiegende Fälle
> sachliche Formulierungen
> ausreichende und verständliche Begründungen
> laufende Kontrolle der Einhaltung.

Beaufsichtigung und Kontrolle

Die pädagogische Bedeutung von Beaufsichtigung und Kontrolle besteht im Beobachten und Überwachen sowohl des fachlichen Lernfortschritts wie auch der Persönlichkeitsentwicklung des Lehrlings und der Ableitung der daraus erforderlichen Konsequenzen.

Anforderungen an Beaufsichtigung und Kontrolle

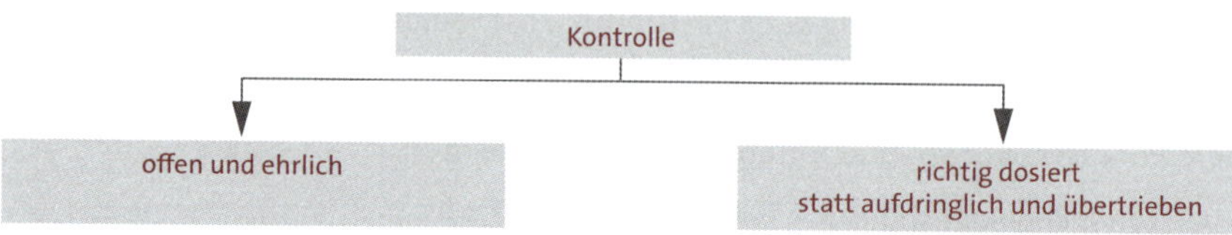

Richtige Dosierung

> Auf die richtige Dosierung kommt es insbesondere an, wenn neben der sachlichen Leistung auch persönliche und charakterliche Eigenschaften wie Ehrlichkeit und Zuverlässigkeit bewertet werden.

Hilfsmittel

Als Hilfsmittel stehen für Beaufsichtigung und Kontrolle der Lehrlingsausbildung unter anderem

- Ausbildungsnachweise (schriftlich oder elektronisch) sowie
- Beurteilungsbogen

zur Verfügung (>> Abschnitt 3.9.4.3 und 3.9.6).

Beratung

Der Lehrling wird in der Regel während seiner Ausbildung vor viele Probleme im persönlichen und betrieblichen Bereich gestellt. Deren Bewältigung kann ihm über eine geeignete Beratung durch den Ausbilder oftmals erleichtert werden.

Vertrauensbasis

> Für den Ausbilder bedeutet dies, dass er neben der rein fachlichen Ebene auch in der Lage sein muss, sich in die Bedürfnisse und Interessen der Lehrlinge hineinzuversetzen. Besonders wichtig für ein Beratungsgespräch ist eine gute Vertrauensbasis, damit der Lehrling seine Probleme offen darlegen kann.

Anerkennung und Beanstandung (Kritik)

Anerkennung

Die Anerkennung ist eine wichtige Voraussetzung für die Motivation und den Erfolg einer Ausbildung.

Positive Effekte

Die Anerkennung

- ist Erfolgsbestätigung,
- fördert die Lernbereitschaft,
- ist Ansporn für bessere Leistungen,
- weckt Initiativen,
- schafft Sicherheit und Selbstvertrauen,
- fördert das Vertrauensverhältnis zwischen Ausbilder und Lehrling.

Dem Ausbilder stehen dabei mehrere Formen der Anerkennung zur Verfügung:

Formen

- Zustimmung
- ausdrückliches Lob
- Belohnung
- öffentliche Anerkennung.

Richtige Dosierung

Anerkennungen müssen auf jeden Fall ehrlich gemeint und richtig dosiert sein. Sie sollten nur ausgesprochen werden, wenn sie tatsächlich verdient sind. Dabei ist jeder Lehrling nach seinen individuellen Gegebenheiten zu behandeln.

Beispiele:

Unsicheren Lehrlingen sollte schon eine Anerkennung ausgesprochen werden, wenn sichtbar ist, dass sie sich aufrichtig angestrengt und bemüht haben.
Bei zurückhaltenden Lehrlingen ist eine großzügige Anerkennung zu empfehlen, während bei mehr selbstgefälligen Auszubildenden eher Zurückhaltung angebracht ist.

Regeln

Anerkennungen sollten erfolgen:

- Unmittelbar, also sehr zeitnah zum Anlass der Anerkennung.
- Ausdrücklich, d.h., der Ausbilder sollte sich auch äußern und nicht davon ausgehen, dass es der Lehrling bereits als Anerkennung empfindet, solange der Ausbilder nicht kritisiert.
- Angemessen, d.h., die Art der Anerkennung muss zur erbrachten Leistung passen.
- Konsequent, d.h., mit der Anerkennung verbundene Zusagen müssen auch eingehalten werden.
- Sach- und leistungsorientiert, d.h., Gegenstand der Anerkennung sind Leistungen und Verhalten in der Ausbildung, aber nicht die Person des Lehrlings.

Beanstandung

Die Beanstandung ist das Gegenstück zur Anerkennung, aber für den Erfolg der Ausbildung nicht minder wichtig. Die Beanstandung

- macht den Lehrling auf seine Fehler aufmerksam und
- schafft so die Voraussetzungen für deren Abstellung bzw. Korrektur.

Formen

Formen der Beanstandung sind:

- bloßer Fehlerhinweis
- sachliche Kritik
- persönlicher Tadel.

Die Beanstandung ist allerdings nur dann zweckdienlich und positiv für das Verhältnis von Ausbilder und Lehrling, wenn sie bestimmte Voraussetzungen erfüllt. Sie wird vom Lehrling auch umso eher akzeptiert, als der Ausbilder, der sie vorbringt, über persönliche und nicht bloß positionsbezogene Autorität verfügt.

Anforderungen an die Beanstandung:

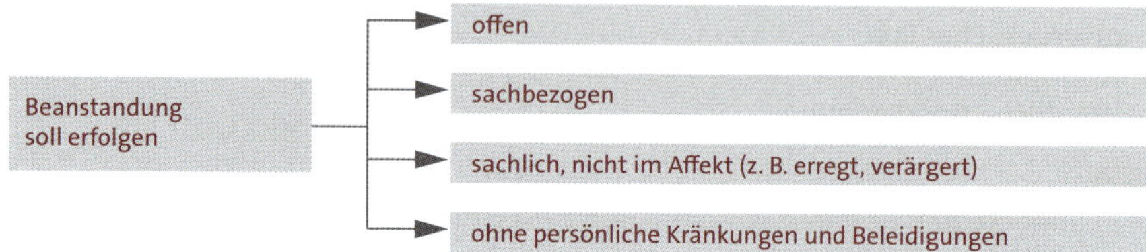

Information (Orientierung, Aufklärung)

Der Lehrling braucht im Verlaufe seiner Ausbildung viele Informationen, sei es

Orientierung

Aufklärung

> zur Orientierung, um sich in neuen oder ungewohnten Situationen zurechtfinden zu können, oder
> zur Aufklärung, um neuen Lernstoff besser verstehen und nachvollziehen zu können.

Auch hierbei kommt es darauf an, dass der Ausbilder in der Lage ist, sich neben der rein fachlichen Ebene in den Auszubildenden hineinzuversetzen und dementsprechend zu reagieren.

Motivation

Die Motivation ist sehr eng mit der Führung von Mitarbeitern, also auch Lehrlingen, verbunden. Im Blick sind hier vor allem die Leistungen und Verhaltensweisen des Lehrlings, die nur dann optimal gegeben sind, wenn er weiß, dass diese vom Vorgesetzten wahrgenommen und bewertet werden. Die vorher genannten Führungsmittel spielen dabei – wie beschrieben – eine wichtige Rolle.

3.7.3 Kommunikation in der Ausbildung (auch Regeln für digitale Kommunikation zur Vermeidung von Konflikten, wie z. B. Nutzung während der Arbeitszeit und „Cyber-Mobbing“)

3.7.3.1 Kommunikationsarten

Als Kommunikation bezeichnet man allgemein die Vermittlung, Aufnahme und den Austausch von Informationen zwischen zwei oder mehreren Personen.

Individualkommunikation

Massenkommunikation

Beim Informationsaustausch zwischen zwei Personen spricht man von Individualkommunikation. Werden viele andere Personen angesprochen, so wird dies als Massenkommunikation bezeichnet. Die Kommunikation kann erfolgen

> sprachlich (verbal)
oder
> nicht sprachlich (nonverbal).

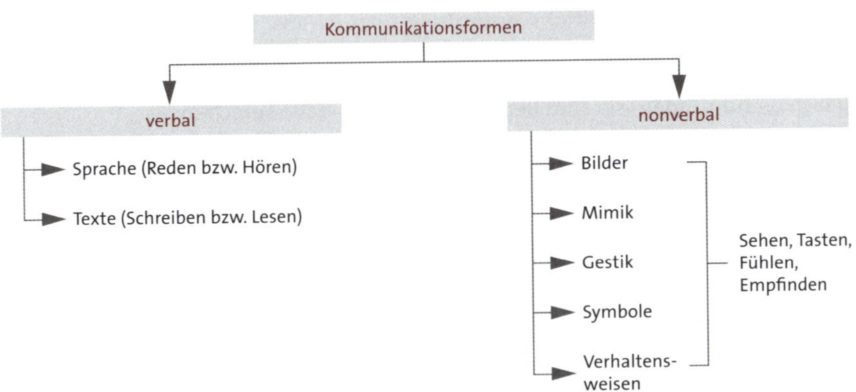

Kommunikation ist eng mit Interaktion verbunden.

Interaktion

> Als Interaktion bezeichnet man jede Beziehung von zwei oder mehr Menschen, die deren Verhalten und Handeln in irgendeiner Form beeinflusst, also zum Beispiel zwischen Ausbilder und Lehrling. Menschen reagieren in unterschiedlicher Weise aufeinander und beeinflussen und steuern sich gegenseitig.

Eine abgestimmte Kommunikation und Interaktion sind gerade in einer hoch entwickelten und arbeitsteiligen Wirtschaft und Gesellschaft von besonderer Bedeutung. Sie sind unabdingbare Voraussetzung für eine optimale Koordination und zur Vermeidung von Reibungsverlusten.

3.7.3.2 Einfaches Modell einer Kommunikationssituation

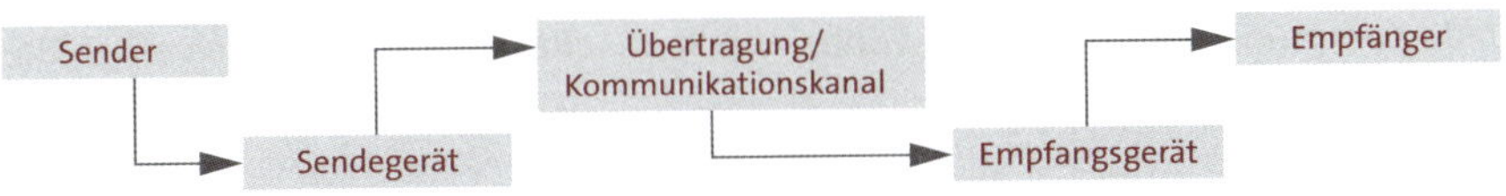

In diesem Kommunikationsmodell ist der **Sender** diejenige Person, die einer oder mehreren anderen Personen eine Information übermitteln will.
Die Adressaten der Information werden als **Empfänger** bezeichnet.

Formen

Um die Information zwischen Sender und Empfänger vermitteln zu können, wird ein sogenannter **Kommunikationskanal** eingerichtet. Die gebräuchlichsten Formen sind dabei:

- Sehen
- Schreiben bzw. Lesen (auch elektronisch)
- Sprechen bzw. Hören.

Sendegerät
Empfangsgerät

Je nach dem gewählten Kommunikationskanal muss die Information entsprechend vom Sender in die jeweiligen Signale akustischer, optischer oder elektronischer Art durch das **Sendegerät** umgewandelt und vom Empfänger mittels des **Empfangsgerätes** wieder zurückverwandelt werden. In der Fachsprache nennt man diesen Prozess „Verschlüsselung“ und „Entschlüsselung“.

Signale

Eine erfolgreiche Informationsvermittlung setzt voraus, dass es im Informationskanal zu keinen Störungen kommt (Beispiel: Zusammenbruch der Verbindung beim (Mobil-)Telefon) und dass Empfänger und Sender die jeweiligen Signale gleich deuten, indem sie zum Beispiel dieselbe Sprache sprechen.

Feedback

Zur Kontrolle empfiehlt sich eine Rückkopplung des Empfängers zum Sender (Feedback). Auf derartige Rückmeldungen ist man grundsätzlich auch angewiesen, um sein Kommunikationsverhalten gegebenenfalls korrigieren zu können.

Beispiel:

Der Lehrling will dem Ausbilder telefonisch mitteilen, dass er erkrankt ist und nicht in den Betrieb kommen kann.

Nach dem beschriebenen Kommunikationsmodell ergeben sich dann folgende Beziehungen und Abläufe:

- Sender ist der Lehrling.
- Empfänger ist der Ausbilder.
- Kommunikationskanal ist die Sprache über das (Mobil-)Telefon.
- Sendegerät ist das Sprechen des Lehrlings über das Mikrofon des (Mobil-)Telefons.
- Empfangsgerät ist das Hören des Ausbilders über den Hörer/Lautsprecher des (Mobil-)Telefons.
- Rückkopplung ist die Mitteilung des Ausbilders, dass er die Information (Krankmeldung) verstanden hat.

Auch für die heute oftmals üblicheren Kommunikationsformen E-Mail, Messengerdienst u. Ä. lässt sich der Prozess ähnlich darstellen.

3.7.3.3 Kommunikationsaspekte

Jede Kommunikation besitzt sowohl einen Sach- oder Inhalts- wie auch einen Beziehungsaspekt.

Inhaltsaspekt
Beziehungsaspekt

Der Inhaltsaspekt kennzeichnet die sachliche Ebene, nämlich die Übermittlung von Informationen. Der Beziehungsaspekt beschreibt die soziale Seite jeder Kommunikation, das heißt die zwischenmenschlichen Beziehungen zwischen Sender und Empfänger im Rahmen der Kommunikation.

In der Regel kann davon ausgegangen werden, dass der Beziehungsaspekt im Vordergrund steht. Auch die alltägliche Erfahrung bestätigt nämlich, dass eine Einigung über Sachverhalte oftmals nur dann, zumindest aber leichter, möglich ist, wenn zwischen den Gesprächspartnern eine günstige Atmosphäre herrscht.

Gesprächsklima

Deshalb werden viele sachlich wichtige Gespräche oftmals eher mit einer Unterhaltung über vermeintliche Belanglosigkeiten wie Hobbys oder Urlaubserfahrungen bzw. -planungen und Ähnliches begonnen, um ein angenehmes Gesprächsklima zu schaffen.

Es kommt also nicht nur darauf an, **was** besprochen wird, sondern vor allem auch darauf, **wie** es besprochen wird. Dieser Beziehungsaspekt der Kommunikation kann sich zeigen

> in der Art, wie gesprochen wird,
> in der Art zu formulieren und die Worte zu wählen,
> in Mimik und Gestik.

Ausprägungen

Bei jeder Kommunikation sollte deshalb bedacht werden, dass der Partner nicht nur die Botschaft, sondern auch diese genannten sozialen Ausprägungen aufnimmt und das Gesagte danach bewertet.

3.7.3.4 Auswirkungen von Kommunikationsstörungen auf die Leistungen

Störfaktoren

Störungen in der Kommunikation können nie völlig ausgeschlossen werden. Alle Beteiligten sollten daran interessiert sein, sie möglichst gering zu halten, da derartige Störungen nicht nur die Leistungsfähigkeit mindern, sondern im Extremfall sogar leistungsunfähig machen können. Kommunikationsstörungen können sich insbesondere ergeben durch:

> belastete Beziehungen zwischen einzelnen Beteiligten
> beeinträchtigte Kommunikationsfähigkeit (z. B. durch Erkrankungen oder Sprachstörungen)
> entwicklungs- oder krankheitsbedingte Kommunikationshemmungen
> Sprachprobleme
  - Fachausdrücke werden nicht von allen verstanden
  - Lehrlinge kommen aus unterschiedlichen Kulturkreisen und haben von daher Sprach- und Verständigungsschwierigkeiten oder deuten Verhaltensweisen unterschiedlich
> Störungen der Kommunikation durch äußere Einflüsse wie einen hohen Geräuschpegel.

3.7.3.5 Gestaltung von Gesprächssituationen

Gesprächsanlässe und Gesprächsarten

Gespräche sind eine der wichtigsten Formen der Kommunikation der Menschen und wichtiger Bestandteil der Arbeit in Gruppen und Teams.

Zwecke

Gespräche sind das bedeutendste Mittel für die

> Meinungsmitteilung,
> gegenseitige Meinungsbildung,
> Weitergabe von Informationen,
> Diskussion umstrittener Sachverhalte.

Unterscheidungskriterien

Sie stellen damit insgesamt eine wichtige Voraussetzung für das funktionierende Zusammenleben in einer Gemeinschaft dar. Gespräche lassen sich unterscheiden nach

> Anlass,
> Austragungsart und
> sozialer Form.

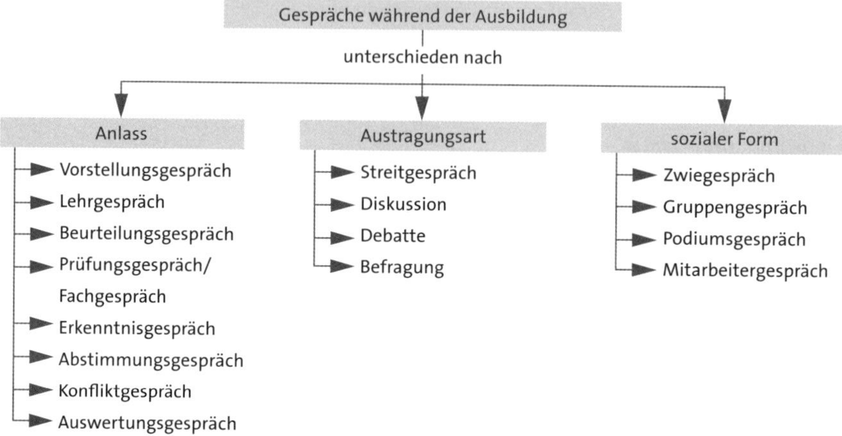

Gesprächsarten

Vorstellungsgespräch: Gespräch zum gegenseitigen Kennenlernen und zur Information vor Abschluss eines Ausbildungs- oder Arbeitsvertrages.

Lehrgespräch: Gespräch zur Unterstützung der Gewinnung neuer Erkenntnisse des Lernenden mit den Unterformen Problemgespräch, Lernberatungsgespräch, Orientierungsgespräch und Reflexionsgespräch (Reflexion = Nachdenken/Überdenken).

Beurteilungsgespräch: Gespräch zur Erörterung der Ergebnisse der Bewertung und Beurteilung des Lehrlings durch den Ausbilder.

Prüfungsgespräch/Fachgespräch: Form der mündlichen Prüfung, in der der Stoff über ein problemorientiertes Gespräch und nicht nach Stichworten abgefragt wird.

Erkenntnisgespräch: Gespräche zum Erkennen und Erarbeiten von neuen Sachverhalten.

Abstimmungsgespräch: Gespräch zur Abstimmung/Koordination geplanter Maßnahmen in den verschiedensten Bereichen.

Konfliktgespräch: Gespräch zur Erörterung der Ursachen und der Maßnahmen zur Beseitigung von Konflikten.

Auswertungsgespräch: Gespräche zur Aufarbeitung von abgelaufenen Lernprozessen, die der Vertiefung sowie der Aufdeckung von Lerndefiziten dienen.

Streitgespräch: Gespräch, in dem die Teilnehmer offensiv gegensätzliche Positionen und Argumente vertreten.

Diskussion: Ebenfalls eine Form des Streitgesprächs, in dem gegensätzliche Meinungen ausgetauscht werden, das aber letztlich auf eine Einigung bzw. Lösung abzielt.

Debatte: Ebenfalls eine Form von Streitgespräch/Diskussion, die in der Absicht geführt wird, den eigenen Standpunkt bei einer anschließenden Abstimmung durchzusetzen. Sie wird von einem Leiter klar strukturiert und möglichst sachlich geleitet.

Befragung: Gespräch, bei dem ein Experte einem Interessentenkreis für ausführliche Fragen zur Verfügung steht.

Zwiegespräch: Gespräch mit nur zwei Teilnehmern.

Gruppengespräch: Gespräch zwischen einem größeren Kreis gleichwertiger Teilnehmer.

Podiumsgespräch: Gespräch einzelner herausgehobener Teilnehmer vor einem größeren Zuhörerkreis, dessen Gesprächsbeteiligung untergeordnet ist.
Mitarbeitergespräch: Gespräch zwischen Vorgesetzten und Mitarbeitern über vorwiegend betriebliche Belange, in dem die aktive Beteiligung der Mitarbeiter besonders erwünscht ist.

Gesprächsaufbau

Gesprächsaufbau

Jedes Gespräch folgt in der Regel einem bestimmten Aufbau, wobei dieser nicht immer alle der nachgenannten Stufen enthalten muss:
Auslösung des Gesprächs: Hier kann es sich um ein völlig freies, zufällig etwa im Rahmen einer Begegnung zustande kommendes Gespräch oder um ein geplantes, verabredetes Gespräch handeln.
Eingrenzung des Gesprächsgegenstandes: Für ein geplantes Gespräch ist in der Regel zugleich auch bereits der Gesprächsgegenstand festgelegt. Beim freien Gespräch ergibt er sich oftmals erst während des bereits laufenden Gesprächs.
Austausch der Argumente: Dabei handelt es sich um den Kern jedes Gesprächs, wenn die Teilnehmer ihre Sichtweise zum jeweiligen Gesprächsgegenstand vortragen und die gegenseitigen Positionen kritisch hinterfragen.
Ordnung des Gesprächs: Umfangreichere Gespräche mit mehreren Teilnehmern sollten bereits vorstrukturiert werden. In anderen Fällen empfiehlt es sich, nach dem Austausch der Argumente diese nach bestimmten Gesichtspunkten zu ordnen.
Zusammenfassung des Gesprächs: Die Ordnung des Gesprächs bietet eine gute Voraussetzung, um ein Gespräch dann auch zielgerichtet zusammenfassen zu können.
Entscheidung: Soweit eine Einigung möglich ist, sollten Gespräche auch mit einer Entscheidung oder Einigung abgeschlossen werden.

Gesprächsverhalten und Gesprächsführung

Für die Führung eines Gesprächs und das Verhalten dabei lassen sich folgende Empfehlungen geben:

Gesprächsregeln

- Offenheit und Unvoreingenommenheit gegenüber jedem Gesprächspartner.
- Achtung und Wertschätzung gegenüber jedem Gesprächspartner; ihn als Person akzeptieren.
- Aktives und aufmerksames Zuhören (auch durch die Mimik, also den Gesichtsausdruck) bei Beiträgen anderer Gesprächsteilnehmer.
- Den Gesprächspartner nicht unterbrechen, sondern ausreden lassen, also sich Zeit nehmen.
- Sich auf die Sache konzentrieren und nicht am Thema vorbeireden.
- Gezeigte Gefühle ernst nehmen und auch selbst keine Scheu zeigen, Gefühle zu äußern.
- Keine Überlegenheit demonstrieren, etwa durch Fragen, die bereits die Antwort vorgeben, oder durch Gebrauch vieler Fremdwörter.
- Jeden Gesprächsteilnehmer so nehmen und akzeptieren, wie er ist.

3.7.3.6 Regeln für die digitale Kommunikation

Ob privat oder beruflich – Kommunikation findet immer mehr digital in Form von E-Mails, Chats, Messenger-Diensten oder Social Media statt. Dabei sollte die Grundregel beachtet werden: Beachte und behandle deinen Kommunikationspartner genau so, als ob er dir gegenübersitzen würde, also

Grundregeln

- höflich,
- respektvoll,
- verständnisvoll,
- auf Schutz persönlicher und geschäftlicher Daten (Geschäftsgeheimnisse) achten,
- Beachtung des Urheberrechts und des Rechts am eigenen Bild,
- Sorgfalt beim Abfassen von Texten (auch bezüglich Rechtschreibung und Grammatik),
- keine Beleidigungen, Schimpfwörter, Bedrohungen, Bloßstellungen, Belästigungen oder diffamierende Fotos und Videos. Dabei spricht man auch von Cyber-Mobbing. Das Besondere gegenüber einer persönlichen direkten Auseinandersetzung ist dabei, dass die Inhalte im Internet für viele und zeitlich nahezu unbegrenzt einsehbar sind.

In vielen Betrieben gibt es mittlerweile entsprechende Richtlinien für die geschäftliche Nutzung von digitaler Kommunikation, z. B. in Form von Social-Media-Guidelines. Die ganze Thematik sollte am besten auch Gegenstand betriebsinterner Schulungen sein. Zu regeln ist ferner, in welchem Umfang der Lehrling vom Betrieb zur Verfügung gestellte Kommunikationsgeräte privat nutzen kann und darf und ob private Kommunikationsgeräte während der Arbeitszeit verwendet werden dürfen.

3.7.4 Verhaltensauffälligkeiten und Konfliktsituationen in der Ausbildung

3.7.4.1 Begriff und Eingrenzung von Verhaltensauffälligkeiten sowie deren Ursachen

Begriff

Verhaltensauffälligkeiten scheinen bei den Jugendlichen in den vergangenen Jahren zugenommen zu haben. Vor übereilten Urteilen ist hier allerdings zu warnen.

Formen

Typische Formen solcher Fehlformen des Leistungs- und Sozialverhaltens sind:

- Disziplinlosigkeit
- Arroganz
- Trotz und Aufsässigkeit
- Lügen
- geringe Motivation
- Desinteresse, Unlust
- Faulheit
- Oberflächlichkeit
- mangelnde Konzentrationsfähigkeit
- Angst zu versagen und Verunsicherung
- Aufmerksamkeitsdefizit und Hyperaktivitätsstörung (ADHS)

> Kontaktarmut und Kontaktunfähigkeit
> Zurückgezogenheit
> Hemmungen und Angst
> Aggression, Streitsucht
> Zerstörung von Gegenständen, Vandalismus
> Verwahrlosung
> Suchtverhalten
> Neurosen.

Diese Fehlhaltungen können vielerlei Ursachen haben.

Ursachen für typische Verhaltensauffälligkeiten

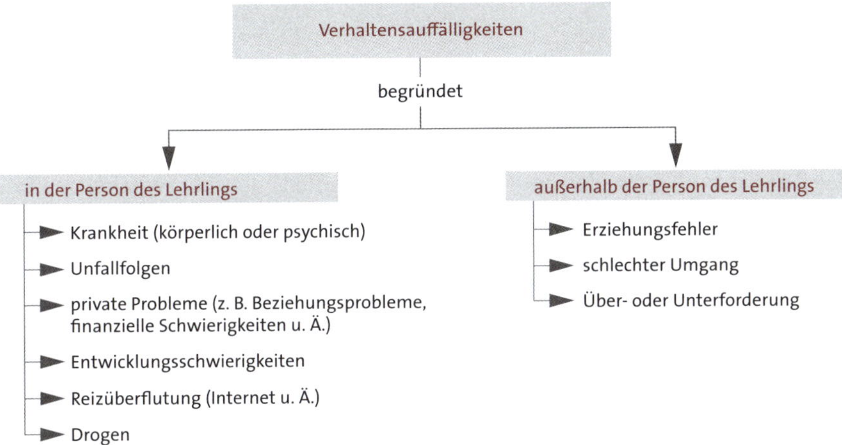

Möglichkeit der sozialpädagogischen Unterstützung und Betreuung

Sofern es sich nicht um Verhaltensauffälligkeiten und Erziehungsschwierigkeiten handelt, die die Hinzuziehung externer Stellen (wie z.B. Jugendämter, sozialpsychologische Dienste, Ärzte, Sozialarbeiter, Beratungsstellen kommunaler oder freier Träger) erforderlich machen, stehen auch dem Ausbilder einige Mittel zu ihrer Beseitigung oder zumindest ihrer Minderung zur Verfügung. Dazu zählen:

Maßnahmen des Ausbilders

> Aufbau eines wechselseitigen Vertrauensverhältnisses
> Stärkung des Selbstvertrauens des Lehrlings
> verstärkte Gesprächs- und Kontaktbereitschaft
> Vornahme eventuell erforderlicher Korrekturen im Ausbildungsplan
> kritische Überprüfung des Ausbildungsstils
> organisatorische Maßnahmen am Arbeits- oder Ausbildungsplatz.

Bei der Festlegung der geeigneten Maßnahmen zur Beseitigung von Verhaltensauffälligkeiten sollte der Ausbilder zumindest in schwierigen Fällen planmäßig vorgehen.

Dabei empfehlen sich die Schritte, die auch bei der Lösung von Konflikten hilfreich sind, also:

Planmäßiges Vorgehen

- > Ermittlung des Sachverhalts
- > Erforschung der Ursachen und Zusammenhänge
- > Festlegung geeigneter Maßnahmen
- > Durchführung der Maßnahmen
- > Kontrolle der Maßnahmen.

Dabei ist es besonders wichtig, sachorientiert vorzugehen. (Dazu >> Abschnitt 3.7.5.3)

3.7.4.2 Konfliktbegriff

Konflikte entstehen dann, wenn man sich zwischen einander widersprechenden Motiven, Einstellungen und Interessen entscheiden muss.

Intrapersonal
Interpersonal

Ein Konflikt kann entweder eine Person allein betreffen oder aber zwischen mehreren Personen, Gruppen oder Institutionen ausgetragen werden.
Im ersten Fall spricht man von einem intrapersonalen, im zweiten von einem interpersonalen Konflikt.

Beispiel:

Sach- oder personenbezogen

Ein intrapersonaler Konflikt liegt vor, wenn ein Jugendlicher bei der Berufswahl wegen der Höhe der Ausbildungsvergütung (finanzielle Überlegungen) einen anderen Beruf ergreift, als es eigentlich seinen Neigungen entspricht. Ein interpersonaler Konflikt besteht, wenn die Mitglieder einer Gruppe verschiedener Auffassung sind. Dabei kann der jeweilige Konflikt sach- oder personenbezogen sein. Vielfach aber ist beides nur schwer zu trennen.

3.7.4.3 Ursachen und Anlässe von Konflikten

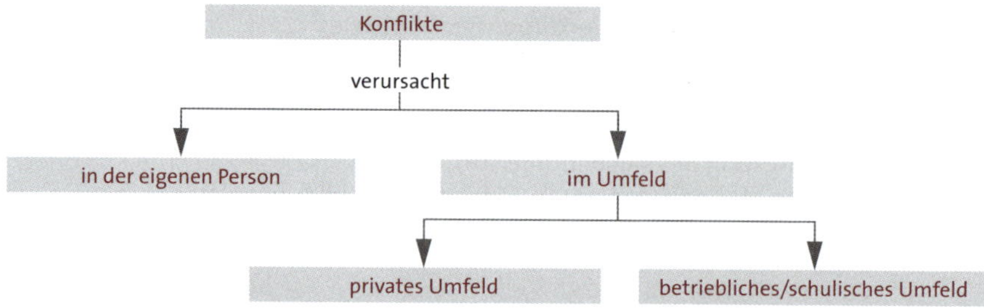

Zu den Konfliktursachen aus dem **Bereich der eigenen Person** zählen u. a.:

- > Unterschiede gegenüber anderen in
  - Wertvorstellungen
  - Einstellungen

  - Verhaltensweisen
  - politischen Auffassungen
  - Interessen
  - Bedürfnissen
  - Vorlieben, Hobbys.
- Unterschiede in
  - Begabung
  - Bildungsniveau.
- Probleme im
  - körperlichen Bereich (z. B. Belastbarkeit, Konstitution)
  - emotionalen Bereich (z. B. Stimmungen, Aggressionen, Suchtverhalten).

Im **privaten Umfeld** sind häufige Konfliktursachen und -anlässe:

- Spannungen mit Freund/Freundin bzw. Partner/Partnerin
- Spannungen innerhalb von Gruppen
- Spannungen innerhalb der eigenen Familie
- Spannungen mit den Eltern.

Im **betrieblichen und schulischen Umfeld** ergeben sich Konflikte aus

- den jeweiligen Anforderungen und Arbeitsabläufen,
- dem Umgang mit Kollegen, im Arbeitsteam, der Schulklasse (z. B. Mobbing),
- dem Verhältnis zum Ausbilder oder zur Lehrkraft.

3.7.4.4 Konfliktarten

Aus diesen Ursachen heraus ergeben sich verschiedene typische Konfliktarten, wobei die folgenden drei im Vordergrund stehen:

Zielkonflikte

Entscheidungs- und Zielkonflikte: Sie liegen vor, wenn sich mehrere Alternativen, die als Entscheidungsmöglichkeiten oder als Ziele vorliegen, widersprechen.

Rollenkonflikte

Rollenkonflikte: Sie ergeben sich, wenn beispielsweise ein Lehrling zu Beruf und Freizeit widersprüchliche Einstellungen hat bzw. von ihm jeweils andere Verhaltensweisen erwartet werden. Er ist dann gezwungen, sich immer wieder neu anzupassen und seine Leistungskraft sowie seine Interessen entsprechend darauf abzustimmen.

Generationskonflikte

Generationskonflikte: Die Auffassungen von Eltern oder Ausbilder und Lehrling weichen aufgrund von altersbedingten Erfahrungen und Einstellungen voneinander ab. Solche Generationskonflikte werden von der Jugend stets neu erlebt, und es hat sie zu allen Zeiten gegeben. Sie werden heute durch die intensiven Einwirkungen der Umwelt und sonstige Reizeinflüsse noch verstärkt.

Latente Konflikte

Nicht alle Konflikte treten auch tatsächlich offen zutage und werden entsprechend ausgetragen. Viele Konflikte sind nur latent, also unterschwellig vorhanden. Sie beeinflussen zwar das Verhalten, werden aber nicht ausgetragen und auch nicht gelöst.

3.7.5 Konfliktvermeidung und Strategien zum konstruktiven Umgang mit Konflikten

3.7.5.1 Konfliktbewertung

Konflikte sind nicht von vornherein negativ zu beurteilen. Vielmehr ist festzustellen, dass Konflikte alltäglich sind, ja zum Leben gehören. Überall, wo Menschen zusammenleben und ihre unterschiedlichen Interessen aufeinanderprallen, entstehen Gegensätze, mithin auch Konflikte.
Zu den negativen Auswirkungen von Konflikten können unter anderem gehören:

Negative Auswirkungen

> Reibungsverluste
und
> Beeinträchtigung des zwischenmenschlichen Verhältnisses.

Positive Auswirkungen

Auf der anderen Seite dagegen sind Konflikte ein wichtiger Steuerungsfaktor für Lernprozesse jedes Einzelnen für sich, aber auch in der Gruppe und in der gesamten Gesellschaft.

Konflikte sind hier ein bedeutender Motor für die Fortentwicklung. Viele für das Überleben einer Gesellschaft elementare Verhaltensweisen werden erst durch Konflikte und deren (gewaltfreie) Bewältigung erlernt.
Die Auseinandersetzung mit dem Konfliktstoff fördert ferner die Selbstsicherheit und ist letztlich unerlässlich für die Herausbildung der eigenen Persönlichkeit.

Gruppenidentität

In der Gruppe steigert sie den Zusammenhalt und ermöglicht außerdem leichter die Abgrenzung zu anderen Gruppen. Man nennt diesen Prozess auch Herausbildung einer Gruppenidentität.

Lösungskompetenz

Jeder sachbezogene Konflikt fördert die Auseinandersetzung mit dem jeweiligen Problem wie auch die Lösungskompetenz und regt neue Entwicklungen und neue Verfahren an.

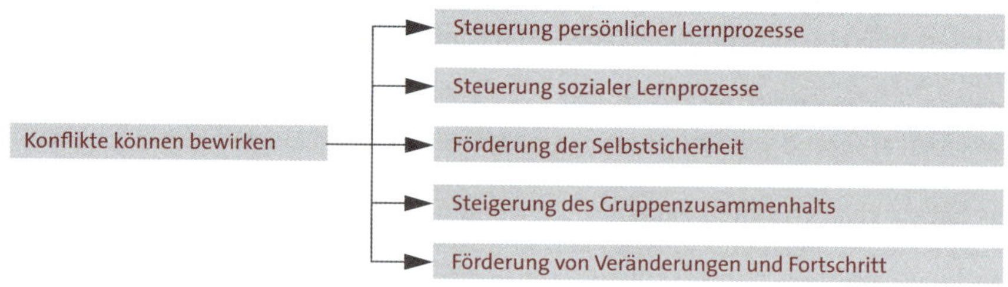

3.7.5.2 Möglichkeiten der Konfliktlösung

Um überhaupt die positiven Auswirkungen von Konflikten zu ermöglichen, ist die erfolgreiche Konfliktlösung und Konfliktbewältigung Voraussetzung. Nicht bewältigte Konflikte führen in der Regel zu Frustration und den damit verbundenen negativen Auswirkungen.

Frustration

Unter Frustration versteht man das Erleben einer Enttäuschung oder Spannung, die dadurch auftritt, dass jemand ganz oder teilweise daran gehindert wird, ein gesetztes Ziel zu erreichen.

Zu Ursachen dafür, die tatsächlich oder aber auch nur vermutet sein können, gehören unter anderem

Ursachen

- das Erlebnis wirklicher oder vermeintlicher Benachteiligung bzw. Zurücksetzung,
- enttäuschte Erwartungen,
- erlittene bzw. empfundene Ungerechtigkeit.

Jede Frustration kann sich durch verschiedene Verhaltensformen äußern:

Verhaltensformen

Aggressionen: Darunter versteht man ein feindliches Verhalten gegen andere Menschen oder gegen sich selbst. Die Aggression kann sich in Worten (Beschimpfung) oder Intrigen und Verleumdung bis hin zu tätlichen Angriffen und Zerstörung äußern. Gerade im Jugendalter besteht eine erhöhte Gewaltbereitschaft.

Verdrängung: Dabei werden Erlebnisse und Einstellungen aus dem Bewusstsein ins Unbewusste verdrängt. Sie können aber weiterhin das Verhalten in Form von Fehlhandlungen, Fehlanpassungen oder der Entwicklung von Neurosen beeinflussen. Neurosen bezeichnen einen durch unverarbeitete seelische/psychische Konflikte mit der Umwelt entstandenen krankhaften Zustand ohne erkennbare organische Ursachen.

Resignation: Der Betroffene ergibt sich sozusagen in sein Schicksal, gibt entmutigt auf und handelt nur noch zwanghaft, starr und sinnlos.

Regression: Damit bezeichnet man ein Verhalten, bei dem der Betreffende auf ein früheres Stadium der Entwicklung zurückfällt. Dies macht sich dann auch in kindlichem Verhalten und den entsprechenden Einstellungen und Ausdrucksweisen bemerkbar.

Ausweich- und Fluchtreaktionen: Folge der Frustration sind hier verzweifelte Versuche, Ersatzlösungen zu finden, um aus einer bedrängenden Situation herauszukommen; zum Beispiel über Alkohol- oder Drogenmissbrauch sowie Anschluss an Sekten. Die Folge sind oftmals weitere und noch schwerere Konflikte.

Konfliktlösungsmöglichkeiten

Für die Lösung von Konflikten und damit die Vermeidung dieser negativen Auswirkungen gibt es zahlreiche Möglichkeiten bzw. Strategien, die allerdings nicht immer befriedigend sind.

Am bekanntesten sind die Varianten, die die amerikanischen Autoren Blake und Mouton aufgezeigt haben. Dazu zählen:

- Konflikte unter den Teppich kehren
- nachgeben/sich unterwerfen
- durchsetzen/erzwingen
- Kompromiss schließen
- gemeinsames Problemlösen.

Zwischen diesen Varianten sind jeweils noch verschiedene Kombinationen möglich.

3.7.5.3 Kooperative Bewältigung von Konfliktsituationen

Am erfolgversprechendsten bei der Bewältigung von Konflikten sind sicherlich Strategien, bei denen es zu einer Zusammenführung der widersprüchlichen Auffassungen kommt; das heißt, alle Beteiligten suchen rechtzeitig und gemeinsam unter Einhaltung vereinbarter Spielregeln eine Lösung, die jeder mittragen kann und bei der niemand befürchten muss, einen Gesichtsverlust zu erleiden.

Vorgehen

Dafür empfiehlt sich ein mehrstufiges Vorgehen.

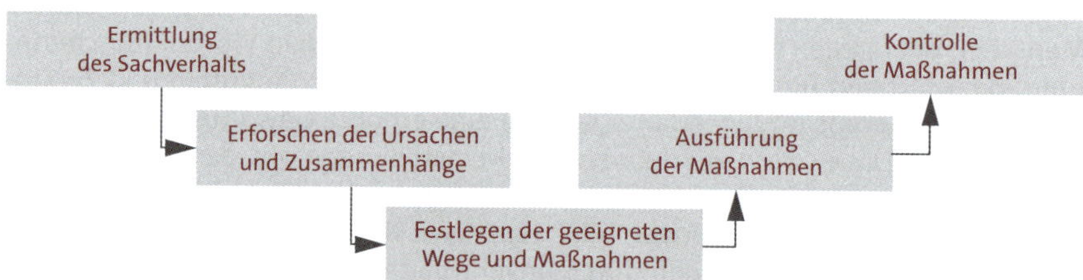

Sachverhalt

Ermittlung des Sachverhalts: Es sollte genau festgestellt werden, was wirklich die Ursache eines Konflikts ist. Dabei darf man sich nicht mit Vermutungen begnügen, sondern muss versuchen, die bedeutsamen Tatsachen zu erfassen. Dazu sollte man mit allen Beteiligten ausreichend sprechen. Im Rahmen der Berufsausbildung sind dies vor allem Ausbilder, Lehrling, Eltern (bei Minderjährigen), Kollegen und Lehrkräfte der Berufsschule. Auch die Berater der Handwerkskammern können hinzugezogen werden.

Es muss in Abhängigkeit vom jeweiligen Konfliktgegenstand und von den beteiligten Personen entschieden werden, ob diese Gespräche als Einzelgespräche oder als Gruppengespräche geführt werden.

Ursachen

Erforschung der Ursachen und Zusammenhänge: Bei diesem Schritt muss man sich zunächst auf die Frage konzentrieren, wie es überhaupt zu dem Konflikt gekommen ist. Der Ausbilder darf dabei nicht außer Acht lassen, dass auch er selbst dazu beigetragen haben kann. Außerbetriebliche Verhältnisse und Vorgänge müssen ebenfalls mit einbezogen werden. In den Fällen, in denen einzelne Beteiligte nur ungern oder nicht offen über die Konfliktursachen sprechen, haben sich auch Rollenspiele (>> Abschnitt 3.4.1.2) bewährt, die bei entsprechender Auswertung in der Regel zuverlässige Rückschlüsse zulassen.

Maßnahmen

Festlegung der Wege und Maßnahmen zur Behebung des Konflikts: Ausgangspunkt ist das Ziel, das man erreichen will, wobei alle bekannten Fakten sowie mögliche Ursachen und Folgen in die Überlegungen einzubeziehen sind. Anschließend muss geprüft werden, welche Wege zur Erreichung des Zieles geeignet sind und welche Handlungsalternativen es gibt. Dabei spielt auch die Frage eine Rolle, wie die beabsichtigten Maßnahmen auf die Beteiligten, aber auch auf Außenstehende wirken werden.

Ausführung

Ausführung der Maßnahmen: Dafür ist wichtig, dass geklärt ist, **wer** von den Beteiligten **wie** zu handeln hat. Entscheidend ist ferner, dass zur rechten Zeit gehandelt wird.

Kontrolle

Kontrolle der Maßnahmen: Jede Maßnahme zur Konfliktlösung muss auf ihren Erfolg hin kontrolliert werden. Dabei gilt es zu berücksichtigen, dass vielfach ein Erfolg erst nach einer gewissen Zeitspanne möglich ist. Von besonderer Bedeutung ist die Entscheidung darüber,

> durch wen
> wann
> wie
> wie oft

kontrolliert werden soll.
Dabei sollte ferner beobachtet werden, ob günstige oder ungünstige Auswirkungen auch bei anderen auftreten. Die Ergebnisse der Kontrolle liefern wiederum wichtige Erkenntnisse, die bei neuen Konflikten im Rahmen der Festlegung und Ausführung von Maßnahmen berücksichtigt werden sollten.

Konflikt-bewältigung

Die Konfliktbewältigung kann selbstverständlich nicht erst während der Berufsausbildung erlernt werden. Konfliktlösekompetenz muss ein wichtiger Bestandteil des gesamten Erziehungsprozesses sein. Die Konfliktbewältigung steht ferner in engem Zusammenhang mit dem betrieblichen Führungsstil. Sie wird bei partnerschaftlichem Führungsstil wesentlich erfolgreicher gelingen als bei autoritärer Führung.

Da den jungen Menschen in der Regel die Lebenserfahrung fehlt, sollte gerade die mittlere und ältere Generation zur Lösung von Konflikten beitragen. Dies gilt insbesondere beim sogenannten Generationskonflikt (>> Abschnitt 3.7.4.4).

3.7.5.4 Ablauf von Konflikt- und Schlichtungsgesprächen

Konfliktgespräche zwischen den im Streit befindlichen Parteien sollten grundsätzlich vor folgendem Hintergrund stattfinden:

Rahmen-bedingungen

> gemeinsames Interesse am Fortbestehen eines guten zwischenmenschlichen Klimas
> sachlich-inhaltliches Austragen der gegenseitigen Standpunkte
> Suche nach Lösungen, die beiden Seiten gerecht werden, also Konfliktregelung ohne Niederlagen.

Dazu kann auch die Unterstützung eines externen Moderators hilfreich sein.
Ähnlich dem bereits dargestellten mehrstufigen Vorgehen zur Lösung von Konflikten sollten Konflikt- und Schlichtungsgespräche folgende Stufen enthalten:

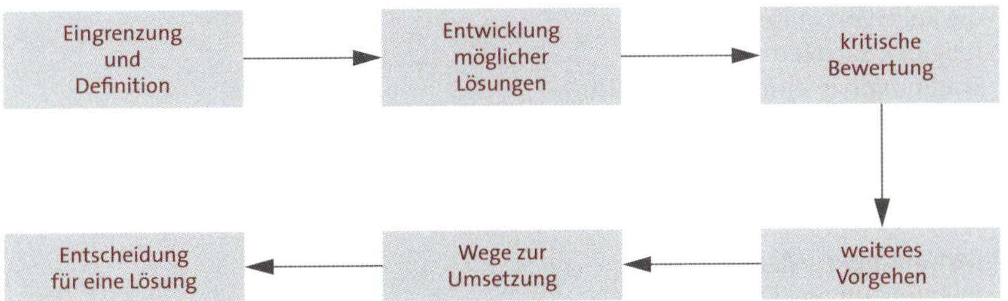

Das Konfliktgespräch setzt voraus, dass die Teilnehmer auch offen ihre Wünsche und Bedürfnisse äußern.

3.7.5.5 Mitwirkung von Beratern der Handwerkskammer oder des Lehrlingswarts

Externe Beratung

Bei Konflikten rund um die Ausbildung können sich sowohl Ausbildender und Ausbilder wie auch Lehrling an die Beratung der zuständigen Handwerkskammer und/oder an den Lehrlingswart der Innung wenden. Vielfach verfügt dieser Personenkreis auch über eine Schulung als Mediator (= unabhängiger Dritter, der den „streitenden" Parteien beim Finden einer außergerichtlichen Lösung behilflich sein soll).

3.7.6 Wertschätzung, Achtung und Respekt voreinander

Wertschätzung sowie Achtung und Respekt voreinander sind Grundvoraussetzungen für ein funktionierendes Miteinander im privaten Bereich, in Schule und Betrieb sowie in der Gesellschaft im Ganzen.

Wertschätzung

Wertschätzung bedeutet, jeden Menschen unabhängig von Geschlecht, Herkunft, Religion und Einstellungen zu akzeptieren. Dies führt dazu, dass die Menschen einander achten (aufeinander Rücksicht nehmen) und voreinander Respekt zeigen (die anderen Menschen als eigenständig wahrnehmen und schätzen).
Im Alltag können sich Wertschätzung, Achtung und Respekt unter anderem ausdrücken durch

- Anerkennung für geleistete Arbeit und erreichte Ziele in der Ausbildung
- einander Zuhören
- aufeinander Rücksicht nehmen
- gegenseitige Unterstützung.

3.7.7 Kulturelle Vielfalt

Auf das Thema kulturelle Vielfalt wurde bereits eingegangen (>> Abschnitt 2.4.1).
Die Ausbildenden/Ausbilder können nicht erwarten, dass das Zusammenleben und Zusammenarbeiten von Menschen mit unterschiedlichen kulturellen Hintergründen immer reibungslos funktioniert.
Interkulturelle Konflikte entstehen unter anderem aus unterschiedlichen Auffassungen über:

Konfliktursachen

- die Rolle von Mann und Frau
- religiöse Sachverhalte
- Traditionen in einer Gesellschaft
- Ideologien und politische Sachverhalte
- Regeln und Normen des Zusammenlebens in einer Gesellschaft.

Sie können sich unter anderem äußern durch:

Erscheinungsformen

- Bedrohungen, Machtgehabe
- Ausgrenzungen, Demütigungen

> körperliche Gewalt
> bewusste Missachtung geltender Regeln und Gesetze
> organisierte Bandenbildung und Kriminalität.

Als Maßnahmen dagegen kommen infrage:

Maßnahmen

> Klarstellung der geltenden Spielregeln
> klares Aufzeigen von Grenzen, verbunden mit Sanktionen
> Herstellung von Kommunikation und gegenseitigem Kennenlernen
> Vermittlung, Mediation
> Einschaltung zuständiger Institutionen (z. B. Jugendberufshilfe)
> Anti-Gewalt-Trainings
> gezielte Fortbildung der mit der Ausbildung betrauten Personen.

Hilfen

Gerade kleine Betriebe sind in solchen Situationen oftmals überfordert und brauchen die Hilfen externer Stellen und Ansprechpartner. Die Ausbildungsberatung der Handwerkskammern kann hier in der Regel die richtigen Kontakte herstellen.

3.7.8 Ausbildungsabbrüche: Ursachen und Lösungsansätze zur Vermeidung. Selbstreflexion als Ausbilder

Ausbildungswechsler

Die Zahl der jungen Menschen, die ihre zuerst begonnene Berufsausbildung wechseln oder nicht beenden, hält sich auf einem hohen Niveau. Allerdings muss darauf hingewiesen werden, dass nicht jede Lösung eines Ausbildungsvertrages einem tatsächlichen und endgültigen Abbruch der Berufsausbildung entspricht. Vielmehr handelt es sich oft um Ausbildungswechsler, die den Beruf, den Betrieb oder beides wechseln. Gerade weil das Handwerk auch langfristig auf qualifizierte Fachkräfte angewiesen ist, und Nachwuchs zunehmend schwerer zu gewinnen ist, muss es aber ein besonderes Anliegen sein, den Lehrling nicht nur während der Ausbildung zu halten, sondern auch danach an den Betrieb zu binden.

3.7.8.1 Gründe für einen Ausbildungsabbruch

Die Gründe für eine vorzeitige Lösung des Ausbildungsvertrages können sehr vielfältig sein. Meistens spielen dabei mehrere Ursachen aus der Sicht des Lehrlings oder des Ausbildenden/Ausbilders eine Rolle.

- Betrieblicher Bereich
  - fehlende Wertschätzung
  - Über- oder Unterforderung bei der Ausbildung
  - Schwierigkeiten mit Ausbildern und Kollegen
  - fachliche und pädagogische Mängel der Ausbildung
  - Beschäftigung mit ausbildungsfremden Tätigkeiten
- Schulischer Bereich
  - fachliche Überforderung
  - Wissenslücken
- Persönlicher Bereich
  - Ausbildungsberuf als Notlösung und daraus folgende Unzufriedenheit
  - falsche Vorstellungen vom Inhalt der Ausbildung
  - mangelnde Zukunftsperspektiven in Beruf und Betrieb
  - Wohnortwechsel, Änderungen im Familienstand
  - gesundheitliche Gründe, Schwangerschaft
  - Wechsel auf Schule oder Hochschule

→ Ausbildungsabbruch durch Lehrling

Häufige Ursachen für einen Ausbildungsabbruch aus der Sicht des Ausbildenden sind:

Ursachen

> zu geringe Ausbildungsfähigkeit des Lehrlings
> mangelnde Leistungen des Lehrlings
> fehlende Motivation des Lehrlings
> häufige Abwesenheit des Lehrlings
> Verfehlungen des Lehrlings
> Betriebsaufgabe oder Wegfall der Ausbildungseignung.

Dabei ist aber zu beachten, in welcher Form das Ausbildungsverhältnis beendet werden kann (auch >> Abschnitt 2.5.5).

3.7.8.2 Konsequenzen von Ausbildungsabbrüchen

Nachteile

Ausbildungsabbrüche bedeuten

> nachteilige Veränderungen im beruflichen Lebensweg der jungen Menschen,
> finanzielle Verluste durch Fehlinvestitionen auf betrieblicher Ebene,
> volkswirtschaftliche Kosten durch Mangel an entsprechend qualifizierten Fachkräften und durch nicht besetzte Ausbildungsplätze.

3.7.8.3 Lösungsansätze zur Vermeidung von Ausbildungsabbrüchen

Unter anderem der Hauptausschuss des Bundesinstituts für Berufsbildung hat Vorschläge vorgelegt, wie Ausbildungsabbrüche verhindert oder zumindest verringert werden können.

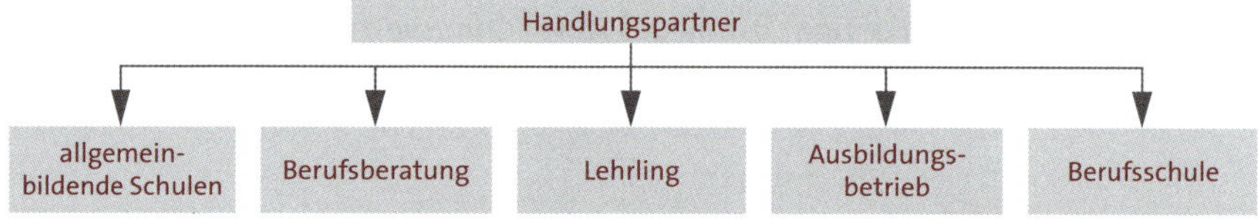

Vor der Berufsausbildung sind besonders wichtig:

> die Verbesserung der Ausbildungsreife
> die passgenaue Vermittlung
> Tests, z. B. auf Allergien.

Wichtige Maßnahmen im **Bereich der allgemeinbildenden Schulen** sind dabei:

Betriebspraktika

> bessere Informationen über die Berufs- und Arbeitswelt
> Betriebspraktika für alle Schüler
> stärkere Berücksichtigung von Fragen der Berufs- und Arbeitswelt in der Aus- und Fortbildung der Lehrkräfte.

Im **Bereich der Berufsberatung** werden folgende Maßnahmen empfohlen:

> qualifizierte, gezielte und praxisnahe Informationen und Beratung
> frühzeitige und umfassende Klärung der Eignung, auch hinsichtlich der Gesundheit
> jugendgerechte und aktuelle Informationen über Berufsaussichten und Weiterbildungsmöglichkeiten
> verstärkte Zusammenarbeit der Berufsberater mit den Beratern der Handwerkskammern und den Trägern der Jugend- und Sozialhilfe
> schnelle und unbürokratische Beratung und Vermittlung der Ausbildungsabbrecher.

Eignung

Vonseiten der **Lehrlinge** selbst sind folgende Beiträge möglich:

> frühzeitige Inanspruchnahme von Beratungsangeboten vor und während der Ausbildung durch Berufsberater, Berater der Handwerkskammern, Lehrlingswarte und Ausbilder
> intensivere Nutzung der Probezeit zur Überprüfung der Eignung und der Neigung.

Beratungsangebote

Probezeit

Zur Vermeidung von Ausbildungsabbrüchen sind aber insbesondere auch die Ausbildenden/Ausbilder gefordert. Sie müssen selbst laufend prüfen, inwieweit ihr eigenes Verhalten dazu beitragen kann.

Auf **betrieblicher Seite** sind als Maßnahmen möglich:

> verstärkte Berücksichtigung des Themas „Ausbildungsabbruch" in der Ausbilderqualifizierung
> Hilfen für den Übergang von der Schule in den Beruf und zur Integration der Lehrlinge in den Ausbildungs- und Betriebsablauf
> stärkere Gesprächsbereitschaft bei der Entstehung und Kompetenz bei der Bewältigung von Konflikten
> Wertschätzung, Achtung und Respekt gegenüber dem Lehrling
> Steigerung der Ausbildungsmotivation durch den Einsatz moderner Lehr- und Lernmethoden und die Förderung des selbstgesteuerten Lernens
> Steigerung der Ausbildungseffektivität durch weitere Verbesserung des betrieblichen Lernangebotes sowie der personellen und sachlichen Rahmenbedingungen für die Durchführung der Berufsausbildung
> verstärkte Nutzung von Maßnahmen der assistierten Ausbildung bei lernschwachen Jugendlichen und Jugendlichen mit Migrations- und Fluchthintergrund
> rechtzeitiger Einsatz von Beratern der Handwerkskammern und Lehrlingswarten (Informations- und Beratungsangebote für die Jugendlichen) zur Krisenberatung und Mediation
> zeitlich flexible Einstellung von Lehrlingen nach erfolgtem Ausbildungsabbruch
> Verbesserung der Abstimmung mit den Berufsschulen vor Ort.

Übergangshilfen

Motivation

Ausbildungsbegleitende Hilfen

Im **Bereich der Berufsschulen** sind folgende Maßnahmen wichtig:

> intensivere Kontakte zwischen Lehrkräften der Berufsschule, Ausbildern, Ausbildungsberatern und Eltern
> bessere Abstimmung mit den Ausbildungsbetrieben vor Ort

Kontakte

Förder-
maßnahmen

> Stütz- und Fördermaßnahmen für Lehrlinge
> Sicherung des Berufsschulbesuchs nach erfolgtem Ausbildungsabbruch, insbesondere unverzügliche Aufnahme bei neuem Ausbildungsvertrag.

3.7.9 Schlichtungsverfahren für Lehrlingsstreitigkeiten

Bei Streitigkeiten zwischen dem Ausbildenden und dem Auszubildenden ist vor Inanspruchnahme des Arbeitsgerichts der Ausschuss zur Beilegung von Lehrlingsstreitigkeiten der örtlich zuständigen Innung anzurufen.

Voraussetzung ist, dass

Ausschuss
der Innung

> bei der Innung ein Ausschuss besteht und
> es sich um einen Ausbildungsberuf im Sinne der Handwerksordnung handelt. Bei Streitigkeiten von nicht handwerklichen Auszubildenden sind die bei den Innungen errichteten Lehrlingsstreitausschüsse nicht zuständig.

Die Zuständigkeit des Ausschusses entfällt, wenn das Berufsausbildungsverhältnis zur Zeit der Schlichtung der Streitigkeit nicht mehr besteht.

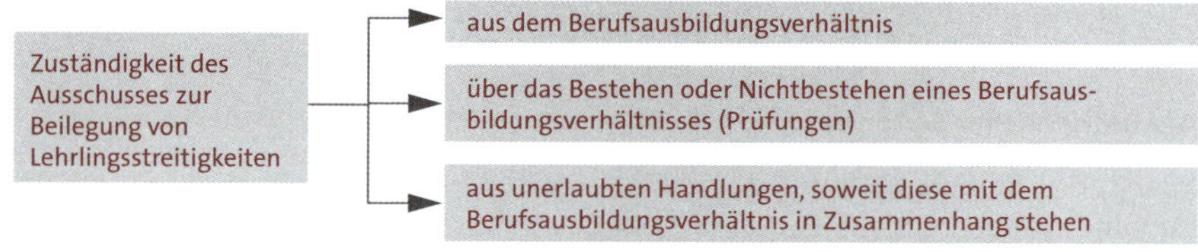

Klage beim
Arbeitsgericht

Wird der ergangene Schiedsspruch nicht innerhalb einer Woche nach Zustellung oder, wenn die Zustellung unterbleibt, nach Verkündigung von beiden Beteiligten anerkannt, so kann binnen zwei Wochen nach Zustellung oder Verkündigung Klage beim zuständigen Arbeitsgericht erhoben werden.

Grundsätzlich sollten sich alle an der Berufsausbildung Beteiligten und Mitwirkenden bemühen, Differenzen und Streitigkeiten durch entsprechendes Verhalten und rechtzeitige Vermittlung zu vermeiden.

Berater und
Vermittler

Als Berater und Vermittler bieten sich insbesondere an:

> die (Ausbildungs-)Berater der Handwerkskammern
> die Lehrlingswarte der Innungen
> die Berufsberater der Agentur für Arbeit
> die Eltern
> die Lehrkräfte der Berufsschule
> der Betriebsrat sowie die Jugend- und Auszubildendenvertretung.

Handlungsorientierte, fallbezogene Aufgaben

1. Als Ausbilder haben Sie es vielfach mit jungen Menschen zu tun, bei denen die Reifung als wichtige Phase der Entwicklung noch nicht abgeschlossen ist.

   Aufgabe: Welche Aussage ist richtig?

   Reifung beschreibt die Entwicklung des Menschen, soweit sie

- [ ] a durch Umwelteinflüsse bedingt ist.
- [ ] b durch Umwelteinflüsse und Erbanlagen bedingt ist.
- [ ] c durch Erbanlagen bedingt ist.
- [ ] d überhaupt nicht beeinflusst werden kann.
- [ ] e instinktiv ausgeprägt ist.

>> Seite 277 |

2. Sie sind Ausbilder. Unter Ihren Lehrlingen befinden sich zwei Jugendliche. Sie wissen, dass für die erfolgreiche Arbeit als Ausbilder das Verstehen und das Eingehen auf die entwicklungsbedingten Probleme und Eigenheiten dieser Altersgruppe elementare Voraussetzungen sind.

   Aufgabe:

   a) Erläutern Sie, welche Störungen bei dieser Altersgruppe auftreten können und wie Sie als Ausbilder darauf reagieren!

   b) Erklären Sie, wie Sie die sogenannten Leistungsprofile bei der Planung und Gestaltung der Ausbildung berücksichtigen!

>> Seiten 281 bis 284 |

3. Als Ausbilder haben Sie im Umgang mit Ihren Lehrlingen eine besondere Verantwortung. Der von Ihnen gewählte und angewandte Ausbildungs- und Führungsstil bestimmt maßgeblich den Erfolg der Ausbildung.

   Aufgabe: Beschreiben Sie den Führungsstil, den Sie am geeignetsten für die Ausbildung halten, und seine Auswirkungen auf das Verhalten und die Leistung Ihrer Lehrlinge!

>> Seiten 289 bis 290 |

4. Sie sind Inhaber eines Betriebes und bilden zwei Lehrlinge aus. Als allgemeines Führungsmittel wenden Sie sehr häufig Anweisungen an.

Aufgabe: Was ist dabei besonders zu beachten?

- [ ] a Dass man sie in Befehlsform bringt, weil diese am besten verstanden werden.
- [ ] b Dass sie rechtzeitig erfolgen und keine Überforderung mit sich bringen.
- [ ] c Dass sie möglichst wenig Spielraum für eigenes Denken lassen.
- [ ] d Dass sie wenig Spielraum für eigenes Handeln lassen.
- [ ] e Dass sie gar keinen Spielraum für eigenes Handeln lassen.

>> Seite 293 |

5. Probleme gibt es in allen Bereichen menschlichen Zusammenlebens, so auch in Betrieben. Daraus können sich Konflikte entwickeln.

Aufgabe: Was versteht man ganz allgemein unter einem Konflikt?

- [ ] a Einen Zustand, in dem man sich zwischen einander widersprechenden Motiven, Einstellungen und Interessen entscheiden muss.
- [ ] b Den Ablauf eines Streitgesprächs zwischen zwei Personen.
- [ ] c Den Ablauf eines Streitgesprächs zwischen mehreren Personen.
- [ ] d Persönliche materielle Schwierigkeiten eines Menschen.
- [ ] e Unterschiedliche Auffassungen zwischen politischen Parteien.

>> Seite 304 |

6. Sie sind Inhaber eines Betriebes, der laufend Lehrlinge ausbildet, und zwar sowohl Jugendliche wie auch bereits Volljährige. Im Betrieb kommt es immer wieder zu Konflikten zwischen den Lehrlingen, aber auch gegenüber erwachsenen Mitarbeitern und mit Ihnen als Ausbilder. Deshalb wollen Sie ein Konzept entwickeln, mit dem sich die Ursachen für Konflikte besser ermitteln lassen und das systematische Möglichkeiten der Konfliktlösung aufzeigt.

Aufgabe:

a) Stellen Sie dar, wo in Ihrem Betrieb Ursachen und Anlässe für Konflikte liegen können!

b) Erläutern Sie fünf Möglichkeiten zur Konfliktlösung!

c) Erklären Sie, wie Sie ein Gespräch zum Abbau und zur Lösung von Konflikten aufbauen!

>> Seiten 305 bis 310 |

7. Zahlreiche Auszubildende brechen ihre Ausbildung nicht nur während der Probezeit, sondern auch noch später ab. Ihnen als Betriebsinhaber können dadurch erhebliche finanzielle Verluste entstehen. Es besteht ferner die Gefahr, dass Ihnen später dann im Betrieb zu wenige Fachkräfte zur Verfügung stehen.

   Aufgabe:

   a) Mit welchen betrieblichen Maßnahmen können Sie dazu beitragen, dass derartige Ausbildungsabbrüche möglichst selten vorkommen?

   b) Welchen Beitrag erwarten Sie dazu von der Berufsschule?

   >> Seiten 313 bis 314 |

8. Sie bilden seit einem Jahr in Ihrem Handwerksbetrieb einen Lehrling aus. Vermehrt kommt es zwischen dem Auszubildenden und Ihnen zu Differenzen und Streitigkeiten. Sie wollen den Ausschuss zur Beilegung von Lehrlingsstreitigkeiten bei der Innung, soweit möglich, nicht anrufen, sondern versuchen, die Probleme durch entsprechendes eigenes Handeln und durch externe Beratung und Vermittlung zu lösen.

   Aufgabe: Stellen Sie fest, welche Möglichkeiten in dieser Situation bestehen, einen Rechtsstreit zu verhindern, und welcher Personenkreis sich als Berater und Vermittler in diesem Fall anbietet!

   >> Seite 314 |

3.8 Lernsituation: Lernen und Arbeiten im Team entwickeln

Kompetenzen:

- Teams anhand ausgewählter Kriterien bilden.
- Zusammenarbeit im Team fördern.

3.8.1 Kriterien für die Bildung von Teams

3.8.1.1 Teamarbeit

Bei Teamarbeit werden Verantwortung und Entscheidungsbefugnis nicht an Einzelpersonen, sondern an ein gesamtes Team übertragen. Statt von Teamarbeit wird vielfach auch von Gruppenarbeit gesprochen, da eine Abgrenzung zwischen Team und Gruppe nur schwer möglich ist. Beim Begriff „Team" wird aber oftmals unterstellt, dass hier ein noch engerer zweckorientierter Zusammenhalt besteht. Im Allgemeinen unterscheidet man

- Teamarbeit, die eher kurzfristiger Art und nicht in den regulären Arbeitsprozess eingebunden ist (auch informelle Teamarbeit genannt), und
- Teamarbeit, die längerfristig angelegt und Bestandteil des regulären Arbeitsprozesses ist (auch formelle Teamarbeit genannt).

Zum ersten Bereich zählen insbesondere Qualitätszirkel und Projektteams.

Qualitätszirkel

Gegenstand der Arbeit von Qualitätszirkeln sind insbesondere

- technische,
- personelle und
- organisatorische Fragestellungen.

Für die Arbeit von Qualitätszirkeln wird allgemein empfohlen:

- kleine Gruppengröße
- regelmäßige, aber nicht allzu lange dauernde Treffen
- möglichst homogener Teilnehmerkreis, das heißt, Teilnehmer vergleichbarer Qualifikation und vergleichbarer beruflicher Position
- Betreuung durch einen Vorgesetzten, Koordinator und/oder Moderator.

Projektteam

Ein Projektteam widmet sich einer umfangreicheren, aber fest umrissenen, in vielen Fällen auch relativ komplizierten und zeitlich befristeten Aufgabe bzw. Tätigkeit.

Merkmale

Projektarbeit ist durch folgende Merkmale gekennzeichnet:

- fächerübergreifende Arbeit
- Methodenvielfalt
- weitgehend selbstständige Arbeit
- ergebnisorientiertes Arbeiten
- Verknüpfung von theoretischer Analyse und praktischer Umsetzung.

Arbeitsgruppe

Längerfristig angelegt sind beispielsweise Arbeitsgruppen und Fertigungsteams, die gemeinsame Aufgaben arbeitsteilig durchführen.

3.8.1.2 Teameigenschaften

Typische Eigenschaften eines Teams bzw. einer Gruppe sind:

Eigenschaften

> gemeinsames Gruppenziel
> Gruppenbewusstsein (Zusammengehörigkeit)
> Gruppennormen (Verhaltensmuster)
> Gruppenstruktur (Aufgaben- und Rollenzuweisungen)
> Gruppenbeziehungen (gegenseitige Abhängigkeit).

Die inneren Gruppenbeziehungen hängen von der jeweiligen Gruppenform ab und weisen dementsprechend unterschiedliche – feste oder lockere – Bindungen auf. Jedes Mitglied der Gruppe nimmt in ihr einen bestimmten Platz ein. Dieser ist insbesondere abhängig von

> dem Beitrag des einzelnen Gruppenmitglieds zum Gruppenziel und
> seinem Beliebtheitsgrad bei den anderen Gruppenmitgliedern.

Jedes Gruppenmitglied nimmt eine oder mehrere bestimmte Rollen ein. Die Rollenträger können dabei jederzeit wechseln. Man unterscheidet drei besondere Rollen:

Aufgabenrollen

> Aufgabenrollen: Sie sind für die Auswahl und Durchführung der Arbeiten innerhalb einer Gruppe verantwortlich. Unterschiedliche Ausprägungen sind beispielsweise:
  - Aktivität
  - Initiative
  - Information
  - Koordination.

Erhaltungsrollen

> Erhaltungsrollen: Sie sind dafür zuständig, dass Interesse und Engagement der Gruppenmitglieder trotz auftretender Probleme aufrechterhalten bleiben. Unterschiedliche Ausprägungen dafür sind unter anderem:
  - Problemfeststellung
  - Vermittlung
  - Spannungsabbau.

Störende Rollen

> In ihrer Funktion störende Rollen: In jeder Gruppe gibt es auch Rollen, die störend oder im Extremfall zerstörend wirken. Sie äußern sich beispielsweise in:
  - Blockade
  - Selbstdarstellung auf Kosten anderer
  - Rivalitäten.

Bei Gruppen von Auszubildenden sollte der Ausbilder stets darauf achten, dass Aufgabenrollen und Erhaltungsrollen überwiegen.

3.8.1.3 Teambildung

Grundsätze

Damit Teams erfolgreich sein können, sind bei der Bildung folgende Grundsätze zu beachten:

> Die optimale Größe – in Abhängigkeit von der Schwierigkeit und Komplexität der Aufgabe etwa 3 bis 8 Mitglieder – sollte nicht überschritten werden.
> Die Teammitglieder müssen zusammenpassen; zwischen ihnen dürfen keine größeren Konflikte bestehen.

> Für die gestellte Aufgabe muss hinreichend Verständnis vorhanden sein.
> Fähigkeiten und Kenntnisse müssen bei jedem ausreichen, um zur Problemlösung beitragen zu können.

3.8.2 Zusammenarbeit im Team und Dokumentation der Ergebnisse (auch mit digitalen Tools des kollaborativen Arbeitens, Augmented Reality)

3.8.2.1 Ablauf der Teamarbeit

Bei Teamarbeiten kommen mehrere Lehrlinge zusammen, um einen vorgegebenen Auftrag oder eine vorgegebene Aufgabe gemeinsam zu erledigen bzw. zu lösen. Im Rahmen der Ausbildung spricht man dabei auch von Lerngemeinschaften.

Ablauf

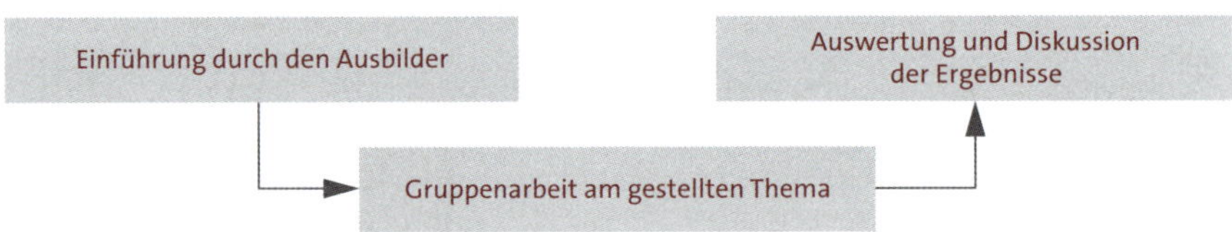

Dabei kann der Ausbilder der gesamten Gruppe

Themengleich

> ein Thema/eine praktische Arbeit (themengleiche Gruppenarbeit) oder

Arbeitsteilig

> mehrere Themen/praktische Arbeiten zugleich (arbeitsteilige Gruppenarbeit)

zur Bearbeitung geben.

Bei themengleicher Gruppenarbeit spricht man auch von Kollaboration, bei arbeitsteiliger Gruppenarbeit von Kooperation.

3.8.2.2 Anforderungen an Teamarbeit

Grundsätze

Für eine erfolgreiche Gruppenarbeit sind für die Planung und Durchführung wichtige Grundsätze zu beachten:

> sorgfältige Vorbereitung
  - bei der Zusammensetzung einer Gruppe
  - bei der Auswahl der Lehr-, Lern- und Arbeitsmittel
> klare Aufgabenstellung
> Abstimmung der Aufgabe auf den Leistungsstand der Teilnehmer
> Benennung eines oder mehrerer Gruppensprecher mit der Verantwortung für eine sachliche und themenbezogene Diskussion und Arbeit.

Entscheidungskriterien

Wichtige Faktoren, die bei der Entscheidung für Einzel- oder Gruppenarbeit eine Rolle spielen, sind unter anderem:

> Lernprobleme

> Basiskenntnisse der Lehrlinge
> Zusammensetzung der Lehrlingsgruppe.

3.8.2.3 Förderung der Teamarbeit

Für eine erfolgreiche Teamarbeit sollte der Ausbilder folgende Voraussetzungen schaffen:

Voraussetzungen

> Vorgabe von eindeutig definierten Zielen und klaren Spielregeln
> Benennung einer Person (kann auch der Ausbilder selbst sein), die das Team führt
> gemeinsame Planung von zu erledigenden Aufgaben und den dafür vorgesehenen Zeitrahmen
> Verteilung der Aufgaben auf die einzelnen Teammitglieder mit ausreichend Entscheidungskompetenz, wie diese dann ihre Aufgaben erledigen
> Sicherstellung von gegenseitiger Information und Abstimmung
> Sicherstellung eines vertrauensfördernden Arbeitsklimas, das auch wechselseitige Unterstützung einschließt.

Unter diesen Voraussetzungen bringt Teamarbeit in der Ausbildung unter anderem folgende Vorteile:

Vorteile

> geringerer Planungs- und Kontrollaufwand des Ausbilders
> Steigerung der Fähigkeit der Auszubildenden, Probleme und Aufgaben zu bewältigen
> höhere Motivation und Arbeitszufriedenheit
> Förderung der Bereitschaft zur Zusammenarbeit und sozialer Verhaltensweisen.

3.8.2.4 Dokumentation der Ergebnisse einer Teamarbeit

Es empfiehlt sich, die Ergebnisse einer Teamarbeit aus folgenden Gründen zu dokumentieren:

> Sie können dann auch später noch von den Teammitgliedern nachvollzogen werden.
> Sie können anderen Kollegen zur Verfügung gestellt werden.
> Sie können als Hilfsmittel und Information dienen, wenn die gleiche oder eine ähnliche Thematik später nochmals zur Bearbeitung ansteht.

Die Dokumentation kann auf mehrere Arten erfolgen. Zum einen auf eher traditionelle Art, dass ein Teammitglied die Schritte und Ergebnisse protokolliert – eventuell auch durch visuelle Elemente wie Diagramme und Fotos angereichert. So entstandene Dokumente können dann beispielsweise im Intranet des Betriebs abgelegt werden. Zum anderen mithilfe moderner Tools wie beispielsweise

Tools für Dokumentation

> Kommunikation über Videokonferenzen
> Projektmanagement zur Organisation und Abwicklung der Bearbeitung von Themen und praktischen Arbeiten
> gemeinsame Dokumentenbearbeitung, ggf. auch mit Audio- und Videoinhalten, unter Nutzung eines Cloud-Speichers. Dabei können auch Elemente der Augmented Reality (zur Definition >> Abschnitt 3.4.5) eingebaut werden, wenn beispielsweise wichtige Informationen für die zu erledigende Arbeit über AR-Brillen eingeblendet wurden oder der Einbau eines Gegenstandes simuliert wurde.

Handlungsorientierte, fallbezogene Aufgaben

1. Teamarbeit hat für Sie als Ausbilder eine hohe Bedeutung. Für Ihren Betrieb, in dem vier Lehrlinge im zweiten Ausbildungsjahr ausgebildet werden, prüfen Sie die Möglichkeit, Teamarbeit umzusetzen.

   Aufgabe:

   a) Erläutern Sie, welche Grundsätze bei der Teambildung beachtet werden sollten!

   b) Schildern Sie, welche Voraussetzungen Sie für eine erfolgreiche Teamarbeit schaffen sollten!

   >> Seiten 318 bis 321 |

2. Wenn ein Ausbilder einer Gruppe mehrere Themen zugleich zur Bearbeitung gibt, spricht man von

- [ ] a themengleicher Gruppenarbeit.
- [ ] b strukturierter Gruppenarbeit.
- [ ] c standardisierter Gruppenarbeit.
- [ ] d arbeitsteiliger Gruppenarbeit.
- [ ] e qualifizierter Gruppenarbeit.

>> Seite 320 |

3.9 Lernsituation: Leistungen von Auszubildenden feststellen und bewerten, Leistungsbeurteilungen Dritter und Prüfungsergebnisse auswerten, Beurteilungsgespräche führen, Rückschlüsse für den weiteren Ausbildungsverlauf ziehen

Kompetenzen:

- Geeignete Formen der Erfolgskontrolle zur Feststellung und Bewertung von Leistungen in der Ausbildung auswählen und dabei grundlegende Anforderungen an Ausbildungserfolgskontrollen beachten.
- Kompetenzorientierte Erfolgskontrollen durchführen und daraus Rückschlüsse für die weitere Ausbildung ziehen.
- Lern- und Arbeitsverhalten der Auszubildenden regelmäßig anhand geeigneter Kriterien beurteilen und dazu Lernbedarfsgespräche führen.
- Ergebnisse der außerbetrieblichen Erfolgskontrollen auswerten.
- Ausbildungsnachweise, auch digitale, zur Kontrolle und Förderung sowie zum Abgleich mit dem Ausbildungsplan nutzen.

3.9.1 Formen und Funktionen von Erfolgskontrollen in der Ausbildung

Ausbildungserfolgskontrollen (Ausbildungsstandskontrollen, Lernerfolgskontrollen) dienen generell dazu, erworbene Fertigkeiten, Kenntnisse, Fähigkeiten und Verhaltensweisen ausbildungsbegleitend ständig nachzuweisen und zu erproben.

Ausbildungserfolgskontrollen sind für die betriebliche wie für die schulische Berufsausbildung gesetzlich vorgeschrieben.

Vorgeschriebene Ausbildungserfolgskontrollen während der Berufsausbildung:

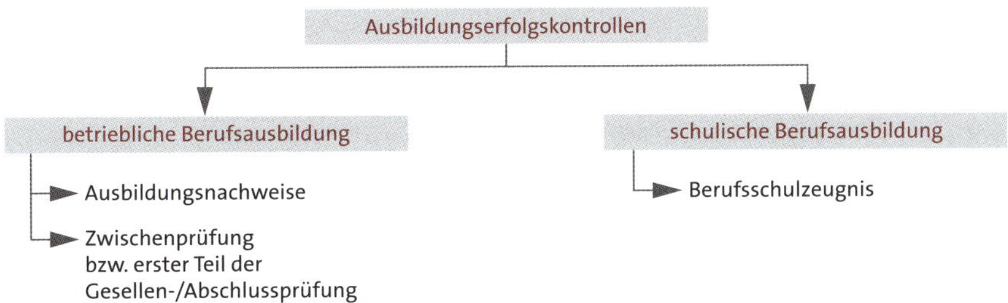

Übungsarbeiten

Ferner finden im Ausbildungsbetrieb selbst ständig zusätzliche Kontrollen des Ausbildungserfolges statt, zum Beispiel als Übungsarbeiten und Tests.

Funktionen

Wesentliche Funktionen von Ausbildungserfolgskontrollen sind vor allem:

- Feststellung der Eignung für den gewählten Beruf (Probezeit)
- Überwachung der Berufsausbildung hinsichtlich Planung, Durchführung und Ausbildungsmethoden
- Feststellung des jeweiligen Lernstandes und der vermittelten Kompetenzen
- Steuerung des Lehr- und Lernprozesses
- Weckung von Lernanreiz und Lernmotivation
- Kontrolle der Durchführung der Ausbildung (Medieneinsatz, Ausbildungsstil u.a.)
- Entscheidung über einen möglichen Arbeitseinsatz nach der Ausbildung
- Nachweis bestimmter Berechtigungen.

3.9.1.1 Leistungsfeststellung und -beurteilung

Bewerten
Beurteilen

Leistungsfeststellung (auch Bewertung genannt) und -beurteilung sind während der gesamten Ausbildung notwendig. Auf der Grundlage der jeweiligen Ergebnisse können rechtzeitig erforderliche Korrekturen im gesamten Ausbildungsprozess vorgenommen werden.
Damit sind Bewertung und Beurteilung entscheidend für den Erfolg der Berufsausbildung.

Faktoren

Grundlage jeder Bewertung und Beurteilung ist die Feststellung von folgenden Faktoren:

- Lernergebnisse bei Fertigkeiten, Kenntnissen und Fähigkeiten
- Leistungen mit besonderem Blick auf das für die Berufsausbildung geforderte selbstständige Planen, Durchführen und Kontrollieren
- Leistungs- und Lernverhalten
- Leistungs- und Lernschwächen
- Interessen
- Verhaltensweisen.

Zeitpunkte

Eine Bewertung und Beurteilung dieser Faktoren ist zu verschiedenen Zeitpunkten möglich und erforderlich, so insbesondere

- am Ende der Probezeit
- nach Beendigung eines Ausbildungsabschnittes
- am Ende der Ausbildung.

3.9.1.2 Beobachtungs- und Beurteilungskategorien

Es gibt zahlreiche Beurteilungskategorien und -merkmale.

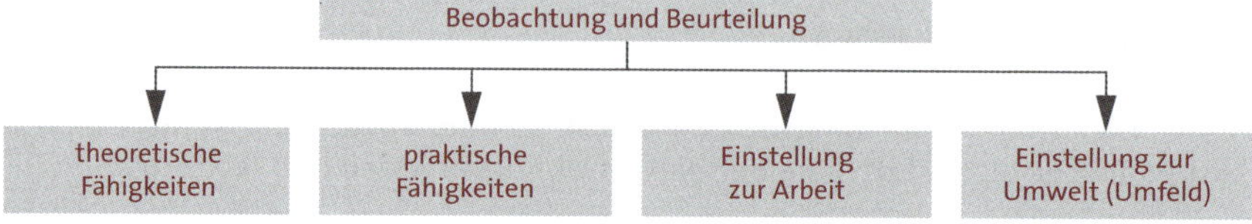

Im Einzelnen zählen zu diesen Kategorien unter anderem folgende Merkmale:

Beurteilungsmerkmale

> **Theoretische Fähigkeiten**
  - Auffassungsgabe
  - Ausdauer und Konzentration
  - Beobachtungsgabe
  - Denkfähigkeit
  - (selbstgesteuerte) Lernfähigkeit
  - Merkfähigkeit
  - Umsetzungsfähigkeit (Transfervermögen).
> **Praktische Fähigkeiten**
  - Arbeitsausführung
  - Qualität der Arbeit.
> **Einstellung zur Arbeit**
  - Arbeitstempo
  - Fleiß
  - Kreativität
  - Sorgfalt
  - Zuverlässigkeit
  - Initiative (z.B. Verbesserungsvorschläge).
> **Einstellung zur Umwelt (Umfeld)**
  - Bereitschaft zur Zusammenarbeit
  - Hilfsbereitschaft
  - Kontaktfähigkeit
  - soziales Verhalten gegenüber Vorgesetzten, Kollegen und Kunden.

3.9.1.3 Bewertungssysteme

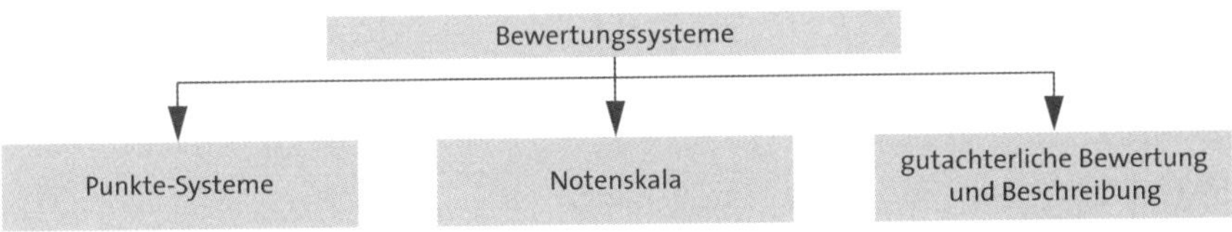

Am objektivsten ist die Bewertung, wenn eine exakte Fehler- und Punktezahlermittlung möglich ist. Dies ist zum Beispiel bei der programmierten Prüfung der Fall. Dann bietet sich das sogenannte 100-Punkte-System an, innerhalb dessen die Prüfungsleistung eingeordnet wird. Die persönlichen Erfahrungen des Ausbilders und Lehrenden gehen in die Bewertung ein, wenn beispielsweise Textaufgaben im Rahmen der üblichen Notenskala (1–6) beurteilt werden sollen. Bei der gutachterlichen Beschreibung kommt es darauf an, durch eine entsprechende Wortwahl die Beurteilung und Bewertung so abzufassen, dass sie in ihrem Sinngehalt auch von Dritten nachvollzogen werden kann.

100-Punkte-System

Notenskala

3.9.1.4 Beurteilungs- bzw. Bewertungsmaßstäbe

Jede Bewertung erfordert auch Maßstäbe, damit sie von jedermann möglichst objektiv nachvollzogen werden kann.

Vergleichsweise unproblematisch ist dies beim 100-Punkte-System möglich. In den Gesellen- und Abschlussprüfungsordnungen gilt folgender Bewertungsschlüssel:

100–92 Punkte:	sehr gut (1)	66–50 Punkte:	ausreichend (4)
91–81 Punkte:	gut (2)	49–30 Punkte:	mangelhaft (5)
80–67 Punkte:	befriedigend (3)	29–0 Punkte:	ungenügend (6)

Dabei sind auch noch Zwischenabstufungen nach Zehntel-Punkten möglich.

Sechs-Noten-System

Schwieriger gestaltet sich das Finden eines entsprechenden Maßstabes bei der freien Benotung im Rahmen des Sechs-Noten-Systems. Hier muss sich der Ausbilder entweder vor der Bewertung einen Maßstab zurechtlegen, den er konsequent einhält, beispielsweise die Zahl richtiger Lösungen mit der jeweiligen Notenzuordnung; oder aber der Maßstab wird erst nach Durchsicht der Prüfung festgelegt. Dann kann beispielsweise so verfahren werden, dass als befriedigende Leistung (= Note 3) die durchschnittliche Fehlerzahl pro Prüfungsteilnehmer zugrunde gelegt wird. An diesem Maßstab werden dann die einzelnen Prüfungsleistungen gemessen.

Normalverteilung

Bei diesen Verfahren gilt es, besonders einseitige Bewertungen zu vermeiden. In der Praxis ist man bestrebt, bei einer größeren Anzahl von zu Bewertenden bezüglich der einzelnen Noten eine sogenannte Gauß'sche Normalverteilung (benannt nach dem Mathematiker Gauß) zu erreichen. Grafisch lässt sich dies folgendermaßen darstellen:

Kurve der Normalverteilung für eine Bewertung nach Noten

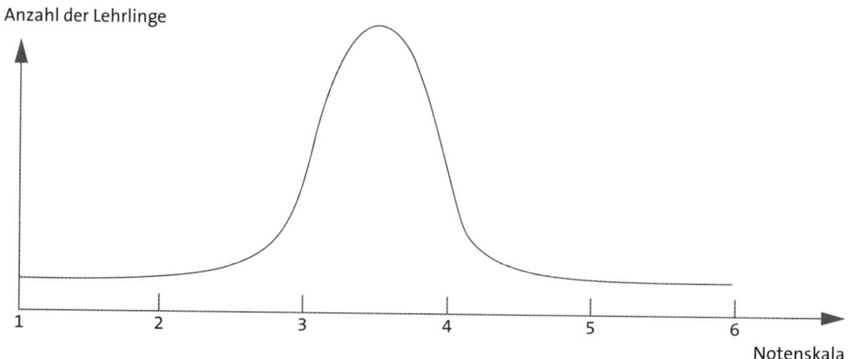

Diese Verteilung darf aber nicht als strikte Vorgabe angesehen werden. Vielmehr sind immer die Eigenheiten des Lernstoffs und der Prüflinge sowie deren Anzahl zu berücksichtigen.

3.9.2 Grundlegende Anforderungen an Erfolgskontrollen

Ausbildungserfolgskontrollen sollen in der Regel folgende Voraussetzungen erfüllen: Voraussetzungen

- Eignung als Instrument der Lernhilfe
- Gewährleistung der Transparenz (Nachvollziehbarkeit)
- Objektivität der Beurteilung, das heißt, das Ergebnis einer Kontrolle darf nicht von der Person des jeweiligen Prüfers abhängen
- Beachtung des Grundsatzes der Validität (Gültigkeit), das heißt, die angewandten Verfahren zur Kontrolle des Ausbildungserfolges müssen zuverlässig sein
- Übereinstimmung der Kontrolle mit dem Ausbildungszweck
- Verbindung der Beurteilung mit einem Beurteilungs- bzw. Lernbedarfsgespräch.

3.9.3 Durchführung innerbetrieblicher Erfolgskontrollen

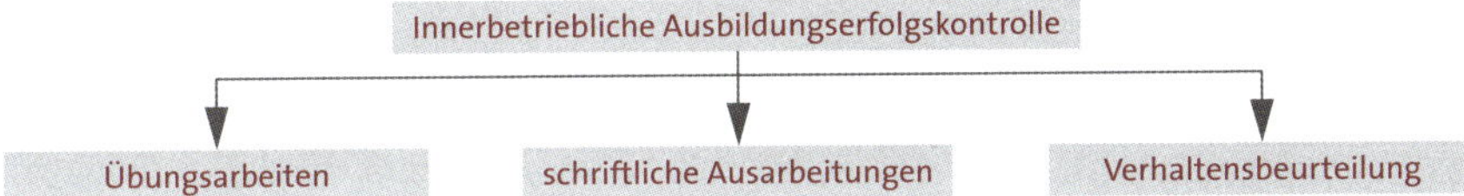

3.9.3.1 Übungsarbeiten (Arbeitsproben)

Bei Übungsarbeiten oder Arbeitsproben bzw. Arbeitsaufgaben wird der Lehrling im betrieblichen Alltag beobachtet. Es geht dabei weniger um bestimmte Einzelleistungen, sondern darum, wie der Lehrling an die gestellte Arbeit herangeht und wie er sie zu lösen versucht.

Während der Übungsarbeiten soll also das Gesamtverhalten nach Fertigkeiten, Kenntnissen und Fähigkeiten beobachtet werden. Übungsarbeiten und Arbeitsproben bzw. Arbeitsaufgaben zählen damit zu den prozessualen Lernstandskontrollen, da der gesamte Prozess (Verlauf) des Arbeitens beim Auszubildenden während der gestellten Aufgabe beobachtet wird. Arbeitsproben

3.9.3.2 Schriftliche Ausarbeitungen

Schriftliche Ausarbeitungen sind resultative Lernstandskontrollen, das heißt, es werden die Ergebnisse beurteilt, die der Lehrling erzielt.

Dazu dienen vor allem Fragen, mit deren Hilfe das bis zum Prüfungszeitpunkt erworbene Wissen kontrolliert wird. Dafür sind insbesondere drei Formen geeignet:

Formen

- Textfragen
- standardisierte oder programmierte Fragen oder Aufgaben
- fallbezogene Aufgaben.

Textfragen

Bei Textfragen und fallbezogenen Aufgaben wird zunächst der infrage stehende Sachverhalt ausführlich handlungsorientiert abgehandelt. Zu den Fragen können Leithinweise oder Leitfragen gegeben werden. Wichtig ist, dass der Lehrling die Lösungen dann in Form von Stichworten oder ausführlichen Formulierungen selbst schildern muss.

Standardisierte Fragen

Bei standardisierten oder programmierten Fragen oder Aufgaben müssen aus mehreren vorgegebenen Lösungen eine oder mehrere als richtig erkannt werden.
Auch Präsentationen, also die schriftliche Darstellung – möglichst angereichert mit Multimedia-Elementen – können zur Kontrolle des Lernstandes genutzt werden.

3.9.4 Beurteilungsbogen, Beurteilungskriterien, Lernbedarfsgespräch sowie digitale Diagnosetools zur Selbst- und Fremdeinschätzung

3.9.4.1 Leistungsbeurteilung

Im Rahmen der Leistungsbeurteilung wird überprüft, wie und welche Fertigkeiten, Kenntnisse und Fähigkeiten laut Ausbildungsplan der Lehrling zum Beurteilungszeitpunkt erreicht hat.

3.9.4.2 Verhaltensbeurteilung

Im Rahmen der Verhaltensbeurteilung beobachtet der Ausbilder unter anderem, wie der Lehrling an die gestellten Aufgaben herangeht, wie er lernt und wie er sich gegenüber Vorgesetzten und Kollegen verhält. Die Verhaltensbeurteilung enthält sowohl Elemente einer resultativen, das heißt vom Leistungsergebnis abhängigen, wie auch Elemente einer situativen, das heißt von Lage und Umfeld abhängigen, Lernstandskontrolle.

3.9.4.3 Beurteilungsbogen

Die Ergebnisse der Leistungs- und Verhaltensbeurteilung finden ihren Niederschlag im Beurteilungsbogen.

Beurteilungsbogen

Die Führung solcher Beurteilungsbögen ist jedem Ausbildenden bzw. Ausbilder dringend zu empfehlen. Denn sie sind eine wichtige Basis für eine erfolgreiche Ausbildung.

Außerdem dienen sie als Entscheidungsgrundlage für die Gestaltung der Ausbildung, sodass für jeden Lehrling der bestmögliche Erfolg erreicht werden kann. Ferner können gut geführte Beurteilungsbögen auch herangezogen werden, wenn der Ausbilder dazu Stellung nehmen soll, ob eine Lehrzeitverkürzung infrage kommt.
Werden die Beurteilungsbögen ebenso wie das Schulabschlusszeugnis und die Ergebnisse in der Berufsschule zur Personalakte genommen, so kann sich der Ausbilder bzw. Ausbildende stets ein umfassendes Bild über den Ausbildungsstand des Lehrlings verschaffen.

Hinweise

Die Erstellung eines Beurteilungsbogens ist weniger kompliziert, als viele Ausbildungsbetriebe befürchten. Es kommt dabei vor allem darauf an, dass der Beurteilungsbogen mit seinem wesentlichen Inhalt auf den einzelnen Beruf und dessen Anforderungen abgestimmt wird. Dazu orientiert man sich am besten am betrieblichen Ausbildungsplan. Dabei sollte auch auf die sogenannten Schlüsselqualifikationen eingegangen werden. Da der Berufsausbildung nach dem Berufsbildungsgesetz ferner ein persönlichkeitsbezogenes Ziel vorgegeben ist, ist es empfehlenswert, auch allgemeine Eigenschaften und dementsprechende Verhaltensweisen in den Beurteilungsbogen aufzunehmen.

Inhalt

Ein Beurteilungsbogen enthält in der Regel in der Senkrechten die Beurteilungsbereiche bzw. Beurteilungsmerkmale und in der Waagerechten die Ergebnisse der Beurteilung. Hierzu wird eine klare und nachvollziehbare Abstufung empfohlen. Sie sollte mindestens dreistufig sein, also etwa: erreicht, teilweise erreicht, nicht erreicht. Noch besser allerdings ist eine mindestens fünfstufige Bewertung. Der Ausbilder kreuzt dann entsprechend seiner Bewertung die entsprechende Stufe an.

Jeder Beurteilungsbogen kann selbstverständlich in Bezug auf die einzelnen Beurteilungsmerkmale noch tiefer und hinsichtlich der Ergebnisse nach Ausbildungsabschnitten gegliedert werden.
Wichtig ist auf jeden Fall, dass für den Beurteiler der Beurteilungsbogen verständlich, nachvollziehbar und praktikabel ist, sodass er damit umgehen kann.

Regeln

Bei der Beurteilung sollten folgende Regeln eingehalten werden:

- Beobachtungen sollten sofort schriftlich im Beurteilungsbogen festgehalten werden.
- Bei mehreren Auszubildenden sollte nach Möglichkeit das gleiche Verhalten in der gleichen Situation beobachtet werden.
- Die Aufzeichnungen sollten rein sachlich sein. Erklärungen und Bewertungen sind Gegenstand des Beurteilungsgesprächs.
- Beobachtungen des Lehrlings sollten regelmäßig erfolgen und nicht auf Einzelvorfälle beschränkt sein.

Der folgende Beurteilungsbogen, der sich am Beispiel für einen betrieblichen Ausbildungsplan (>> Abschnitt 2.1.4) orientiert, gibt beispielhaft Aufschluss über die Möglichkeiten der Beurteilung von Lehrlingen. Für die Beurteilung gilt dabei eine sechsstufige Skala, die auch mit Punktwerten versehen werden kann, also:

Punkteskala

- sehr gute Leistung (= 6 Punkte)
- gute Leistung (= 5 Punkte)
- durchschnittliche Leistung (= 4 Punkte)
- ausreichende Leistung (= 3 Punkte)
- schlechte Leistung (= 2 Punkte)
- sehr schlechte Leistung (= 1 Punkt).

Beurteilungskriterien:

Ausbildungsabschnitt: 1. Ausbildungsjahr Bewertung der einzelnen Merkmale nach Punkten, wobei das beste Urteil die Punktzahl 6 und das schlechteste die Punktzahl 1 ergibt	6	5	4	3	2	1
1. Fertigkeiten, Kenntnisse und Fähigkeiten lt. Ausbildungsplan a) Werkzeuge und Geräte auswählen, handhaben und instand halten b) Geräte, Maschinen und Anlagen einrichten und unter Verwendung der Schutz- und Absaugeinrichtungen, insbesondere unter Beachtung des Staubschutzes, bedienen c) Störungen an Geräten, Maschinen und Anlagen erkennen, Störungsbeseitigung veranlassen d) Transportgeräte bedienen e) Mess- und Prüfgeräte auswählen, handhaben und instand halten f) Arbeitshilfen, insbesondere Hubarbeitsbühnen und Steighilfen, einrichten und bedienen g) Funktionskontrolle bei Geräten, Maschinen und Anlagen durchführen und dokumentieren h) Werkzeuge, Geräte, Maschinen und Anlagen, insbesondere zur Untergrunderstellung und -vorbereitung, Reinigung, Ent- und Beschichtung, auswählen, einrichten und bedienen i) Werkzeuge, Geräte, Maschinen und Anlagen, insbesondere zur Herstellung und Gestaltung von Oberflächen, auswählen, einrichten und bedienen j) Anlagen zur Klimatisierung und Staubminimierung auswählen, einrichten und bedienen k) Werkzeuge, Geräte, Maschinen und Anlagen warten						
Summe (falls gewünscht)						
2. Eigenschaften des/der Auszubildenden >Theoretische Fähigkeiten – Auffassungsgabe – Ausdauer und Konzentration – Beobachtungsgabe – selbstständiges Denken – (selbstgesteuerte) Lernfähigkeit – Merkfähigkeit – Umsetzungsfähigkeit (Transfervermögen)						
Summe (falls gewünscht)						

Ausbildungsabschnitt: 1. Ausbildungsjahr Bewertung der einzelnen Merkmale nach Punkten, wobei das beste Urteil die Punktzahl 6 und das schlechteste die Punktzahl 1 ergibt	6	5	4	3	2	1
> Praktische Fähigkeiten – Arbeitsausführung – Qualität der Arbeit						
Summe (falls gewünscht)						
> Einstellung zur Arbeit – Arbeitstempo – Fleiß – Kreativität – Sorgfalt – Zuverlässigkeit						
Summe (falls gewünscht)						
> Soziales Verhalten – Bereitschaft zur Zusammenarbeit – Hilfsbereitschaft – Verantwortungsbewusstsein – Kontaktfähigkeit – Teamfähigkeit – Verhalten gegenüber Vorgesetzten – Verhalten gegenüber Kollegen – Verhalten gegenüber Kunden						
Summe (falls gewünscht)						
Gesamtsumme (falls gewünscht)						

3.9.4.4 Beurteilungsgespräch/Lernbedarfsgespräch

Der Beurteilungsbogen ist Basis für ein ausführliches Gespräch mit dem Lehrling, das sogenannte Beurteilungsgespräch bzw. Lernbedarfsgespräch.

Aufgaben

Das Beurteilungsgespräch hat wichtige Aufgaben bei der

- > Motivation,
- > Beratung
- > Ermittlung des zusätzlichen Lernbedarfs, um Lücken zu schließen und
- > Förderung

des Auszubildenden.

Regeln

Für ein solches Gespräch sind mehrere Regeln zu beachten:

- rechtzeitige Terminabsprache, damit alle Beteiligten sich auf das Gespräch vorbereiten können
- ausreichende inhaltliche Vorbereitung des Gesprächs
- kein Gespräch unter Zeitdruck oder etwa in schlechter Stimmung
- Schaffung einer lockeren und angenehmen Gesprächsatmosphäre.

Das Gespräch selbst sollte folgenden Aufbau haben:

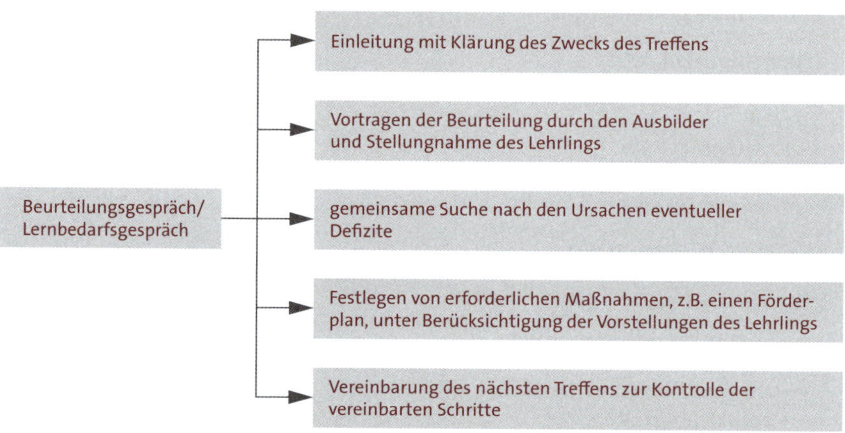

Digitale Diagnosetools

Bei einer Beurteilung des Auszubildenden geht es nicht nur um die Einschätzung durch den Ausbildenden/Ausbilder. Es sollte auch erörtert werden, wie der Lehrling sich und seinen Leistungsstand selbst sieht. Ferner können Wahrnehmungen von Kollegen und Kunden mit einfließen. Dieser Prozess kann mit digitalen Diagnosetools zur Selbst- und Fremdeinschätzung unterstützt werden. Das können beispielsweise Onlinefragebögen sein oder auch Onlinelösungen für ein so genanntes 360-Grad-Feedback. Das bedeutet, dass Leistungen und Verhaltensweisen einer Person aus unterschiedlichen Blickwinkeln – wie Vorgesetzte, Kollegen und Kunden – beurteilt werden. Dies kann anonym oder unter Nennung des Namens erfolgen.

3.9.4.5 Beurteilungsfehler

Objektive Beurteilung

> Bei jeder Beurteilung ist es wichtig, sich von gefühlsmäßigen Eindrücken weitestgehend frei zu machen und das Urteil auf
> - tatsächliche und
> - nachweisbare
>
> Einzelbeobachtungen zu gründen.

Persönliche Besonderheiten

Jede Beurteilung muss zu jedem Zeitpunkt und im konkreten Einzelfall den persönlichen Ausbildungsstand des Betroffenen berücksichtigen. Sind beispielsweise durch Abwesenheit des Lehrlings Lücken entstanden, die er nicht zu vertreten hat, so darf der Ausbilder dies nicht außer Acht lassen.
Ansonsten läuft er Gefahr, bei der Beurteilung weitreichende Fehler zu machen.

Aus der **persönlichen Situation des Ausbilders** heraus können sich vor allem folgende Faktoren fehlerhaft auf die Beurteilung auswirken:

> Interessen und Bedürfnisse (z. B. gemeinsame Hobbys)
> Gefühle und Stimmungen (z. B. Sympathie, Antipathie)
> Voreingenommenheit und Vorurteile (z. B. wegen Kleidung, Frisur u. Ä.).

Beurteilungsfehler im Rahmen der **betrieblichen Ausbildungssituation** ergeben sich aus dem Spannungsverhältnis zwischen Ausbilder, Lehrling sowie der Lern- und Prüfungssituation.
Sie können ihre Ursache in der Person des Beurteilenden haben, aber auch in unterschiedlichen Wahrnehmungen oder im zugrunde gelegten Maßstab.

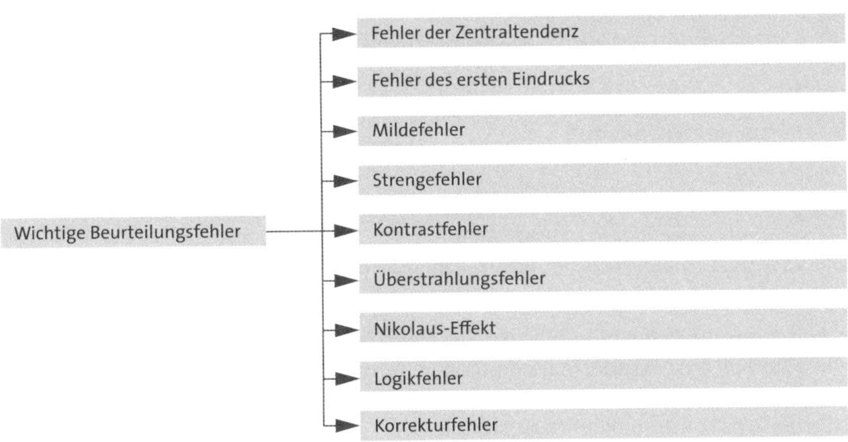

Fehler der Zentraltendenz oder der Tendenz zur Mitte: Der Ausbilder neigt dazu, alle Auszubildenden etwa gleich zu beurteilen (deshalb auch Tendenz zum Durchschnitt genannt).
Fehler des ersten Eindrucks: Der Ausbilder hält an dem Eindruck fest, den er vom Lehrling beim ersten Zusammentreffen gewonnen hat.
Mildefehler: Vor allem wenn sich der Ausbilder den Lehrlingen gegenüber zu kollegial verhält und sich zu sehr mit ihnen identifiziert oder auch sich scheut, dem Lehrling „Unangenehmes" zu sagen, besteht die Gefahr einer zu milden und wohlwollenden Einstellung sowie Beurteilung. Der Ausbilder sieht dabei auch zu sehr in seinen Ausbildungsbemühungen den eigenen Leistungserfolg.
Strengefehler: Aufgrund eines zu hohen und für die Lehrlinge kaum erreichbaren Beurteilungsmaßstabes werden diese zu streng beurteilt.
Kontrastfehler: Der Ausbilder misst die Lehrlinge an den Anforderungen, die er an sich selbst stellt, oder auch an Erfahrungen mit besonders guten Lehrlingen. Meistens ist damit die Gefahr einer zu strengen Bewertung verbunden.
Überstrahlungsfehler (auch Halo-Effekt genannt): Der einmal gewonnene, von einer besonderen Verhaltensweise bzw. Eigenschaft oder auch von Vorurteilen bestimmte Eindruck vom Lehrling ist beim Ausbilder häufig so ausgeprägt, dass er andere Eigenschaften nicht mehr wahrnimmt.
Nikolaus-Effekt: Zeitlich zuletzt gewonnene Eindrücke bestimmen beim Ausbilder das Bild über den Lehrling.

Logikfehler: Der Ausbilder begeht den Fehler, von einigen Merkmalen auf andere zu schlussfolgern, anstatt auch diese Merkmale gründlich zu beobachten.
Korrekturfehler: Der Ausbilder zieht immer wieder bisherige Beurteilungen heran, anstatt aktuelle Verbesserungen oder Verschlechterungen des Lehrlings angemessen zu berücksichtigen.

Beurteilungsgespräch

Um solche Fehler vermeiden zu helfen und aus jeder Bewertung und Beurteilung die entsprechenden Schlussfolgerungen für die weitere betriebliche Ausbildung ziehen zu können, ist jedem Ausbilder dringend zu empfehlen, die Beurteilungs- und Bewertungsergebnisse mit allen Beteiligten, also insbesondere mit dem Lehrling, dessen Eltern und den Lehrkräften der Berufsschule, zu besprechen. Notfalls können auch Berater der Handwerkskammer und der Lehrlingswart hinzugezogen werden.

Im Einzelfall kann auch eine Schulung hilfreich sein, um besser, aber auch neutraler beurteilen zu können.

3.9.5 Bewertung außerbetrieblicher Erfolgskontrollen

Die wichtigsten außerbetrieblichen Erfolgskontrollen während der Berufsausbildung sind

> Zwischenprüfungen oder Teil 1 der Gesellen- bzw. Abschlussprüfung, sofern diese in 2 zeitlich auseinanderfallenden Teilen durchgeführt wird,
und
> Lernerfolgskontrollen der Berufsschule.

Beide Arten der Erfolgskontrolle sind nicht nur für den Lehrling, sondern als eine Art Rückkopplung über die Qualität der gesamten Ausbildung auch für den Betrieb von großer Bedeutung.

3.9.5.1 Zwischenprüfung

Die Zwischenprüfung ist ein Kontrollinstrument für den jeweiligen Ausbildungsstand des Lehrlings im Rahmen der betrieblichen Ausbildung.

(>> Abschnitt 4.1.1.1)

3.9.5.2 Lernerfolgskontrollen in der Berufsschule

Schriftliche und mündliche Kontrollen

In den Berufsschulen werden zahlreiche schriftliche oder mündliche Kontrollen durchgeführt, die in das Berufsschulzeugnis eingehen und damit die Leistungen des Lehrlings in den fachtheoretischen und allgemeinbildenden Teilen widerspiegeln.

Man könnte auch sagen, dass es sich dabei um eine Art schulischen Beurteilungsbogen handelt.
Der Ausbilder sollte auch diese Beurteilungsergebnisse in sein Gesamtbild über den Lehrling und in die Gestaltung der betrieblichen Ausbildung einbeziehen.

3.9.6 Ausbildungsnachweis

Ausbildungsnachweise, die im Wesentlichen in tabellarischer Form die an einem Ausbildungstag oder in einer Ausbildungswoche ausgeübten Tätigkeiten enthalten, sind für den Ausbilder anhand der Darstellung und Beschreibung durch den Lehrling ein wichtiges Kontrollmittel, ob der Lehrling die zu vermittelnden Fertigkeiten, Kenntnisse und Fähigkeiten auch tatsächlich erfasst und verarbeitet hat. Auch der Lehrling selbst kann bei einer gewissenhaften Führung der Ausbildungsnachweise kontrollieren, ob er alles verstanden hat, und gegebenenfalls den Ausbilder nochmals um Erklärung bitten (>> Abschnitt 2.5.2.3).

Handlungsorientierte, fallbezogene Aufgaben

1. Sie haben in Ihrem Betrieb zwei Lehrlinge, über deren Ausbildungserfolg Sie während der gesamten Ausbildung mehrfach Kontrollen durchführen.

   Aufgabe:

   a) Stellen Sie dar, welche Ausbildungserfolgskontrollen im vorliegenden Fall vorgeschrieben sind!

   b) Beschreiben Sie die wesentlichen Funktionen von Ausbildungserfolgskontrollen!

   >> Seiten 323 bis 324 |

2. Sie möchten als Ausbilder die Bewertung der Leistungen Ihres Lehrlings so darstellen, dass sie auch von einem Dritten möglichst objektiv nachvollzogen werden kann.

   Aufgabe: Schildern Sie ein Bewertungsverfahren, anhand dessen Ihnen dies möglich ist!

   >> Seite 325 |

3. Sie bilden in Ihrem Betrieb einen Lehrling aus. Im Rahmen Ihrer innerbetrieblichen Ausbildungserfolgskontrollen haben Sie eine Beurteilung Ihres Lehrlings vorgenommen. Danach führen Sie mit diesem ein Beurteilungsgespräch zur Erörterung der Ergebnisse Ihrer Bewertung und Beurteilung.

   Aufgabe:

   a) Stellen Sie dar, welche Regeln Sie beachten, um ein erfolgreiches Beurteilungsgespräch zu führen!

   b) Beschreiben Sie den Aufbau Ihres Beurteilungsgesprächs!

   >> Seite 332 |

4. Wenn ein Ausbilder den Fehler begeht, von einigen Merkmalen auf andere zu schlussfolgern, anstatt auch diese Merkmale gründlich zu beobachten, so spricht man von

- [ ] a Fehler der Zentraltendenz.
- [ ] b Mildefehler.
- [ ] c Strengefehler.
- [ ] d Korrekturfehler.
- [ ] e Logikfehler.

>> Seite 333 |

3.10 Lernsituation: Interkulturelle Kompetenzen im Betrieb fördern

Kompetenzen:

- Anderen Kulturkreisen offen begegnen, kulturell bedingte Unterschiede positiv aufgreifen und reflektieren (interkulturelles Lernen).
- Wertschätzung anderer unter Berücksichtigung gesellschaftlicher Vielfalt vermitteln.
- Auszubildende unterstützen, interkulturelle Kompetenzen zu entwickeln.

3.10.1 Grundlegende kulturelle Unterschiede: ethnische Herkunft und Nationalität, Religion und Weltanschauung als Dimensionen von Vielfalt in der Arbeitswelt

Migrationshintergrund

Die Ausbildungsbeteiligung von Jugendlichen ohne und von solchen mit Migrationshintergrund sowie ausländischen Jugendlichen unterscheidet sich nach wie vor erheblich.

Entsprechend der Definition der amtlichen Statistik hat eine Person dann einen Migrationshintergrund, wenn sie selbst oder mindestens ein Elternteil nicht mit deutscher Staatsangehörigkeit geboren wurde. Im Einzelnen umfasst diese Definition zugewanderte und nicht zugewanderte Ausländerinnen und Ausländer, zugewanderte und nicht zugewanderte Eingebürgerte, Spätaussiedlerinnen und Spätaussiedler, Personen, die die deutsche Staatsangehörigkeit durch Adoption durch einen deutschen Elternteil erhalten haben, sowie die als Deutsche geborenen Kinder dieser Gruppen. Unter den 15- bis 25-Jährigen haben mehr als ein Drittel Migrationshintergrund. Ihre Quote unter den Auszubildenden dürfte noch höher sein. Der Anteil ausländischer Jugendlicher an den Auszubildenden im Handwerk beträgt gegenwärtig knapp 15 Prozent. Die Mehrzahl davon kommt aus Fluchtnationen, EU-Staaten und der Türkei.

Die unterdurchschnittliche Ausbildungsbeteiligung der genannten Gruppen liegt zum Teil an Vorbehalten einiger Betriebe gegen die Ausbildung von Ausländern und Migranten. Ein wichtiger Grund ist aber auch, dass vielen Jugendlichen aus anderen Kulturkreisen oftmals Kenntnisse über das duale System der Berufsausbildung in Deutschland fehlen und dass die Wertschätzung für Handwerksberufe in anderen Ländern vielfach fehlt und deren soziale Stellung als niedrig eingestuft wird. Außerdem brechen ausländische Jugendliche und solche mit Migrationshintergrund deutlich häufiger ihre Ausbildung ab. Gerade in Zeiten des Fachkräftemangels muss dem sowohl politisch und gesellschaftlich wie auch auf Unternehmensebene gegengesteuert werden. Neben Förder- und Unterstützungsmaßnahmen kommt es dabei in vielen Fällen auch auf Verhaltensweisen und Einstellungen an.

Hierzu können bereits die Schulen einen wichtigen Beitrag leisten in Verbindung mit Maßnahmen der Berufsorientierung und von Betriebspraktika.

Besonderheiten

Bei der Ausbildung ausländischer Jugendlicher und von Jugendlichen mit Migrations- oder Fluchthintergrund sind mehrere Besonderheiten zu beachten:

> Ethnische Herkunft und Nationalität aus teilweisen anderen Kulturkreisen, die besondere Bräuche und evtl. ein anderes Zusammengehörigkeitsgefühl entwickelt haben
> religiöse Einstellungen mit Auswirkungen auf das Ernährungsverhalten; so essen z.B. Muslime kein Schweinefleisch und in vielen arabischen Ländern ist der Alkoholkonsum verboten
> landesspezifische Gegebenheiten; dies gilt beispielsweise für Arten der Begrüßung mit oder ohne Handschlag sowie für das Verhalten beim Essen
> andere Wertvorstellungen und Rollenzuweisungen; dies gilt insbesondere für das Verhalten zu Mann und Frau
> unterschiedliche Arten der Kommunikation; dies betrifft sowohl die non-verbale (in manchen Ländern ist es unüblich, sich bei einer Unterhaltung in die Augen zu schauen; gleichfalls gibt es unterschiedliche Abstände der Gesprächsteilnehmer) wie auch die verbale Kommunikation (in manchen Ländern ist es unüblich, Themen wie Religion und Politik bei einer Unterhaltung anzusprechen). Auch beim Feedback muss beachtet werden, dass man nicht überall den gleichen Umgang mit Kritik pflegt
> unterschiedliches Verständnis für Zeit und Pünktlichkeit und damit auch für Termintreue und Zeitvorgaben.

Diese Faktoren dürften teilweise dann nicht mehr so stark zum Tragen kommen, wenn es sich um ausländische Jugendliche handelt, die selbst oder bei denen sogar schon die Eltern in Deutschland geboren wurden.
Dem Ausbildenden/Ausbilder ist zu empfehlen, sich rechtzeitig mit diesen „kulturellen Fragen" auseinanderzusetzen, z.B. im Rahmen eines interkulturellen Trainings.

3.10.2 Interkulturelle Kompetenzen: Toleranz, konstruktive Zusammenarbeit, Einfühlungsvermögen, respektvoller Umgang, Sachlichkeit

Integration

Mit der Ausbildung von Jugendlichen mit Migrationshintergrund leistet das Handwerk einen wichtigen Beitrag zu deren sozialer, wirtschaftlicher und politischer Integration. Es muss ein besonderes Anliegen sein, das Potenzial von ausländischen Jugendlichen, Aussiedlern und aktuell von berufsschulpflichtigen Asylbewerbern und Menschen mit Fluchthintergrund für eine Ausbildung im Handwerk noch deutlicher auszuschöpfen.
Eine Voraussetzung dafür, dass dies gelingt, ist die interkulturelle Kompetenz.

> Darunter versteht man, mit der Vielfalt der Menschen angemessen umzugehen. Das bedeutet, ihre Werte, Normen, Einstellungen, Glaubensrichtungen sowie Verhaltens- und Lebensweisen – also ihre Kultur – zu akzeptieren und zu respektieren.

Klischee-vorstellungen

Dies darf aber keine Einbahnstraße sein, sondern das gilt für Zugewanderte und Einheimische gleichermaßen. Zu warnen ist dabei eindrücklich vor Klischeevorstellungen und Vorurteilen gegenüber bestimmten Bevölkerungsgruppen. Sie behindern die Wahrnehmung wie auch die Handlungsweisen.

Interkulturelle Kompetenz

Interkulturelle Kompetenz im Rahmen der Ausbildung und innerhalb einer Gesellschaft drückt sich insbesondere in folgenden Eigenschaften aus:

> Sensibilität, Einfühlungsvermögen und Offenheit für die kulturellen Unterschiede der Menschen, d.h. sie wahrzunehmen und anzunehmen. Ein gutes Einfühlungsvermögen ermöglicht es, andere Menschen besser zu verstehen und ihre Handlungsweisen nachvollziehen zu können.
> Toleranz, d.h. das (allerdings nicht kritiklose) Hinnehmen der Meinung und der Einstellungen anderer sowie Verständnis für andere Standpunkte und Ansichten, auch wenn sie von den eigenen abweichen.
> sachliche Zusammenarbeit, d.h. im Betrieb und am Ausbildungs- bzw. Arbeitsplatz sollten sich alle sachlich um die gemeinsame Erledigung des jeweiligen Auftrages kümmern. Kulturelle Unterschiede sollten dabei dann keine Rolle spielen.
> respektvoller Umgang (>> Abschnitt 3.7.6).
> Sachlichkeit, d. h. Unvoreingenommenheit – also keine negativen Emotionen und Vorurteile – im persönlichen Umgang und Konzentration auf die Aufgabe und den Auftrag.
> Flexibilität, d.h. Bereitschaft und Fähigkeit, sich an wechselnde kulturelle Umgebungen anzupassen.

Zur Schulung der interkulturellen Kompetenz bieten viele Bildungseinrichtungen – auch des Handwerks – Kurse und Trainings an.

Für ausländische Auszubildende sowie solche mit Migrations- und Fluchthintergrund gibt es auch vielfältige Förder- und Hilfsangebote, um sich in der neuen Umgebung zurechtzufinden. So unter anderem:

> die assistierte Ausbildung (>> Abschnitt 3.5.2)
> Stützkurse, insbesondere in Deutsch und Rechnen bei den Berufsschulen und Bildungszentren des Handwerks
> Maßnahmen und Unterstützungen der Bundesagentur für Arbeit – wie z.B. die Einstiegsqualifizierung – sowie zahlreicher Netzwerke zur Integration in Ausbildung.

Vor der Bildung von Gruppen nur mit ausländischen Auszubildenden innerhalb eines Ausbildungsbetriebs muss allerdings gewarnt werden, da dies für das Betriebsklima und auch für die Integration nicht zweckdienlich wäre.

Handlungsorientierte, fallbezogene Aufgaben

1. Sie möchten für das anstehende Ausbildungsjahr in Ihrem Betrieb einen Lehrling einstellen. Unter den Bewerbern sind auch Jugendliche mit Migrationshintergrund. Ehe Sie die Bewerber zum Vorstellungsgespräch einladen, setzen Sie sich intensiver damit auseinander, welche Anforderungen auf Sie zukommen könnten, wenn Sie sich für einen Jugendlichen mit Migrationshintergrund entscheiden.

   Aufgabe:

   a) Beschreiben Sie, welche Besonderheiten bei der Ausbildung dieses Personenkreises zu beachten sind!

   b) Welche spezifischen Förderansätze für diese Jugendlichen stehen Ihnen zur Verfügung?

   >> Seiten 338 bis 339 |

2. Wenn Sie ausländische Auszubildende im Betrieb haben, dann empfiehlt es sich,

- [ ] a diese in einer eigenen Gruppe zusammenzufassen.
- [ ] b die Ausbildung dieser Gruppe für das erste Lehrjahr in eine externe Einrichtung auszulagern, wo ausländische Auszubildende aus Handwerksbetrieben gemeinsam unterwiesen werden können.
- [ ] c diese nicht in einer eigenen Gruppe zusammenzufassen, sondern gemeinsam mit allen Lehrlingen des gleichen Ausbildungsjahres im Betrieb auszubilden.
- [ ] d die gesamte Ausbildung in der Muttersprache der Auszubildenden durchzuführen.
- [ ] e die Ausbildung generell nur mit den von der Ausländerbehörde benannten Ausbildern durchzuführen.

>> Seite 339 |

4 Handlungsfeld: Ausbildung abschließen

4.1 Lernsituation: Auszubildende auf die Abschluss- oder Gesellenprüfung unter Berücksichtigung der Prüfungstermine vorbereiten und die Ausbildung zu einem erfolgreichen Abschluss führen

Kompetenzen:

> Aus der Ausbildungsordnung die wesentlichen Anforderungen der Zwischen- und Abschluss-/Gesellenprüfung herausstellen sowie die Besonderheiten einer Prüfungssituation vermitteln.
> Bedeutung und Ablauf der gestreckten Abschluss-/Gesellenprüfung beschreiben.
> Geeignete Hilfen zur Prüfungsvorbereitung und zur Vermeidung von Prüfungsversagen aufzeigen sowie Bereitstellung erforderlicher Prüfungsmittel begründen.

Vorbemerkung:

Am Ende der Ausbildung in handwerklichen Berufen steht die Gesellenprüfung. In den folgenden Ausführungen wird vor allem dieser Begriff verwendet. Die Aussagen treffen aber weitgehend ebenfalls auf die Abschlussprüfung bei nicht-handwerklichen Berufen zu, auch wenn es im Detail vereinzelt Unterschiede zwischen Gesellen- und Abschlussprüfung gibt. So entscheidet beispielsweise bei Gesellenprüfungen der Vorsitzende im Falle einer positiven Entscheidung über die Zulassung zur Prüfung, bei Abschlussprüfungen die Kammer. Gesellenprüfungen können auf Innungen delegiert werden, Abschlussprüfungen nicht, sie bleiben immer Kammerprüfungen. Darauf wird im Text jeweils noch speziell eingegangen.

4.1.1 Prüfungsanforderungen und Prüfungsablauf

4.1.1.1 Rechtsgrundlagen für die Zwischenprüfung

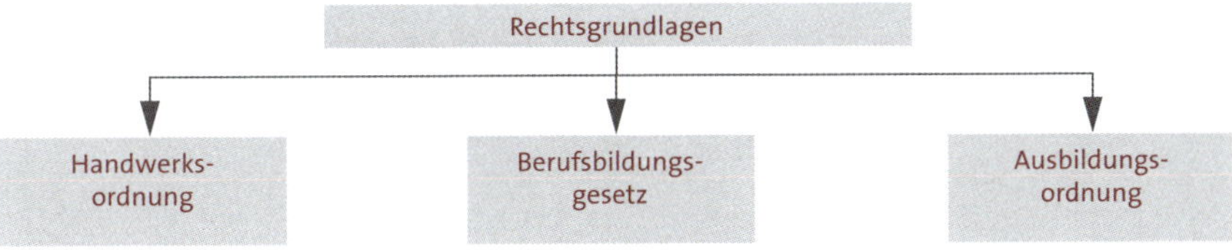

Ziel der Zwischenprüfung

Zwischenprüfung

Während der Berufsausbildung ist zur Ermittlung des Ausbildungsstandes eine Zwischenprüfung entsprechend der Ausbildungsordnung durchzuführen. Die Ablegung der vorgeschriebenen Zwischenprüfung ist Voraussetzung für die Zulassung zur Gesellenprüfung. In der Ausbildungsordnung kann geregelt sein, dass statt der Zwischenprüfung das gestreckte Prüfungsverfahren zum Einsatz kommt (siehe hierzu >> Abschnitt 4.1.2).

Zwischenprüfungsausschuss

Der Zwischenprüfungsausschuss wird bei der Handwerkskammer oder bei der Innung errichtet.

Zusammensetzung

Mindestzusammensetzung des Zwischenprüfungsausschusses für zulassungspflichtige Handwerke:

- 1 Arbeitgeber oder Betriebsleiter
- 1 Arbeitnehmer
- 1 Lehrkraft einer berufsbildenden Schule.

Die Arbeitgeber müssen in dem zulassungspflichtigen Handwerk, für das der Prüfungsausschuss errichtet ist, die Meisterprüfung abgelegt haben oder zum Ausbilden berechtigt sein. Die Arbeitnehmer müssen die Gesellenprüfung in dem zulassungspflichtigen Handwerk, für das der Prüfungsausschuss errichtet ist, oder eine entsprechende Abschlussprüfung in einem anerkannten Ausbildungsberuf nach § 4 des Berufsbildungsgesetzes bestanden haben und in diesem Handwerk tätig sein.

Mindestzusammensetzung des Zwischenprüfungsausschusses für zulassungsfreie Handwerke oder handwerksähnliche Gewerbe:

- 1 Beauftragter der Arbeitgeber
- 1 Beauftragter der Arbeitnehmer
- 1 Lehrkraft an einer berufsbildenden Schule.

Die Beauftragten der Arbeitgeber und Arbeitnehmer müssen in dem zulassungsfreien Handwerk oder in dem handwerksähnlichen Gewerbe, für das der Prüfungsausschuss errichtet ist, die Gesellenprüfung oder eine entsprechende Abschlussprüfung in einem anerkannten Ausbildungsberuf nach § 4 des Berufsbildungsgesetzes bestanden haben und in diesem Handwerk oder in diesem Gewerbe tätig sein.

Vorsitzender

Der Prüfungsausschuss wählt aus seiner Mitte einen Vorsitzenden und einen Stellvertreter.

Die Regelungen zur Gesellen- bzw. Abschlussprüfung, z. B. zur Prüferdelegation, gelten entsprechend.

Prüfungsgegenstand

Die Zwischenprüfung erstreckt sich auf die beruflichen Fertigkeiten, Kenntnisse und Fähigkeiten (berufliche Handlungsfähigkeit) sowie auf den im Berufsschulunterricht entsprechend den Rahmenlehrplänen zu vermittelnden Lehrstoff, soweit dieser für die Berufsausbildung wesentlich ist. Die näheren Einzelregelungen ergeben sich aus der jeweiligen Ausbildungsordnung.

Prüfungsgebühr

Für die Abnahme der Zwischenprüfungen können Gebühren erhoben werden. Die Höhe der Gebühr richtet sich nach der Gebührenordnung der Handwerkskammer oder nach der Beschlussfassung durch die Innungsversammlung, die durch die Handwerkskammer zu genehmigen ist.

Gebührenschuldner ist der Ausbildende. Der Lehrling darf nicht mit den Kosten der Zwischenprüfung belastet werden.

Gebühren-schuldner

Dem Ausbildenden werden auf dessen Verlangen die Ergebnisse der Zwischenprüfung der Lehrlinge übermittelt.

4.1.1.2 Rechtsgrundlagen für die Gesellenprüfung

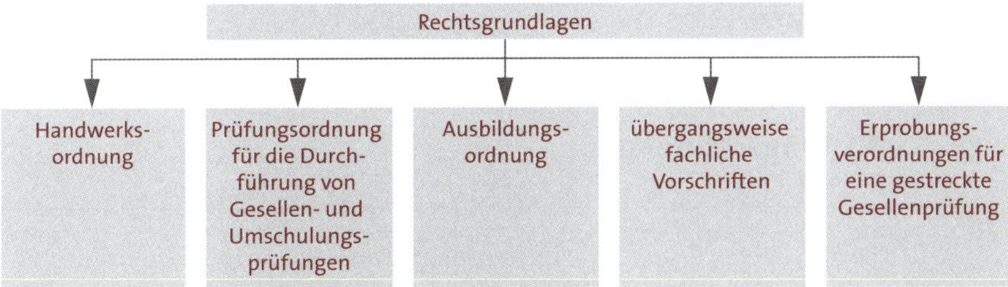

Jede ordnungsgemäße Berufsausbildung sollte ihren Abschluss durch die Gesellenprüfung bzw. Abschlussprüfung finden. Gesellenprüfungen werden in anerkannten Ausbildungsberufen der Gewerbe der Anlagen A und B der Handwerksordnung durchgeführt. Für anerkannte nicht handwerkliche Berufe gibt es die Abschlussprüfung nach dem Berufsbildungsgesetz.
Ein Zwang zur Ablegung der Gesellen- bzw. Abschlussprüfung besteht nicht. Die Ablegung der Gesellen- bzw. Abschlussprüfung ist aber unbedingt zu empfehlen, weil deren Nachweis bei Stellenbewerbungen von ausschlaggebender Bedeutung ist. Die Gesellenprüfung oder Abschlussprüfung ist außerdem eine wichtige Voraussetzung für die Zulassung zur Meisterprüfung und für die Ausbildungsberechtigung in zulassungsfreien Handwerken und handwerksähnlichen Gewerben.

Prüfungsgegenstand

Berufliche Handlungsfähigkeit

Durch die Gesellenprüfung ist festzustellen, ob der Prüfling die berufliche Handlungsfähigkeit im Sinne des Berufsbildungsgesetzes erworben hat. In der Gesellenprüfung soll der Prüfling nachweisen, dass er

- die erforderlichen beruflichen Fertigkeiten beherrscht,
- die notwendigen beruflichen Kenntnisse und Fähigkeiten besitzt,
- mit dem im Berufsschulunterricht zu vermittelnden, für die Berufsausbildung wesentlichen Lehrstoff vertraut ist.

Die Ausbildungsordnung des jeweiligen Ausbildungsberufes ist zugrunde zu legen.

4.1.1.3 Rechtsgrundlagen für die Abschlussprüfung

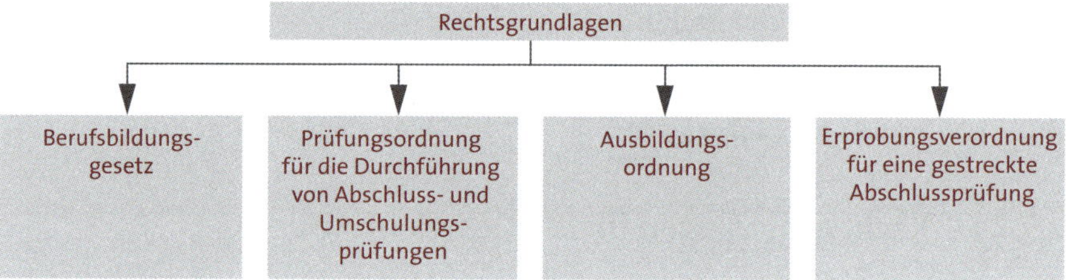

Prüfungsgegenstand

>> Hier gilt das unter 4.1.1.2 Dargestellte entsprechend.

4.1.1.4 Prüfungsordnungen

Für die Gesellenprüfung gilt die Prüfungsordnung für die Durchführung von Gesellen- und Umschulungsprüfungen, für die Abschlussprüfung die Prüfungsordnung für die Durchführung von Abschluss- und Umschulungsprüfungen.

Regelungsbereiche

Die Prüfungsordnungen werden von der Handwerkskammer erlassen und können bei dieser beschafft werden. Sie regeln im Wesentlichen folgende Bereiche:

- Prüfungsausschüsse
- Vorbereitung der Prüfung
- Durchführung der Prüfung
- Prüfungszulassung
- Bewertung, Feststellung und Beurkundung des Prüfungsergebnisses
- Wiederholungsprüfung
- Rechtsbehelfsbelehrung, Prüfungsunterlagen, Prüfungen von Zusatzqualifikationen.

Jeder Ausbildungsbetrieb muss sich die Prüfungsordnungen und die Ausbildungsordnungen für den jeweiligen Ausbildungsberuf, in dem ausgebildet wird, beschaffen.

4.1.1.5 Prüfungsanforderungen, Prüfungsaufbau, Prüfungsinhalte, Prüfungsfächer

Prüfungsanforderungen

Die näheren Einzelheiten der Prüfungsanforderungen und des Prüfungsverfahrens richten sich nach der Handwerksordnung, der Prüfungsordnung für die Durchführung von Gesellen- und Umschulungsprüfungen und der Prüfungsordnung für die Durchführung von Abschluss- und Umschulungsprüfungen der zuständigen Handwerkskammer sowie nach der Ausbildungsordnung des jeweiligen Ausbildungsberufs.

Prüfungsaufbau, Prüfungsfächer, Qualifikationsnachweise nach Handlungsfeldern

Die Gliederung der Prüfung richtet sich nach der Ausbildungsordnung. Die für die Ausbildungsberufe des Handwerks geltenden Ausbildungsordnungen haben derzeit keinen einheitlichen Prüfungsaufbau.

In manchen Handwerksberufen sehen die Prüfungsvorschriften für die Gesellenprüfung noch folgenden Prüfungsaufbau vor:

Aufbau der Gesellenprüfung

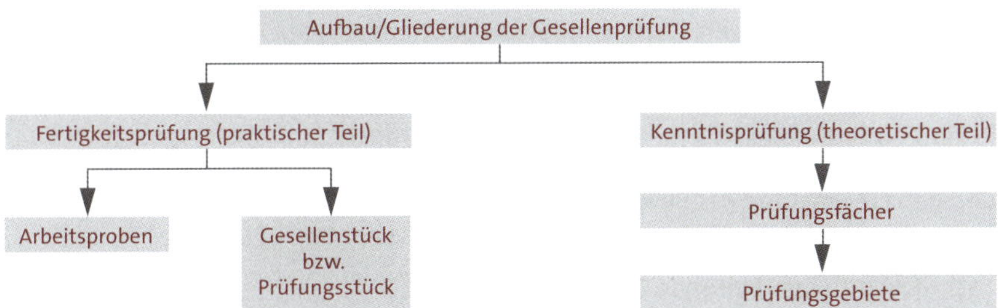

Sowohl der praktische Teil (Fertigkeitsprüfung) als auch der theoretische Teil (Kenntnisprüfung) können gemäß der jeweiligen Ausbildungsordnung aus einzelnen, in sich abgeschlossenen Prüfungsleistungen bestehen. Der theoretische Teil ist schriftlich durchzuführen. Der theoretische Teil ist durch eine mündliche Prüfung zu ergänzen, sofern die Ausbildungsordnung dies vorschreibt.

Handlungsfelder

Handlungskompetenz

> Die Ausbildungsordnung kann abweichend von der obigen Darstellung auch eine Prüfungsgliederung nach Qualifikationsnachweisen in Handlungsfeldern regeln, um die berufliche Handlungskompetenz der Prüfungsteilnehmer im Sinne von selbstständigem Planen, Durchführen und Kontrollieren zu erfassen.

Die neueren Ausbildungsordnungen gehen zum überwiegenden Teil von nachstehender Grundstruktur für den Aufbau und die Gliederung der Gesellenprüfung/ Abschlussprüfung aus:

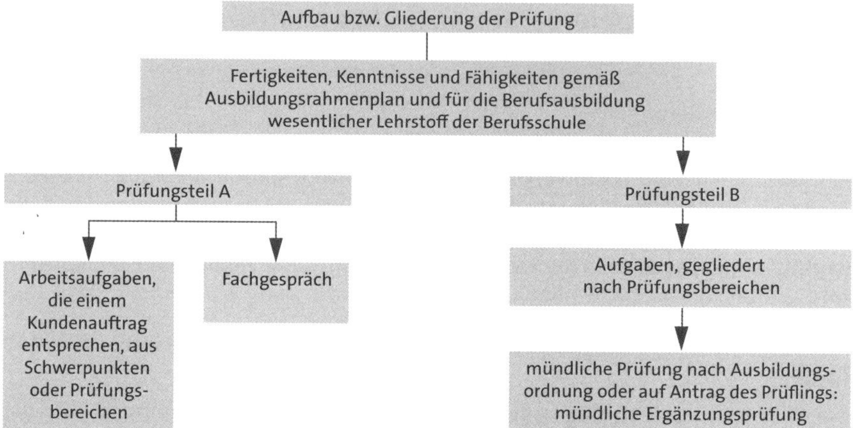

Einzelne Ausbildungsordnungen gliedern nicht nach den zwei oben dargestellten Prüfungsteilen A und B, sondern nur nach Prüfungsbereichen.
Der Hauptausschuss des Bundesinstituts für Berufsbildung hat zur Vereinheitlichung von Prüfungsanforderungen in Ausbildungsordnungen am 12.12.2013 eine Empfehlung beschlossen. Diese Empfehlung bezieht sich auf die Regelung von Prüfungsanforderungen für Zwischenprüfungen, für Abschlussprüfungen und gestreckte Abschlussprüfungen. Sie ist Grundlage für die Arbeit in Ordnungsverfahren.
In der Empfehlung werden die möglichen Prüfungsinstrumente festgelegt und näher erläutert. Der Begriff Prüfungsinstrument beschreibt das Vorgehen des Prüfens und den Gegenstand der Bewertung.
Folgender Katalog an Prüfungsinstrumenten steht zur Verfügung:

> schriftlich zu bearbeitende Aufgaben
> fallbezogenes Fachgespräch
> auftragsbezogenes Fachgespräch
> situatives Fachgespräch
> Gesprächssimulation
> Präsentation
> Dokumentieren mit praxisbezogenen Unterlagen
> Prüfungsprodukt/Prüfungsstück
> Arbeitsprobe
> Arbeitsaufgabe
> betrieblicher Auftrag.

Für Ausbildungsordnungen ab dem Jahr 2015 hat der Hauptausschuss des Bundesinstituts für Berufsbildung am 26.06.2014 (geändert am 21.06.2016) eine Empfehlung herausgegeben. Demnach sollen Kompetenzorientierung und das Kompetenzverständnis des Deutschen Qualifikationsrahmens (DQR) verstärkt Eingang in Ausbildungsordnungen finden. Dies ist möglich, da die Handlungskompetenz des DQR der beruflichen Handlungskompetenz im Sinne des Berufsbildungsgesetzes bzw. der Handwerksordnung entspricht.

Werden während der Berufsausbildung zusätzliche, über das Ausbildungsberufsbild des Ausbildungsberufs hinausgehende Fertigkeiten, Kenntnisse und Fähigkeiten (Zusatzqualifikationen) vermittelt, müssen diese als Zusatzqualifikationen gesondert geprüft und bescheinigt werden.

Prüfung von Zusatzqualifikationen

Die Prüfung dieser Zusatzqualifikationen kann organisatorisch gesehen im Zusammenhang mit der Gesellenprüfung von diesem Prüfungsausschuss durchgeführt werden. Es gilt auch hierfür die Prüfungsordnung für Gesellen- und Abschlussprüfungen.

Der Aufbau der Abschlussprüfung gliedert sich grundsätzlich wie die Gesellenprüfung, soweit die Ausbildungsordnung nichts anderes bestimmt.

Aufbau der Abschlussprüfung

Prüfungsergebnis

Der Prüfungsausschuss fasst die Beschlüsse über

- die Noten der einzelnen Prüfungsleistungen, die er selbst abgenommen hat,
- die Noten zur Bewertung der Prüfung insgesamt,
- das Bestehen oder Nichtbestehen der Prüfung.

Beschluss

Im Rahmen der Prüfungsdurchführung gibt es folgende ergänzende Möglichkeiten:

- Die zuständige Stelle kann im Einvernehmen mit den Mitgliedern des Prüfungsausschusses selbstständig bewertbare Prüfungsbestandteile zur abschließenden Abnahme und Bewertung auf sogenannte Prüferdelegationen übertragen. Mitglieder dieser Prüferdelegationen können Mitglieder des Prüfungsausschusses sein, aber auch deren Stellvertreter sowie weitere Prüfende. Der Aufbau der Prüferdelegationen folgt dem Prinzip der Prüfungsausschüsse, also z. B. Arbeitgeber (bzw. Beauftragter), Arbeitnehmer (bzw. Beauftragter) und Lehrkraft.
- „Nicht flüchtige Prüfungsleistungen", also Prüfungsleistungen, die auch ohne Anwesenheit des Prüfers bei der Erbringung bewertet werden können, dürfen auch durch zwei Prüfende des Prüfungsausschusses oder der Prüferdelegation abgenommen werden. Dies betrifft insbesondere schriftliche Prüfungsleistungen, aber auch praktische Prüfungsleistungen, soweit diese keine „flüchtigen" Anteile aufweisen.
- Die Prüfungsausschüsse oder die Prüferdelegationen können zur Bewertung einzelner, nicht mündlich zu erbringender Prüfungsleistungen gutachterliche Stellungnahmen Dritter, insbesondere berufsbildender Schulen, einholen. Dabei ist eine umfassende Dokumentation erforderlich. Anders als bei den Prüferdelegationen ist der Prüfungsausschuss an die Ergebnisse nicht gebunden und bleibt für die Bewertung verantwortlich.

Prüferdelegationen

Nicht flüchtige Prüfungsleistungen

Gutachterliche Stellungnahmen

4.1.2 Gestreckte Abschluss-/Gesellenprüfung

Gestreckte Gesellenprüfung

In der Ausbildungsordnung kann geregelt werden, dass die Gesellenprüfung in zwei zeitlich auseinanderfallenden Teilen durchgeführt wird (gestreckte Gesellenprüfung). Der erste Teil ersetzt in diesem Fall die Zwischenprüfung. Das Ergebnis des ersten Teils der Prüfung fließt in das Gesamtergebnis der Gesellenprüfung ein. Der Zeitpunkt des ersten Teils der Prüfung wird in der Ausbildungsordnung festgelegt. Der zweite Teil wird stets am Ende der Ausbildung durchgeführt.

Durch die zeitliche Streckung werden die beiden Prüfungsteile aber nicht verselbstständigt. Beide Prüfungsteile können nicht einzeln angefochten werden.
Ein Widerspruch gegen die gestreckte Gesellen- oder Abschlussprüfung ist erst nach Erhalt des Bescheides über das Bestehen oder Nichtbestehen der **gesamten** Prüfung möglich.

4.1.3 Spezifische Hilfen und Techniken zur Prüfungsvorbereitung

Prüfungsähnliche Bedingungen

Grundsätzlich sollte sich die Prüfungsvorbereitung mit Übungsaufgaben darauf konzentrieren, dass sich Lehrlinge möglichst mit prüfungsorientierten Inhalten befassen und Aufgaben unter prüfungsähnlichen Bedingungen bearbeiten.
Alle Übungsprüfungsaufgaben haben sich am Profil der Prüfungsanforderungen und am Inhalt der Prüfung nach der Ausbildungsordnung des jeweiligen Berufes zu orientieren.
Sofern Lehrlinge im 3. Ausbildungsjahr an überbetrieblichen Kursen teilnehmen, kann damit auch eine übende Prüfungsvorbereitung erreicht werden, sofern der Ausbildungsplan des Lehrgangs zumindest teilweise darauf ausgerichtet ist.

Vorbereitungskurse

In manchen Ausbildungsberufen (z. B. Kaufmann/-frau für Büromanagement) werden auch besondere Lehrgänge zur Vorbereitung auf die Gesellen- bzw. Abschlussprüfung angeboten.

4.1.4 Vermeidung/Abbau von Prüfungsangst

Eine gewisse Aufregung vor einer Prüfung ist nicht ungewöhnlich und kann zu einer Erhöhung des Leistungsniveaus führen. Allerdings können Auszubildende auch regelrecht Angst vor einer Prüfung entwickeln, was eine erfolgreiche Teilnahme an der Prüfung verhindert.

Während der Ausbildung

Die Grundlagen zur Bewältigung von Prüfungsängsten müssen bereits während der Ausbildung gelegt werden, nämlich durch die Vermittlung der notwendigen fachlichen, persönlichen und sozialen Kompetenzen. Der Ausbilder ist gefordert, die Beziehung zu seinem Auszubildenden pädagogisch professionell zu gestalten. Hierzu gehört beispielsweise die Schaffung einer positiven Lernatmosphäre, bei der gezielt auf die Vermittlung von Lernerfolgen geachtet wird. Dies gelingt dem Ausbilder, indem er Hilfestellungen gibt und Fehler als Impulse, es zukünftig besser zu machen, ansieht.

Vor der Prüfung

Vor der Prüfung kann der Ausbilder anhand früherer Aufgaben die Prüfungssituation simulieren und mit dieser Strategie der Gegen-Konditionierung dem Auszubildenden dabei helfen, mit seiner Prüfungsangst umzugehen. Dies kann zum Abbau von Prüfungsängsten beitragen.
Allerdings sollte sich der Ausbilder auf seine berufspädagogischen Kompetenzen konzentrieren und nicht etwa versuchen, therapeutisch zu wirken. Wenn es dem Ausbilder nicht gelingt, dem Auszubildenden hinreichend zu helfen, sollte externe Unterstützung herangezogen werden.

Handlungsorientierte, fallbezogene Aufgaben

1. Sie beschäftigen als Ausbildende mehrere Lehrlinge. Zwei Lehrlinge erhalten eine Einladung zur Zwischenprüfung. Diese bitten Sie als Ausbildende um Erläuterung der Rechtsgrundlagen und des Zieles der Zwischenprüfung sowie um die Information, wer die Gebühr für die Zwischenprüfung zu zahlen hat!

   Aufgabe: Geben Sie den beiden Lehrlingen die gewünschten Informationen!

   1.1 Erläutern Sie den beiden Lehrlingen die Rechtsgrundlagen!

   1.2 Stellen Sie den beiden Lehrlingen das Ziel der Zwischenprüfung dar! Welche Aussage ist richtig? Ziel der Zwischenprüfung ist,

- [ ] a zu ermitteln, ob der vorgesehene Ausbildungsstand erreicht wurde, sofern die Ausbildungsordnung einzelner Berufe nichts anderes vorsieht.
- [ ] b dass man in erster Linie den Lernfortschritt in der Berufsschule feststellen kann.
- [ ] c dass man ausschließlich die Ausbildungsarbeit des Meisters immer wieder überprüfen kann.
- [ ] d dass der Lehrling in der Gesellenprüfung nur noch über den Lehrstoff der Berufsschule geprüft wird.
- [ ] e dass man in erster Linie das Lernergebnis der überbetrieblichen Ausbildung feststellen kann.

   1.3 Geben Sie an, wer die Gebühr zu zahlen hat! Welche Auswahlantwort ist richtig?

- [ ] a Der Auszubildende.
- [ ] b Der gesetzliche Vertreter des Auszubildenden.
- [ ] c Der Ausbildende.
- [ ] d Ausbildender und Auszubildender je zur Hälfte.
- [ ] e Die Agentur für Arbeit.

>> Seiten 341 bis 343 |

2. Sie bilden in Ihrem Betrieb zwei Lehrlinge aus, die sich im dritten Ausbildungsjahr befinden. Da die Gesellenprüfung in ca. sechs Monaten abzulegen ist, halten Sie es für notwendig, den Lehrlingen grundsätzliche Informationen über die Gesellenprüfung zu geben.

   Aufgabe: Erläutern Sie Ihren beiden Auszubildenden die Rechtsgrundlagen, den Prüfungsgegenstand, den Aufbau, die Gliederung und den Regelablauf der Prüfung sowie die Prüfungsanforderungen!

>> Seiten 343 bis 348 |

3. Zwei Ihrer Auszubildenden befinden sich im letzten Halbjahr ihrer Ausbildung. Aus den bisherigen Erfahrungen mit der Ausbildung von Lehrlingen wissen Sie, dass gründliche Prüfungsvorbereitungsmaßnahmen sowohl seitens der Auszubildenden selbst als auch durch Sie als Ausbilder die Prüfungschancen erhöhen und zu besseren Prüfungsergebnissen führen.

   Aufgabe: Erläutern Sie den beiden Auszubildenden, welche Vorbereitung sie selbst durchführen sollten und welche Vorbereitungsmaßnahmen im Ausbildungsbetrieb noch vorgesehen sind!

   >> Seite 348 |

4.2 Lernsituation: Für die Anmeldung der Auszubildenden zu Prüfungen bei der zuständigen Stelle Sorge tragen und diese auf durchführungsrelevante Besonderheiten hinweisen

Kompetenzen:

- >Rechtliche Vorgaben für die Anmeldung der Auszubildenden zu den Prüfungen und für die Freistellung beachten; Anmeldung durchführen.
- >Rechtliche Bedingungen für eine vorzeitige Zulassung zur Prüfung beachten.
- >Prüfungsrelevante Besonderheiten der Auszubildenden der zuständigen Stelle mitteilen.
- >Bei Nichtbestehen der Prüfung rechtliche Vorgaben zu Wiederholungsprüfung bzw. Ergänzungsprüfung und Verlängerung der Ausbildungsdauer berücksichtigen.

4.2.1 Anmeldung, Freistellung und Zulassung zur Prüfung

4.2.1.1 Zuständigkeit der Innung oder der Handwerkskammer

Gesellenprüfung

Die Gesellenprüfung wird durch Gesellenprüfungsausschüsse abgenommen. Sie werden von der Handwerkskammer für die einzelnen Handwerke errichtet. Die Handwerkskammer kann Innungen ermächtigen, Gesellenprüfungsausschüsse zu errichten, wenn die Leistungsfähigkeit der Handwerksinnung die ordnungsgemäße Durchführung der Prüfung sicherstellt. In vielen Handwerkskammerbezirken wird der überwiegende Teil der Prüfungen von den ermächtigten Gesellenprüfungsausschüssen der Innungen abgenommen.

Abschlussprüfung

Die Abschlussprüfungen nach dem Berufsbildungsgesetz werden für den Bereich der Handwerksbetriebe und der handwerksähnlichen Betriebe ausschließlich von der Handwerkskammer, also nicht von einer Innung, abgenommen.

4.2.1.2 Unterlagen zum Antrag auf Zulassung

Der Antrag auf Zulassung zur Prüfung ist durch den Lehrling schriftlich an die zuständige Stelle zu richten, wobei die Anmeldungs- und Prüfungstermine der Handwerkskammer zu beachten sind. Die Lehrlinge haben die Ausbildenden über die Antragstellung zu unterrichten.

In vielen Fällen übernimmt auch der Betrieb die Anmeldung, was im Ausbildungsvertrag geregelt sein kann.

Der Anmeldung zur Prüfung sind im Regelfall folgende Unterlagen beizufügen:

> Bescheinigung über die Teilnahme an der Zwischenprüfung oder am ersten Teil der Gesellenprüfung
> vorgeschriebene Ausbildungsnachweise
> Zeugnis der zuletzt besuchten berufsbildenden Schule
> weitere Ausbildungs- und Tätigkeitsnachweise (auch ausländische Abschlüsse und Berufstätigkeiten)
> Bescheinigung über Teilnahme an überbetrieblichen Unterweisungsmaßnahmen.

Bei der Zulassung in besonderen Fällen (nachfolgend) sind zusätzlich Zeugnisse oder glaubhafte Nachweise über den Erwerb von Fertigkeiten, Kenntnissen und Fähigkeiten sowie beruflicher Handlungsfähigkeit oder über die Teilnahme an schulischen oder sonstigen Bildungsgängen vorzulegen.

4.2.1.3 Zulassungsvoraussetzungen

Zur Gesellenprüfung ist zuzulassen, wer die Zulassungsvoraussetzungen erfüllt.

Regelfall

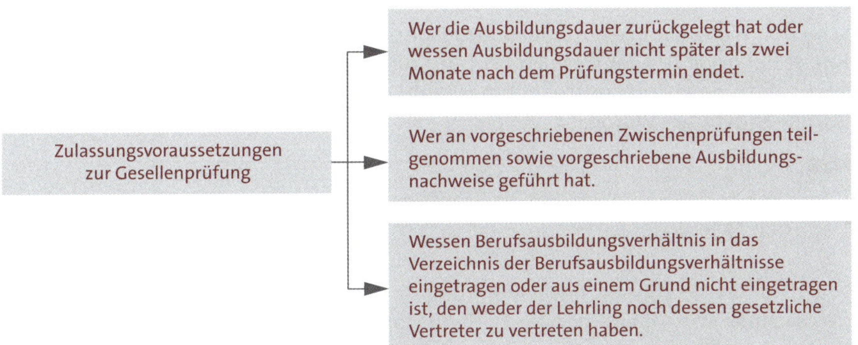

Schulischer Bildungsgang

Ferner ist zur Gesellenprüfung zuzulassen, wer in einer berufsbildenden Schule oder einer sonstigen Berufsbildungseinrichtung ausgebildet worden ist, wenn dieser Bildungsgang der Berufsausbildung in einem anerkannten Ausbildungsberuf der Handwerksordnung entspricht.
Ein Bildungsgang entspricht der Berufsausbildung in einem anerkannten Ausbildungsberuf, wenn er

> nach Inhalt, Anforderung und zeitlichem Umfang der jeweiligen Ausbildungsordnung gleichwertig ist,
> systematisch, insbesondere im Rahmen einer sachlichen und zeitlichen Gliederung, durchgeführt wird und
> durch Lernortkooperation einen angemessenen Anteil an fachpraktischer Ausbildung gewährleistet.

Gesellenprüfung in gestreckter Form

Wenn die Gesellenprüfung in gestreckter Form, also in zwei zeitlich auseinanderfallenden Teilen, durchgeführt wird, ist über die Zulassung jeweils gesondert zu entscheiden (zwei separate Zulassungsverfahren).

Zum ersten Teil der Gesellenprüfung ist zuzulassen,

- wer die in der Ausbildungsordnung bis zu diesem Zeitpunkt vorgeschriebene erforderliche Ausbildungsdauer zurückgelegt hat und
- wer den vorgeschriebenen Ausbildungsnachweis geführt hat und
- wessen Berufsausbildungsverhältnis in die Lehrlingsrolle eingetragen ist oder aus einem Grund nicht eingetragen ist, den weder der Auszubildende noch dessen gesetzlicher Vertreter zu vertreten hat.

Zum zweiten Teil der Gesellenprüfung muss zugelassen werden,

- wer die Ausbildungsdauer zurückgelegt oder wessen Ausbildung nicht später als zwei Monate nach dem Prüfungstermin endet,
- wer am ersten Teil der Gesellenprüfung teilgenommen hat,
- wer den vorgeschriebenen Ausbildungsnachweis geführt hat und
- wessen Berufsausbildungsverhältnis in die Lehrlingsrolle eingetragen ist oder aus einem Grund nicht eingetragen ist, den weder der Auszubildende noch seine gesetzlichen Vertreter zu vertreten haben.

Der erste Teil der Gesellenprüfung muss nicht bestanden sein. Vielmehr ist nur die Teilnahme am ersten Teil der Prüfung erforderlich.
Eine Zulassung zum zweiten Teil ist ferner möglich, wenn der Lehrling ohne Verschulden nicht am ersten Teil der Gesellenprüfung teilgenommen hat. In diesem Fall ist der erste Teil der Gesellenprüfung zusammen mit dem zweiten Teil abzulegen, sofern dem Prüfungsteilnehmer vorher kein gesonderter Nachholprüfungstermin angeboten wurde.

Weitere Zulassungsmöglichkeiten

Vorzeitige Zulassung zur Prüfung

Weitere Zulassungsmöglichkeiten zur Gesellenprüfung bestehen in folgenden Fällen:

- Auszubildende können nach Anhörung des Ausbildenden (Betrieb) und der Berufsschule vor Ablauf der Ausbildungsdauer zur Gesellenprüfung zugelassen werden, wenn die Leistungen dies rechtfertigen.
  Der Antrag ist schriftlich bei der zuständigen Stelle bzw. bei der Geschäftsstelle des Prüfungsausschusses einzureichen.
  Eine vorzeitige Zulassung ist gerechtfertigt, wenn die Auszubildenden sowohl in der Praxis (Betrieb) als auch in der Berufsschule (Durchschnittsnote aller prüfungsrelevanten Fächer oder Lernfelder) überdurchschnittliche Leistungen nachweisen.
  Überdurchschnittliche Leistungen liegen in der Regel vor, wenn das letzte Zeugnis der Berufsschule in den prüfungsrelevanten Fächern oder Lernfeldern einen Notendurchschnitt besser als 2,49 enthält und die praktischen Ausbildungsleistungen als überdurchschnittlich bzw. besser als 2,49 bewertet werden. Neben dem Zeugnis der Berufsschule sind für den Nachweis das Leistungszeugnis oder eine entsprechende Bescheinigung des ausbildenden Betriebs und die Vorlage der Zwischenprüfungsbescheinigung oder der Bescheinigung des Ergebnisses des ersten Teils der Gesellenprüfung erforderlich. Der ordnungsgemäß geführte Ausbildungsnachweis ist vorzulegen oder das ordnungsgemäße Führen des Ausbildungsnachweises vom Betrieb und vom Auszubildenden schriftlich zu bestätigen. Die vorgezogene Prüfung soll nicht mehr als 6 Monate vor dem ursprüngli-

chen Prüfungstermin stattfinden. Darüber hinausgehende Anträge sollen von der Handwerkskammer als Antrag auf Abkürzung der Ausbildungsdauer behandelt werden.

Ausnahmsweise Zulassung zur Prüfung

> Zur Gesellenprüfung ist auch zuzulassen, wer nachweist, dass er mindestens das Eineinhalbfache der Zeit, die als Ausbildungsdauer vorgeschrieben ist, in dem Beruf tätig gewesen ist, in dem er die Prüfung ablegen will. Als Zeiten der Berufstätigkeit gelten auch Ausbildungszeiten in einem anderen artverwandten einschlägigen Ausbildungsberuf.
Vom Nachweis der Mindestzeit kann ganz oder teilweise abgesehen werden, wenn durch Vorlage von Zeugnissen oder auf andere Weise glaubhaft gemacht wird, dass der Bewerber die berufliche Handlungsfähigkeit erworben hat, die die Zulassung zur Prüfung rechtfertigt. Der Prüfungsbewerber muss in diesem Falle also nachweisen, dass er auf andere Weise einen der „Normalausbildung" entsprechenden vergleichbaren Ausbildungsstand erreicht hat. Ausländische Bildungsabschlüsse und Zeiten der Berufstätigkeit im Ausland sind dabei zu berücksichtigen.

Zulassung von Soldaten

> Soldaten auf Zeit und ehemalige Soldaten sind zur Gesellenprüfung zuzulassen, wenn das Bundesministerium der Verteidigung oder die von ihm bestimmte Stelle bescheinigt, dass der Bewerber berufliche Fertigkeiten, Kenntnisse und Fähigkeiten erworben hat, welche die Zulassung zur Prüfung rechtfertigen.

Entscheidung über Zulassung

Über die Zulassung zur Gesellenprüfung entscheidet der Vorsitzende des Prüfungsausschusses. Hält er die Zulassungsvoraussetzungen nicht für gegeben, so entscheidet der Prüfungsausschuss.

Die Entscheidung über die Zulassung ist den Prüfungsbewerbern rechtzeitig unter Angabe des Prüfungstages und -ortes schriftlich mitzuteilen. Die erlaubten Arbeits- und Hilfsmittel sind zu benennen.
Die Entscheidung über die Nichtzulassung ist dem Prüfungsbewerber schriftlich mit Begründung bekanntzugeben.
Auszubildenden, die Elternzeit in Anspruch genommen haben, darf bei der Entscheidung über die Zulassung hieraus kein Nachteil erwachsen.
Die Anmeldung und Zulassung zur Prüfung von Zusatzqualifikationen ist an sich ein eigenständiger Arbeitsvorgang. Bei entsprechender sinnvoller Prüfungsorganisation sollte in der Praxis die Anmeldung zur Prüfung von Zusatzqualifikationen zusammen mit der Anmeldung zur Gesellen- oder Abschlussprüfung erfolgen können.

4.2.1.4 Freistellung zur Prüfung

Für die Zeit der Zwischen- und Gesellenprüfung sowie für den Arbeitstag unmittelbar vor der Prüfung ist der Auszubildende unabhängig von seinem Alter freizustellen. Die Ausbildungsvergütung wird auch für diese Tage gezahlt. Neben diesen gesetzlichen Regelungen können in Tarifverträgen auch andere Regelungen getroffen werden.

4.2.1.5 Prüfungsgebühr

> Die Gesellenprüfungsgebühr hat der Ausbildende für die Lehrlinge zu zahlen. Die Prüfung von Zusatzqualifikationen ist für Lehrlinge ebenfalls gebührenfrei. Bei Sonderzulassungen gelten abweichende Regelungen. Die Gebühr ist mit dem Antrag auf Zulassung zur Gesellenprüfung zu entrichten.

4.2.2 Prüfungsrelevante Besonderheiten von Auszubildenden (Nachteilsausgleich)

Nachteilsausgleich

Auszubildende mit körperlichen oder sonstigen Einschränkungen können unter Umständen an Teilen der regulären Gesellenprüfung nicht teilnehmen. In diesen Fällen haben die Betroffenen einen Rechtsanspruch darauf, dass ihre Benachteiligung den anderen Prüfungsteilnehmern gegenüber ausgeglichen wird. Typische Beispiele hierfür sind:

- Verlängerung der Prüfungszeit (z. B. für Legastheniker zum Lesen der Prüfungsaufgaben)
- Einschaltung einer dritten Person zur Unterstützung (z. B. Gebärdendolmetscher bei schwerhörigen Prüflingen)
- Einsatz von Hilfsmitteln (z. B. zum Heben schwerer Lasten bei körperlichen Einschränkungen).

> Prüflinge, die einen Nachteilsausgleich in der Zwischen-, Gesellen- bzw. Abschlussprüfung in Anspruch nehmen wollen, müssen darauf spätestens bei der Anmeldung zur Prüfung hinweisen.

Die Entscheidung über die Art des Nachteilsausgleichs liegt bei der zuständigen Stelle bzw. dem Prüfungsausschuss. Dabei werden in der Regel medizinische Atteste oder Stellungnahmen berücksichtigt.

> Die Berücksichtigung prüfungsrelevanter Besonderheiten des Auszubildenden soll genau den Nachteil ausgleichen, den der Auszubildende hat. Er darf den anderen Prüfungsteilnehmern gegenüber nicht schlechter gestellt sein, er darf aber auch nicht besser gestellt werden. Aus diesem Grund dürfen die Prüfungsanforderungen qualitativ nicht geändert werden.

4.2.3 Wiederholungsprüfung, Ergänzungsprüfung und Verlängerung des Ausbildungsverhältnisses

4.2.3.1 Wiederholungsprüfung

Eine Gesellenprüfung kann im Falle des Nichtbestehens zweimal wiederholt werden. Eine Wiederholung zur Notenverbesserung ist nicht vorgesehen.

Wiederholung der Prüfung

Wenn der Prüfling bei einer nicht bestandenen Prüfung in einer selbstständigen Prüfungsleistung mindestens ausreichende Leistungen erbracht hat, so ist diese auf Antrag nicht zu wiederholen. Voraussetzung dafür ist, dass sich der Prüfling innerhalb von 2 Jahren zur Wiederholungsprüfung anmeldet.
Sofern die Gesellenprüfung in 2 zeitlich auseinanderfallenden Teilen durchgeführt wird, ist der erste Teil der Gesellenprüfung nicht eigenständig wiederholbar.

4.2.3.2 Ergänzungsprüfung

Für den Fall, dass ein Prüfling in einem schriftlichen Prüfungsbereich nicht mindestens ausreichende Leistungen erbracht hat, sehen die meisten Ausbildungsordnungen vor, dass er eine Ergänzungsprüfung beantragen kann. Voraussetzung hierfür ist aber, dass er hierdurch die Prüfung insgesamt bestehen kann.

4.2.3.3 Verlängerung des Ausbildungsverhältnisses

Bei Nichtbestehen der Gesellen- oder Abschlussprüfung verlängert sich das Berufsausbildungsverhältnis auf Verlangen des Lehrlings bis zur nächstmöglichen Wiederholungsprüfung, höchstens jedoch um ein Jahr.

Bei vergeblichem Versuch des Auszubildenden in der Wiederholungsprüfung kann dieser nach der Rechtsprechung eine nochmalige Verlängerung des Ausbildungsverhältnisses bis zur zweiten Wiederholungsprüfung verlangen, aber insgesamt nicht über ein Jahr hinaus.

Handlungsorientierte, fallbezogene Aufgaben

1. Sie bilden als Inhaber eines Handwerksbetriebes zwei Lehrlinge aus, die sich im dritten Ausbildungsjahr befinden. Die von der Handwerkskammer zur Abnahme der Gesellenprüfung ermächtigte, für Sie zuständige Innung hat die Anmeldungs- und Prüfungstermine im Rahmen der Vorgaben der Handwerkskammer für die nächste Prüfung bekanntgegeben.

   Aufgabe: Besprechen Sie mit Ihren Lehrlingen die Formalitäten für die Anmeldung und den Antrag auf Zulassung zur Prüfung, informieren Sie über die Termine und erläutern Sie die Unterlagen, die den Anträgen auf Zulassung beizufügen sind.

   >> Seiten 352 bis 353 |

2. Sie beschäftigen in Ihrem Betrieb eine Auszubildende, deren Berufsausbildungsverhältnis in den nächsten zwei Monaten endet. Nach der Ausbildungsordnung des Ausbildungsberufes wird die Gesellenprüfung in zwei zeitlich auseinanderfallenden Teilen durchgeführt. Am ersten Teil der Prüfung hat die Auszubildende ordnungsgemäß teilgenommen. Nun steht in einem weiteren gesonderten Zulassungsverfahren die Zulassung zum zweiten Teil der Gesellenprüfung an.

   Aufgabe: Die Auszubildende wird zu diesem Teil der Prüfung zugelassen,

- [ ] a wenn sie die allgemeinen in der Handwerksordnung vorgesehenen Zulassungsvoraussetzungen erfüllt und am ersten Teil der Gesellenprüfung teilgenommen hat.
- [ ] b wenn sie die allgemeinen in der Handwerksordnung vorgesehenen Zulassungsvoraussetzungen erfüllt, am ersten Teil der Gesellenprüfung aber nicht teilgenommen hat.
- [ ] c wenn sie vom Ausbildungsbetrieb als prüfungsreif beurteilt wurde.
- [ ] d wenn sie von der Berufsschule als prüfungsreif beurteilt wurde.
- [ ] e wenn sie während der gesamten Ausbildungsdauer nicht mehr als 30 Tage im Ausbildungsbetrieb gefehlt hat.

>> Seite 354 |

4.3 Lernsituation: Schriftliche Zeugnisse auf der Grundlage von Leistungsbeurteilungen erstellen

Kompetenzen:

> Gesetzliche und betriebliche Vorgaben beachten sowie die arbeitsrechtliche Bedeutung von Zeugnissen für den Auszubildenden herausstellen.
> Verschiedene Arten von Zeugnissen unterscheiden.
> Zeugnisse insbesondere unter Berücksichtigung bisheriger Leistungsbeurteilungen erstellen und rechtliche Konsequenzen beachten.

4.3.1 Bedeutung, Arten und Inhalte von Zeugnissen

4.3.1.1 Gesellenprüfungszeugnis

Über die bestandene Prüfung erhält der Prüfungsteilnehmer ein Zeugnis. Dem Ausbildenden werden auf dessen Verlangen die Ergebnisse der Gesellenprüfung des Lehrlings mitgeteilt. Der Inhalt des Prüfungszeugnisses richtet sich nach der Prüfungsordnung für die Durchführung von Gesellen- und Umschulungsprüfungen. Der von der Handwerkskammer vorgeschriebene Vordruck ist zu verwenden.

Sofern die Gesellenprüfung in gestreckter Form, also in 2 auseinanderfallenden Teilen, durchgeführt wird, erhält der Prüfling das Ergebnis der Prüfungsleistung im ersten Teil der Gesellenprüfung schriftlich mitgeteilt (Bescheinigung).
Dem Ausbildenden werden auf dessen Verlangen auch die Ergebnisse von Teil 1 einer gestreckten Prüfung übermittelt.
Auf Antrag des Lehrlings muss der Prüfungsträger (Innung oder Handwerkskammer) eine englischsprachige und eine französischsprachige Übersetzung des Gesellenprüfungszeugnisses kostenfrei ausfertigen. Ferner ist auf Antrag des Auszubildenden das Ergebnis berufsschulischer Leistungsfeststellungen auf dem Gesellenprüfungszeugnis auszuweisen. Der Auszubildende muss seinem Antrag den Nachweis der Leistungen in der Berufsschule beifügen.

Übersetzung
Noten der Berufsschule

Wurde die Gesellenprüfung vor einem Prüfungsausschuss der Handwerkskammer abgelegt, stellt diese das Zeugnis aus. Bei Ablegung der Prüfung vor dem Prüfungsausschuss der Innung erhält der Prüfling das Zeugnis von der Innung.
Werden in einem Ausbildungsgang entsprechend der Ausbildungsordnung über den Mindestinhalt der Berufsausbildung (Ausbildungsberufsbild) hinaus zusätzliche berufliche Fertigkeiten, Kenntnisse und Fähigkeiten vermittelt, die die berufliche Handlungsfähigkeit ergänzen oder erweitern (z. B. Wahlbausteine der Ausbildungsordnung, Zusatzqualifikationen), sind diese gesondert zu prüfen und zu bescheinigen. Sie dürfen das Ergebnis der Gesellenprüfung **nicht** berühren, d. h. keinen Einfluss auf das Bestehen oder Nichtbestehen der eigentlichen Gesellenprüfung haben.

Prüfung von Zusatzqualifikationen

4.3.1.2 Abschlussprüfungszeugnis

Über die bestandene Abschlussprüfung erhält der Prüfungsteilnehmer von der Handwerkskammer ein Zeugnis. Der Inhalt des Prüfungszeugnisses richtet sich nach der Prüfungsordnung für die Durchführung von Abschluss- und Umschulungsprüfungen. Die unter 4.3.1.1 erfolgten Ausführungen gelten für die Abschlussprüfung entsprechend.

4.3.1.3 Berufsschulzeugnis

Die Berufsschule stellt bei Beendigung des Schulbesuchs ein Zeugnis aus, das die Leistungen in der Berufsschule ausweist.

4.3.1.4 Betriebliches Ausbildungszeugnis

Der Ausbildende hat dem Lehrling bei Beendigung des Berufsausbildungsverhältnisses ein Zeugnis schriftlich auszustellen.

Die elektronische Form ist nicht zulässig.

4.3.2 Formulierung von Zeugnissen

Zwei Arten

Man unterscheidet zwei Arten von Ausbildungszeugnissen.

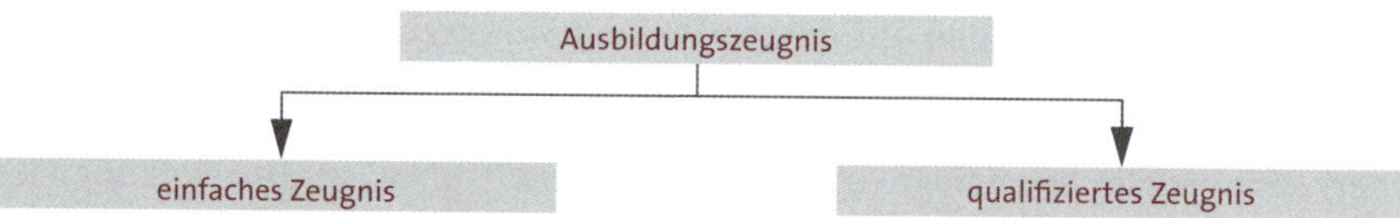

Das Zeugnis muss Angaben über Art, Dauer und Ziel der Berufsausbildung sowie über die erworbenen beruflichen Fertigkeiten, Kenntnisse und Fähigkeiten des Auszubildenden enthalten (einfaches Zeugnis). Auf Verlangen des Auszubildenden sind auch Angaben über Verhalten und Leistung aufzunehmen (qualifiziertes Zeugnis). Hiernach können neben Verhaltensangaben etwa auch besonderes Geschick bei der Arbeit oder den Ausbildungsstandard übertreffendes Fachwissen bescheinigt werden.

Mindestinhalte

Die beiden nachstehend aufgeführten Muster enthalten die gesetzlichen Mindestinhalte der beiden Zeugnisarten.

Muster eines einfachen Ausbildungszeugnisses

Briefkopf Ausbildender, Anschrift

Zeugnis

Herr/Frau ______________________________
(Name des Lehrlings)

geb. am ______________ in ______________________

wurde vom ______________ bis ______________________

im ______________________________
(Ausbildungsberuf)

in meinem/unserem Betrieb ausgebildet.

Der/Die Auszubildende hat an den vorgeschriebenen überbetrieblichen Maßnahmen teilgenommen und die Berufsschule regelmäßig besucht.

Ihm/Ihr wurden alle beruflichen Fertigkeiten, Kenntnisse und Fähigkeiten nach der Ausbildungsordnung für

____
(Ausbildungsberuf)

vermittelt, sodass er/sie das Ausbildungsziel erreicht hat.

Gerne hätten wir Herrn/Frau ______________ übernommen, konnten ihm/ihr aber leider keine Stelle anbieten. Für seinen/ihren weiteren Weg wünschen wir Herrn/Frau ______________ beruflich und privat alles Gute und viel Erfolg.

____
Ort/Datum

____
Unterschrift des Ausbildenden (Betrieb)

Muster eines qualifizierten Zeugnisses

Briefkopf Ausbildender, Anschrift

Zeugnis

Herr/Frau ______________________________

(Name des Lehrlings)

geb. am ______________ in ______________

wurde vom ______________ bis ______________

im ______________________________

(Ausbildungsberuf)

in meinem/unserem Betrieb ausgebildet. Der/Die Auszubildende hat regelmäßig die Berufsschule besucht und an den vorgeschriebenen überbetrieblichen Maßnahmen teilgenommen.

Ihm/Ihr wurden alle beruflichen Fertigkeiten, Kenntnisse und Fähigkeiten nach der Ausbildungsordnung für

____

(Ausbildungsberuf)

vermittelt, sodass er/sie das Ausbildungsziel erreicht hat.

Angaben über Leistung: Ausbildungsbereitschaft („Wollen"), Ausbildungsbefähigung („Können"), Lern- und Arbeitsweise, Arbeitserfolg („Ergebnisse")

Angaben über Sozialverhalten: allgemeines Sozialverhalten, Verhalten gegenüber Kunden, Mitarbeitern und Vorgesetzten

Zusammenfassende Beurteilung

Gerne hätten wir Herrn/Frau ______________ übernommen, konnten ihm/ihr aber leider keine Stelle anbieten. Für seinen/ihren weiteren Weg wünschen wir Herrn/Frau ______________ beruflich und privat alles Gute und viel Erfolg.

______________________________ ______________________________

Ort/Datum Unterschrift des Ausbildenden (Betrieb)

Hat der Ausbildende die Berufsausbildung nicht selbst durchgeführt, so soll auch der Ausbilder oder die Ausbilderin das Zeugnis unterschreiben.

Unterschriften

4.3.3 Rechtsfolgen von Zeugnissen

Das ausgestellte Zeugnis soll wohlwollend formuliert sein, um das weitere Fortkommen des Auszubildenden nicht unnötig zu erschweren. Gleichzeitig müssen die getroffenen Aussagen aber der Wahrheit entsprechen.

Falsche Zeugnisse können zu Schadensersatzansprüchen führen, wenn der bisherige Auszubildende bzw. der zukünftige Arbeitgeber aufgrund des falschen Zeugnisses nachweislich einen Schaden erleidet.

Handlungsorientierte, fallbezogene Aufgaben

1. Zwei in einem Handwerksbetrieb ausgebildete Lehrlinge haben die Gesellenprüfung abgelegt und ihr Zeugnis erhalten. Der Ausbildende verlangt vom Prüfungsträger, dass ihm die Ergebnisse der Gesellenprüfung der Lehrlinge mitgeteilt werden.

   Aufgabe: Kann er dies verlangen?

   - a Nein, weil die Ergebnisse grundsätzlich dem Prüfungsgeheimnis unterliegen, das auch im Verhältnis zum Ausbildenden gilt.
   - b Nein, weil die beiden Lehrlinge verpflichtet sind, diese dem Ausbildenden mitzuteilen.
   - c Nein, weil der Prüfungsträger nur im Falle des Nichtbestehens der Prüfungen dazu verpflichtet ist.
   - d Ja, weil dies in der Gewerbeordnung und im Berufsschulgesetz so geregelt ist.
   - e Ja, weil dies im Berufsbildungsgesetz und in der Handwerksordnung so geregelt ist.

   >> Seite 359 |

2. Ein in einem Handwerksbetrieb ausgebildeter Lehrling hat die Gesellenprüfung bestanden. Da er später einmal, zumindest auf Zeit, im Ausland arbeiten will, beantragt er beim Prüfungsträger (Innung oder Handwerkskammer), für sein Gesellenprüfungszeugnis eine englischsprachige und eine französischsprachige Übersetzung auszufertigen.

   Aufgabe: Kann der Lehrling dies vom Prüfungsträger verlangen?

   - a Nein, weil solche Übersetzungen nur den einschlägigen staatlichen Übersetzungsbüros vorbehalten sind.
   - b Nein, weil dafür die Agentur für Arbeit zuständig ist.
   - c Ja, weil dies im Berufsbildungsgesetz und in der Handwerksordnung so geregelt ist.
   - d Ja, weil dies in der Gewerbeordnung so geregelt ist.
   - e Ja, weil dies im Sozialgesetzbuch III (Arbeitsförderung) so geregelt ist.

   >> Seite 359 |

3. Ein in einem Handwerksbetrieb ausgebildeter Lehrling hat die Gesellenprüfung bestanden. In der Berufsschulabschlussprüfung hat er ordentliche Leistungen erbracht, die er deshalb auch im Gesellenprüfungszeugnis ausgewiesen haben will.

   Aufgabe: Kann der Lehrling dies vom Prüfungsträger (Innung oder Handwerkskammer) verlangen?

- a Ja, wenn die berufsschulischen Leistungsfeststellungen der Note „sehr gut“ entsprechen.
- b Ja, wenn die Leistungsfeststellungen der Berufsschule der Note „gut“ entsprechen.
- c Ja, wenn die Leistungsfeststellungen der Berufsschule der Note „befriedigend“ entsprechen.
- d Ja, weil er darauf nach dem Berufsbildungsgesetz und der Handwerksordnung einen Anspruch hat.
- e Nein, weil die Leistungsfeststellungen der Gesellenprüfung und die der Berufsschule nur in jeweils getrennten Zeugnissen ausgewiesen werden dürfen.

>> Seite 359 |

4. Eine in Ihrem Betrieb ausgebildete Auszubildende hat ihre Ausbildungsdauer beendet. Sie bittet Sie um ein Ausbildungszeugnis, das auch Angaben über Verhalten, Leistung und besondere fachliche Fähigkeiten enthält.

   Aufgabe: Erstellen Sie für die in Ihrem Betrieb ausgebildete Auszubildende ein Zeugnis, das sowohl den geäußerten Wünschen als auch den gesetzlichen Anforderungen entspricht!

>> Seite 362 |

4.4 Lernsituation: Auszubildende über betriebliche Entwicklungswege und berufliche Weiterbildungsmöglichkeiten informieren und beraten

Kompetenzen:

> Stellenwert der beruflichen Fort- und Weiterbildung begründen.
> Berufliche und betriebliche Aufstiegs- und Fortbildungsmöglichkeiten, insbesondere zur Meisterprüfung, beschreiben.
> Fördermöglichkeiten für berufliche Fort- und Weiterbildung sowie Möglichkeiten der Begabtenförderung aufzeigen.

4.4.1 Berufliche Fort- und Weiterbildungsmöglichkeiten, Meisterprüfung

4.4.1.1 Bedeutung der Fortbildung für die persönliche, berufliche und wirtschaftliche Weiterentwicklung

Gründe für Fortbildung

Das Wissen von heute genügt nicht mehr für den Erfolg von morgen.

> Die technische Entwicklung schreitet voran, v.a. auch im Bereich der Informations- und Kommunikationstechnologie.
> Das Innovationstempo nimmt zu.
> Märkte verändern sich ständig.

Dies bedeutet auch, dass sich Qualitfikationsanforderungen an das Handwerk wandeln. Aus diesem Grund ist es notwendig, sich lebenslang weiterzubilden.

Zusatzqualifikationen

In vielen Bereichen werden Zusatzqualifikationen erforderlich, die zunehmend durch modulare Weiterbildungskonzepte (in sich abgeschlossene Qualifikationseinheiten) vermittelt werden. Sie erfolgen im Handwerk unterhalb und oberhalb der Meisterebene.

Hinzu kommt, dass die Bewältigung des technischen Wandels auch von Erwerbstätigen mittleren und höheren Alters geleistet werden muss, deren Ausbildung darauf noch nicht ausgerichtet war.

Auswirkungen der Fortbildung

Berufliche Fortbildung kommt nicht nur den Betrieben, sondern auch jedem Einzelnen zugute. Deshalb sollte ein Teil der Freizeit auch als Bildungszeit genutzt und außerdem überlegt werden, wie auch im Handwerk Weiterbildungszeiten im Rahmen der Flexibilisierung von Arbeitsorganisation und Arbeitszeiten erreicht werden können.

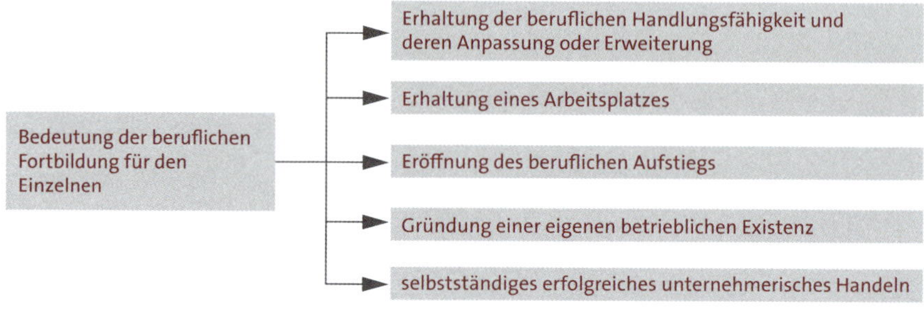

4.4.1.2 Ziele der Fortbildung, Fortbildungsmöglichkeiten

Die berufliche Fortbildung soll es jedem ermöglichen, die berufliche Handlungsfähigkeit zu erhalten und anzupassen oder zu erweitern und beruflich aufzusteigen. Strukturell gesehen unterscheidet man also zwischen Anpassungsfortbildung und Aufstiegsfortbildung, die höherqualifizierende Berufsbildung genannt wird.

Anpassungsfortbildung

Die Anpassungsfortbildung soll die berufliche Handlungsfähigkeit erhalten und an gewandelte Erfordernisse der Berufs- und Arbeitswelt anpassen.

Höherqualifizierende Berufsbildung

Die höherqualifizierende Berufsbildung soll im Sinne des lebenslangen Lernens die berufliche Handlungsfähigkeit auf qualitativ höherwertige Berufstätigkeiten erweitern und beruflichen Aufstieg ermöglichen.
Sie gliedert sich in drei Fortbildungsstufen, die im Anschluss an die Berufsausbildung beginnen und gesetzlich geschützt sind (>> s. Abschnitt 1.3.4):

> Erste Fortbildungsstufe: Diese Stufe heißt „Geprüfter Berufsspezialist" bzw. „Geprüfte Berufsspezialistin".
> Zweite Fortbildungsstufe: Diese Stufe heißt „Bachelor Professional". Ein typisches Beispiel ist die Meisterprüfung. Wer die Meisterprüfung bestanden hat, hat damit auch den Fortbildungsabschluss „Bachelor Professional" erlangt. Konkret bedeutet dies, dass die Bezeichnung „Bachelor Professional" unter Angabe des Handwerks zusätzlich geführt werden darf. Der Titel „Meister" bleibt uneingeschränkt erhalten.
> Dritte Fortbildungsstufe: Diese Stufe heißt „Master Professional". Zu einem typischem Beispiel kann sich der „Geprüfte Betriebswirt nach der Handwerksordnung" entwickeln. Dieser Prozess ist noch nicht abgeschlossen.

Mit den Bezeichnungen „Bachelor Professional" und „Master Professional" wird die Gleichwertigkeit der akademischen und beruflichen Abschlüsse unterstrichen. Außerdem wird eine internationale Vergleichbarkeit auf dem Arbeitsmarkt erzielt.

Bestimmte Fortbildungsabschlüsse genießen besondere Wertschätzung, was beispielsweise auf die Meisterprüfung im Handwerk zutrifft. Die eigentliche Abschlussbezeichnung, also z. B. der „Meister", bleibt erhalten, der „Bachelor Professional" kann als Ergänzung hintenangestellt werden. Dieses Prinzip ist für alle anderen Fortbildungsprüfungen auch möglich und wird in der jeweiligen Fortbildungsregelung festgelegt.

Als besondere Fortbildungswege der höherqualifizierenden Berufsbildung im Handwerk, die zu den folgenden Abschlüssen führen, sind u. a. zu nennen:

> Meisterprüfung
> Geprüfter Betriebswirt/Geprüfte Betriebswirtin nach der Handwerksordnung
> Geprüfter Fachmann/Geprüfte Fachfrau für kaufmännische Betriebsführung nach der Handwerksordnung
> Geprüfter kaufmännischer Fachwirt/Geprüfte kaufmännische Fachwirtin nach der Handwerksordnung
> Betriebsinformatiker/in (HwK)
> Wirtschaftsinformatiker/in (HwK)

> Gebäudeenergieberater/in (HwK)
> Fachwirt/in für Gebäudemanagement (HwK).

Während die Zusatzbezeichnung „Bachelor Professional" beim Handwerksmeister per Gesetz erfolgt ist, sind für die anderen Abschlüsse jeweils eigene Verfahren notwendig. Dies ist beispielsweise bereits beim „Geprüften kaufmännischen Fachwirt/Geprüfte kaufmännische Fachwirtin nach der Handwerksordnung" erfolgt. Dieser Abschlussbezeichnung angefügt ist „Bachelor Professional für Kaufmännisches Management nach der Handwerksordnung".

Die Fortbildungsmaßnahmen erfolgen teilweise in Schulen, schwerpunktmäßig aber in folgenden Einrichtungen des Handwerks:

Fortbildungsträger

> Berufsbildungs- und Technologiezentren, Kompetenzzentren
> Akademien.

Schulische Einrichtungen stehen dem fortbildungswilligen Handwerker unter jeweils gegebenen persönlichen Zulassungsvoraussetzungen für die Fort- und Weiterbildung offen.

Die Fortbildung wird also von einer Vielfalt von Bildungseinrichtungen durchgeführt. Für jeden Handwerker ist die Fortbildung auf hohem Qualitätsniveau gewährleistet.

Internet

Was die Vermittlungswege angeht, werden zunehmend Kurse und Lehrgänge per Internet angeboten, die bei Vorliegen entsprechender technischer Voraussetzungen genutzt werden können.

Onlinekurse

Die Bildungsmaßnahmen werden auch in Kombination aus Präsenzausbildung und Onlinelearning zu Hause (Selbstlernphasen) oder in einer Mischung mehrerer Unterrichtsmethoden durchgeführt. E-Learning (auch Telelearning oder Blended Learning und Onlinekurse genannt) bietet die Möglichkeit für den Teilnehmer, nach eigenem Lernrhythmus, eigener Lernzeit und Lerndauer zu Hause, auch an entlegenen Orten, zu lernen (auch >> Abschnitt 3.4.5).

Zertifikatslehrgänge

Neben dem ausdifferenzierten Fortbildungsangebot mit öffentlich-rechtlicher Prüfung gibt es eine Vielzahl von Fortbildungsangeboten verschiedener Anbieter. Diese enden teilweise mit einem vom Bildungsanbieter selbst ausgestellten Zertifikat, dem ein interner Test vorausgehen kann.

Die wichtigsten Fortbildungsmöglichkeiten im Überblick:

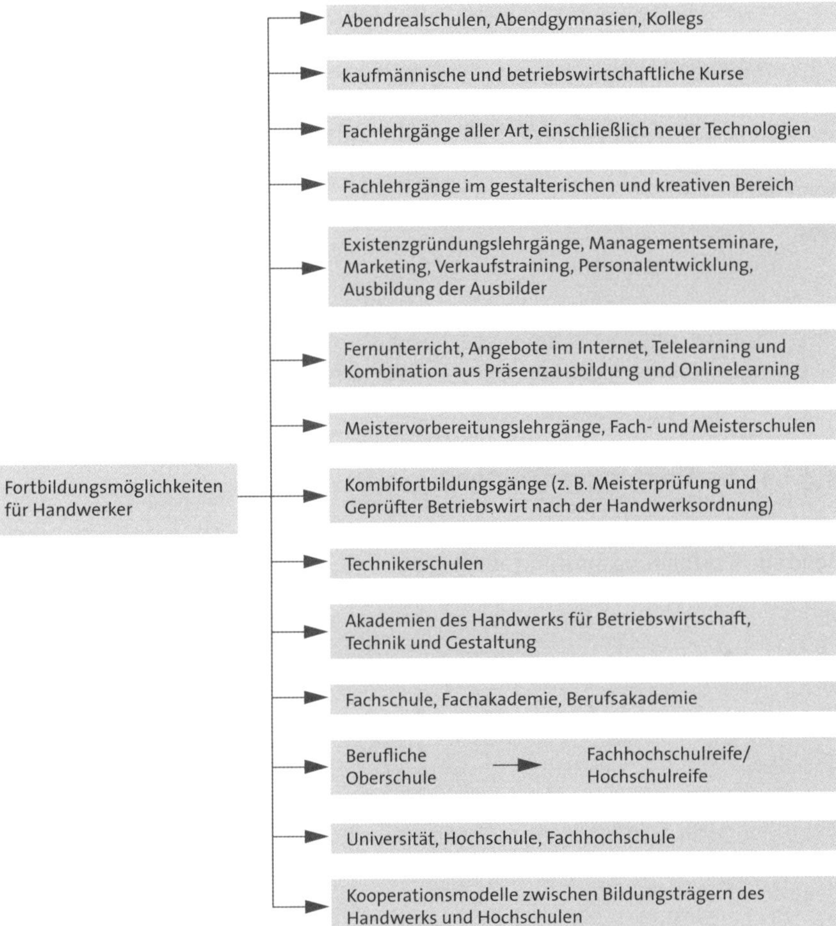

Über alle Fortbildungsmöglichkeiten informieren die Handwerkskammern und die anderen Handwerksorganisationen. Es bestehen zahlreiche Programmhefte und elektronische Weiterbildungsinformationssysteme.

Information

Auskünfte erteilen auch die Weiterbildungsberater der Handwerkskammern und anderer Handwerksorganisationen. Buchungen für Kurse und Lehrgänge können online erfolgen.

Weiterbildungsberater

Der Mensch ist der wichtigste Produktions- und Leistungsfaktor im Handwerksbetrieb. Von der Bereitschaft zur Fortbildung wird daher die Zukunft einer Reihe von Handwerkszweigen abhängen. Deshalb müssen die Betriebsinhaber den eigenen Weiterbildungsbedarf und den der Mitarbeiter rechtzeitig erkennen (Bildungsbedarfsanalyse) und entsprechende Maßnahmebeteiligungen sicherstellen. Berufslaufbahnkonzepte sind zu entwickeln.

Berufslaufbahnkonzepte

Die umfassenden Möglichkeiten der Fort- und Weiterbildung ermöglichen es dem Betrieb, Karrierepfade für die Mitarbeiter zu entwickeln. Dadurch können den Mitarbeitern planbare und attraktive Karriereoptionen aufgezeigt werden.

Dies kann die Bindung an den Betrieb erhöhen, gleichzeitig werden die personellen Voraussetzungen geschaffen, die strategischen betrieblichen Ziele erreichen zu können.

Fortbildungsplanung

Somit ist es zweckmäßig,

> eine systematische betriebliche Planung und
> eine persönliche Planung des Einzelnen für die jeweiligen Fortbildungsaktivitäten vorzunehmen.

4.4.1.3 Fortbildungsprüfungen

Für eine Vielzahl von Fortbildungsmaßnahmen besteht die Möglichkeit, anschließend eine Fortbildungsprüfung abzulegen.

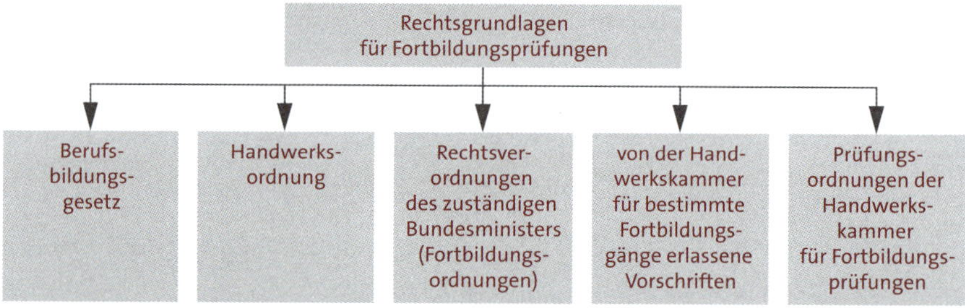

Fortbildungsordnungen

Als Grundlage für eine einheitliche berufliche Fortbildung kann das Bundesministerium für Bildung und Forschung im Einvernehmen mit dem Bundesministerium für Wirtschaft und Klimaschutz nach Anhören des Hauptausschusses des Bundesinstituts für Berufsbildung Fortbildungsabschlüsse anerkennen und hierfür Prüfungsregelungen erlassen. Diese Fortbildungsordnungen legen fest:

> die Bezeichnung des Fortbildungsabschlusses
> das Ziel, den Inhalt und die Anforderungen der Prüfung
> die Zulassungsvoraussetzungen
> das Prüfungsverfahren.

Prüfungsregelungen

Soweit solche Rechtsverordnungen nicht seitens des Bundesministeriums erlassen sind, kann die Handwerkskammer Fortbildungsprüfungsregelungen entsprechenden Inhalts erlassen.
Ausländische Bildungsabschlüsse und Zeiten der Berufstätigkeit im Ausland sind bei den Zulassungsvoraussetzungen zu berücksichtigen.

Für die Durchführung von Fortbildungsprüfungen sind bei der Handwerkskammer Prüfungsausschüsse errichtet.

Prüfungsausschüsse

Der Prüfling ist auf Antrag von der Ablegung einzelner Prüfungsteile zu befreien, wenn er eine andere vergleichbare Prüfung vor einer öffentlichen oder staatlich anerkannten Bildungseinrichtung oder einem Prüfungsausschuss erfolgreich abgelegt hat und die Anmeldung zur Fortbildungsprüfung innerhalb von 10 Jahren nach Bekanntgabe des Bestehens der anderen Prüfung erfolgt.
Der Antrag ist an die Handwerkskammer zu richten, die darüber entscheidet.
Die Prüfungsgebühr ist an die Handwerkskammer zu zahlen.
Gliederung und Inhalt der Fortbildungsprüfung richten sich nach den erlassenen Fortbildungsordnungen des Bundesministers für Bildung und Forschung bzw. nach den Fortbildungsregelungen der Handwerkskammer.
Über das Bestehen der Prüfung wird ein Zeugnis ausgestellt.

Zeugnis

Auf Antrag des Prüflings erhält dieser vom Prüfungsträger eine englischsprachige und eine französischsprachige Übersetzung des Prüfungszeugnisses.
Eine Fortbildungsprüfung, die nicht bestanden ist, kann zweimal wiederholt werden.
Über nähere Einzelheiten zu Fortbildungsprüfungen erteilt die Handwerkskammer Auskunft.

4.4.2 Meisterprüfung in einem zulassungspflichtigen Handwerk (Anlage A der Handwerksordnung)

4.4.2.1 Rechtsgrundlagen für die Meisterprüfung

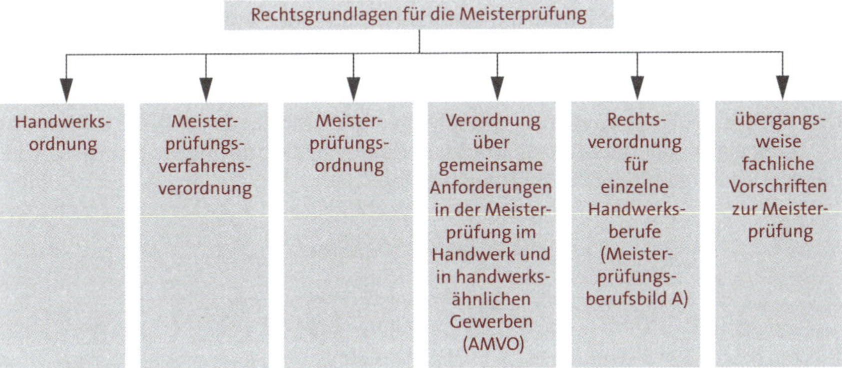

4.4.2.2 Ziel der Meisterprüfung

Durch die Meisterprüfung ist festzustellen, ob der Prüfling befähigt ist, ein zulassungspflichtiges Handwerk meisterhaft auszuüben und selbstständig zu führen sowie Lehrlinge ordnungsgemäß auszubilden.

4.4.2.3 Meisterprüfungsausschuss und Prüfungskommission

Die Zuständigkeiten für die Meisterprüfung sind auf zwei Gremien aufgeteilt, nämlich auf den „Meisterprüfungsausschuss" und auf die „Prüfungskommission":

Meisterprüfungsausschuss

> Der Meisterprüfungsausschuss ist für die „Durchführung" der Meisterprüfung zuständig, nicht aber für die „Abnahme" der einzelnen Prüfungsleistungen. Mit „Durchführung" sind vor allem koordinierende Tätigkeiten gemeint, z. B. die Entscheidung über die Zulassung, die Ergebnisfeststellung oder auch die Einsetzung der jeweiligen Prüfungskommissionen.

Prüfungskommission

> Die Prüfungskommissionen sind für die „Abnahme" zuständig und bewerten abschließend die einzelnen Prüfungsleistungen, d. h. der Meisterprüfungsausschuss muss die Bewertung übernehmen. Die Prüfungskommissionen werden vom Meisterprüfungsausschuss errichtet. In der Regel besteht eine Prüfungskommission aus 2 Personen. Bei der Auswahl ist auf die entsprechende Qualifikation der Prüfer zu achten.

Hintergrund dieser arbeitsteiligen Struktur, die seit dem 01.07.2022 gilt, ist, dass damit für die konkrete Abnahme der Prüfungsleistungen mehrere Personen eingebunden werden können. Dies erleichtert die Organisation vor allem von größeren Prüfungen.
Mitglieder des Meisterprüfungsausschusses können auch Mitglieder von Prüfungskommissionen sein. Damit können Mitglieder der Meisterprüfungsausschüsse auch weiterhin selbst das Prüfungsverfahren und die Leistungsbewertungen durchführen.

Generell gilt:

Staatliche Prüfungsbehörden

Meisterprüfungsausschüsse sind staatliche Prüfungsbehörden, also keine Kammerausschüsse. Sie werden von der Höheren Verwaltungsbehörde, in der Regel die zuständige Bezirksregierung bzw. das Regierungspräsidium, errichtet. Die Höhere Verwaltungsbehörde ernennt die Ausschussmitglieder aufgrund der Vorschläge der Handwerkskammer für längstens 5 Jahre. Die Geschäftsführung der Meisterprüfungsausschüsse liegt bei der Handwerkskammer.

Der Meisterprüfungsausschuss besteht aus vier Mitgliedern. Diese sollen das 24. Lebensjahr vollendet haben. Mitglieder des Meisterprüfungsausschusses können aus wichtigem Grund abberufen werden.

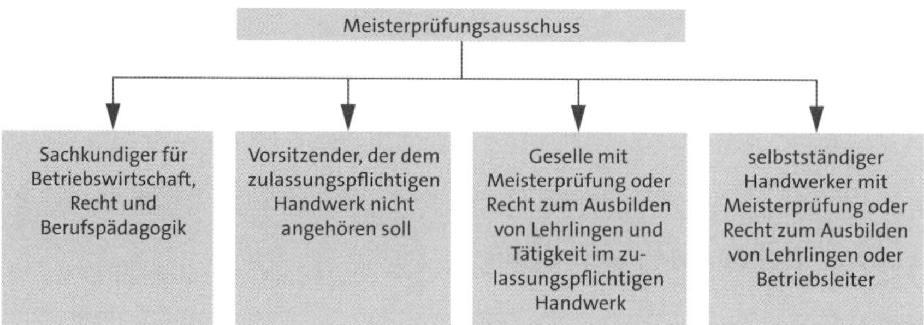

4.4.2.4 Zuständigkeit und Prüfungszulassung

Für die Durchführung jedes Teils der Meisterprüfung ist der Meisterprüfungsausschuss zuständig, in dessen örtlichem Zuständigkeitsbereich der Prüfling

> seinen ersten Wohnsitz hat oder
> in einem Arbeitsverhältnis steht oder
> eine Maßnahme zur Vorbereitung auf die Meisterprüfung besucht oder
> ein Handwerk oder ein sonstiges Gewerbe selbstständig betreibt.

Örtliche Zuständigkeit

Der Prüfling kann zwischen mehreren örtlich zuständigen Ausschüssen wählen.
Für die Abnahme der Teile I und II der Meisterprüfung muss außerdem die fachliche (berufliche) Zuständigkeit des Meisterprüfungsausschusses gegeben sein.

Fachliche Zuständigkeit

Die Entscheidung über die Zuständigkeit obliegt dem Vorsitzenden des Meisterprüfungsausschusses. Soweit er die Voraussetzungen für die Zuständigkeit nicht für gegeben hält, entscheidet der Meisterprüfungsausschuss.
Der zuständige Meisterprüfungsausschuss kann auf Antrag des Prüflings in begründeten Fällen die Genehmigung zur Ablegung einzelner Teile der Meisterprüfung vor einem örtlich nicht zuständigen Meisterprüfungsausschuss erteilen, wenn dieser zustimmt. Dies gilt auch für Wiederholungsprüfungen. Der Antrag auf Zulassung zur Meisterprüfung ist schriftlich zu stellen. Darin ist anzugeben, für welches Handwerk die Zulassung beantragt wird.

Schriftlicher Antrag

Dem Antrag sind je nach gegebenen Sachverhalten folgende Nachweise beizufügen:

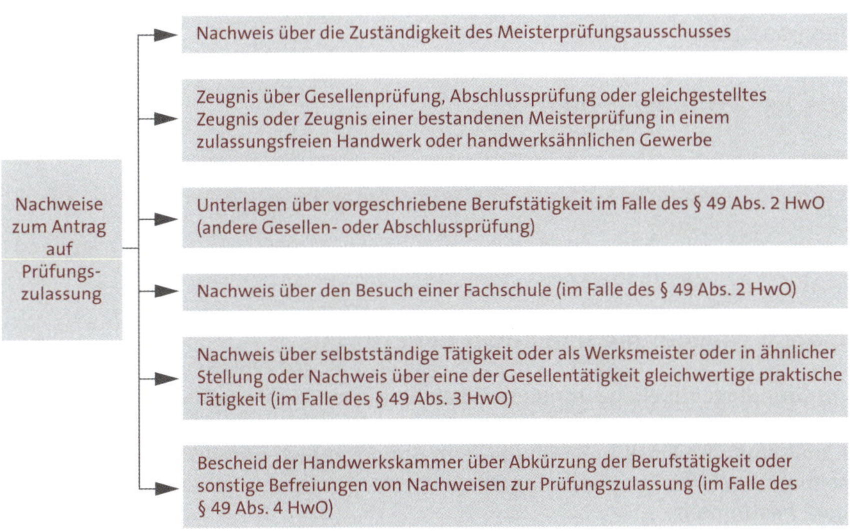

Zulassungsvoraussetzungen zur Meisterprüfung

> Zur Meisterprüfung ist zuzulassen, wer eine **Gesellenprüfung** in dem zulassungspflichtigen Handwerk, **in dem er die Meisterprüfung ablegen will,** oder in einem

Prüfungen

damit verwandten zulassungspflichtigen Handwerk oder eine **entsprechende Abschlussprüfung** in einem anerkannten Ausbildungsberuf oder eine **Meisterprüfung in einem anderen zulassungspflichtigen oder zulassungsfreien Handwerk** oder in einem handwerksähnlichen Gewerbe bestanden hat.

Berufstätigkeit
Fachschule
Anrechnung

- Zur Meisterprüfung ist auch zuzulassen, wer eine **andere Gesellenprüfung** oder eine **andere Abschlussprüfung** in einem anerkannten Ausbildungsberuf bestanden hat und in dem zulassungspflichtigen Handwerk, in dem er die Meisterprüfung ablegen will, eine **mehrjährige Berufstätigkeit** ausgeübt hat. Für die Zeit der Berufstätigkeit dürfen nicht mehr als 3 Jahre gefordert werden. Ferner ist der erfolgreiche Abschluss einer Fachschule bei einjährigen Fachschulen mit 1 Jahr, bei mehrjährigen Fachschulen mit 2 Jahren auf die Berufstätigkeit anzurechnen. Ist der Prüfling in dem zulassungspflichtigen Handwerk, in dem er die Meisterprüfung ablegen will, selbstständig, als Werkmeister oder in ähnlicher Stellung tätig gewesen oder weist er eine der Gesellentätigkeit gleichwertige praktische Tätigkeit nach, so ist die Zeit dieser Tätigkeit anzurechnen.

Befreiungen

- Die Handwerkskammer kann auf Antrag eine auf 3 Jahre festgesetzte Dauer der Berufstätigkeit unter besonderer Berücksichtigung der in der Gesellen- oder Abschlussprüfung und während der Zeit der Berufstätigkeit nachgewiesenen beruflichen Befähigung abkürzen. Sie kann ferner auf Antrag von den oben aufgeführten Zulassungsvoraussetzungen ganz oder teilweise befreien. Die Handwerkskammer kann auch auf Antrag unter Berücksichtigung ausländischer Bildungsabschlüsse und Zeiten der Berufstätigkeit im Ausland von den Zulassungsvoraussetzungen ganz oder teilweise befreien.

Bei diesen Befreiungen kann die Handwerkskammer eine Stellungnahme des Meisterprüfungsausschusses einholen.

Zulassung

Die Zulassung obliegt dem Vorsitzenden des Meisterprüfungsausschusses. Hält dieser die Zulassungsvoraussetzungen nicht für gegeben, entscheidet der Prüfungsausschuss.

4.4.2.5 Prüfungsgebühr

Zur Deckung der Kosten ist eine Prüfungsgebühr an die Handwerkskammer zu entrichten.

4.4.2.6 Gliederung und Inhalt der Prüfung

Als Grundlage für ein geordnetes und einheitliches Meisterprüfungswesen für zulassungspflichtige Handwerke kann das Bundesministerium für Wirtschaft und Klimaschutz im Einvernehmen mit dem Bundesministerium für Bildung und Forschung durch Rechtsverordnung, die nicht der Zustimmung des Bundesrates bedarf, bestimmen,

- welche Fertigkeiten und Kenntnisse in den einzelnen zulassungspflichtigen Handwerken zum Zwecke der Meisterprüfung zu berücksichtigen (Meisterprüfungsberufsbild A) und
- welche Anforderungen in der Meisterprüfung zu stellen sind.

Prüfungsteile

Die Meisterprüfung in zulassungspflichtigen Handwerken der Anlage A zur Handwerksordnung umfasst folgende selbstständige Prüfungsteile:

> die Prüfung der meisterhaften Verrichtung der im jeweiligen Handwerk wesentlichen Tätigkeiten (Teil I),
> die Prüfung der erforderlichen fachtheoretischen Kenntnisse im jeweiligen Handwerk (Teil II),
> die Prüfung der erforderlichen betriebswirtschaftlichen, kaufmännischen und rechtlichen Kenntnisse (Teil III) und
> die Prüfung der erforderlichen berufs- und arbeitspädagogischen Kenntnisse (Teil IV).

Prüfungsanforderungen

Die Prüfungsanforderungen in den Teilen I und II bestimmen sich nach den für die einzelnen Gewerbe der Anlage A erlassenen Rechtsverordnungen oder nach noch übergangsweise geltenden, früher erlassenen Vorschriften (§ 119 Abs. 5 und § 122 der Handwerksordnung).

Bei der Prüfung in Teil I können Schwerpunkte gebildet werden. In dem schwerpunktspezifischen Bereich hat der Prüfling nachzuweisen, dass er wesentliche Tätigkeiten in dem von ihm gewählten Schwerpunkt meisterhaft verrichten kann. Für den schwerpunktübergreifenden Bereich sind die Grundfertigkeiten und Grundkenntnisse nachzuweisen, die die fachgerechte Ausübung auch dieser Tätigkeiten ermöglichen.

Für die Prüfungsanforderungen in den Teilen III und IV gelten die in der Verordnung über gemeinsame Anforderungen in der Meisterprüfung im Handwerk und in handwerksähnlichen Gewerben (AMVO) geregelten Vorgaben.

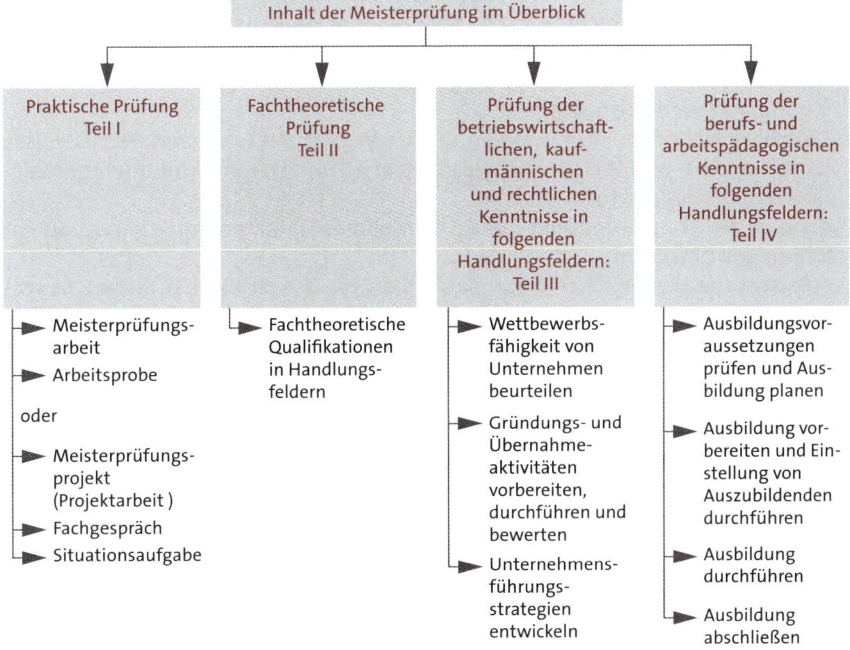

Prüfungsteil I

Nach den Strukturvorgaben für neue Meisterprüfungsverordnungen besteht Prüfungsteil I in der Regel aus drei verschiedenen Prüfungsbereichen, nämlich

> aus Projektarbeit und
> darauf bezogenem Fachgespräch und
> aus einer oder mehreren Situationsaufgaben oder ohne Situationsaufgabe.

Für eine Reihe von Handwerken wurden solche Meisterprüfungsverordnungen bereits verabschiedet und umgesetzt.

Prüfungsteil II

Für Prüfungsteil II sehen die neuen Meisterprüfungsverordnungen eine schriftliche Prüfung von Handlungskompetenzen in Handlungsfeldern vor.

Prüfungsteil III

Durch die Prüfung in Teil III hat der Prüfling in den folgenden drei Handlungsfeldern seine berufliche Handlungskompetenz dadurch nachzuweisen, dass er als Betriebsinhaber, Betriebsinhaberin oder Führungskraft betriebswirtschaftliche, kaufmännische und rechtliche Probleme analysieren und bewerten sowie Lösungswege aufzeigen und dokumentieren und dabei aktuelle Entwicklungen berücksichtigen kann.

> **Handlungsfeld 1: Wettbewerbsfähigkeit von Unternehmen beurteilen:**
  - Unternehmensziele analysieren und in ein Unternehmenszielsystem einordnen.
  - Bedeutung der Unternehmenskultur und des Unternehmensimages für die betriebliche Leistungs- und Wettbewerbsfähigkeit begründen.
  - Situation des Unternehmens am Markt analysieren und Erfolgspotenziale begründen.
  - Informationen aus dem Rechnungswesen, insbesondere aus Bilanz sowie Gewinn-und-Verlust-Rechnung zur Analyse von Stärken und Schwächen eines Unternehmens nutzen.
  - Informationen aus dem internen und externen Rechnungswesen zur Entscheidungsvorbereitung nutzen.
  - Rechtsvorschriften, insbesondere des Gewerbe- und Handwerksrechts sowie des Handels- und Wettbewerbsrechts, bei der Analyse von Unternehmenszielen und -konzepten anwenden.

> **Handlungsfeld 2: Gründungs- und Übernahmeaktivitäten vorbereiten, durchführen und bewerten**
  - Bedeutung persönlicher Voraussetzungen für den Erfolg beruflicher Selbstständigkeit begründen.
  - Wirtschaftliche, gesellschaftliche und kulturelle Bedeutung des Handwerks sowie Nutzen von Mitgliedschaften in den Handwerksorganisationen darstellen und bewerten.
  - Möglichkeiten der Inanspruchnahme von Beratungsdienstleistungen sowie von Förder- und Unterstützungsleistungen bei Gründung und Übernahme eines Unternehmens aufzeigen und bewerten.
  - Entscheidungen zu Standort, Betriebsgröße, Personalbedarf sowie zur Einrichtung und Ausstattung eines Unternehmens treffen und begründen.
  - Marketingkonzept zur Markteinführung entwickeln und bewerten.
  - Investitionsplan und Finanzierungskonzept aufstellen und begründen; Rentabilitätsvorschau erstellen und Liquiditätsplanung durchführen.
  - Rechtsform aus einem Unternehmenskonzept ableiten und begründen.

- Rechtsvorschriften, insbesondere des bürgerlichen Rechts sowie des Gesellschafts- und Steuerrechts, im Zusammenhang mit Gründung oder Übernahme von Handwerksbetrieben anwenden.
- Notwendigkeit privater Risiko- und Altersvorsorge begründen, Möglichkeiten aufzeigen.
- Bedeutung persönlicher Aspeke sowie betriebswirtschaftlicher und rechtlicher Bestandteile eines Unternehmenskonzeptes im Zusammenhang darstellen und begründen.

> **Handlungsfeld 3: Unternehmensführungsstrategien entwickeln**

- Bedeutung der Aufbau- und Ablauforganisation für die Entwicklung eines Unternehmens beurteilen; Anpassungen vornehmen.
- Entwicklungen bei Produkt- und Dienstleistungsinnovationen sowie Marktbedingungen, auch im internationalen Zusammenhang, bewerten und daraus Wachstumsstrategien ableiten.
- Einsatz von absatzmarktpolitischen Marketinginstrumenten für Absatz und Beschaffung von Produkten und Dienstleistungen begründen.
- Veränderungen des Kapitalbedarfs aus Investitions-, Finanz- und Liquiditätsplanung ableiten, Alternativen der Kapitalbeschaffung darstellen.
- Konzepte für Personalplanung, -beschaffung und -qualifizierung erarbeiten und bewerten sowie Instrumente der Personalführung und -entwicklung darstellen.
- Bestimmungen des Arbeits- und Sozialversicherungsrechts bei der Entwicklung einer Unternehmensstrategie berücksichtigen.
- Chancen und Risiken zwischenbetrieblicher Kooperation darstellen.
- Controlling zur Entwicklung, Verfolgung, Durchsetzung und Modifizierung von Unternehmenszielen nutzen.
- Instrumente zur Durchsetzung von Forderungen darstellen und Einsatz begründen.
- Notwendigkeit der Planung einer Unternehmensnachfolge, auch unter Berücksichtigung von Erb- und Familienrecht sowie steuerrechtlichen Bestimmungen, darstellen und begründen.
- Notwendigkeit der Einleitung eines Insolvenzverfahrens anhand von Unternehmensdaten prüfen; insolvenzrechtliche Konsequenzen für die Weiterführung oder Liquidation eines Unternehmens aufzeigen.

Die Prüfung ist schriftlich durchzuführen. Dabei ist in jedem Handlungsfeld mindestens eine komplexe fallbezogene Aufgabe zu bearbeiten. Eine mündliche Ergänzungsprüfung kann durchgeführt werden, wenn dadurch das Bestehen des Teils ermöglicht wird.

Prüfungsteil IV

Im Prüfungsteil IV sind innerhalb der vier Handlungsfelder die erforderlichen Kenntnisse auf folgenden Gebieten nachzuweisen:

> **Handlungsfeld: Ausbildungsvoraussetzungen prüfen und Ausbildung planen**

- Vorteile und Nutzen betrieblicher Ausbildung darstellen und begründen.
- Betrieblichen Ausbildungsbedarf auf der Grundlage rechtlicher, tarifvertraglicher und betrieblicher Rahmenbedingungen planen sowie hierzu Entscheidungen vorbereiten und treffen.
- Strukturen des Berufsbildungssystems und seine Schnittstellen darstellen.
- Ausbildungsberufe für den Betrieb auswählen und Auswahl begründen.

- Eignung des Betriebes für die Ausbildung in angestrebten Ausbildungsberufen prüfen, insbesondere unter Berücksichtigung von Ausbildung im Verbund, überbetrieblicher und außerbetrieblicher Ausbildung.
- Möglichkeiten des Einsatzes von berufsausbildungsvorbereitenden Maßnahmen prüfen und bewerten.
- Innerbetriebliche Aufgabenverteilung für die Ausbildung unter Berücksichtigung von Funktionen und Qualifikationen der an der Ausbildung Mitwirkenden koordinieren.

> **Handlungsfeld: Ausbildung vorbereiten und Einstellung von Auszubildenden durchführen**

- Auf der Grundlage einer Ausbildungsordnung einen betrieblichen Ausbildungsplan erstellen, der sich insbesondere an berufstypischen Arbeits- und Geschäftsprozessen orientiert.
- Möglichkeiten der Mitwirkung und Mitbestimmung der betrieblichen Interessenvertretungen in der Berufsbildung darstellen und begründen.
- Kooperationsbedarf ermitteln und inhaltliche sowie organisatorische Abstimmung mit Kooperationspartnern, insbesondere der Berufsschule, durchführen.
- Kriterien und Verfahren zur Auswahl von Auszubildenden auch unter Berücksichtigung ihrer Verschiedenartigkeit anwenden.
- Berufsausbildungsvertrag vorbereiten und abschließen sowie die Eintragung bei der zuständigen Stelle veranlassen.
- Möglichkeiten prüfen, ob Teile der Berufsausbildung im Ausland durchgeführt werden können.

> **Handlungsfeld: Ausbildung durchführen**

- Lernförderliche Bedingungen und motivierende Lernkultur schaffen, Rückmeldungen geben und empfangen.
- Probezeit organisieren, gestalten und bewerten.
- Aus dem betrieblichen Ausbildungsplan und den berufstypischen Arbeits- und Geschäftsprozessen betriebliche Lern- und Arbeitsaufgaben entwickeln und gestalten.
- Ausbildungsmethoden und -medien zielgruppengerecht auswählen und situationsspezifisch einsetzen.
- Auszubildende bei Lernschwierigkeiten durch individuelle Gestaltung der Ausbildung und Lernberatung unterstützen, ausbildungsunterstützende Hilfen einsetzen und Möglichkeiten zur Verlängerung der Ausbildungszeit prüfen.
- Für Auszubildende zusätzliche Ausbildungsangebote, insbesondere Zusatzqualifikationen, prüfen und vorschlagen; Möglichkeiten der Verkürzung der Ausbildungsdauer und der vorzeitigen Zulassung zur Abschluss- oder Gesellenprüfung prüfen.
- Soziale und persönliche Entwicklungen von Auszubildenden fördern; Probleme und Konflikte rechtzeitig erkennen und auf Lösungen hinwirken.
- Lernen und Arbeiten im Team entwickeln.
- Leistungen von Auszubildenden feststellen und bewerten, Leistungsbeurteilungen Dritter und Prüfungsergebnisse auswerten, Beurteilungsgespräche führen, Rückschlüsse für den weiteren Ausbildungsverlauf ziehen
- Interkulturelle Kompetenzen im Betrieb fördern.

> **Handlungsfeld: Ausbildung abschließen**

- Auszubildende auf die Abschluss- oder Gesellenprüfung unter Berücksichtigung der Prüfungstermine vorbereiten und die Ausbildung zu einem erfolgreichen Abschluss führen.

- Für die Anmeldung der Auszubildenden zu Prüfungen bei der zuständigen Stelle Sorge tragen und diese auf durchführungsrelevante Besonderheiten hinweisen.
- Schriftliche Zeugnisse auf der Grundlage von Leistungsbeurteilungen erstellen.
- Auszubildende über betriebliche Entwicklungswege und berufliche Weiterbildungsmöglichkeiten informieren und beraten.

Die Prüfung im Prüfungsteil IV besteht aus einem schriftlichen und einem praktischen Teil. Im schriftlichen Teil sind fallbezogene Aufgaben aus allen Handlungsfeldern zu bearbeiten.

Schriftliche Prüfung

Der schriftliche Teil der Prüfung ist in einem der oben genannten Handlungsfelder auf Antrag des Prüflings durch eine mündliche Prüfung zu ergänzen (Ergänzungsprüfung), wenn diese das Bestehen des Teils der Meisterprüfung ermöglicht.

Praktische Prüfung

Der praktische Teil der Prüfung besteht aus der Präsentation oder praktischen Durchführung einer vom Prüfling auszuwählenden Ausbildungssituation und aus einem Fachgespräch. In diesem hat der Prüfling seine Kriterien für die Auswahl und Gestaltung der Ausbildungssituation zu begründen.

Der Prüfling hat sowohl bei der Präsentation als auch bei der praktischen Durchführung einen schriftlichen Entwurf der Ausbildungssituation anzufertigen. In der Prüfungspraxis erhält der Prüfling in der Regel vom Prüfungsausschuss nähere Angaben für den formalen Rahmen des Entwurfs der Ausbildungssituation.

Rahmenvorgaben

Die nachstehenden Ausführungen sind allgemeine und grundsätzliche Rahmenvorgaben für die mögliche Gestaltung der Ausbildungssituation, deren Inhalt und Art der Durchführung, deren Bewertung und für den Aufbau sowie die Bewertung des Fachgesprächs. Den Ausführungen liegen einschlägige Grundsatzarbeiten sowie Erfahrungen vieler sachkundiger Personen aus der Fortbildungs- und Prüfungspraxis der Kammern sowie der Autoren zugrunde.

Grundsätzliches zu Form und Inhalt der Ausbildungssituation

> Prüfungsgegenstand ist laut AMVO und AEVO eine Ausbildungssituation. Sie ist in den genannten Verordnungen begrifflich nicht festgelegt oder erklärt. Nach der Auslegung und Handhabung in der Praxis versteht man darunter einen thematisch abgegrenzten Teil einer für Lernzwecke aufbereiteten Ausbildungsmaßnahme, einen Kenntnisbereich oder auch einen Handlungsablauf mit klarer Zielfestsetzung und den Einsatz einer geeigneten Vermittlungsmethode.

Thema

> Das Thema der Ausbildungssituation entnimmt der Prüfungsteilnehmer im Regelfall dem Handwerk, in dem er die Meisterprüfung ablegt.

> Die Wahl des Themas für die Ausbildungssituation erfolgt als Übernahme oder Ableitung aus dem Rahmenstoffplan des Ausbildungsberufes.

> Die Zeitvorgabe für die Durchführung oder Präsentation der Ausbildungssituation ist zweckmäßigerweise auf ca. 15 Minuten festzulegen. Eine weitere zeitliche Untergliederung auf Teilvorgänge erscheint in Stufen von 2 bis 3 Minuten sinnvoll.

Form

> Die Ausbildungssituation ist vom Prüfling in schriftlicher Form auszufertigen, wobei der Umfang ca. 6 ausgedruckte Seiten nicht übersteigen sollte. Die Zahl der vorzulegenden Exemplare bestimmt der Prüfungsausschuss.

> Der Prüfling hat schriftlich zu erklären, dass er die Ausbildungssituation selbstständig ausgewählt und ausgearbeitet hat.

Gliederung einer Ausbildungssituation bei praktischer Durchführung

Entwurf

Bei der **praktischen** Durchführung einer Ausbildungssituation in der Form der Unterweisungsprobe hat der Prüfling die Ausbildungssituation als Unterweisungsentwurf anzufertigen und die Unterweisung selbst durchzuführen.

Inhalt

Der Inhalt des Unterweisungsentwurfs kann in Bezug auf Planung und Durchführung der Unterweisung wie folgt gegliedert werden:

Planung

> **Planung der Ausbildungssituation (schriftlicher Entwurf)**

- Struktur des gewählten Unterweisungsthemas und dessen Einordnung im Ausbildungsrahmenplan festlegen.
- Erläuterung der Lernvoraussetzungen des Auszubildenden (Alter, Ausbildungsjahr, Ausbildungsstand, Vorkenntnisse usw.) vornehmen und Motivationshilfen vorsehen.
- Formulierung des Qualifikationsziels der Ausbildungssituation und deren Teilziele – Fertigkeiten, Kenntnisse, Fähigkeiten, Handlungskompetenz (Persönlichkeits-, Fach- und Sozialkompetenz) –, die durch die Unterweisung erreicht werden sollen.
- Wahl und Festlegung der Unterweisungsmethode (z. B. Vier-Stufen-Methode) bezogen auf Thema, Ziele, methodisches Vorgehen und Ablaufgestaltung.
- Gliederung des Unterweisungsstoffes in logisch aufeinander folgende Lernabschnitte und Teilvorgänge auf der Grundlage einer Arbeitszergliederung mit Herausstellung der Kernpunkte und Begründungen.
- Zeitrahmen und Zeitverteilung für die einzelnen Unterweisungsschritte.
- Festlegung des Einsatzes von erforderlichen Ausbildungsmitteln (Maschinen, Werkzeuge, Materialien und weitere Medien).
- Hinweise auf Unfallverhütungsvorschriften.
- Einplanung der Kontrolle des Unterweisungserfolges.
- Maßnahmen zur Erfolgssicherung (Üben, Anwenden, Transfer).

Durchführung

> **Durchführung der Ausbildungssituation**

1. Stufe:

- Vorbereitung des Auszubildenden:
  - Befangenheit nehmen
  - Kontakt herstellen
  - Interesse wecken
  - Motivation vermitteln.
- Vorbereitung des Unterweisungsplatzes.
- Heranführen des Lehrlings an die Unterweisungsaufgabe und deren Erläuterung.
- Ermitteln der Vorkenntnisse und Anknüpfungspunkte daran erklären.
- Richtige Aufstellung am Ausbildungsplatz.

2. Stufe:

- Vorführung der Unterweisungsaufgabe seitens des Unterweisers durch Zeigen und Erklären.
- Vorgehensweise begründen.
- Lernschritte und Teilvorgänge auf der Basis der Arbeitszergliederung erläutern, Kernpunkte herausstellen und begründen.
- Auf zweckmäßigen Einsatz der Ausbildungsmittel achten.
- Auf Unfallverhütungs- und Arbeitssicherheitsaspekte hinweisen.

3. Stufe:
- Eigene Ausführung durch den Auszubildenden veranlassen und den Unterweisungsvorgang in Lernschritten erklären und begründen lassen, dabei Verständnis- und Kontrollfragen stellen.
- Dem Lehrling bei Unsicherheit helfen bzw. Fehler verbessern.
- Kontrolle des Lernerfolges vornehmen, bei guter Leistung des Lehrlings Anerkennung und Lob aussprechen, sachliche Kritik äußern, wenn erforderlich.

4. Stufe:
- Üben und Festigen des Gelernten beim Lehrling veranlassen, um den Ausbildungserfolg abzusichern.
- Zusammenfassung aller wesentlichen Punkte.
- Den Bezug der gelernten Ausbildungssituation zur Berufspraxis herstellen und auf die Notwendigkeit der Vertiefung und Übertragung auf andere Berufsarbeiten hinweisen.

> Der hier dargestellten Gliederung einer Ausbildungssituation bei praktischer Durchführung liegt die im Handwerk am meisten praktizierte Vier-Stufen-Methode zur Unterweisung zugrunde.
> Bei der Beurteilung und Bewertung des Entwurfs der Ausbildungssituation und der praktischen Durchführung orientieren sich die Prüfungsausschüsse in der Regel im Wesentlichen an den obigen Gliederungspunkten und an nachstehenden zusätzlichen, das Gesamtverhalten des Unterweisenden betreffenden Bewertungskriterien:

Weitere Bewertungskriterien

- Einhaltung des festgelegten zeitlichen Rahmens
- Reagieren des Prüflings auf Probleme, die während der Unterweisung auftreten
- Umgangsformen des Unterweisers mit dem Auszubildenden
- klare und deutliche Sprache
- Stilelemente des Unterweisungsgesprächs wie Stimme, Wortwahl, Blickkontakt
- Fragetechnik
- Auftreten des Unterweisers (Körperhaltung, Gestik, Mimik, selbstsicher, kontaktfreudig, partnerschaftlich)
- Übereinstimmung des Entwurfs der Ausbildungssituation mit der praktischen Durchführung.

Gliederung einer Ausbildungssituation als Präsentation

>> Abschnitt 3.4.3

Inhaltliche Schwerpunkte des Fachgesprächs

> Das Fachgespräch wird vom Prüfungsausschuss mit dem Prüfling geführt. Es ist Bestandteil des praktischen Prüfungsteils. Im Fachgespräch hat der Prüfling seine Kriterien für die **Auswahl** und **Gestaltung** der Ausbildungssituation zu **begründen.** Dabei besteht grundsätzlich kein Unterschied, ob die Ausbildungssituation praktisch durchgeführt oder als Präsentation dargestellt wurde.

Der zeitliche Umfang wird vom Prüfungsausschuss festgelegt. In der Praxis hat sich eine Gesprächsdauer von ca. 15 Minuten als zweckmäßig erwiesen. Rechnet man für die praktische Durchführung oder die Präsentation der Ausbildungssituation ebenfalls mit einem Zeitabschnitt von ca. 15 Minuten, dann wird die Gesamtprüfungszeit für den praktischen Prüfungsteil von Teil IV der Meisterprüfung von insgesamt 30 Minuten eingehalten.

Verhaltensregeln

Als allgemeine Verhaltensregeln werden dem Prüfling für das Fachgespräch u. a. empfohlen:

- Treten Sie sicher und mit ausgewogenem Selbstbewusstsein und ordentlicher Haltung auf, ohne überheblich zu wirken!
- Achten Sie darauf, dass von Anfang an Blickkontakt mit dem Fragen stellenden Prüfer besteht und dieser, auch während Sie als Prüfling reden, weiterbesteht!
- Denken Sie daran, dass Sie beim Reden Lautstärke, Stimmlage, Wortwahl, Sprechtempo, Verständlichkeit, Deutlichkeit und Wirkung der Sprache beachten!
- Ordnen Sie Ihre Gedanken zur Beantwortung der Fragen, bevor Sie sprechen!

Begründung der Kriterien zur Auswahl und Gestaltung der Ausbildungssituation im Rahmen des Fachgesprächs

Begründung der Kriterien Kernbereiche

Das Fachgespräch hat sich auf die Begründung der Kriterien zur Auswahl und Gestaltung der Ausbildungssituation zu beziehen.
Wichtige Kernbereiche, in denen der Prüfling die Kriterien für die Auswahl und Gestaltung der Ausbildungssituation begründen sollte, sind:

- Wahl des Themas der Ausbildungssituation (z. B.: Warum wurde dieses Thema ausgewählt? Welche Auswahlmerkmale gelten grundsätzlich?)
- Ausbildungsabschnitt (z. B.: Warum wurde dieser Ausbildungsabschnitt ausgewählt? Welchen Stellenwert hat er im betrieblichen Ausbildungsplan oder im Rahmenstoffplan des Berufes?)
- Qualifikationsziel und deren Teilziele (z. B. Fertigkeiten, Kenntnisse und Fähigkeiten)
- Untersuchung der Lernvoraussetzungen des Lehrlings (z. B.: Warum sind diese so wichtig? Welche Voraussetzungen sollten immer in die Analyse einbezogen werden? Wurden die allgemein üblichen Voraussetzungen vom Prüfling auch angemessen berücksichtigt?)
- Aufbau der Ausbildungssituation (z. B.: Warum wurde die sachlich-fachliche Strukturierung so vorgenommen?)
- Auswahl und Festlegung der Ausbildungsmethode (z. B.: Warum wurde diese Methode ausgewählt? Welche anderen Methoden hätten außerdem zum Einsatz kommen können?)
- Ablaufgestaltung der Ausbildungssituation (z. B.: Warum wurde die Arbeitszergliederung so vorgenommen? Was waren die zentralen Überlegungen des Prüflings für die Ablaufgestaltung? Warum wurde die zeitliche Gliederung so gestaltet? Warum ist die Herausstellung von Kernpunkten so wichtig?)
- Auswahl und Gestaltung der Ausbildungsmittel und Medien (z. B.: Warum wurden diese Ausbildungsmedien eingesetzt? Welche anderen Ausbildungsmittel wären außerdem denkbar und sachgerecht gewesen?)
- Ausbildungserfolgskontrolle und Erfolgssicherung (z. B.: Warum ist die Erfolgskontrolle so wichtig? Warum hat der Prüfling gerade diese Formen der Ausbildungserfolgskontrolle gewählt? Warum hat er sich nicht für andere Formen entschieden? Wie kann man die Erfolgssicherung erreichen?)

Für die Bewertung der Ergebnisse des Fachgesprächs gelten u.a. folgende Gesichtspunkte:

Bewertungskriterien

> Sachliche Richtigkeit und Qualität der Begründungen für die oben angesprochenen Kernbereiche der Kriterien zur Auswahl und Gestaltung der Ausbildungssituation. Kompetente Antworten auf die gestellten Fragen.
> Berufs- und arbeitspädagogische Kompetenz in der Gesamtbeurteilung.
> Auftreten, Ausdrucksfähigkeit, Argumentationsfähigkeit sowie Problemlösungsverhalten des Prüflings.

4.4.2.7 Befreiungen von Prüfungsteilen, Prüfungsbereichen, Prüfungsfächern oder Handlungsfeldern

Es gibt gesetzliche und antragsgebundene Befreiungen.

Gesetzliche Befreiungen

1. Der Prüfling ist von der Ablegung einzelner **Teile** der Meisterprüfung befreit, wenn er eine dem jeweiligen Teil der Meisterprüfung vergleichbare Prüfung aufgrund einer nach § 42 oder § 51a Abs. 1 in Verbindung mit Abs. 2 der Handwerksordnung oder § 53 des Berufsbildungsgesetzes erlassenen Rechtsverordnung abgelegt hat.
   Das Gleiche gilt, wenn der Prüfling eine andere vergleichbare Prüfung vor einer öffentlichen oder staatlich anerkannten Bildungseinrichtung oder vor einem staatlichen Prüfungsausschuss erfolgreich abgelegt hat.
   Unter diese beiden genannten Bereiche fallen u.a. Fortbildungsabschlüsse, die Meisterprüfungen in zulassungsfreien Handwerken oder handwerksähnlichen Gewerben, die Meisterprüfungen in der Landwirtschaft und der Hauswirtschaft. Weitere vergleichbare Prüfungen sind z.B. die Ausbildereignungsprüfung oder Abschlüsse eines betriebswirtschaftlichen Studiums.
2. Der Prüfling ist von der Ablegung der **Prüfungsteile III und IV** befreit, wenn er die Meisterprüfung in einem anderen zulassungspflichtigen oder zulassungsfreien Handwerk oder in einem handwerksähnlichen Gewerbe bestanden hat. Die Befreiung von den Prüfungsteilen III und IV ist deshalb ausdrücklich geregelt, weil die Prüfungen in diesen Teilen für alle zulassungspflichtigen und zulassungsfreien Handwerke und handwerksähnlichen Gewerbe nach den gleichen Vorschriften der AMVO abgehalten werden.
3. Prüflinge, die andere deutsche staatliche oder staatlich anerkannte Prüfungen mit Erfolg abgelegt haben, sind auf Antrag durch den Meisterprüfungsausschuss von **einzelnen Teilen der Meisterprüfung** zu befreien, wenn bei diesen Prüfungen mindestens die gleichen Anforderungen gestellt werden wie in der Meisterprüfung. Der Abschlussprüfung an einer deutschen Hochschule gleichgestellt sind Diplome, die nach Abschluss einer Ausbildung von mindestens 3 Jahren oder einer Teilzeitausbildung von entsprechender Dauer an einer Universität, einer Hochschule oder einer anderen Ausbildungseinrichtung mit gleichwertigem Ausbildungsniveau in einem anderen Mitgliedsstaat der EU, einem anderen Vertragsstaat des Abkommens über den Europäischen Wirtschaftsraum oder in der Schweiz erteilt wurden. Für den Fall, dass neben dem

Befreiungen auf Antrag

Studium eine Berufsausbildung gefordert wird, ist zusätzlich der Nachweis zu erbringen, dass diese abgeschlossen ist.

4. Der Prüfling ist auf Antrag von der Ablegung der Prüfung in gleichartigen Prüfungsbereichen, Prüfungsfächern oder Handlungsfeldern durch den Meisterprüfungsausschuss zu befreien, wenn er die Meisterprüfung in einem anderen zulassungspflichtigen oder zulassungsfreien Handwerk oder handwerksähnlichen Gewerbe bestanden hat oder eine andere vergleichbare Prüfung vor einer öffentlichen oder staatlich anerkannten Bildungseinrichtung oder vor einem staatlichen Prüfungsausschuss erfolgreich abgelegt hat.
5. Der Meisterprüfungsausschuss entscheidet auf Antrag des Prüflings auch über Befreiungen aufgrund ausländischer Bildungsabschlüsse.

Anträge auf Befreiungen sind schriftlich beim zuständigen Meisterprüfungsausschuss zu stellen. Die Nachweise über die Befreiungsgründe sind beizufügen.

4.4.2.8 Prüfungsergebnis, Prüfungszeugnis

Durch die rechtliche Selbstständigkeit der vier Prüfungsteile muss das Prüfungsergebnis für jeden Prüfungsteil getrennt festgestellt werden. Nach jedem Prüfungsteil ist dem Prüfling über das Ergebnis der Prüfung ein schriftlicher Bescheid mit Rechtsbehelfsbelehrung zu erteilen, aus dem die jeweilige Note hervorgehen muss. Die Meisterprüfung ist insgesamt bestanden, wenn jeder der vier Teile der Meisterprüfung bestanden worden ist. Hierfür sind in jedem Prüfungsteil insgesamt ausreichende Leistungen zu erbringen sowie die sonstigen in den Meisterprüfungsverordnungen vorgeschriebenen Mindestvoraussetzungen zu erfüllen. Die Befreiung von einem Teil der Meisterprüfung steht dem Bestehen dieses Teils gleich. Über das Bestehen der Meisterprüfung insgesamt ist vom zuletzt tätig gewordenen, fachlich zuständigen Meisterprüfungsausschuss ein Zeugnis auszustellen. Aus diesem Zeugnis müssen die in den Prüfungsteilen erzielten Noten sowie Befreiungen unter Angabe der Rechtsgrundlage hervorgehen.

Das Zeugnis ist vom Vorsitzenden des Meisterprüfungsausschusses zu unterschreiben oder mit einer Namenswiedergabe zu versehen und von der Handwerkskammer zu beglaubigen.

4.4.2.9 Wiederholung der Meisterprüfung

Wiederholungsprüfungen

Die einzelnen nicht bestandenen Teile der Meisterprüfung können dreimal wiederholt werden.

4.4.2.10 Meistertitel, Meisterbrief

> Die Ausbildungsbezeichnung Meister/Meisterin in Verbindung mit einem zulassungspflichtigen Handwerk oder in Verbindung mit einer anderen Ausbildungsbezeichnung, die auf eine Tätigkeit in einem oder mehreren zulassungspflichtigen Handwerken hinweist, darf nur führen, wer für dieses zulassungspflichtige Handwerk oder für diese zulassungspflichtigen Handwerke die Meisterprüfung bestanden hat.

Der Meistertitel ist gesetzlich geschützt. Wer die Meisterprüfung bestanden hat, hat damit auch den Fortbildungsabschluss „Bachelor Professional“ erlangt.

Der Meistertitel

- stärkt das Ansehen des Handwerkers in der Öffentlichkeit,
- ist eine gute Voraussetzung für die Sicherung eines qualifizierten Berufsnachwuchses,
- ist Motivation für die Gründung von selbstständigen Existenzen und Erfolgsmodell für modernes, kreatives und flexibles unternehmerisches Denken und Handeln in unserer Gesellschaft,
- ist Garant für die Qualität und Innovation von Produkten und Dienstleistungen des Handwerks und für Wettbewerbsfähigkeit,
- schafft durch Fachwissen und Problemlösungskompetenz Vertrauen beim Verbraucher,
- ist Leitbild für ein modernes, leistungs- und anpassungsfähiges sowie kundenorientiertes Handwerk.

Meisterbrief

Auf Antrag kann die Handwerkskammer gegen Entrichtung einer Gebühr einen Meisterbrief ausstellen. Der Meisterbrief wird meist in Schmuckblattform grafisch gestaltet und beurkundet das Prüfungsergebnis, jedoch ohne Angabe der Prüfungsnoten. Manche Handwerkskammern erstellen den Meisterbrief in Schmuckblattform ohne besonderen Antrag automatisch und verteilen die Meisterbriefe bei einer Meisterfeier.
In der Europäischen Union (EU) ist der Meisterbrief als Spitzenqualifikation unter den Berufsabschlüssen anerkannt.

4.4.2.11 Aufsicht

Die Höhere Verwaltungsbehörde führt die Aufsicht über die Meisterprüfungsausschüsse.

4.4.3 Meisterprüfung in einem zulassungsfreien Handwerk oder in einem handwerksähnlichen Gewerbe (Anlage B zur Handwerksordnung)

Meisterprüfungen können nur in solchen zulassungsfreien Handwerken oder handwerksähnlichen Gewerben abgelegt werden, für die eine Ausbildungsordnung erlassen wurde.

4.4.3.1 Rechtsgrundlagen

Handwerksordnung, AMVO

Die gesetzlichen Vorschriften zur Ablegung der freiwilligen Meisterprüfung basieren auf den Inhalten der Handwerksordnung und auf der Verordnung über gemeinsame Anforderungen in der Meisterprüfung im Handwerk und in den handwerksähnlichen Gewerben (AMVO).

4.4.3.2 Ziel der Meisterprüfung

Durch die Meisterprüfung ist festzustellen, ob der Prüfling eine besondere Befähigung in einem zulassungsfreien Handwerk oder in einem handwerksähnlichen Gewerbe erworben hat und Lehrlinge ordnungsgemäß ausbilden kann.

4.4.3.3 Zuständigkeit, Meisterprüfungsausschüsse

Handwerkskammer

Die Handwerkskammer führt Prüfungen durch und errichtet zu diesem Zweck Prüfungsausschüsse. In diesem Fall handelt es sich also um Kammer-Ausschüsse und nicht um staatliche Prüfungsbehörden wie in der Anlage A. Die Regelung über die Zusammensetzung der Meisterprüfungsausschüsse für zulassungsfreie Handwerke oder handwerksähnliche Gewerbe entspricht strukturell den Regelungen zur Besetzung der Meisterprüfungsausschüsse in den zulassungspflichtigen Handwerken.

Zusammensetzung des Meisterprüfungsausschusses

Der Meisterprüfungsausschuss besteht aus 4 Mitgliedern, für die Stellvertreter zu berufen sind. Sie werden längstens für 5 Jahre ernannt. Die Abnahme und abschließende Bewertung der einzelnen Prüfungsleistungen wird von Prüfungskommissionen (>> Abschnitt 4.4.2.3) vorgenommen, die vom Meisterprüfungsausschuss berufen werden.

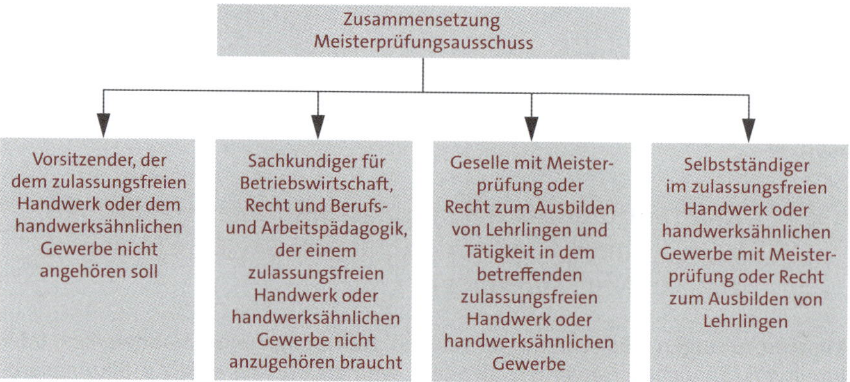

Die Mitglieder des Meisterprüfungsausschusses können aus wichtigem Grund abberufen werden.

4.4.3.4 Zulassung zur Prüfung

Zur Prüfung ist zuzulassen, wer eine Gesellenprüfung oder eine Abschlussprüfung in einem anerkannten Ausbildungsberuf bestanden hat. Die Handwerkskammer kann auf Antrag in Ausnahmefällen von der Zulassungsvoraussetzung befreien. Für die Ablegung des Teils III der Meisterprüfung entfällt die Zulassungsvoraussetzung.

4.4.3.5 Gliederung und Inhalt der Prüfung

Grundsatzregelung

Als Grundlage für ein geordnetes und einheitliches Meisterprüfungswesen für zulassungsfreie Handwerke oder handwerksähnliche Gewerbe kann das Bundesministerium für Wirtschaft und Klimaschutz im Einvernehmen mit dem Bundesministerium für Bildung und Forschung durch Rechtsverordnung, die nicht der Zustimmung des Bundesrates bedarf, bestimmen,

> welche Fertigkeiten und Kenntnisse in den einzelnen zulassungsfreien Handwerken oder handwerksähnlichen Gewerben zum Zwecke der Meisterprüfung zu berücksichtigen sind (Meisterprüfungsberufsbild B),
> welche Anforderungen in der Meisterprüfung zu stellen sind.

Eine solche Regelung erfolgt nur für zulassungsfreie Handwerke oder handwerksähnliche Gewerbe, für die eine Ausbildungsordnung nach der Handwerksordnung oder nach dem Berufsbildungsgesetz erlassen worden ist. Dies stellt sicher, dass die Fortbildung, die zum Meister führt, mit einer angemessenen Erstausbildung verknüpft ist.

Gliederung

Die Meisterprüfung in zulassungsfreien Handwerken und handwerksähnlichen Gewerben der Anlage B zur Handwerksordnung umfasst folgende selbstständige Prüfungsteile:

> die Prüfung der meisterhaften Verrichtung der Tätigkeiten im jeweiligen Handwerk oder im jeweiligen handwerksähnlichen Gewerbe (Teil I),
> die Prüfung besonderer fachtheoretischer Kenntnisse im jeweiligen Handwerk oder im jeweiligen handwerksähnlichen Gewerbe (Teil II),
> die Prüfung besonderer betriebswirtschaftlicher, kaufmännischer und rechtlicher Kenntnisse (Teil III) und
> die Prüfung der erforderlichen berufs- und arbeitspädagogischen Kenntnisse (Teil IV).

Prüfungsanforderungen

Die Prüfungsanforderungen in den Teilen I und II bestimmen sich nach den für die einzelnen Gewerbe der Anlage B zur Handwerksordnung erlassenen Rechtsverordnungen oder nach übergangsweise geltenden, früher erlassenen Vorschriften.
Für die Prüfungsanforderungen in den Teilen III und IV gelten die in der Verordnung über gemeinsame Anforderungen in der Meisterprüfung im Handwerk und in den

handwerksähnlichen Gewerben (AMVO) geregelten Vorgaben (auch >> Abschnitt 4.4.2.6).
Die Grundstruktur und die grundsätzlichen Prüfungsanforderungen entsprechen in wesentlichen Punkten den Regelungen für Meisterprüfungen in den zulassungspflichtigen Handwerken.
Die Meisterprüfung in einem zulassungsfreien Handwerk oder in einem handwerksähnlichen Gewerbe ist aber, anders als bei den zulassungspflichtigen Handwerken, nicht Zugangsvoraussetzung zur selbstständigen Berufsausübung. Vielmehr ist dieser Meisterabschluss ein Gütesiegel und als Ausweis einer gegenüber anderen Selbstständigen in einem zulassungsfreien Handwerk oder handwerksähnlichen Gewerbe herausgehobenen Qualifikation ausgestaltet. Damit ist jedoch kein Niveauunterschied und keine qualitativ unterschiedliche Wertigkeit zwischen den beiden Meisterprüfungsabschlüssen der Anlagen A und B der Handwerksordnung verbunden.

Herausgehobene Qualifikation

Das gegenüber anderen Selbstständigen herausgehobene Niveau des Meisters ergibt sich aus der Anforderung, Tätigkeiten in dem betreffenden zulassungsfreien Handwerk oder handwerksähnlichen Gewerbe meisterhaft verrichten zu können und höherwertige, „besondere“ fachtheoretische sowie betriebswirtschaftliche/kaufmännische und rechtliche Kenntnisse nachweisen zu müssen. Außerdem müssen die berufs- und arbeitspädagogischen Kenntnisse, wie bei den Meistern der zulassungspflichtigen Handwerke, nachgewiesen werden. Auch dies hebt den Meister in einem zulassungsfreien Handwerk oder in einem handwerksähnlichen Gewerbe gegenüber anderen Selbstständigen in diesen Bereichen ab.

4.4.3.6 Befreiungen

Für Befreiungen gelten hier die Befreiungsregelungen für die Meisterprüfung in einem zulassungspflichtigen Handwerk entsprechend (>> Abschnitt 4.4.2.7).

4.4.3.7 Prüfungsverfahren

Um eine bundesweite Einheitlichkeit zu erreichen, kann das Bundesministerium für Wirtschaft und Klimaschutz eine Rechtsverordnung über das Zulassungs- und Prüfungsverfahren erlassen. Solange diese noch nicht vorliegt, ist die bisher gültige Meisterprüfungsverfahrensverordnung auch auf die Meisterprüfungen in Gewerben der Anlage B zur Handwerksordnung anzuwenden (>> Abschnitt 4.4.3.1).

4.4.3.8 Prüfungsergebnis, Prüfungszeugnis, Wiederholung der Meisterprüfung

Diesbezüglich gelten die gleichen Vorschriften wie bei der Meisterprüfung in einem zulassungspflichtigen Handwerk (>> Abschnitt 4.4.2.8 und 4.4.2.9).

4.4.3.9 Ausbildungsbezeichnung Meister/Meisterin

Die Ausbildungsbezeichnung Meister/Meisterin in Verbindung mit einem zulassungsfreien Handwerk oder handwerksähnlichen Gewerbe darf nur führen, wer die Meisterprüfung in diesem Handwerk oder Gewerbe bestanden hat.
Der Meistertitel ist somit auch für diesen Bereich gesetzlich geschützt. Ein Meisterbrief wird von der Handwerkskammer ausgestellt.

Wer die Meisterprüfung bestanden hat, hat damit auch den Fortbildungsabschluss „Bachelor Professional" erlangt.

4.4.4 Ausbildereignungsprüfung

Rechtsgrundlagen

Wofür die Ausbildereignungsprüfung abzulegen ist, wurde unter >> Abschnitt 1.5.1.2 erläutert.

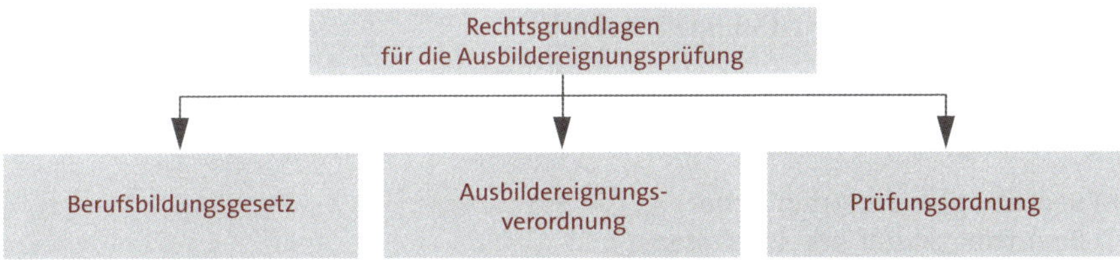

Handlungsfelder

Ziel der Ausbildereignungsprüfung ist der Nachweis der berufs- und arbeitspädagogischen Qualifikation zum selbstständigen Planen, Durchführen und Kontrollieren in folgenden vier Handlungsfeldern:

1. Ausbildungsvoraussetzungen prüfen und Ausbildung planen
2. Ausbildung vorbereiten und bei der Einstellung von Auszubildenden mitwirken
3. Ausbildung durchführen
4. Ausbildung abschließen.

Prüfungsteile

Die Prüfung besteht aus einem schriftlichen und einem praktischen Teil.

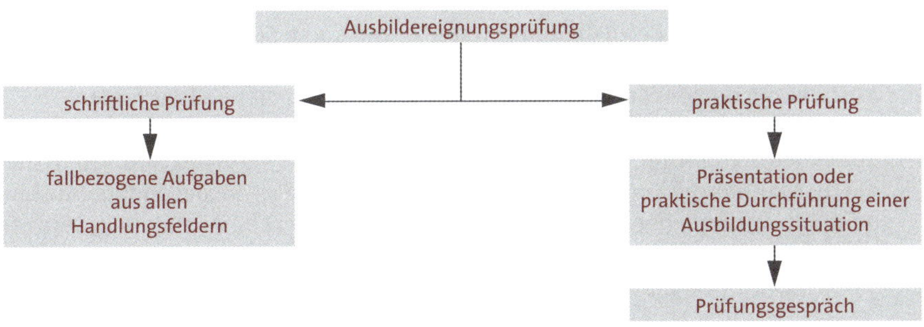

Die Prüfung ist bestanden, wenn jeder Prüfungsteil mit mindestens „ausreichend" bewertet wurde. Innerhalb eines Prüfungsverfahrens kann eine nicht bestandene Prüfung zweimal wiederholt werden. Ein bestandener Prüfungsteil kann dabei angerechnet werden.

Inhalte der Prüfung

Im schriftlichen Teil der Prüfung sind fallbezogene Aufgaben aus allen Handlungsfeldern zu bearbeiten. Die schriftliche Prüfung soll 3 Stunden dauern. Der praktische Teil der Prüfung sieht als Regelfall eine Präsentation einer Ausbildungssituation und ein Fachgespräch mit einer Dauer von insgesamt höchstens 30 Minuten vor. Hierfür wählt der Prüfungsteilnehmer eine berufstypische Ausbildungssituation aus. Die Präsentation soll 15 Minuten nicht überschreiten. Die Auswahl und Gestaltung der Ausbildungssituation sind im Fachgespräch zu erläutern.
Anstelle der Präsentation kann eine Ausbildungssituation auch praktisch durchgeführt werden.
Die Ausführungen in >> Abschnitt 4.4.2.6 gelten, soweit sie **die praktische Prüfung** von **Teil IV** der Meisterprüfung betreffen (Grundsätzliches zur Ausbildungssituation, deren Gliederung bei praktischer Durchführung oder Präsentation sowie inhaltliche Schwerpunkte und Kriterien des Fachgesprächs), entsprechend.
Die Prüfungsausschüsse sind für den Bereich des Handwerks bei der Handwerkskammer errichtet. In den übrigen Bereichen bestehen Prüfungsausschüsse bei den für die Berufsbildung zuständigen Stellen.

Zusammensetzung des Prüfungsausschusses:

Prüfungsausschuss

Der **Prüfungsausschuss** besteht aus mindestens 3 Mitgliedern:

> 1 Beauftragter der Arbeitgeber
> 1 Beauftragter der Arbeitnehmer
> 1 Lehrkraft an einer berufsbildenden Schule.

Zeugnis

Über die bestandene Prüfung ist dem Prüfungsteilnehmer ein Zeugnis auszustellen, aus dem hervorgeht, dass er die berufs- und arbeitspädagogische Qualifikation nach der Ausbildereignungsverordnung durch seine Prüfungsleistungen nachgewiesen hat.
Der Prüfungsteilnehmer hat eine Prüfungsgebühr zu entrichten.
Eine nicht bestandene Prüfung kann zweimal wiederholt werden.

Handlungsfelder

Handlungsfeld 1: Ausbildungsvoraussetzungen prüfen und Ausbildung planen

Die Ausbilder und Ausbilderinnen sind dabei in der Lage,

1. die Vorteile und den Nutzen betrieblicher Ausbildung darzustellen und zu begründen,
2. bei den Planungen und Entscheidungen hinsichtlich des betrieblichen Ausbildungsbedarfs auf der Grundlage der rechtlichen, tarifvertraglichen und betrieblichen Rahmenbedingungen mitzuwirken,
3. die Strukturen des Berufsbildungssystems und seine Schnittstellen darzustellen,
4. Ausbildungsberufe für den Betrieb auszuwählen und dies zu begründen,
5. die Eignung des Betriebes für die Ausbildung in dem angestrebten Ausbildungsberuf zu prüfen sowie zu prüfen, ob und inwieweit Ausbildungsinhalte durch Maßnahmen außerhalb der Ausbildungsstätte, insbesondere Ausbildung im Verbund, überbetriebliche und außerbetriebliche Ausbildung, vermittelt werden können,

6. die Möglichkeiten des Einsatzes von auf die Berufsausbildung vorbereitenden Maßnahmen einzuschätzen sowie
7. im Betrieb die Aufgaben der an der Ausbildung Mitwirkenden unter Berücksichtigung ihrer Funktionen und Qualifikationen abzustimmen.

Handlungsfeld 2: Ausbildung vorbereiten und bei der Einstellung von Auszubildenden mitwirken

Die Ausbilder und Ausbilderinnen sind dabei in der Lage,

1. auf der Grundlage einer Ausbildungsordnung einen betrieblichen Ausbildungsplan zu erstellen, der sich insbesondere an berufstypischen Arbeits- und Geschäftsprozessen orientiert,
2. die Möglichkeiten der Mitwirkung und Mitbestimmung der betrieblichen Interessenvertretungen in der Berufsbildung zu berücksichtigen,
3. den Kooperationsbedarf zu ermitteln und sich inhaltlich sowie organisatorisch mit den Kooperationspartnern, insbesondere der Berufsschule, abzustimmen,
4. Kriterien und Verfahren zur Auswahl von Auszubildenden auch unter Berücksichtigung ihrer Verschiedenartigkeit anzuwenden,
5. den Berufsausbildungsvertrag vorzubereiten und die Eintragung des Vertrages bei der zuständigen Stelle zu veranlassen sowie
6. die Möglichkeiten zu prüfen, ob Teile der Berufsausbildung im Ausland durchgeführt werden können.

Handlungsfeld 3: Ausbildung durchführen

Die Ausbilder und Ausbilderinnen sind dabei in der Lage,

1. lernförderliche Bedingungen und eine motivierende Lernkultur zu schaffen, Rückmeldungen zu geben und zu empfangen,
2. die Probezeit zu organisieren, zu gestalten und zu bewerten,
3. aus dem betrieblichen Ausbildungsplan und den berufstypischen Arbeits- und Geschäftsprozessen betriebliche Lern- und Arbeitsaufgaben zu entwickeln und zu gestalten,
4. Ausbildungsmethoden und -medien zielgruppengerecht auszuwählen und situationsspezifisch einzusetzen,
5. Auszubildende bei Lernschwierigkeiten durch individuelle Gestaltung der Ausbildung und Lernberatung zu unterstützen, bei Bedarf ausbildungsunterstützende Hilfen einzusetzen und die Möglichkeit zur Verlängerung der Ausbildungsdauer zu prüfen,
6. Auszubildenden zusätzliche Ausbildungsangebote, insbesondere in Form von Zusatzqualifikationen, zu machen und die Möglichkeit der Verkürzung der Ausbildungsdauer und die der vorzeitigen Zulassung zur Abschlussprüfung zu prüfen,
7. die soziale und persönliche Entwicklung von Auszubildenden zu fördern, Probleme und Konflikte rechtzeitig zu erkennen sowie auf eine Lösung hinzuwirken,
8. Leistungen festzustellen und zu bewerten, Leistungsbeurteilungen Dritter und Prüfungsergebnisse auszuwerten, Beurteilungsgespräche zu führen, Rückschlüsse für den weiteren Ausbildungsverlauf zu ziehen sowie
9. interkulturelle Kompetenzen zu fördern.

Handlungsfeld 4: Ausbildung abschließen

Die Ausbilder und Ausbilderinnen sind dabei in der Lage,

1. Auszubildende auf die Abschluss- oder Gesellenprüfung unter Berücksichtigung der Prüfungstermine vorzubereiten und die Ausbildung zu einem erfolgreichen Abschluss zu führen,
2. für die Anmeldung der Auszubildenden zu Prüfungen bei der zuständigen Stelle zu sorgen und diese auf durchführungsrelevante Besonderheiten hinzuweisen,
3. an der Erstellung eines schriftlichen Zeugnisses auf der Grundlage von Leistungsbeurteilungen mitzuwirken sowie
4. Auszubildende über betriebliche Entwicklungswege und berufliche Weiterbildungsmöglichkeiten zu informieren und zu beraten.

4.4.5 Finanzielle Förderung beruflicher Bildungsmaßnahmen

Es gibt im Rahmen der Förderung der Berufsbildung, insgesamt gesehen, Fördermittel für

Fortbildungsträger

- die institutionelle Förderung bzw. Projektförderung durch finanzielle Zuwendungen (Zuschüsse und Darlehen) an Fortbildungsträger im investiven Bereich (z. B. Berufsbildungs- und Technologiezentren der Handwerkskammer) und im Maßnahmenbereich (z. B. bestimmte Lehrgänge),

Fortbildungsteilnehmer

- finanzielle Zuwendungen an die Teilnehmer an Fort- und Weiterbildungsmaßnahmen unter bestimmten Voraussetzungen.

Die drei wichtigsten Hauptzuwendungsgeber sind:

- Bund
- Länder
- Bundesagentur für Arbeit.

Die wichtigsten Förderungsgesetze und Förderungsprogramme gehen aus der nachstehenden Übersicht hervor.

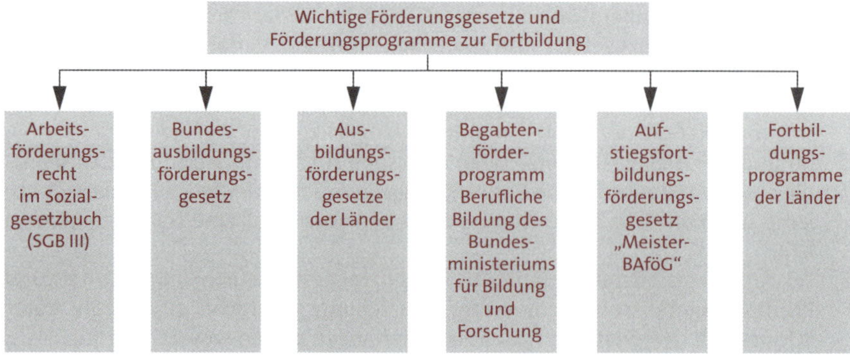

4.4.5.1 Förderung nach dem Arbeitsförderungsrecht im Sozialgesetzbuch (SGB III)

Grundsätzliches

Arbeitsförderung spielt eine große Rolle in Deutschland. Sie soll der Entstehung von Arbeitslosigkeit entgegenwirken, die Dauer von Arbeitslosigkeit verkürzen und den Ausgleich von Angebot und Nachfrage auf dem Ausbildungs- und Arbeitsmarkt unterstützen.
Die Förderung beruflicher Weiterbildung ist ein Teil der Arbeitsförderung. So ist es möglich, dass die Agentur für Arbeit bestimmte Kosten und Leistungen der Weiterbildung fördert. Hierzu gehören insbesondere:

Förderfähige Kosten

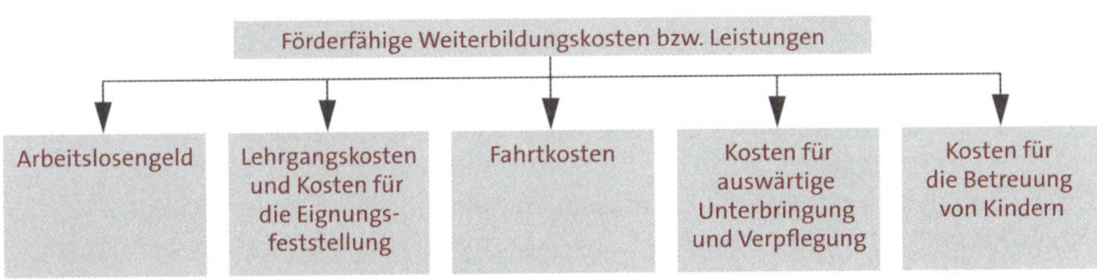

Zielgruppe für die Förderung beruflicher Weiterbildung waren lange Zeit insbesondere Geringqualifizierte. Mit dem „Qualifizierungschancengesetz" (Gesetz zur Stärkung der Chancen für Qualifizierung und für mehr Schutz in der Arbeitslosenversicherung) wurde Anfang 2019 die Weiterbildungsförderung für Beschäftigte deutlich ausgeweitet.

Bildungsgutschein

Dem Arbeitnehmer wird das Vorliegen der Voraussetzungen für eine Förderung durch einen Bildungsgutschein von der Agentur für Arbeit bescheinigt. Der Bildungsgutschein kann zeitlich befristet sowie regional und auf bestimmte Bildungsziele beschränkt werden.
Damit der Bildungsgutschein eingelöst werden kann, müssen der Träger (= Kursanbieter) sowie die konkrete Bildungsmaßnahme zugelassen sein. Hierfür sind bestimmte Kriterien wie z. B. Leistungsfähigkeit und Zuverlässigkeit zu erfüllen.

Förderung von Geringqualifizierten

Förderungsvoraussetzungen

Die Agentur für Arbeit kann (Kannförderung) Arbeitnehmer bei Teilnahme an Maßnahmen der beruflichen Weiterbildung durch Übernahme der Weiterbildungskosten und Leistung von Arbeitslosengeld (sofern Anspruch besteht) grundsätzlich fördern, wenn folgende allgemeine Voraussetzungen erfüllt sind:

> Die Weiterbildung ist notwendig, um Arbeitnehmer bei Arbeitslosigkeit beruflich einzugliedern oder eine drohende Arbeitslosigkeit abzuwenden.
> Die Weiterbildung ist erforderlich wegen Fehlens eines Berufsabschlusses.
> Die Vorbeschäftigungszeit ist erfüllt.
> Die Agentur für Arbeit hat den Arbeitnehmer vor Beginn der Teilnahme an der Weiterbildungsmaßnahme beraten.
> Die Maßnahme und der Träger der Maßnahme sind für die Förderung zugelassen.

Einen besonderen Anreiz gibt es, wenn man einen Berufsabschluss nachholt. So kann man für die Teilnahme an einer Bildungsmaßnahme ein sogenanntes Weiterbildungsgeld und bei Bestehen der Prüfung eine Prämie erhalten.

Förderung von beschäftigten Arbeitnehmerinnen und Arbeitnehmern

Die Zielsetzung dieses Förderansatzes ist die Unterstützung von Arbeitnehmerinnen und Arbeitnehmern, deren Arbeitsplatz durch neue Technologien ersetzt werden könnte oder die in sonstiger Weise vom Strukturwandel betroffen sind. Durch die Anpassung und Fortentwicklung ihrer beruflichen Kompetenzen sollen sie den zukünftigen Herausforderungen besser begegnen können.

Förderungsvoraussetzungen

Arbeitnehmerinnen und Arbeitnehmer in einem bestehenden Arbeitsverhältnis können durch volle oder teilweise Übernahme der Weiterbildungskosten gefördert werden, wenn

- Fertigkeiten, Kenntnisse und Fähigkeiten vermittelt werden, die über kurzfristige Anpassungsfortbildungen am Arbeitsplatz hinausgehen,
- der Erwerb des Berufsabschlusses mindestens 4 Jahre zurückliegt,
- keine Förderung in den letzten 4 Jahren nach dieser Regelung erfolgt ist,
- die Fortbildung außerhalb des Betriebes oder von einem zugelassenen Träger (= Kursanbieter) im Betrieb durchgeführt wird,
- die Fortbildung mehr als 120 Stunden dauert und
- Maßnahme und Träger der Maßnahme für die Förderung zugelassen sind.

4.4.5.2 Förderung nach dem Bundesausbildungsförderungsgesetz

Gefördert wird unter bestimmten Voraussetzungen der Besuch von bestimmten Schulen und Hochschulen durch Zuwendungen an die Teilnehmer.

Für die Beratung und Antragstellung ist das Amt für Ausbildungsförderung bei der Gemeinde, Stadt oder beim Landkreis zuständig.

4.4.5.3 Ausbildungsförderungsgesetze der Länder

Nach den Ausbildungsförderungsgesetzen bzw. den Ausbildungsförderungsprogrammen der Länder werden unter bestimmten Voraussetzungen Zuwendungen an Besucher berufsbildender Schulen gewährt.

4.4.5.4 Begabtenförderung „Berufliche Bildung" des Bundesministers für Bildung und Forschung

Stipendium für berufliche Weiterbildung

Fördervoraussetzungen

Nach diesem Programm können junge Handwerker bei Teilnahme an Maßnahmen zur fachbezogenen und fachübergreifenden beruflichen Weiterbildung mit bis zu 8.700,00 EUR (Stand September 2023) gefördert werden (Maßnahmekosten wie Kursgebühren, Fahrt- und Aufenthaltskosten, Prüfungskosten sowie ein IT-Bonus als Unterstützung zur Anschaffung eines Computers im ersten Förderjahr). Die Förderdauer beträgt bis zu 3 Jahre, nämlich das Jahr der Aufnahme und die 2 Folgejahre. Die Förderung wird unabhängig von der Höhe des Einkommens und Vermögens geleistet.

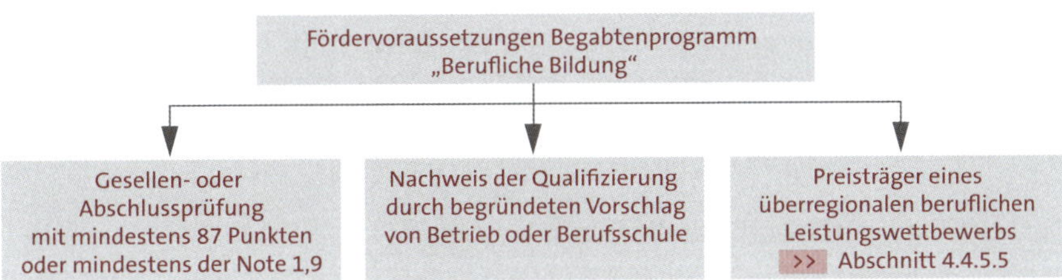

Antragstellung

Information, Beratung, Auswahl der Stipendiaten (finanziell Geförderte), Berechnung der förderfähigen Maßnahmekosten und Auszahlung des Förderbetrags erfolgen durch die zuständige Handwerkskammer, wo auch der Förderungsantrag zu stellen ist.
Die „Stiftung Begabtenförderung berufliche Bildung (SBB)" unterstützt das zuständige Bundesministerium und die Handwerkskammern bei der Durchführung des Begabtenförderungsprogrammes.

Stipendium für ein Hochschulstudium

Über dieses Programm können Personen eine Förderung erhalten, die ein Studium anstreben.
Fördervoraussetzungen sind:

- eine abgeschlossene Berufsausbildung
- Berufserfahrung von mindestens 2 Jahren
- noch kein Hochschulabschluss
- Nachweis über die besondere Leistungsfähigkeit in Ausbildung und Beruf, u. a. durch die Note der Berufsabschlussprüfung oder der Abschlussprüfung einer Aufstiegsfortbildung (Gesamtergebnis mit mindestens Note 1,9 oder 87 Punkte und mehr). Weitere Möglichkeiten sind die besonders erfolgreiche Teilnahme an einem überregionalen beruflichen Leistungswettbewerb (>> Abschnitt 4.4.5.5) oder ein begründeter Vorschlag des Arbeitgebers.
- Deutsche Staatsbürgerschaft oder das Recht auf Daueraufenthalt bzw. eine Niederlassungserlaubnis.

Mit dem Aufstiegsstipendium wird ein Erststudium in Vollzeit oder berufsbegleitend an einer staatlichen oder staatlich anerkannten Hochschule gefördert.
Für Studierende im Vollzeitstudium beträgt das Stipendium monatlich 934,00 EUR plus 80,00 EUR Büchergeld.

Zusätzlich gibt es eine Kinderbetreuungspauschale von 160,00 EUR für jedes Kind. Studierende in einem berufsbegleitenden Studiengang können jährlich 2.900,00 EUR für Maßnahmekosten erhalten.
Bewerbung, Auswahlverfahren, Aufnahme und Betreuung dieser Stipendiaten sowie die Auszahlung erfolgen nicht über die Handwerkskammer, sondern über die „Stiftung Begabtenförderung berufliche Bildung (SBB)“ in Bonn.

4.4.5.5 Deutsche Meisterschaft im Handwerk – German Craft Skills

Dieser Wettbewerb war bis zu seiner Umbenennung unter dem Namen „Leistungswettbewerb des Deutschen Handwerks“ bekannt.

> Die Deutsche Meisterschaft im Handwerk findet jährlich auf Innungs-, Handwerkskammer-, Landes- und Bundesebene statt. Ferner ist eine Teilnahme an den internationalen Wettbewerben EuroSkills und WorldSkills möglich, allerdings nur im Rahmen der dort festgelegten Wettbewerbsberufe.

Ziele

Der Leistungswettbewerb hat die folgenden Ziele:

- Herausstellen der Vorzüge der betrieblichen Ausbildung
- Stärkung des Ansehens der beruflichen Arbeit im Handwerk
- Werbung für das Handwerk
- Förderung von begabten Lehrlingen in ihrer beruflichen Entwicklung
- Sensibilisierung der Öffentlichkeit für die Bedeutung der Ausbildungsleistungen des Handwerks
- Stärkung der Rolle der Ausbildungsberater, Ausbilder, Lehrlingswarte, Mitglieder der Gesellen- und Abschlussprüfungsausschüsse und Unterstützung bei der Bewertung von Spitzenleistungen.

Teilnahme

Jeder Ausbildende bzw. Ausbilder ist aufgerufen, Lehrlinge mit überdurchschnittlichen Leistungen in der Gesellenprüfung zur Teilnahme an diesem Wettbewerb zu bewegen.

4.4.5.6 Förderung nach dem Aufstiegsfortbildungsförderungsgesetz (AFBG) – sog. „Meister-BAföG“

> Mit dem Aufstiegsfortbildungsförderungsgesetz (AFBG) werden Teilnehmer an Maßnahmen der beruflichen Aufstiegsfortbildung (höherqualifizierende Berufsbildung) unterstützt. Typische Beispiele sind die Meisterprüfung und der „Geprüfte Betriebswirt nach der Handwerksordnung“. Je nach konkreter Situation kann die Förderung die Kosten der Fortbildung und Prüfung einschließlich der Kosten für das Meisterstück sowie auch einen Beitrag zum Lebensunterhalt umfassen. Die Förderung erfolgt teils als Zuschuss, teils als Darlehen.

Förderfähige Fortbildungsmaßnahmen

> Förderfähig nach dem AFBG ist die Teilnahme an Fortbildungsmaßnahmen, die auf Fortbildungsabschlüsse nach dem Berufsbildungsgesetz, der Handwerksordnung oder auf vergleichbare Abschlüsse nach Bundes- oder Landesrecht oder Regelungen der zuständigen Stellen (z. B. Handwerkskammern) in einer fachlichen Richtung gezielt vorbereiten.

Vorbereitung auf Fortbildungsprüfungen

Der geförderte Abschluss muss über dem „Gesellen-Niveau" angesiedelt sein. Dabei ist in der Regel ein Abschluss in einem nach dem Berufsbildungsgesetz oder der Handwerksordnung anerkannten Ausbildungsberuf bzw. einem vergleichbaren bundes- oder landesrechtlich geregelten Berufsabschluss oder eine diesen Berufsabschlüssen entsprechende berufliche Qualifikation Voraussetzung. Ausnahmen hierzu kann es für Bachelor-Absolventen oder auch Studienabbrecher geben, wenn diese eine Zulassung zur angestrebten Fortbildungsprüfung erhalten können.
Die Fortbildungsmaßnahmen können aus mehreren in sich selbstständigen Abschnitten (Maßnahmeabschnitten) bestehen. In Deutschland lebende Ausländer werden unter bestimmten Voraussetzungen gefördert.
Eine Förderung ist über alle (>> Abschnitt 4.4.1.2) Fortbildungsstufen möglich. Damit können bis zu 3 Fortbildungen gefördert werden.

Förderung von Vollzeit- und Teilzeitmaßnahmen

Nach dem Gesetz ist eine Förderung der Teilnahme an Vollzeit- und Teilzeitmaßnahmen der beruflichen Aufstiegsfortbildung (höherqualifizierende Berufsbildung) möglich. Auch die Kombination von Vollzeit- und Teilzeitkursen ist grundsätzlich förderungsfähig.
Die Fortbildungsmaßnahmen sind förderungsfähig,

Vollzeitmaßnahmen

> **wenn sie in Vollzeitform**
  - mindestens 400 Unterrichtsstunden umfassen,
  - innerhalb von 36 Kalendermonaten abschließen und wenn
  - in der Regel in jeder Woche an 4 Werktagen Lehrveranstaltungen mit einer Dauer von mindestens 25 Unterrichtsstunden stattfinden.

Teilzeitmaßnahmen

> **wenn sie in Teilzeitform**
  - mindestens 400 Unterrichtsstunden umfassen,
  - innerhalb von 48 Kalendermonaten abschließen und wenn
  - monatlich mindestens 18 Unterrichtsstunden stattfinden.

Fortbildungsabschlüsse für die erste Fortbildungsstufe können in Teilzeit auch bei mindestens 200 Unterrichtsstunden innerhalb von 36 Monaten gefördert werden. Zusätzlich werden die im Lehrplan des Bildungsträgers verbindlich vorgesehenen Klausurenkurse und Prüfungssimulationen mit bis zu 10 Prozent der nach dem AFBG förderfähigen Gesamtstunden der Unterrichtsstunden, höchstens aber 50 Stunden, als förderfähig anerkannt. Der Träger der Fortbildungsmaßnahmen muss die im Gesetz vorgesehenen Eignungskriterien erfüllen.
Unter bestimmten Voraussetzungen werden auch Fortbildungsmaßnahmen gefördert, die in neuen Lernformen (z. B. Einsatz elektronischer Medien in Kombination mit Präsenzunterricht oder entsprechender mediengestützter Kommunikation) durchgeführt werden. Dabei müssen regelmäßige Erfolgskontrollen stattfinden.

Vollzeit-maßnahmen

Förderfähige Kosten und Art der Förderung

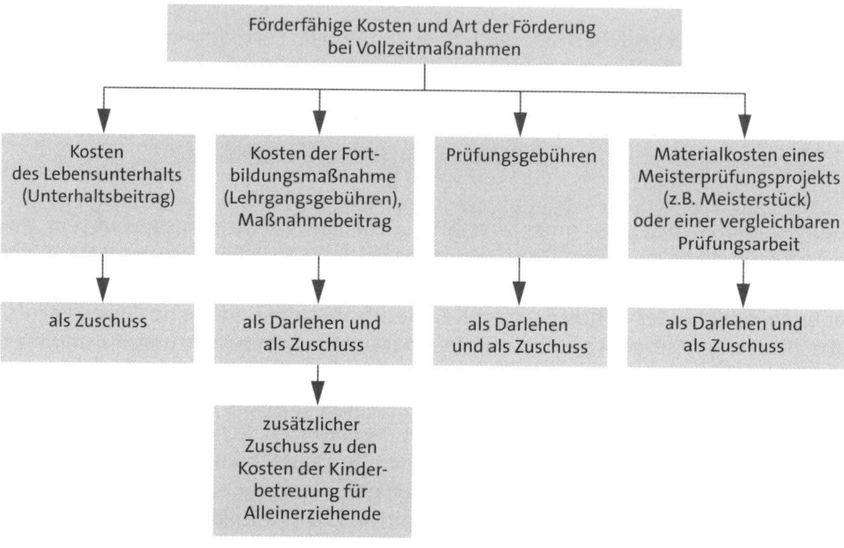

Teilzeit-maßnahmen

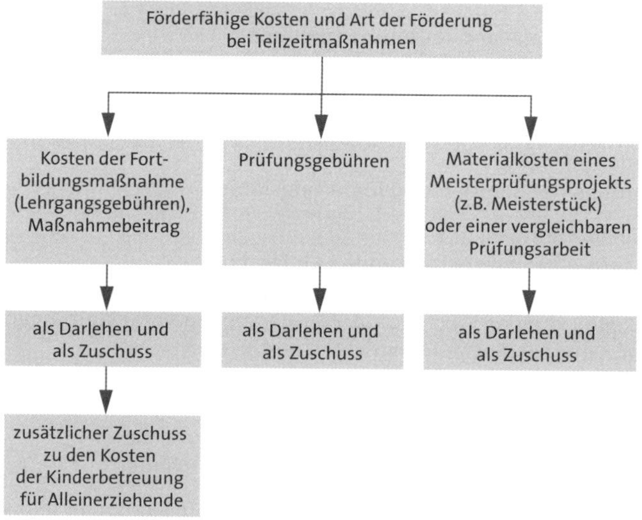

Höhe der Förderungsbeträge

Lebensunterhalt

Die Höhe der Förderungsbeträge zum Lebensunterhalt ist abhängig vom Einkommen und Vermögen des Fortbildungsteilnehmers und ggf. seines nicht dauernd getrennt lebenden Ehegatten. Einkommen und Vermögen sind auf den Unterhaltsbedarf anzurechnen.
Vom Vermögen bleiben anrechnungsfrei:

- für den Teilnehmer selbst 45.000,00 EUR
- für den Ehegatten 2.300,00 EUR
- für jedes Kind des Teilnehmers 2.300,00 EUR.

Zur Vermeidung unbilliger Härten kann ein weiterer Teil des Vermögens (z. B. selbst genutztes Einfamilienhaus und Auto) anrechnungsfrei bleiben.

Die wesentlichen Förderbeträge sind:
> Unterhaltsbeitrag (nur bei Besuch von Vollzeitmaßnahmen):
  - 963,00 EUR – 1.198,00 EUR je nach Familienstand
  - 235,00 EUR je Kind
  - für Alleinerziehende zzgl. 150,00 EUR Kinderbetreuungskosten
> Förderung der Lehrgangs- und Prüfungsgebühren
  - bis zu 15.000,00 EUR, davon die Hälfte als Zuschuss
> Förderung der Materialkosten des Meisterprojekts/„Meisterstück"
  - bis zu 2.000,00 EUR, davon die Hälfte als Zuschuss

Für die Beträge, die nicht als Zuschuss, sondern als Darlehen gewährt werden, gibt es entsprechende Regelungen der Rückzahlung. Hierbei werden beispielsweise bis zu 50 Prozent bei bestandener Prüfung und bis zu 100 Prozent bei Betriebsgründung oder Betriebsübernahme unter bestimmten weiteren Bedingungen erlassen.

Antragsverfahren

Zuständige Behörde

Der Antrag auf Gewährung von Förderleistungen nach dem Aufstiegsfortbildungsförderungsgesetz ist bei der zuständigen Behörde schriftlich oder elektronisch zu stellen. Welche Behörde hierfür zuständig ist, haben die einzelnen Bundesländer im Vollzug des AFBG unterschiedlich geregelt. Jeder Antragsteller sollte sich rechtzeitig bei der zuständigen Handwerkskammer diesbezüglich informieren. Ferner ist es empfehlenswert, sich **vor** Beginn der Maßnahme über die Förderkonditionen im Einzelnen zu erkundigen und sich entsprechend beraten zu lassen.

Förderausschluss und Förderbeschränkung

Nach dem Aufstiegsfortbildungsförderungsgesetz wird die Teilnahme an einer Fortbildungsmaßnahme insbesondere in folgenden Fällen **nicht** gefördert:

> Es wird Ausbildungsförderung nach dem Bundesausbildungsförderungsgesetz geleistet.
> Es wird Arbeitslosengeld bei beruflicher Weiterbildung bzw. Arbeitslosigkeit nach dem Dritten Buch Sozialgesetzbuch oder nach dem Beruflichen Rehabilitierungsgesetz gewährt.
> Dem Teilnehmer wird ein Gründungszuschuss oder ein Existenzgründungszuschuss nach dem Dritten Buch Sozialgesetzbuch (bei Maßnahme in Vollzeitform) gewährt.
> Es werden Leistungen zur Rehabilitation nach den für einen Rehabilitationsträger im Sinne des Neunten Buches Sozialgesetzbuch geltenden Vorschriften erbracht.

Der Anspruch auf Förderung nach dem AFBG ist auf die Leistungen zum **Lebensunterhalt** beschränkt, wenn die **Kosten der Maßnahme** nach dem Dritten Buch (Sozialgesetzbuch) für Personen ohne Vorbeschäftigungszeit übernommen werden.

4.4.5.7 Fortbildungsförderung durch die Länder

In einzelnen Ländern gibt es finanzielle Förderprogramme zu beruflichen Fortbildungsmaßnahmen. Auskünfte dazu sollten bei der zuständigen Handwerkskammer eingeholt werden.

Wichtiger Hinweis

Beratung vor Teilnahme

Bei allen finanziellen Förderungsmöglichkeiten der Aus- und Fortbildung ist es empfehlenswert, sich vor Teilnahme an der einzelnen Maßnahme bei den jeweils genannten zuständigen Stellen gründlich beraten zu lassen. Nur so kann erreicht werden, dass für den einzelnen Teilnehmer, je nach seinen persönlichen Voraussetzungen, die bestmögliche Förderung nach den jeweils aktuellen Förderbeiträgen erzielt wird. Die hier dargestellten finanziellen Förderungsmaßnahmen stehen unter dem absoluten Vorbehalt, dass ständig Änderungen der Förderbedingungen eintreten können.

4.4.6 Übernahme und betriebliche Entwicklungsperspektiven

Die rechtlichen Regeln zur Übernahme sind bereits in >> Abschnitt 2.5.1.8 dargestellt.
Um gute Fachkräfte an das Unternehmen zu binden, sollte frühzeitig über die berufliche Perspektive des Mitarbeiters gesprochen werden. Die hier beschriebenen Möglichkeiten der Fort- und Weiterbildung bilden dabei das Instrumentarium, damit der Mitarbeiter für die bestehenden betrieblichen Entwicklungsperspektiven die benötigten Kompetenzen aufbauen kann.

Handlungsorientierte, fallbezogene Aufgaben

1. In Ihrem Betrieb haben zwei Lehrlinge ihre Berufsausbildung mit erfolgreich abgelegter Gesellenprüfung beendet. Bei einem abschließenden Gespräch im Betrieb wollen Sie die jungen Gesellen noch über die grundsätzliche Bedeutung und Notwendigkeit der berufsspezifischen und berufsübergreifenden Fortbildung für die Wirtschaft und ihre persönliche berufliche Weiterentwicklung und die damit verbundenen Chancen informieren.

   Aufgabe:

   a) Erklären Sie Ihren beiden jungen Gesellen, warum die berufliche Fortbildung für die Weiterentwicklung der Wirtschaft so wichtig ist!

   b) Stellen Sie dar, welche große Bedeutung die berufliche Fortbildung für jeden der beiden jungen Gesellen persönlich hat!

   >> Seite 366 |

2. Am Ende seiner Berufsausbildungsdauer kommt zu Ihnen ein in Ihrem Betrieb ausgebildeter Lehrling, der seine berufliche Zukunft durch ständiges Weiterlernen möglichst erfolgreich gestalten will, und bittet um Informationen über die wichtigsten Fortbildungseinrichtungen des Handwerks, die grundsätzlichen Fortbildungsmöglichkeiten sowie Fortbildungsprüfungen für Handwerker.

   Aufgabe:

   a) Fertigen Sie dem Lehrling eine Aufstellung über die wichtigsten Fortbildungseinrichtungen des Handwerks an!

   b) Stellen Sie dem Lehrling die wichtigsten Fortbildungsmöglichkeiten, die für ihn infrage kommen können, zusammen!

   c) Erläutern Sie ihm mögliche Prüfungen auf diesen Gebieten!

   d) Geben Sie ihm die einschlägigen weiteren Informationsstellen und Informationssysteme an!

   >> Seiten 367 bis 371 |

3. Sie haben als Ausbildende zwei Lehrlinge ausgebildet, die die Gesellenprüfung mit gutem Erfolg bestanden haben. Die jungen Handwerker wollen möglichst umfassend über die wichtigsten Rechtsgrundlagen, Zulassungsvoraussetzungen, Prüfungsinhalte, Meistertitel sowie Vorteile und Nutzen der Meisterprüfung von Ihnen informiert werden, da sie die Absicht haben, bald die Meisterprüfung in dem von ihnen erlernten zulassungspflichtigen Handwerk abzulegen.

   Aufgabe: Informieren Sie die beiden jungen Gesellen umfassend und gehen Sie dabei auf folgende Punkte ein:

   a) Geben Sie an, wer die Prüfung abnimmt, und erklären Sie die wichtigsten Rechtsgrundlagen!

   b) Stellen Sie die Regelzulassungsvoraussetzungen dar!

   c) Erläutern Sie die Prüfungsteile und Prüfungsinhalte!

   d) Beschreiben Sie die Rechte, die mit der bestandenen Meisterprüfung verbunden sind!

   e) Stellen Sie dar, welche Vorteile und welchen Nutzen der Meistertitel für den eigenen Betrieb und das gesamte Handwerk als Teilbereich unserer Gesamtwirtschaft bringt!

   >> Seiten 371 bis 385 |

4. Seit mehreren Jahren beschäftigen Sie in Ihrem Betrieb eine Kauffrau für Büromanagement. Sie kommt zu Ihnen und teilt mit, dass sie gerne die Ausbildereignungsprüfung ablegen möchte, und bittet Sie um entsprechende Informationen.

   Aufgabe: Erläutern Sie Ihrer Mitarbeiterin die Ziele, Rechtsgrundlagen und Prüfungsinhalte dieser Prüfung!

   >> Seiten 389 bis 392 |

5. Sie haben in Ihrem Betrieb zwei Lehrlinge ausgebildet und sie nach bestandener Gesellenprüfung weiter als Arbeitnehmer beschäftigt. Da es sich um besonders fortbildungswillige junge Kollegen handelt, wollen sie sich bald fortbilden. Von älteren Kollegen haben sie erfahren, dass es bei Teilnahme an bestimmten Fortbildungsmaßnahmen finanzielle Zuwendungen auf der Basis von Förderungsgesetzen bzw. Förderungsprogrammen gibt. Die Mitarbeiter kommen zu Ihnen mit der Bitte, sie über wichtige finanzielle Förderungsmöglichkeiten zu informieren. Da Sie für Ihre Mitarbeiter eine systematische Fortbildungsplanung betreiben wollen und alle einschlägigen Fortbildungsaktivitäten unterstützen, kommen Sie dem Wunsch auf Information dieser Mitarbeiter mit einem Informationsvortrag gerne nach.

   Aufgabe: Informieren Sie Ihre beiden Mitarbeiter über die einschlägigen Möglichkeiten zur finanziellen Förderung! Dabei orientieren Sie sich bei Ihrem Informationsvortrag zweckmäßigerweise an folgenden zentralen Fragen bzw. Inhalten:

5.1 Stellen Sie dar, wer für die Mitarbeiter als Zuwendungsgeber infrage kommen kann!

5.2 Erklären Sie Fördergesetze und Förderprogramme, die für Ihre Mitarbeiter wichtig sind!

5.3 Geben Sie an, wer für die finanzielle Förderung der beruflichen Weiterbildung nach dem Sozialgesetzbuch (Arbeitsförderungsrecht) zuständig ist! Was ist zutreffend?

- a Die Handwerkskammer.
- b Das Gewerbeamt.
- c Die Agentur für Arbeit.
- d Die zuständige Stadt- oder Gemeindeverwaltung.
- e Das Sozialhilfeamt.

5.4 Stellen Sie fest, was durch das Bundesausbildungsförderungsgesetz insbesondere gefördert wird: Was ist richtig?

- a Der Besuch von bestimmten Schulen und Hochschulen.
- b Der Besuch von Abendkursen, die der beruflichen Fortbildung dienen.
- c Der Besuch von Ganztageskursen, sofern sie nicht mehr als sechs Wochen dauern.
- d Der Besuch von Ganztageskursen, sofern sie nicht mehr als vier Wochen dauern.
- e Der Besuch von Kursen, sofern sie mindestens drei Monate dauern.

5.5 Informieren Sie die Mitarbeiter, wer für die finanzielle Förderung nach dem Bundesausbildungsförderungsgesetz zuständig ist! Was trifft zu?

- a Die Berufsberatung der Agentur für Arbeit.
- b Das Amt für Ausbildungsförderung.
- c Die Handwerkskammer.
- d Das Amt für Fortbildung.
- e Der Berufsausbildungsausschuss der Handwerkskammer.

5.6 Erläutern Sie Ihren im Fall beschriebenen Mitarbeitern, wer Zuwendungen nach den Ausbildungsförderungsgesetzen bzw. den Ausbildungsförderungsprogrammen der Länder erhalten kann!

5.7 Stellen Sie fest, welche Förderungsvoraussetzungen Ihre Mitarbeiter erfüllen müssten, damit sie nach dem Begabtenförderungsprogramm „Berufliche Bildung" des Bundesministers für Bildung und Forschung gefördert werden können!

5.8 Informieren Sie Ihre beiden Mitarbeiter, welche Maßnahmen durch das Aufstiegsfortbildungsförderungsgesetz gefördert werden können! Welche Aussage ist zutreffend?

a Vollzeit- und Teilzeitmaßnahmen der beruflichen Aufstiegsfortbildung (höherqualifizierenden Berufsbildung).

b Nur Vollzeitmaßnahmen der beruflichen Aufstiegsfortbildung (höherqualifizierenden Berufsbildung).

c Nur Teilzeitmaßnahmen der beruflichen Aufstiegsfortbildung (höherqualifizierenden Berufsbildung).

d Nur die Teilnahme an Lehrgängen zur Vorbereitung auf eine Handwerksmeisterprüfung.

e Der Besuch von Fachhochschulen und Hochschulen.

5.9 Erklären Sie den beiden jungen Berufskollegen, welche Kosten nach dem Aufstiegsfortbildungsförderungsgesetz förderfähig sind und welche Art der Förderung infrage kommen kann!

5.10 Stellen Sie dar, wie hoch die Förderungsbeiträge bei Maßnahmen zur Aufstiegsfortbildung (höherqualifizierenden Berufsbildung) nach dem Aufstiegsfortbildungsförderungsgesetz sein können!

5.11 Erklären Sie Ihren beiden Mitarbeitern, unter welchen Voraussetzungen ein nach dem Aufstiegsfortbildungsförderungsgesetz gewährtes Darlehen erlassen werden kann, wenn sie nach Beendigung der Fortbildung einen Betrieb gründen!

5.12 Weisen Sie darauf hin, wo der Antrag auf Gewährung von Förderleistungen nach dem Aufstiegsfortbildungsförderungsgesetz zu stellen ist!

>> Seiten 392 bis 400 |

6. Ein in Ihrem Betrieb ausgebildeter Lehrling hat in der Gesellenprüfung als Bester abgeschnitten. Sie wollen, dass er an der Deutschen Meisterschaft im Handwerk teilnimmt. Um ihn für die Teilnahme entsprechend zu motivieren, ist es zweckmäßig, ihn über Ziele und Teilnahmebedingungen sowie die einzelnen Wettbewerbe zu informieren.

Aufgabe: Erläutern Sie Ihrem jungen und tüchtigen Mitarbeiter Ziele und Ebenen des Wettbewerbs!

>> Seite 396 |

Lösungen zu den handlungsorientierten, fallbezogenen Aufgaben

1. Handlungsfeld: Ausbildungsvoraussetzungen prüfen und Ausbildung planen

1.3 Lernsituation: Strukturen des Berufsbildungssystems und seine Schnittstellen darstellen

3.1 c) 3.2 e)

1.4 Lernsituation: Ausbildungsberufe für den Betrieb auswählen und Auswahl begründen

1. a)

1.5 Lernsituation: Eignung des Betriebes für die Ausbildung in angestrebten Ausbildungsberufen prüfen, insbesondere unter Berücksichtigung von Ausbildung im Verbund, überbetrieblicher und außerbetrieblicher Ausbildung

3. c) 4.1 e) 4.2 d) 8.1 b) 8.2 a) 8.3 a)

1.6 Lernsituation: Möglichkeiten des Einsatzes von berufsausbildungsvorbereitenden Maßnahmen prüfen und bewerten

2. c)

2. Handlungsfeld: Ausbildung vorbereiten und Einstellung von Auszubildenden durchführen

2.1 Lernsituation: Auf der Grundlage einer Ausbildungsordnung einen betrieblichen Ausbildungsplan erstellen, der sich insbesondere an berufstypischen Arbeits- und Geschäftsprozessen orientiert

2. c) 3. c)

2.2 Lernsituation: Möglichkeiten der Mitwirkung und Mitbestimmung der betrieblichen Interessenvertretung in der Berufsbildung darstellen und begründen.

1. b)

2.4 Lernsituation: Kriterien und Verfahren zur Auswahl von Auszubildenden auch unter Berücksichtigung ihrer Verschiedenartigkeit anwenden

1. c)

2.5 Lernsituation: Berufsausbildungsvertrag vorbereiten und abschließen sowie die Eintragung bei der zuständigen Stelle veranlassen

5. b) 6. a) 8. d) 14. d) 15. b) 16. e)
17. e) 19.1 c) 19.2 e) 20. d)

2.6 Lernsituation: Möglichkeiten prüfen, ob Teile der Berufsausbildung im Ausland durchgeführt werden können

1. e) 2. e)

3. Handlungsfeld: Ausbildung durchführen

3.1 Lernsituation: Lernförderliche Bedingungen und motivierende Lernkultur schaffen, Rückmeldung geben und empfangen

2. d)

3.2 Lernsituation: Probezeit organisieren, gestalten und bewerten

2. a)

3.3 Lernsituation: Aus dem betrieblichen Ausbildungsplan und den berufstypischen Arbeits- und Geschäftsprozessen betriebliche Lern- und Arbeitsaufgaben entwickeln und gestalten

2. b) 3. a)

3.4 Lernsituation: Ausbildungsmethoden und -medien zielgruppengerecht auswählen und situationsspezifisch einsetzen

1. c) 4. e)

3.5 Lernsituation: Auszubildende bei Lernschwierigkeiten durch individuelle Gestaltung der Ausbildung und Lernberatung unterstützen, ausbildungsunterstützende Hilfen einsetzen und Möglichkeiten zur Verlängerung der Ausbildungsdauer prüfen

3. c)

3.6 Lernsituation: Für Auszubildende zusätzliche Ausbildungsangebote, insbesondere Zusatzqualifikationen, prüfen und vorschlagen; Möglichkeiten der Verkürzung der Ausbildungsdauer und die vorzeitige Zulassung zur Abschluss- oder Gesellenprüfung prüfen

3. c)

3.7 Lernsituation: Soziale und persönliche Entwicklungen von Auszubildenden fördern, Probleme und Konflikte rechtzeitig erkennen und auf Lösungen hinwirken

1. c) 4. b) 5. a)

3.8 Lernsituation: Lernen und Arbeiten im Team entwickeln

2. d)

3.9 Lernsituation: Leistungen von Auszubildenden feststellen und bewerten, Leistungsbeurteilung Dritter und Prüfungsergebnisse auswerten, Beurteilungsgespräche führen, Rückschlüsse für den weiteren Ausbildungsverlauf ziehen

4. e)

3.10 Lernsituation: Interkulturelle Kompetenzen im Betrieb fördern

2. c)

4. Handlungsfeld: Ausbildung abschließen

4.1 Lernsituation: Auszubildende auf die Abschluss- oder Gesellenprüfung unter Berücksichtigung der Prüfungstermine vorbereiten und die Ausbildung zu einem erfolgreichen Abschluss führen

1.2 a) 1.3 c)

4.2 Lernsituation: Für die Anmeldung der Auszubildenden zu Prüfungen bei der zuständigen Stelle Sorge tragen und diese auf durchführungsrelevante Besonderheiten hinweisen

2. a)

4.3 Lernsituation: Schriftliche Zeugnisse auf der Grundlage von Leistungsbeurteilungen erstellen

1. e) 2. c) 3. d)

4.4 Lernsituation: Auszubildende über betriebliche Entwicklungswege und berufliche Weiterbildungsmöglichkeiten informieren und beraten

5.3 c) 5.4 a) 5.5 b) 5.8 a)

A

B

H

I

J

K

L

M